기초전자회로 설계및 실험

핵심기초회로 주제의 실무설계를 중심으로

윤기호 지음

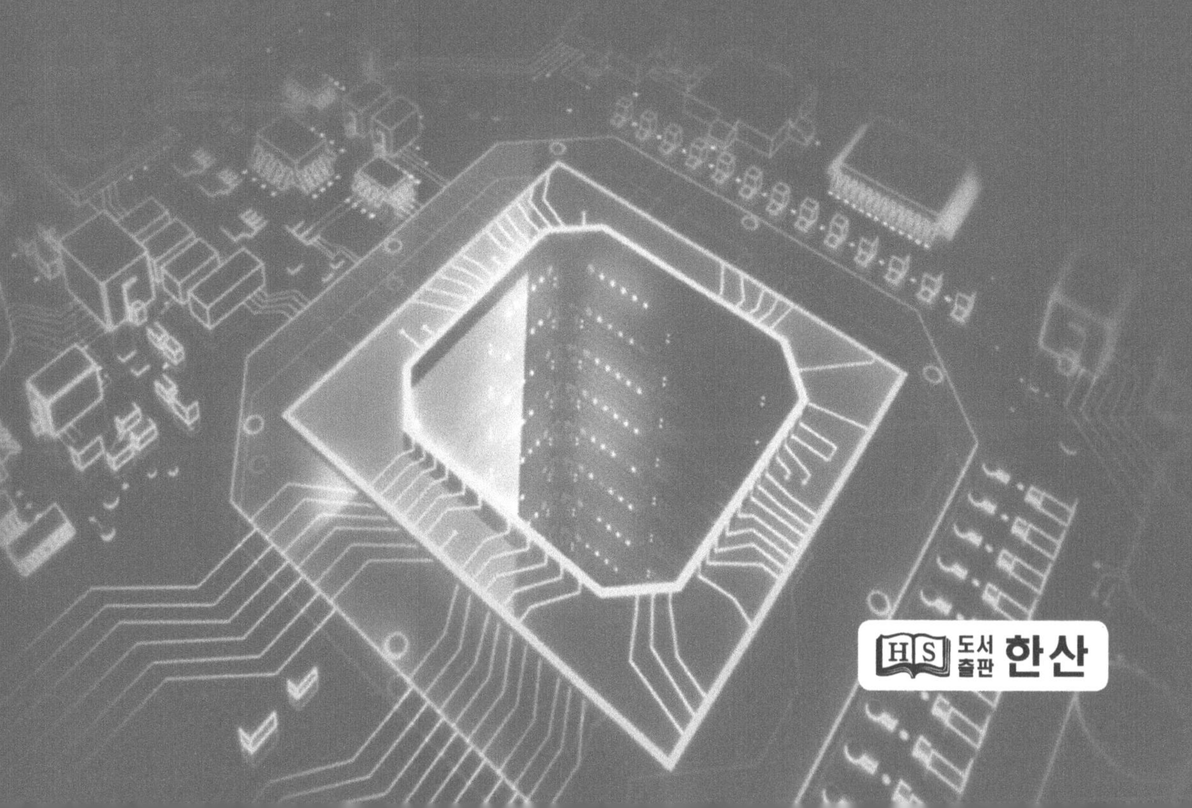

HS 도서출판 한산

머 리 말

1948년 트랜지스터를 발명한 이래 집적화된 회로(Integrated Circuit)들이 속속 개발되면서 전자회로의 비약적인 발전을 이루어내고 마침내 오늘날 최신 가전기기, 산업용기기, 컴퓨터 및 통신시스템 등에서 스마트 시대를 맞이하고 있습니다. 이에 걸맞는 능동적인 전기전자 엔지니어로서 역할을 수행하기 위해서는 전자회로 기초지식의 충실한 이해를 기반으로 관련 회로들을 설계할 수 있는 능력들이 절실하게 요구되고 있습니다.

본 교재는 최근 전자공학도가 산업계에서 주로 응용회로를 다루고 있는 현실을 반영하여, 기존 전자회로 교재들이 가지고 있는 여러 종류의 복잡하고 무거운 회로 주제들을 삭제하고 업계에서 즉시 적용할 수 있는 기초기술들을 위주로 심도 있게 실무적인 관점에서 이해할 수 있도록 하였습니다. 이를 위해 주어진 회로주제에 대해 기계적이고 수동적인 실험에 치중하던 과정에서 벗어나 능동적으로 생각하고 실험 결과를 달성하기 위해 다양하게 고민하도록 구성하였습니다.

이러한 취지를 달성하기 위해 본 교재 각 단원의 회로주제에 대한 실험 및 설계과정을 아래 블록선도에 표시해 보았습니다. 먼저 주어진 실험주제에 관한 기초이해를 서술하고 실험목표에 대해 시뮬레이션을 수행하여 타당성을 검토하고 설계를 수행합니다. 그리고 회로를 구성하여 측정하는 과정에서 발생된 문제들을 원인·분석하여 성능을 개선하는 과정을 수행합니다. 이러한 일련의 실험체계를 반복적으로 수행함으로써 기초 이론을 철저하게 이해하게 되고 산업체의 실무능력을 자연스럽게 습득할 수 있습니다.

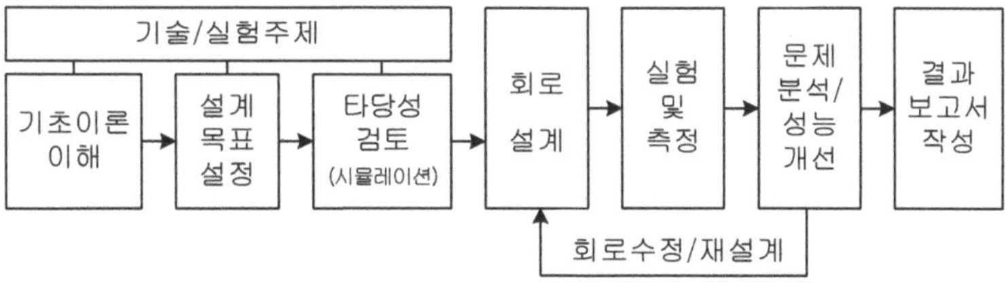

본 교재의 내용 중에 다소 부족한 부분이 많이 있을 것으로 생각되며, 독자들의 지적사항과 조언을 토대로 지속적으로 개선해나간다면 보다 유익한 자료가 될 것입니다.

끝으로 본 교재를 완성하기까지 도와준 여러 지인들과 이 책의 출판을 담당한 출판사 대표님께 깊은 감사를 드립니다.

2016년 8월

저자 씀

목 차

제4장 트랜지스터 회로

제5장 OPAMP

부록(appendix)

찾아보기

제 1장 수동부품 및 교류신호

내용

실험

■ 단원핵심주제 ■

- 수동부품(R, L, C)의 종류, 읽는 법, 기초 동작 이해
- 교류신호의 특징 이해
- 기초 교류회로 시험방법과 오실로스코프의 사용법 이해

저항, 인덕터, 캐패시터 등으로 구성되는 수동부품의 기본내용을 이해하는 것과 함께 회로의 특성을 측정하기 위한 장치들 중의 핵심인 오실로스코프(oscilloscope)를 잘 다루는 것은 전자회로의 이해를 위한 첫 걸음이다. 본 단원에서는 이들에 대한 기초적 이론과 관련 내용을 살펴보기로 한다.

1.1 회로 기본단위

회로도에 있는 부품들 주변에 다양한 숫자와 기호가 표시돼 있다. 이 중에 부품 용량값이 있으며 부품의 특성에 적합한 기본 단위가 [표 1-1]과 같이 붙어 있다. 또한 보조단위로서 [표 1-2]에 있는 것들이 많이 사용되고 있다. 대문자와 소문자의 분리사용도 [표 1-2]와 같이 일반적으로 사용된다.

[표 1-1] 회로에서 사용되는 기본적인 단위

전기정수	부호	영문명	사용예
전압	V	Voltage	μV, mV, kV
전류	A	Ampere	μA, mA, A
전력	W	Watt	μW, mW, W, KW
저항	Ω	Ohm	Ω, KΩ
인덕턴스	H	Henry	μH, nH
캐패시턴스	F	Farad	pF, nH, μF
주파수	Hz	Hertz	Hz, KHz, MHz, GHz

[표 1-2] 보조단위 목록

부호	영문	unit
M	Mega	10^{6}
K	Kilo	10^{3}
m	milli	10^{-3}
μ	micro	10^{-6}
n	nano	10^{-9}
p	pico	10^{-12}

* 실제 회로도에서는 μ는 u로 대용하고 Ω은 생략하는 경우가 많다.

1.2. 수동부품

회로부품은 크게 수동부품과 능동부품으로 구분한다. 수동부품은 에너지를 발생할 능력(신호를 증폭하거나 발진시키는 능력)이 없는 부품으로서 저항, 캐패시터, 인덕터가 이에 속한다. 능동부품은 직류신호를 입력으로 교류신호를 생성하거나 증폭시킬 수 있는 각종 트랜지스터가 있으며, 이들을 조합하여 기능을 구현하는 직접회로(integrated circuit, IC), 증폭회로 및 응용회로로 흔히 사용하는 OPAMP(operational amplifier)들이 있다.
최근, 거의 모든 전자제품들의 소형화 추세에 따라 제품 내에 부품들을 집적하여 실장하고 있다. 전통적으로 긴 도선을 부품들의 전극으로 사용하여 회로에 실장 하였으나 제품 크기가 커지고 고주파 신호 취급에 따른 기생성분이 큰 단점이다. 이에 비해 칩(chip) 구조를 통해 표면 실장 함으로써 이들 문제를 해결하였다. 따라서 대부분의 수동부품은 칩 형태로, 능동부품은 집적화된 표면실장(surface mount)형태로 부품들이 제작되고 있다. 현실적으로 교육기관에서는 칩 부품들을 다루는 데 한계가 있어 주로 도선을 전극으로 한 부품들이 실험에 사용되고 있다.

1.2.1 저항(resistor)

1) 도체(도선)에서의 저항

임의의 도체(또는 도선)에 자유전자들이 모여 흐르게 되면(전류의 흐름) 원자와 충돌이 일어나고, 이때 입자들의 충돌에 의해 열이 방출된다. 자유전자의 충돌의 더욱 증가하면 전자들의 자유로운 이동은 점점 줄어들고 전류의 흐름역시 줄어들게 되는데, 이와 같이 전류의 흐름을 방해하는 정도를 저항(resistance)으로 표현한다. 그러므로 저항은 전기에너지가 열에너지로 바뀌는 물리적인 현상과 관련된다. 저항의 단위는 옴(ohm, Ω)을 사용하며, 기호 R로 표시된다.
회로에 적용되는 도체(또는 도선)에 영향을 주는 요소로는 도체의 물질(material), 길이, 단면적, 온도 등이 있다. 일반적으로 도체의 저항은 온도에 비례하여 증가한다. 온도가 증가할수록 도체 내부의 입자들의 운동이 활발해져서 자유전자의 운동을 방해하기 때문이다. 또한 수식 (2-1)처럼 회로 상에 주로 사용되는 도선의 경우에 도선의 길이(l)에 비례하고 단면적(A)에 반비례한다.

$$R=\rho\frac{l}{A} \qquad (2-1)$$

여기에서 ρ 는 도체의 고유저항 또는 저항률(resistivity)이라 부르며, 도체의 재질에 따라 결정되는 상수로 단위는 옴미터(ohm-meter, Ωm)를 사용한다. 또한 이것의 역수를 도전율(conductivity, σ)이라하고, 값이 클수록 저항이 작다. 도체의 재료로 주로 구리, 은, 금을 사용되며 경제적인 측면에서 구리가 제일 저렴하나 도전율이 떨어진다. 반대로 고가인 금은 높은 도전율(또는 저 손실)이 필요한 응용에 주로 사용된다.

2) 회로부품으로서 저항

회로에서 가장 많이 사용되는 저항(Resistor; R)은 회로에 흐르는 전류의 크기를 조절하는 역할을 하는 부품으로서 회로심벌은 아래 [그림 1-1]에 보였다. 사용용도와 저항 값 크기에 따라 종류가 매우 다양하다. 흔히 사용되는 탄소저항은 세라믹 봉에 탄소분말을 입혀 만든다. 탄소저항은 가격이 저렴한 장점을 가지나, 저항 온도계수가 크며 전류잡음이 크다는 단점이 있다.

저항을 사용할 때 중요시해야 되는 것은 정격전력, 저항 값, 오차가 있다. 이중 정격전력은 저항이 견딜수 있는 소비전력(Watt, W)을 의미한다. 전력과 저항과의 관계는 $P = I^2 R$ (여기에서 I는 저항에 흐르는 전류)으로 표시된다. 전자회로에서 많이 사용되는 것으로 1/16W, 1/8W, 1/4W, 1/2W, 1W, 5W 등이 있다. 일반적으로 약한 전류가 흐르는 곳에는 크게 의식하지 않아도 되나, 전원회로 등의 전류제어용 회로에서는 큰 전류가 흐르기 때문에 정격전류를 반드시 지켜야 한다.

(a) (b)

[그림 1-1] 저항의 심볼(a) 및 탄소저항의 예(b)

3) 탄소저항의 컬러코드(color code) 읽는 방법

도선 단자를 갖는 탄소저항의 컬러코드는 4색 띠 표기가 가장 많이 쓰이고 있으나, 정밀저항의 경우 5색 띠 표기를 쓰기도 한다. 읽는 방법은 [그림 1-2]의 예에 보인 바와 같이 제1색 띠와 제2색 띠는 저항 color code표와 같이 숫자로 환산을 하며, 제3색 띠의 승수는 배수 또는 곱수에 해당하므로 color code [표 1-3]를 참조하여 숫자로 환산을 한다.. 또한, 제4색 띠인 오차는 코드표와 같이 갈색, 적색, 금색, 은색, 무색에 해당하는 오차로 환산하면 된다. 이때 주의해야 할 사항은, 무색은 색이 없는 것을 의미한다. 사실, 특수한 회로에서 요구되는 정밀 저항 외에 오차는 그다지 중요한 사항이 아니므로 승수의 환산에 주의하도록 한다.

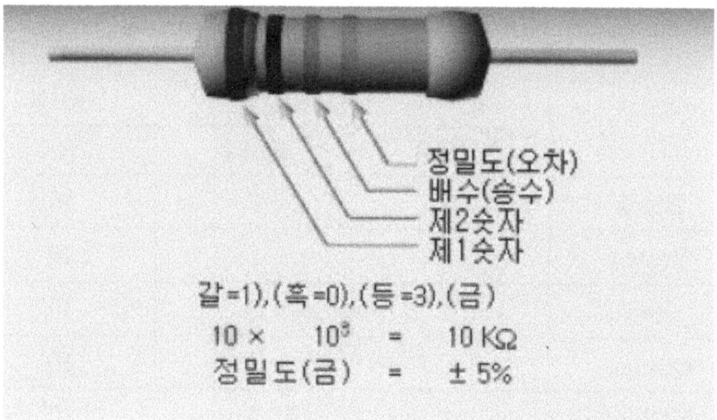

[그림 1-2] 탄소저항의 컬러코드 읽는 방법

4) 표준 저항값

회로를 설계할 경우 원하는 모든 저항 값들이 주어지는 것으로 오해할 수 있다. 예를 들어 1.57KΩ, 525Ω등은 보편적으로 산업계에서 얻을 수 없다. 그 이유는 저항생산 업계에서 E계열이라는 값으로 정해진 표준 저항 값에 맞춰 저항들을 생산하고 있기 때문이다. 저항의 E계열이란 KS규격이나, JIS(Japan Industrial Standard) 같은 여러 나라의 공업규격에서 공통적으로 사용하는 규격 중의 하나로 1부터 10까지의 숫자를 10의 등비급수로 나눈 값이다. 이를 [표 1-4]에서 정리하였다. 예를 들어 E6계열의 저항 값은 1부터 10사이에 6개만, E12계열은 12개 값만이 존재한다. 그렇다면, 왜 균등 간격으로 분할하지 않고 10의 등비급수로 나누어 분할해야 할까? 그것은 한 저항 값의 오차 범위 내에 다른 저항 값을 두는 것은 무의미하기 때문에 오차 범위를 벋어난 점에서 분할하다 보면 저항값이 커질수록 듬성듬성 분할하게 되어 등비급수로 분할하게 되는 것이다. 예를 들어, 10%의 오차를 갖는 저항에서 10Ω은 9~11Ω범위 내의 저항 값을 의미하고, 90Ω은 81~99Ω 범위 내의 저항 값을 의미 한다. 10Ω에서 오차 저항 값은 2Ω인 데 비해 90Ω에서 오차 저항 값은 18Ω으로 늘어난다. 따라서 2Ω 근처에서의 분할 간격보다 90Ω 근처에서의 분할 간격이 훨씬 넓어져서 등비급수 분할이 된다. 따라서 표준 저항 값은 오차의 범위를 감안하여 연속적인 저항 값을 얻을 수 있도록 설정되며 오차가 적은 저항일수록 많은 분할이 이루어지므로 높은 계열을 사용하게 된다. 실제로는 일반적으로 많이 사용되는 저항들은 5%나 10% 오차를 가지므로 E12 계열이나 E24계열 저항들이 해당된다. 이들 표준 저항 값 목록에 따른 표시 방법은, 최근 산업계 전반에 사용되는 칩(chip) 저항을 포함한 인덕터나 캐패시터의 표시에도 동일하게 적용된다.

[표 1-3] 4색띠에 의한 저항값 색구분법

색		제1색띠	제2색띠	제3색띠	제4색띠
		첫째수	둘째수	승수	오차 [%]
흑(검정)	Black	0	0	10^0	
갈(밤색)	Brown	1	1	10^1	+/- 1
적(빨강)	Red	2	2	10^2	+/- 2
등(주황)	Orange	3	3	10^3	
황(노랑)	Yellow	4	4	10^4	
녹(풀색)	Green	5	5	10^5	
청(파랑)	Blue	6	6	10^6	
자(보라)	Violet	7	7	10^7	
회(회색)	Gray	8	8	10^8	
백(흰색)	White	9	9	10^9	
금(금분)	Gold			10^{-1}(=0.1)	+/- 5
은(은분)	Silver			10^{-2}(=0.01)	+/- 10
무	No color				+/- 20

5) 저항의 종류

저항에는 일반적으로 탄소저항이라 부르는 탄소피막저항, 금속피막저항, 시멘트저항, 어레이저항 등 사용처나 정격용량에 따라 많은 종류의 저항이 있다. 그러나 여기에서는 일반적으로 많이 사용되고 있는 탄소저항을 위주로 설명한다.

■ 고정 탄소저항

가장 일반적이고 경제적인 저항이다. 저항 값은 1Ω ~ 300KΩ의 저항 값의 범위를 갖고 그 오차는 ±5%의 저항기가 주로 사용된다. 정격전력으로는 1/8, 1/4, 1/2W 등이 많다.

[표 1-4] 계열별 표준저항 값 목록 (캐패시터/인덕터에도 동일하게 적용)

No.	E24계열		E12계열		E6계열	
1	$10^{\frac{0}{24}}=1$	1	$10^{\frac{0}{12}}=1$	1	$10^{\frac{0}{6}}=1$	1
2	$10^{\frac{1}{24}}=1.1$	1.1				
3	$10^{\frac{3}{24}}=1.2$	1.2	$10^{\frac{1}{12}}=1.2$	1.2		
4	$10^{\frac{4}{24}}=1.3$	1,3				
5	$10^{\frac{5}{24}}=1.5$	1.5	$10^{\frac{2}{12}}=1.5$	1.5	$10^{\frac{1}{6}}=1.5$	1.5
6	$10^{\frac{6}{24}}=1.6$	1.6				
7	$10^{\frac{7}{24}}=1.8$	1.8	$10^{\frac{3}{12}}=1.8$	1.8		
8	$10^{\frac{8}{24}}=2.0$	2.0				
9	$10^{\frac{9}{24}}=2.2$	2.2	$10^{\frac{4}{12}}=2.2$	2.2	$10^{\frac{2}{6}}=2.2$	2.2
10	$10^{\frac{10}{24}}=2.4$	2.4				
11	$10^{\frac{11}{24}}=2.7$	2.7	$10^{\frac{5}{12}}=2.7$	2.7		
12	$10^{\frac{12}{24}}=3.0$	3.0				
13	$10^{\frac{13}{24}}=3.3$	3.3	$10^{\frac{6}{12}}=3.3$	3.3	$10^{\frac{3}{6}}=3.3$	3.3
14	$10^{\frac{14}{24}}=3.6$	3.6				
15	$10^{\frac{15}{24}}=3.9$	3.9	$10^{\frac{7}{12}}=3.9$	3.9		
16	$10^{\frac{16}{24}}=4.3$	4.3				
17	$10^{\frac{17}{24}}=4.7$	4.7	$10^{\frac{8}{12}}=4.7$	4.7	$10^{\frac{4}{6}}=4.7$	4.7
18	$10^{\frac{18}{24}}=5.1$	5.1				
19	$10^{\frac{19}{24}}=5.6$	5.6	$10^{\frac{9}{12}}=5.6$	5.6		
20	$10^{\frac{20}{24}}=6.2$	6.2				
21	$10^{\frac{21}{24}}=6.8$	6.8	$10^{\frac{10}{12}}=6.8$	6.8	$10^{\frac{5}{6}}=6.8$	6.8
22	$10^{\frac{22}{24}}=7.5$	7.5				
23	$10^{\frac{23}{24}}=8.2$	8.2	$10^{\frac{11}{12}}=8.2$	8.2		
24	$10^{\frac{24}{24}}=9.1$	9.1				

탄소 저항은 일반적으로 크기가 클수록 정격전력이 높다. 정격전력별 저항의 크기는 대개 [그림 1-3](a)에서 볼 수 있다. 한편, 실제 산업계에서는 대부분이 칩(chip) 저항을 많이 사용하며, 예를 [그림 1-3](b)에서 볼 수 있다.

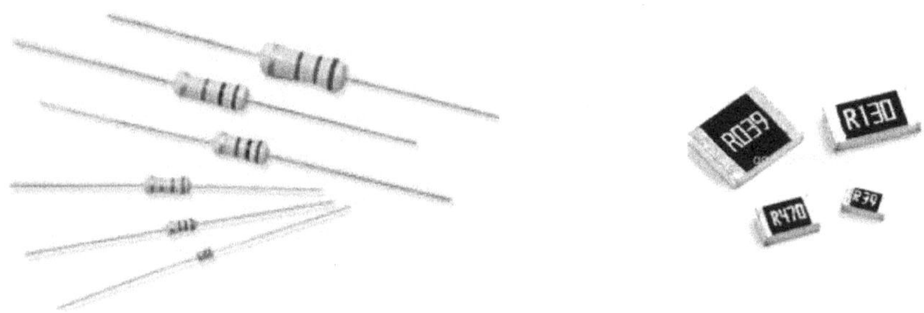

(a) (b)

[그림 1-3] 탄소저항의 정격에 따른 종류(a) 및 칩(chip) 저항 (b)

■ **배열저항(array resistor)**

4~10개 정도의 저항을 하나의 패키지(package)로 묶어놓은 것으로 디지털회로처럼 동일한 저항이 많이 필요한 경우에 사용된다.

[그림 1-4] 배열저항의 예

■ **대 전력저항(power resistor)**

보통 1W 이상의 대 전력에서 사용될 수 있게 한 저항으로, 대표적으로 [그림 1-5] 같은 외관을 갖는 시멘트 저항이 있다. 시멘트저항 외에도 여러 형상을 갖고 있으며 전력소모가 많기 때문에 저 전력 저항보다 크다. 이들은 몸체에 직접 저항 값을 표시하고, 주로 10Ω이하의 낮은 저항단위에서 큰 전류가 흐를 때 사용된다.

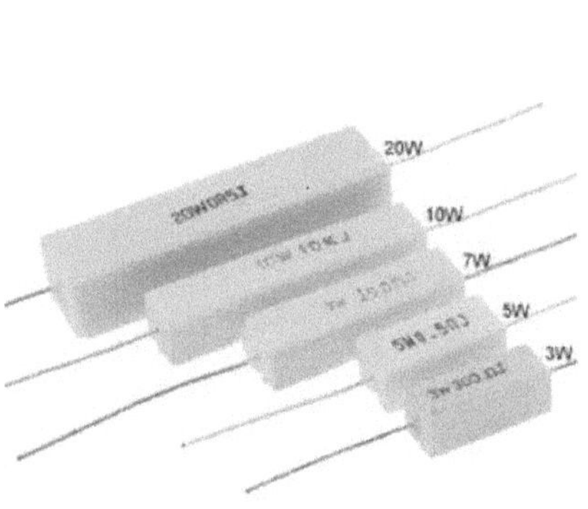

[그림 1-5] 대 전력에 사용되는 시멘트 저항들

■ **전위차계(potentiometer)**

세 개의 단자를 갖는 전위차계(potentiometer)은 일반적인 저항이 고정 값을 갖는데 비해 필요에 따라 저항 값을 변동하여 사용할 수 있게 한 것이다. 이는 가변저항이라고 칭하기도 한다. [그림 1-6](a)에 표기된 것처럼 단자가 세 개가 있어 단자 AB 간의 저항 값은 고정되어 있고 단자C의 위치를 조정하여 사용한다. 또한 단자C의 위치를 조정할 수 있도록 '+' 나 '-' 형태를 갖는 부분이 몸체에 부착되었다. 이를 이용하여 단자 C의 위치를 상하로 변화시킴으로써 단자 AC간의 저항 값과 단자 CB 간의 저항 값이 각기 달라지나 이들의 합은 항상 단자 AB사이의 저항 값이 된다. 따라서 한쪽의 저항 값이 커지면 다른 쪽의 값은 작아지는 것이다. 오른쪽에는 일반적으로 사용하는 실제 전위차계 저항들을 볼 수 있으며, 모두 단자(C)와 같은 역할을 하는 조정단자를 가지고 있다.

(a) (b)

[그림 1-6] 전위차계(potentiometer)의 심볼(a) 및 예(b)

특히 [그림 1-6](b)의 가운데 있는 가변저항은 일반적으로 볼륨(Volume)이라 부르기도 하며, 몸체 중앙에 있는 봉(post)의 형상 부분을 돌려 저항기의 값을 조정할 수 있는 부품이다. 라디오의 음량조정과 같이 소리의 크기를 조절하거나 회로의 동작 상태를 조정할 때에 사용된다. 일반적으로 가변 저항은 회전할 수 있는 각도가 300도 정도이지만, 저항값을 세밀하게 조정하기 위한 것은 여러 번 회전시킬 수 있는 것도 있다.

1.2.2 캐패시터(Capacitor)

캐패시터(Capacitor; C)는 전하를 충전하는 기능과 직류전류를 차단하고 교류전류를 통과시키려는 기능을 가진 수동부품이다. [그림 1-7]에 기본적인 캐패시터의 구조를 나타내며 식 (2-2)에서 기본 동작을 수식으로 표현하였다. 식(2-2)와 같이 인가되는 전압(V)의 시간적인 변화에 따라 양단에 전류(i)가 흐른다.

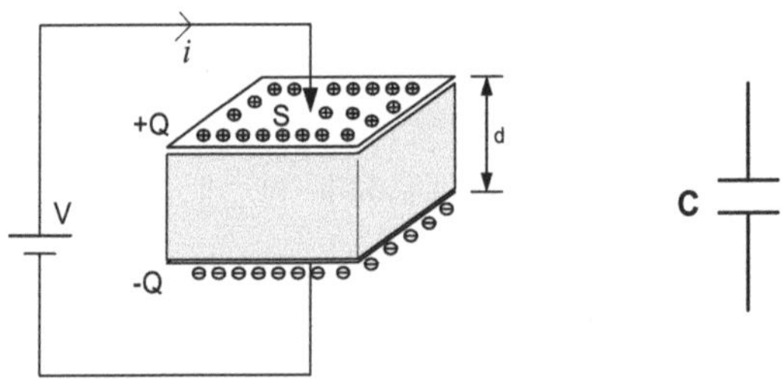

(a) 기본구조　　　　　(b) 회로 심볼

[그림 1-7] 캐패시터의 기본구조 및 회로 내의 심볼

캐패시터에 직류전압(V)을 인가하면, 각 전극에 전하(電荷) 가 축적(충전)되며, 충전하고 있는 도중에는 전류(i)가 흐른다. 인가된 전압까지 충선이 완료된 상태에서는 전압변화가 없어 미분 값이 0이 되므로 전류는 흐르지 않게 된다. 따라서 직류전압이 캐패시터에 가해 진 경우, 순간적으로 전류가 흐르지만 이후에는 흐르지 않기 때문에 전체적으로 직류를 차단시키는 용도에도 사용된다. 그러나 인가되는 전압이 시간에 따라 변하는 교류전압에는 전류가 흐른다.

$$i = C\frac{dV}{dt} \qquad \text{C: capacitance} \qquad (2\text{-}2)$$

> 캐패시터는 시간에 따라 변화하는 전압이 인가시 전류가 흐른다.

구조적으로 캐패시터는 [그림 1-7](a)와 같이 면적 S를 갖는 금속판을 일정한 간격(d)을 두고, 이들 사이에 유전체를 넣는다. 금속판에 전압을 공급하면 금속판 사이에 전하가 충전된다. 전극판의 면적(S)이 클수록, 두 전극판의 거리(d)가 짧을수록, 그리고 유전체의 상대유전율(ϵ_r)이 높을수록 전하(Q)가 많이 충전된다. 캐패시터가 전하를 충전하는 능력을 정전용량, 즉, 캐패시턴스(C, capacitance)라 부른다. 이를 아래 식(2-3)으로 표현하였다.

$$C = \epsilon_r \frac{S}{d} \tag{2-3}$$

따라서 캐패시터의 용량을 크게 하기 위해서는 극판 면적(S)을 넓게 하거나, 극판사이의 간격(d)을 좁게 하거나, 극판 사이에 비유전율(ϵ_r)이 큰 절연물을 사용하는 방법이 있다. 두 전극 간에 삽입하는 절연체(유전체라고 한다)들로 세라믹, 전해질, 탄탈륨, 종이 등이 있으며 이들의 이름을 따서 세라믹캐패시터, 전해캐패시터 등이라 한다.

캐패시턴스를 나타내는 단위는 패러드(farad: F)가 사용된다. 1[F]이란 1[V]의 전압을 가하여 1[C]의 전하가 충전된 경우의 정전용량이다. 인가된 전압에 의해 충전된 전하량 Q=CV [C]으로 표현되며 여기서, C는 캐패시턴스를 나타내는 정전용량, V는 인가전압이다. 일반적으로 교류회로에 사용되는 캐패시터 전하 용량은 매우 작기 때문에, μF(마이크로 패러드: 10-6F)에서 pF(picofarad: 10-12F)에 걸친 단위들이 주로 사용된다. 반면에 배터리로 사용되는 캐패시터는 많은 전하를 충전할 수 있어 매우 큰 용량을 갖는다.

1) 캐패시터의 연결

캐패시터를 병렬로 접속하면 합성 용량은 각 정전 용량의 합이 된다. 즉, 평판의 면적을 더하는 것과 등가이다. 또한, 캐패시터를 직렬로 접속하면 두 캐패시터의 축전 전하량이 같아지는 특성을 가지고 있어 오히려 정전용량은 줄어든다. 병렬로 연결되는 경우 합성용량(C_T)은 다음과 같이 표시된다.

$$C_T = C_1 + C_2 + \ldots \tag{2-4}$$

2) 캐패시터의 임피던스

식(2-2)처럼 캐패시터의 주파수 특성은 교류 전압을 가할 경우 시간에 따라 전압이 지속적으로 변하므로 전류가 계속 흐르게 된다. 이 때, 변화 속도가 빠를수록 전류가 잘 흐르게 된다. 즉, 주파수가 클수록 전류가 잘 흐르게 되고, 주파수가 작을수록 전류가 잘 흐르지 않게 된다. 직류에서 저항과 마찬가지 개념으로 인가된 교류전압에 따라 교류전류를 제어하는 회로정수를 임피던스(Z, impedance)라 부르며 캐패시터에서는 주파수가 높을수록 임피던스(Z)가 작아 교류전류를 잘 흐르게 해준다. 반면에 주파수가 0인 직류에 가까울수록 임피던스가 커져 전류가 점점 작게 흐른다. 이를 표시하면 아래 식 (2-5)와 같다.

$$Z = \frac{1}{jwC} \quad \text{j: 허수, } \omega = 2\pi f\text{: 각주파수, C : capacitance} \qquad (2\text{-}5)$$

캐패시터의 교류저항(임피던스)는 주파수에 반비례한다.

3) 캐패시터의 전압정격

캐패시터의 전압 정격은 유전체를 파괴하지 않고 극판 사이에 인가될 수 있는 최대 전압을 표시한다. 일반적으로 캐패시터 양단에 걸린 전압은 정격전압보다 낮아야 캐패시터를 안전하게 오래 사용할 수 있다. 특히, 전해 캐패시터는 몸체에 표시된 정격 전압의 반값 이하에서 사용하는 것이 적절하다.

4) 캐패시터의 종류별 특성과 용량판독

캐패시터는 도체판사이에 삽입되는 유전체의 재질에 따라 종류가 다양하다. 유전체로 마일러, 운모, 세라믹, 전해질, 탄탈륨, 유리, 종이 등이 있다. 또한, 기능에 따라 분류하면 용량을 바꿀 수 없는 고정 캐패시터와 용량을 바꿀 수 있는 가변 캐패시터로 나눌 수 있다. 고정 캐패시터로 많이 사용되는 것은 전해캐패시터, 마일러캐패시터, 세라믹캐패시터 등이 있고, 가변 캐패시터로는 배리캡(variable capacitor)이 있어 용량 값을 조정할 수 있다.

현재 가장 많이 쓰이고 있는 캐패시터는 세라믹캐패시터, 마일러캐패시터, 전해캐패시터로서 이들의 특성과 용량 판독법을 알아보기로 한다.

■ 세라믹 캐패시터

도선전극을 갖는 세라믹 캐패시터는 모양이 원반형으로 되어 있으며, 용량은 비교적 작은 편이다. 극성이 없으며 많이 쓰이는 용량 단위는 nF~pF 이다. 세라믹 캐패시터는 전극간의 유전체로 티탄산바륨(Titanium-Barium)과 같은 유전율이 큰 재료가 사용되고 있다. 이 캐패시터는 다른 종류에 비해 상대적으로 인덕턴스 성분이 적어 고주파 특성이 양호하다는 특징을 가지고 있어, 고주파 신호를 접지단자로 바이패스(고주파 성분 또는 잡음을 접지로 통과시킨다)시키는 고주파 바이패스에 흔히 사용된다.

캐패시터의 용량 표시에 3자리의 숫자가 사용되는 경우가 있다. 제조사에 따라 용량을 3자리의 숫자로 표시하든가, 그대로 표시하기도 한다. 3자리 숫자로 나타내는 경우에는 앞의 2자리 숫자가 용량의 제1숫자와 제2숫자이고, 3자리 째가 승수가 된다. [그림 1-8](a)에 값이 표기된 세라믹캐패시터의 예를 표시하였다. 표시의 단위는 pF(피코 패러드)로 되어 있다. 그림에서 104로 표시되어 있으므로 이의 값은 아래와 같다.

$$C = 10 \times 10^4\ [pF] = 100\ [nF]$$

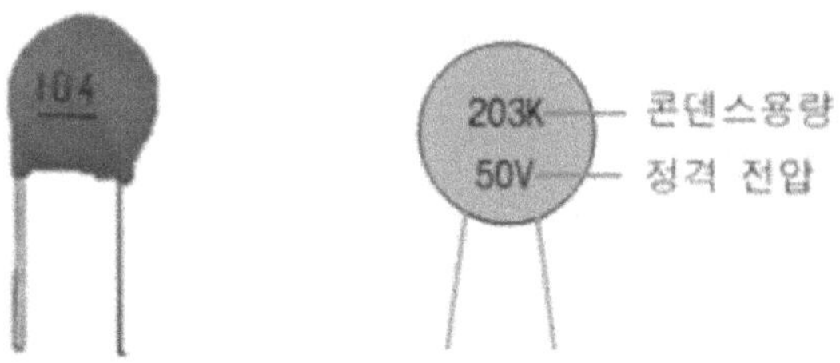

(a) (b)

[그림1-8] 캐패시터 용량표시의 예

한편, 3자리의 숫자 뒤에 알파벳이 붙을 수 있는 데 이 알파벳은 허용오차를 나타낸다. [그림 1-8](b)에는 203K로 표시되어 있으므로 캐패시터의 용량 C는 다음과 같고 정격 전압은 50V이다.

$$C = 20 \times 10^3[pF]\ \pm 10[\%] = 20\ [nF]\ \pm 10[\%] \qquad (2\text{-}6)$$

[표 1-5] 캐패시터 허용오차 코드표

문자	B	C	D	F	G	J	K	M	N	V	X	Z	P
허용 오차 (%)	±0.1	0.25	0.5	±1	±2	±5	±10	±20	±30	±20	±40	±80	±100
허용오차 [pF]	±0.1	0.5	0.5	±1	±2								

■ **적층 세라믹 캐패시터(MLCC)**

[그림 1-9](a)와 같이 적층 세라믹 캐패시터는 전극간의 유전체로 고유전율계 세라믹을 다층 구조로 사용하고 있으며, 온도 특성, 주파수 특성이 양호하고, 게다가 Chip 형태로 구현하여 소형이라는 큰 장점이 있다. 사실상 최근 대부분의 소형화된 전자제품에 실장돼 있다. 이 캐패시터는 주파수 특성이 우수하고, 소형이라는 장점으로 고주파 신호를 정합(matching)하고 직류신호 차단 및 전원잡음제거를 위한 바이패스용으로 사용된다. 온도 특성도 양호하므로 온도변화가 작아야만 하는 회로에 사용된다. 적층 캐패시터에는 몸체에 값이 표시되어 있지 않기 때문에 사용상 주의가 요구된다. 일반적으로 크기가 클수록 용량이 크다. 또한 이 캐패시터의 전극 극성은 없다.

(a) (b)

[그림 1-9] 적층 세라믹 캐패시터의 내부 구조(a) 및 용량 별 예(b)

■ **전해 캐패시터**

전해 캐패시터는 일반적으로 회로의 직류전원공급을 위한 전원단자의 잡음제거에 주로 많이 적용되며, 이를 위해 일반적으로 1μF이상의 큰 용량들이 사용된다. 이때 실제 적용되는 전원전압을 고려하고 정격전압에 유의한다. 이 캐패시터는 유전체로 전해질을, 전극으로는 알루미늄을 사용하고 있다. 유전체를 매우 얇게 할 수 있으므로 캐패시터의 체적에 비해 큰 용량을 얻을 수 있다. 특징은 [그림 1-10]과 같이 극성(플러스 전극과 마이너스 전극이 정해져 있다)이 있다는 점이다. 회로도 상에 캐패시터 표시에도 양극과 음극이 표시되며, 캐패시터 몸체에 마이너스 측 전극을 표시하는 마크가 붙어 있으며 다리가 긴쪽이 (+), 짧은 쪽이 (-)로 표시된다. 또한, 인가할 수 있는 정격전압과 정전용량도 표시되어 있다. 극성을 잘못 접속하거나, 전압이 너무 높으면 캐패시터가 파열되므로 주의해야 한다. (통상, 회로도에도 + 극성을 표시한다). 용량은 1μF부터 1000μF 범위의 것이 많이 사용된다. 아래 그림에 전해캐패시터의 예를 볼 수 있다. 용량이 클수록, 정격전압이 높을수록 큰 사이즈를 갖는다.

(a)

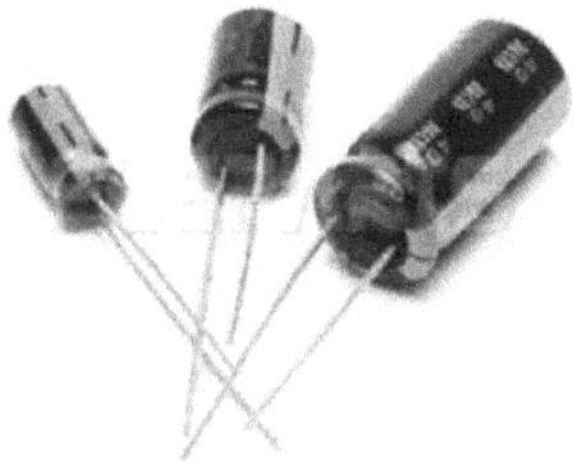

(b)

[그림 1-10] 전해 캐패시터의 심볼(a) 및 lead 타입 예(b)

■ **탄탈륨 캐패시터**

전해캐패시터와 유사한 탄탈륨 전해캐패시터는 단순히, 탄탈 캐패시터(tantalum capacitor)라고도 부르며, 전극에 탄탈륨이라는 재료를 사용하고 있는 전해캐패시터이다. 알루미늄 전해캐패시터와 마찬가지로, 비교적 큰 용량을 얻을 수 있다. 그리고 온도 특성(온도의 변화에 따른 용량변화)과 주파수 특성 모두 전해캐패시터 보다 우수하다. 이 캐패시터도 극성이 있으며, 통상, 캐패시터 자체에 (+)의 기호로 양의 전극을 표시하고 있다. 탄탈캐패시터도 극성에 주의하여 연결해야 한다. 가격은 전해캐패시터 보다 비싸기 때문에 온도에 의한 용량변화가 엄격한 회로, 어느 정도 주파수가 높은 회로 등에 사용한다. 고품질 아날로그 신호 계에는 탄탈캐패시터를 사용하나 보편적인 회로에서 전해캐패시터로도 충분한 성능을 얻어낼 수 있다.

[그림 1-11]는 탄탈캐패시터를 표시한 것이다. 좌측 상에 표현된 회로표기는 전해 캐패시터와 동일하다. 가운데에는 일반적인 도선전극 타입의 탄탈캐패시터이고 둥근머리 모습을 갖는다. 그리고 우측에는 표면실장이 가능하여 고밀도의 집적화된 회로에서 널리 사용되는 소형화된 칩(chip) 탄탈 캐패시터의 예이다. 최근 제품의 소형화에 따라 상대적으로 고가이나 대량생산에 따라 가격이 저렴해져 칩 탄탈캐패시터가 대부분 제품에 실장되고 있다.

탄탈캐패시터의 용량을 읽는 방법은 세라믹이나 전해 캐패시터 값을 읽는 방법과 매우 유사하므로 참조하면 된다.

(a) (b) (c)

[그림1-11] 탄탈 캐패시터의 심볼(a), lead 타입의 예(b) 및 칩 탄탈의 예(c)

1.2.3 인덕터

1) 인덕터의 정의 및 동작

인덕터(Inductor; L)은 에너지를 자기장 형태로 저장하는 부품으로서 고주파 교류신호를 제어 또는 정합하고 직류전류를 통과시키려는 목적에 주로 사용되는 수동부품이다. 인덕터는 [그림 1-12](a)처럼 코일(에나멜선)을 원통형 철심(자성체 또는 절연보빈)에 스프링처럼 감아 만든 2단자 부품을 말한다.

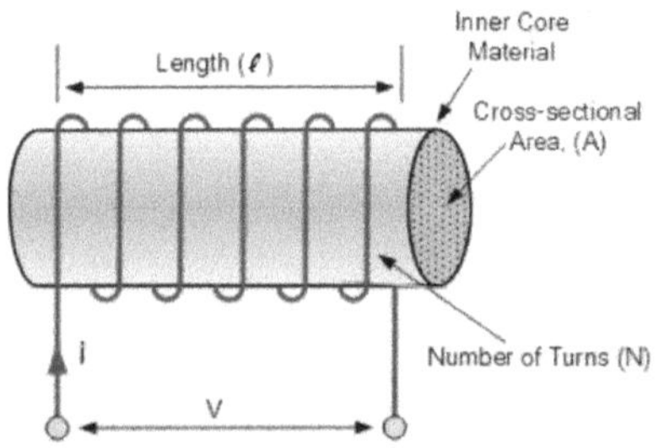

[그림 1-12] 인덕터의 구조(A:철심의 단면적, N: 감은회수, ℓ: 철심의 길이)

(a) (b)

[그림 1-13] 인덕터의 심볼 : 일반구조(a), 철심이 삽입된 구조(b)

[그림 1-14]처럼 도선에 전류가 흐르면 그 주위에 자기장(magnetic field)이 형성되며, 그 자기장의 모양을 기하학적으로 표현한 것을 자기력선(magnetic line)이라 한다. 전류가 증가하면 자기장은 증가하고 감소하면 자기장도 감소한다. 또한 변화하는 자기장은 전류의 변화에 대해 반대방향으로 코일양단에 유도전압을 발생시킨다. 이것을 렌쯔의 법칙(Lenz' s Law)이라고 하며 다음 수식으로 표현된다.

$$v(t) = L\frac{di}{dt} \text{ , L : inductance} \qquad (2\text{-}7)$$

렌쯔의 법칙에 의하면 전류가 빠르게 변할수록 유도되는 전압은 커지게 된다. 여기서, 비례계수 L을 인덕턴스라고 하며 단위는 H(henry)를 쓴다. 1H 인덕턴스는 단위 시간당 1A의 비율로 변화되면서 코일을 통해 흐르는 전류가 인덕터 양단에 1V 전압을 유도했을 때의 인덕턴스를 의미한다. 전류와 자력선의 방향과의 관계는 Ampere의 '오른 나사의 법칙' 이 적용되어 전류의 방향이 나사가 진행하는 방향이라면 자기장은 나사가 돌아가는 방향이다. 어떤 단면을 통하는 자기력선 묶음을 자속(magnetic flux)이라 한다. 전류와 전류에의해 형성된 자속은 상호 쇄교(link)한다.

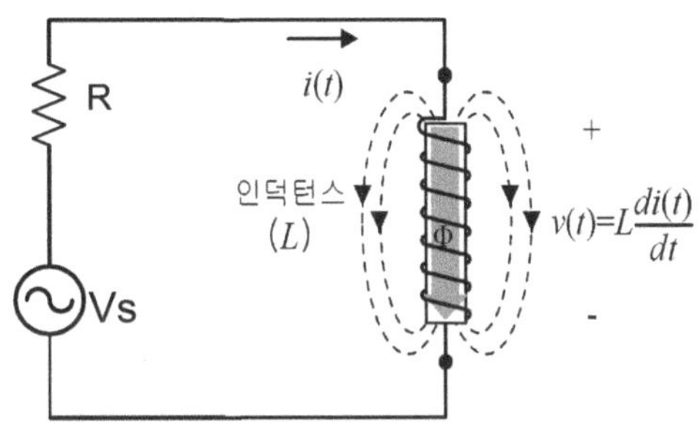

[그림 1-14] 인덕터의 기본동작

인가되는 전류가 같더라도 인덕터에 저장되는 에너지는 다르며 인덕턴스에 따라 자기장 에너지가 다르다. [그림 1-12]에서 내부코어(inner core)로 사용되는 자성체의 비투자율(μ_r)이 클수록, 코일의 단면적과 감은 횟수가 많을수록 인덕턴스는 증가한다.

$$L = \mu_r \frac{N^2 A}{l} \text{ , } \mu_r\text{: 투자율, N: 감은회수, A: 단면적} \qquad (2\text{-}8)$$

2) 인덕터의 임피던스

식 (2-8)처럼 인덕터에 변화가 빠른 교류전류(높은 주파수)를 흐르게 하면 인덕터 양단에 걸리는 교류 전압이 증가(절대 값)한다. 반대로 낮은 주파수를 갖는 교류전류에 대해서 양단에 걸리는 전압은 작다. 이를 통해 인덕터의 임피던스는 주파수에 따라 증가함을 할 수 있다. 이를 수식으로 쓰면 다음과 같다.

$$Z_L = jwL \qquad \text{j: 허수, } \omega = 2\pi f\text{: 각주파수(f), L : inductance} \tag{2-9}$$

인덕터의 교류저항(임피던스)는 주파수에 비례한다.

3) 인덕터의 용량판독

인덕터의 외관은 저항과 같은 모습을 갖기도 하고 전해캐패시터와 유사하기도 하며 칩(chip) 형태로 구현된다. 저항과 같은 외관을 갖는 경우 아래 [그림 1-15]와 같이 저항과 유사하게 표시된 컬러 코드 값을 읽을 수 있으며 전해캐패시터나 칩(chip)형태를 갖는 인덕터는 부품 값이 몸통에 기록되어있다.

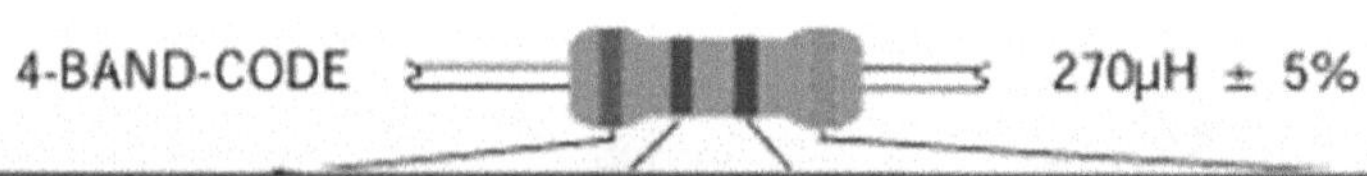

COLOR	1st BAND	2nd BAND	MULTIPLIER	TOLERANCE
BLACK	0	0	1	± 20%
BROWN	1	1	10	Military ± 1%
RED	2	2	100	Military ± 2%
ORANGE	3	3	1,000	Military ± 3%
YELLOW	4	4	10,000	Military ± 4%
GREEN	5	5		
BLUE	6	6		
VIOLET	7	7		
GREY	8	8		
WHITE	9	9		
NONE				Military ± 20%
GOLD			0.1 / Mil. Dec. Pt.	Both ± 5%
SILVER			0.01	Both ±10%

[그림 1-15] 컬러코드에 따라 인덕턴스 값을 읽는 방법

4) 인덕터의 종류

인덕터를 용도에 따라 분류하면 동조 코일, 잡음방지용 코일, 쵸크 코일, 발진 코일, 그리고 전압을 변화시킬 수 있는 트랜스포머 등으로 분류할 수 있다. 이중 일반적으로 사용빈도가 높은 잡음방지용 코일과 트랜스포머 등을 소개한다.

■ **잡음방지용 코일**

전자제품의 전원공급선이나 신호라인에 캐패시터와 함께 삽입하여 잡음의 진입을 방지하는 역할을 하며 토로이덜(toroidal) 자성체코어나 EI 모양의 코어에 감겨져 있다. 고주파용으로는 사용하지 않는다. 캐패시터와 함께 저역통과필터(low pass filter)를 구성하여 높은 주파수성분 노이즈를 제거한다. 이때, 인덕턴스 값의 정밀도는 중요하지 않다.

[그림1-16] 잡음방지용 토로이덜 코일의 예

■ **전원 트랜스포머(Power Transformer)**

전원트랜스(Power Transformer)는 인가된 입력신호 교류전압을 상호 전자유도작용을 통해 전원트랜스의 2차 측에서 입력신호 전압에 비례하여 출력신호 전압을 크게 하거나 낮춰 필요한 전압을 얻는데 사용한다. 일반적으로 가정용에서 흔히 사용되는 감압 트랜스는 가정용 전원전압 220V를 응용에 맞춰 적정 전압으로 낮춘다. 또한 승압 트랜스는 필요한 적정 전압으로 전압을 높인다.

[그림 11-17]에서 좌측 그림은 전원트랜스의 심볼을 나타내며 우측그림은 자기장의 상호유도작용 동작을 보여준다. 일차 측(primary) 인덕터에 인가된 교류전압에 의해 흐르는 교류전류에 의해 형성된 자기장이 2차 측(secondary)에 철심을 통해 유도되는 현상을 볼 수 있다. 2차측에 유도된 자기장에 의해 전압이 관측된다.

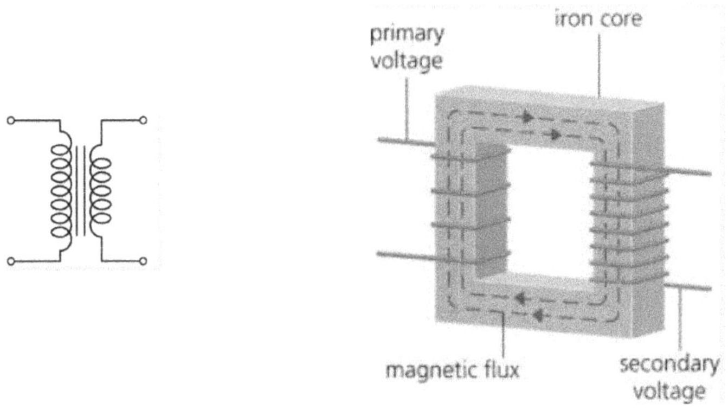

(a) (b)

[그림1-17] 전원트랜스의 심볼(a) 및 상호유도 동작(b)

[그림 1-18]에 전원트랜스의 회로적 관점에서 동작을 나타낸다. 전원트랜스의 일차측 권선수를 N1이라하고 2차측 권선비를 N2라 한다. N1이 N2보다 높으면 2차측 전압이 낮고(감압), 반대인 경우 2차측 전압이 올라간다(승압). 전원트랜스의 상호유도 작용이 이상적인 상태로 동작할 때, 1차 측 전력이 2차 측에 손실 없이 동일하게 전달된다. 즉, $V_1 I_1 = V_2 I_2$ (V_1, I_1은 1차 측 전압과 전류이고 V_2, I_2는 2차 측 전압과 전류)이다.

$$V_2 = \frac{N_2}{N_1} V_1 \qquad I_2 = \frac{N_1}{N_2} V_1 \tag{2-10}$$

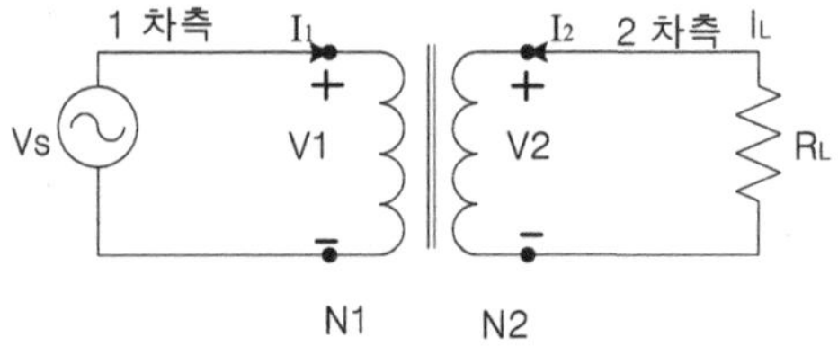

[그림 1-18] 전원트랜스의 동작회로

따라서 출력 전압이 증가 하면 출력 전류는 감소하고 출력 전압이 감소하면 출력 전류는 증가 한다. 또한 권선비에 따라 2차측 전압을 조절할 수 있다. 많이 사용되는 권선비에 따라 전원트랜스의 제품들이 이미 생산되어 있으며 회로 설계 시에는 부품목록에서 선택하여 사용하게 된다. [그림 1-19]은 전형적인 상용 전원 트랜스포머의 예를 보여준다. 1차 측에는 접지를 포함하여 3상 입력을 위한 3개 단자, 또는 접지를 제외하고 2개의 전원단자를 연결할 수 있으며, 2차 측에도 마찬가지로 3개 또는 2개의 단자를 갖는다.

[그림 1-19] 상용 전원트랜스의 예

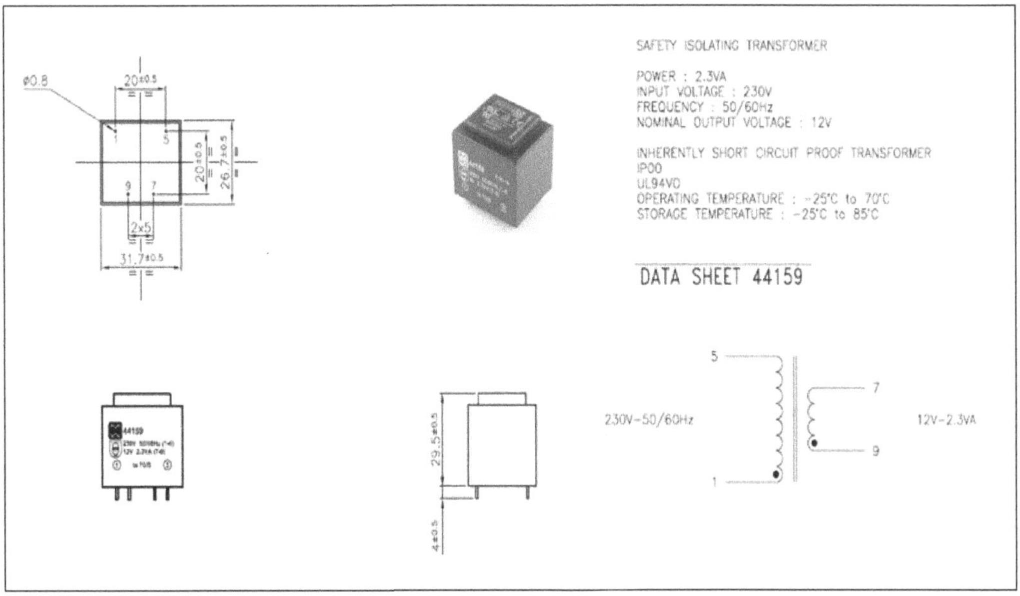

[그림 1-20] 전원트랜스의 전기 및 기구적 사양 예(DS 44159)

[그림 1-20]에는 230V(RMS 값)의 가정용 전원을 여러 전자제어회로에 많이 사용되는 전압 값인 12V(RMS값)로 감압하는 전원트랜스의 외관 크기와 등가회로, 정격전력 등을 보여준다. 접지단자가 없는 1차 측에는 2개의 교류입력단자가 있으며, 2차 측에 2개의

출력단자가 있다. 부품 데이터쉬트의 도면을 통해 어느 단자 들이 1차 측인지 구분할 수 있어야 한다. 특히 1차 측은 가정용 전원에 직접 연결되므로 단자들이 단락되는 경우 엄청난 전류가 흐르므로 세심한 주의가 필요하다. 한편 1차 측과 2차 측의 전압 비를 통해 권선비를 환산할 수 있다.

1.3 교류신호

1.3.1 교류신호의 정의

일정한 주기(T)를 갖고 반복하는 신호를 교류라 부른다. 아래 [그림 1-21] (a) 과 같이 sine 이나 cosine 같은 신호를 정현파라 부르고, [그림 1-21](b)는 사각파, [그림 1-21](c)를 삼각파라 한다.

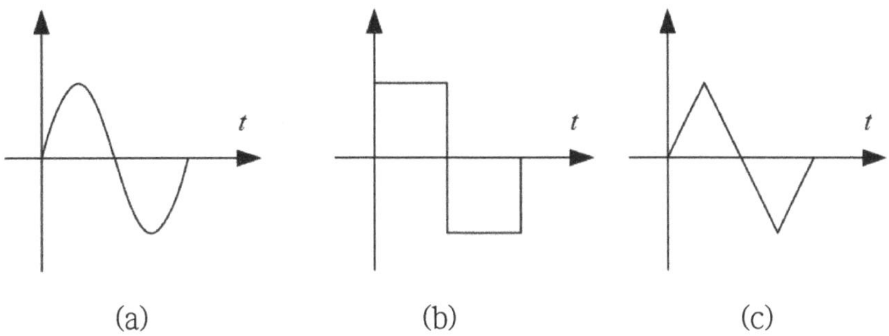

[그림 1-21] 교류신호의 종류

주기 T를 갖는 정현파는 시간축 상에서 [그림 1-22]와 같으며 한 사이클(주기, T) 구간에서 각도(또는 래디안)로 [그림 1-23]과 같이 표현된다.

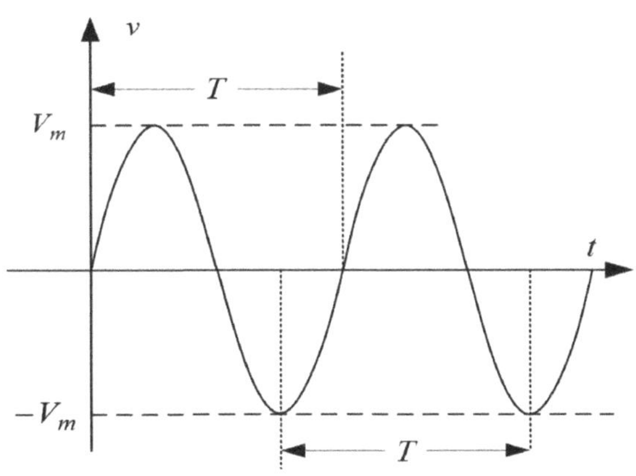

[그림 1-22] 정현파의 파형(위상각 $\phi=0$)

[그림 1-23]에서 보는 것처럼 극성은 ½사이클마다 바뀐다. 90° 와 270° 에서 정현파의 값은 최대가 되며 0° 와 180° 에서 정현파의 값은 0이다. 360° 의 한 주기(T)를 얼마

나 빠른 속도로 반복하는 가를 나타내는 것이 각속도 ω 이며 교류신호의 주파수와 관련된다. 정현파의 수학적인 표현은 식 (3-1)과 같다.

$$v(t) = V_m \sin(\omega t + \phi) \tag{3-1}$$

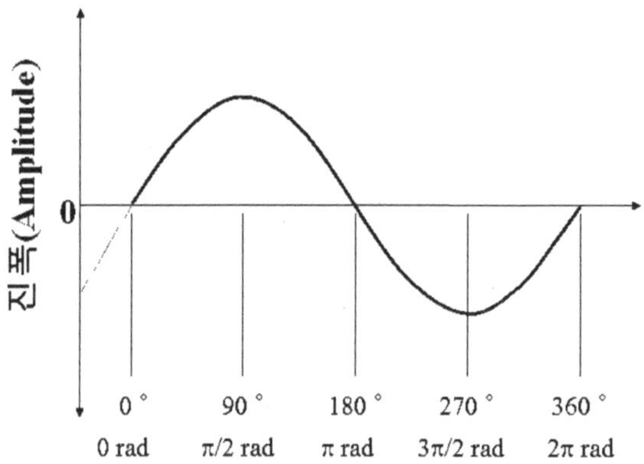

[그림 1-23] 한 주기 내에서 각도(radian)를 이용한 정현파의 표현

여기에서 V_m 은 정현파의 진폭(amplitude)이며 정현파 함수가 가질 수 있는 최대값 크기이다. ω는 각주파수 이며, ϕ는 위상각이다. 정현파는 다음과 같은 특징을 갖는다.

① 정현파는 반복되는 사이클을 갖는 주기(periodic) 함수이다.

$$v(t+T) = v(t) \;\Rightarrow\; T : \text{주기}(period) \tag{3-2}$$

② 주기와 주파수의 관계를 다음과 같이 정리하였다.

㉮ 주기(T) : 어떤 함수가 완전히 한 사이클, 즉 주기를 거치며 매 T초마다 반복된다.

㉯ 정현파의 주기와 각주파수(ω)와의 관계 : $T = 2\pi/\omega$

⇒ 1초 동안에 $1/T$ 사이클을 진행한다.

㉰ 주파수(frequency) : $f = 1/T = \omega/2\pi\,[cycle/\sec, Hertz, Hz]$

㉱ 주파수와 각주파수와의 관계는 아래 식처럼 표현되며 실제 회로에서는 각주파수 보다는 주파수를 주포 사용한다.

$$\Rightarrow \omega = 2\pi f$$

③ 정현파의 위상(ϕ)은 여러 신호들 사이에 시간적인 선후 관계를 표현하는 상대적인 개념으로 주로 사용된다. 아래 [그림 1-24]와 같이 두 교류신호들(v_1, v_2)사이에 시간

적인 순서를 각도(ϕ)로 표현한다. 따라서 sine 함수와 cosine 함수는 위상차가 90도 차이 나는 정현파들이다.

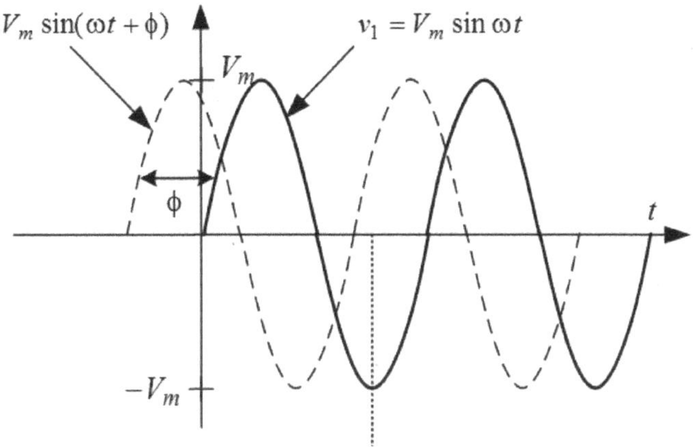

[그림 1-24] 교류신호의 위상차(ϕ)

1.3.2 교류신호의 주파수, 주기 및 파장

교류신호의 1초당 사이클(360°)의 수를 주파수(frequency)라고 하며 기호로 f를 사용한다. 정현파에서 크기와 위상이 같아지는 인접한 두 점사이가 1사이클(cycle)이다. 1초당 1사이클이 들어있으면 1 Hz 이다. 예를 들어 [그림 1-25]에 1초 동안 2사이클(cycle)들어 있어 주파수가 2Hz를 나타낸다.

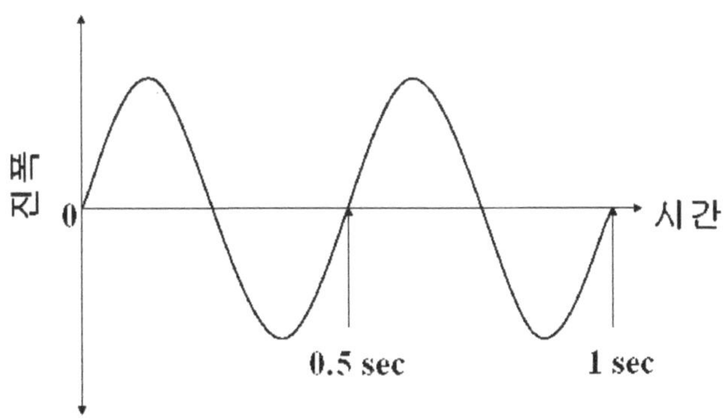

[그림 1-25] 2Hz의 주파수를 갖는 교류신호

한편, 1사이클을 형성하는 데 걸리는 시간을 주기(Period)라고 하며 기호로는 T를 사용한다. 주기와 주파수는 역수이다. 즉, $T=1/f$ 이다. 따라서 주파수가 높을수록 주기는 짧아진다. 음파(Sound waves)는 전기적인 변동이 아니라 역학적인 진동에 의해 발생하는 압력의 변동이다. 인간의 귀로 들을 수 있는 가청 주파수 범위(16~16,000 Hz)의 음파 주파수를 음향주파수(sound frequency)라고 한다. 가청 주파수 범위를 넘어선 것(16,000-수 MHz)을 초음파(Ultrasonic wave) 라고 한다. 무선주파수의 범위는 300MHz~300GHz 까지이다.

파장은 교류신호의 주기적의 변화를 거리 관점에서 고려할 때 1cycle 동안 진행한 거리를 말하며, 주파수가 높을수록 파장은 짧아진다. 이는 다음 식으로 주어진다.

$$\lambda = \frac{v}{f} = \frac{3 \cdot 10^8 m/\sec}{f} \tag{3-3}$$

여기에서 v 는 교류신호의 전파 속도이며, 전자파인 경우 $3 \cdot 10^8 m/\sec$ 이다.

1.3.3 정현파의 전압의 표시

시간에 따라 크기가 변화하는 교류신호들이 위상이 서로 다른 경우 특정시간 지점에서 크기를 비교하기는 매우 어려운 일이다. 이를 위해 직류 또는 다른 교류파형과 비교해서 상대적인 크기(주로 전압크기)를 나타낼 때 다음과 같은 것들이 사용된다.

■ **첨두치값(V_{pp}):**

교류전압신호의 최대값은 V_m이다. 첨두치 값(Vpeak to peak(V_{pp}))은 양의 최대값(V_m)으로부터 음의 최대값(V_m)까지 걸친 전압을 의미하며 $2V_m$이다.

■ **평균값(V_{avg}):**

전체 1사이클의 평균값 = 0이므로 ½사이클에 들어있는 모든 값들을 평균한 값으로 다음 식과 같이 주어진다.

$$V_{avg} = \frac{1}{T/2}\int_0^{\frac{T}{2}} v(t)\, dt \tag{3-4}$$

■ **실효값(RMS)**

교류신호를 직류와 같은 개념으로 취급하여 직접비교할 수 있도록 직류전압의 크기에 상당한 값으로 환산할 수 있도록 다음과 같이 주어진다. 계산과정은 [그림 1-26]처럼 수학 연산과정인 root mean square(rms)을 그대로 따른다.

$$V_{rms} = \sqrt{\frac{1}{T}\int_0^{T} v(t)^2\, dt} \tag{3-5}$$

교류신호가 정현파인 경우 평균 전압값 과 실효값은 다음 식으로 간단히 계산할 수 있다. 또한 정현파 교류신호에 대해 이들 값들을 개념적으로 상호 비교할 수 있도록 [그림 1-27] 에 나타냈다.

$$\text{평균값} = 0.637 \times \text{피크값}(V_m) \tag{3-6}$$

$$\text{실효값} = 0.707 \times \text{피크값}(V_m) \tag{3-7}$$

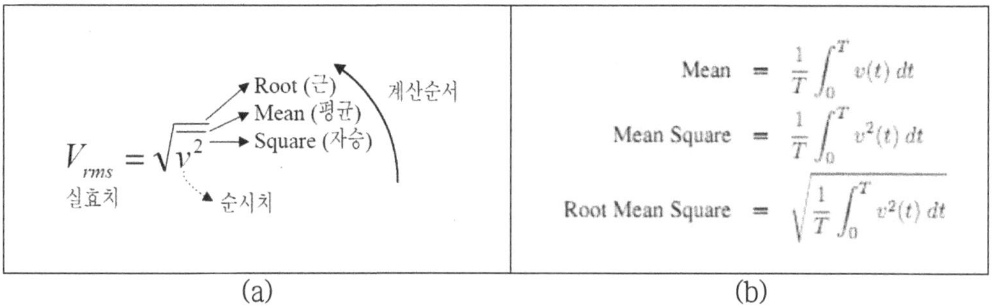

[그림 1-26] 교류전압의 실효치 계산방법(a) 및 관련 수식(b)

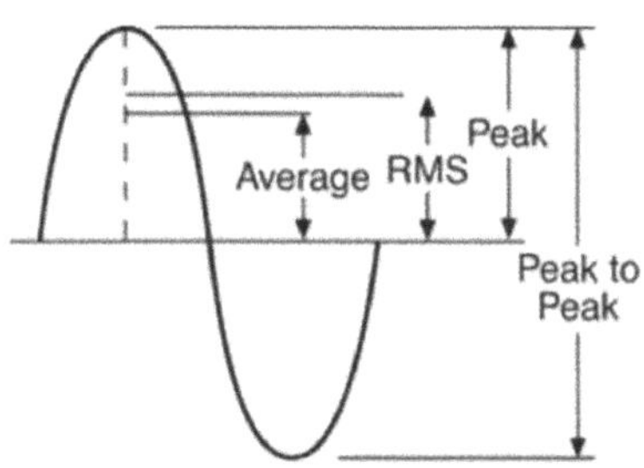

[그림 1-27] 정현파 신호의 평균값, RMS 값, 첨두치값 비교

1.3.4 교류전류

정현파 교류전압을 교류 회로에 인가하면 회로를 구성하는 모든 부품에 흐르는 전류도 정현파 교류전류가 된다. 이 교류전류는 교류전압과 동일한 주파수를 가지며 임피던스의 크기에 따라 교류전류의 크기가 달라진다. 저항에 흐르는 교류전류는 교류전압과 동일한 위상을 가지나 캐패시터와 인덕터에 흐르는 교류전류는 다른 위상차(90°)를 갖는다. 직류회로망에서 옴법칙 등을 이용하여 저항 값을 계산하여 직류전류를 계산하는 방법과 동일하게, 교류회로에서도 각 수동부품의 임피던스를 저항으로 간주하여 계산하면 교류전

류의 크기를 얻어낼 수 있다. 다만 연산과정이 보다 어려운 복소수를 포함한다.

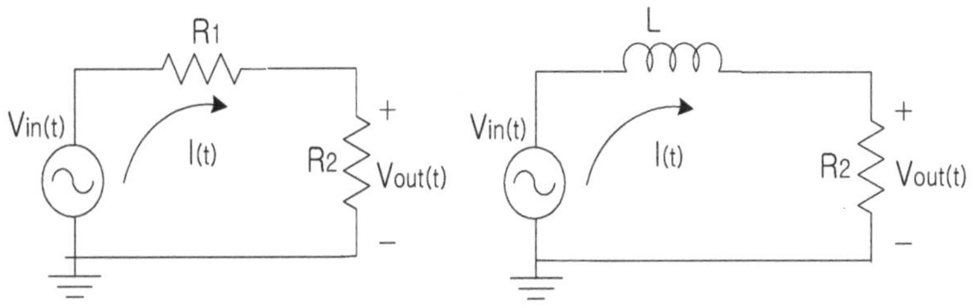

(a) (b)

[그림 1-28] 교류회로에서의 전류계산 예제

[그림 1-28](a)는 저항만이 있는 단일 루프 직렬 회로이며 루프전류는 직류회로와 같이 $I(t)=\dfrac{V_{in}}{R_1+R_2}$ 로 쉽게 얻어질 수 있다. 단지 저항들은 실수 상수 값이고 인가전압이 교류이므로 전류도 $I(t)=\dfrac{V_m \sin\omega t}{R_1+R_2}=\dfrac{V_m}{R_1+R_2}\sin\omega t$ 으로 표현된 교류이다(이때 위상 $\phi=0$). 교류전류의 주파수는 전압과 동일한 주파수임을 알 수 있다.

[그림 1-28](b) 회로도 마찬가지로 단일 루프회로이다. 차이점은 인덕터의 저항(이때 이를 교류저항 곧 임피던스라 칭함)은 $j\omega L$ 이다. 따라서 교류전류도 동일한 방식으로 계산되며 $I(t)=\dfrac{V_m \sin\omega t}{j\omega L+R_2}=\dfrac{V_m}{j\omega L+R_2}\sin\omega t$ 이다. 인가전압과 동일한 주파수를 가지나 인덕터의 임피던스가 허수성분을 가지므로 위상은 인가전압과 다르다.

1.3.5 60Hz 교류 전력선

미국에서는 모든 가정에 실효값이 115~125 V rms 정도이고 주파수가 60Hz인 교류전압이 공급된다. 국내에서는 실효값이 220V이고 주파수가 60Hz 이다. 외부에서 가정으로 들어오는 전압은 벽에 달린 여러 콘센트(outlet)와 전기장치들에 병렬로 연결된다. 가정에 220V, 60 Hz 의 상업용 교류전기를 공급하는 선을 전력선(power line), 또는 본선(main)이라고 하며 가정 내에 병렬로 연결된 모든 지선(branch line)들을 통해 각종 전기장치로 분배된다. 3개의 선을 사용하며 두 선의 전압은 1개의 접지선(ground wire)을 기준으로 각각 110V이며, 두 선 사이의 전압은 220V이다. 접지선은 대지(earth 또는 ground)에 연결하여 안전을 확보한다. 접지를 하면 감전사고의 위험을 막을 수 아니라 번개 등에 의해 발생하는 매우 높은 전압으로부터 보호할 수 있다. 60Hz 가정용 교류 전력선에 연결할 때 사용하는 플러그는 콘센트에 항상 정해진 방향으로만 꽂히는 구조로 되어 있어 접지와 확실히 연결되게 할 수 있다. [그림 1-29](a)에는 접지단자를 측면에서 볼 수 있으며 [그림 1-29](b)에는 접지가 없는 경우이다. 세탁기, 냉장고, 전자렌즈처럼 대용량이거나 수분을 취급하는 전자제품은 반드시 접지가 있는 전원플러그를 사용해야한다.

(a) (b)

[그림 1-29] 전원코드의 플러그: 접지단자가 있는 코드(a), 없는 코드(b)

1.4 오실로스코프(Oscilloscope) 사용법

오실로스코프는 규칙적으로 반복되는 디지털 신호나 아날로그 신호들을 관찰할 때 사용하며 시간에 따른 전압변화를 측정한다. 아래 오실로스코프는 2채널이 입력 가능한 Agilent 사의 2000시리즈 장비이다. 이 장비는 시간 축 상에서만 파형을 측정할 수 있음을 유념하며, 필터처럼 주파수 특성이 필요한 경우에는 별도의 데이터 처리가 요구된다.

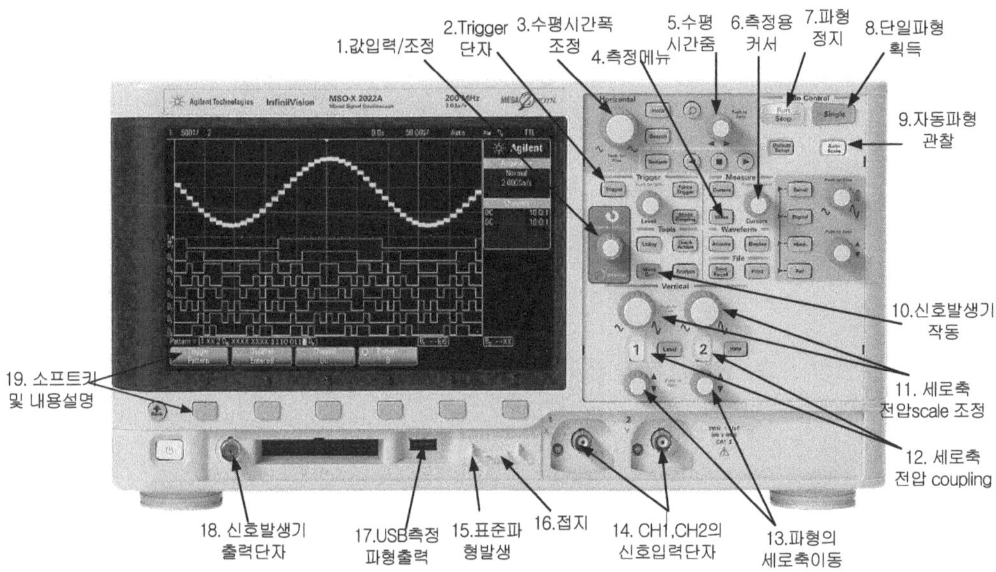

[그림 1-30] Agilent사의 2000시리즈 오실로스코프 전면 패널 설명

[표 1-6] Agilent Oscilloscope의 각 버튼 및 단자별 구체적인 사용설명

NO	항목	상세설명
1	값입력/조정 (엔트리노브)	엔트리노브는 메뉴에서 항목을 선택하고 값을 변경하는 데 사용되며 기능은 현재 메뉴 및 소프트키 선택에 따라 변경된다. 이 노브를 사용하여 값을 선택할 수 있을 때에는 언제나 노브 위에 있는 굽은 화살표 기호 에 불이 켜진다. 또한 소프트키에 엔트리 노브 기호가 표시될 때는 엔트리 노브를 사용하여 값을 선택할 수 있다. 때로는 엔트리 노브를 돌리는 것만으로 선택이 이뤄진다 .
2	Trigger 단자	오실로스코프에서 신호 캡처를 위해 트리거(trigger)하는 방식을 결정하는 컨트롤이다

3	수평시간폭 조정	수평시간축인 time/div 설정을 조정할 수 있다. 노브 아래의 기호는 이 컨트롤이 수평 스케일을 사용하여 파형을 확대 또는 축소하는 효과가 있음을 나타낸다.
4	측정메뉴	측정하고자 하는 지점의 전압신호에 대한 주기, 주파수, 크기등을 측정할 수 있는 메뉴를 갖는다.
5	수평 시간줌	이 키를 누르면 수평 time/div 조정을 할 수 있으며, 트리거 시간 기준 포인트를 선택할 수 있는 수평 메뉴가 열린다. 특정구간의 줌을 활성화 또는 비활성화 한다.
6	측정용 커서	측정 컨트롤은 다음 항목으로 구성된다. • 커서노브: 이 노브를 누르면 팝업 메뉴에서 커서를 선택할수 있으며 노브를 돌리면 선택한 커서 위치를 조정할 수 있다. • [Cursors](커서) 키: 이 키를 누르면 커서 모드와 소스를 선택할 수 있는 메뉴가 열린다.
7	파형 정지	키가 녹색이면 오실로스코프가 작동중이며, 이는 트리거 조건이 만족될 때 데이터를 수집하고 있음을 의미한다. 한번 더 누르면 파형이 멈춘다.
8	단일파형 획득	스코프에 시간축에 해당하는 구간만 신호를 캡쳐하고 정지한다.
9	자동파형 관찰	오실로스코프에서 어느 채널에 활동이 있는지 신속히 파악한 다음 , 해당 채널을 켜고 자동으로 스케일을 적용하여 입력 신호를 표시한다.
10	신호발생기 작동 (WAVEGEN)	이 키를 누르면 파형 발생기 기능을 동작시킬 수 있다
11	세로축 전압 scale 조정	volt/div, 세로축 전압 scale을 변경할 수 있다.
12	세로축 전압 coupling	이 키를 사용하여 해당 입력 채널을 켜고 끄거나 , 소프트키에 있는 채널 메뉴에 액세스할 수 있다.
13	파형의 세로축이동	디스플레이 상에 있는 파형을 세로축 상에서 이동시킬 수 있다.
14	CH1,CH2의 신호입력단자	프로브 또는 BNC 케이블을 이 BNC 커넥터에 연결한다. InfiniVision 2000 X 시리즈 오실로스코프에서 아날로그 채널입력의 임피던스는 1 MΩ으로 프로브가 1:1 인지 10:1인지 정확하게 파악하여 관련 소프트키를 세팅해야 정확한 측정이 가능하다
15	표준파형발생	표준 데모 또는 교육용 신호를 출력할 수 있고 제품의 스케일링에도 사용한다.
16	접지(Ground)	스코프장비의 접지단자로 측정을 위해서는 프로브의 접지를 항상 이 단자에 연결해야 한다.
17	USB측정파형 출력	디스플레이 상에서 볼 수 있는 파형을 파일형태로 출력 받을 수 있다.
18	신호발생기 출력단자	위의 10번 버튼이 ON되는 경우 이단자를 통해 각종 교류신호를 출력시킨다. 이때 일반적인 함수발생기 역할을 한다.
19	소프트키 및 내용설명	소프트키의 기능은 디스플레이에서 키 바로 위에 표시되는 메뉴 에 따라 변경된다.

1.4.1 신호의 트리거(Trigger)

트리거란 오실로스코프가 정확한 측정이 가능하도록 파형을 고정하는 것을 의미한다. 이를 통해 사인파 및 사각파와 같은 주기적인 신호뿐 아니라 시리얼 데이터 스트림과 같은 비주기적인 신호까지 안정적으로 표시할 수 있다. 특히 신호크기가 100mV이하로 작아지거나 잡음이 많은 신호일수록 트리거를 확실히 걸어주어야 정확한 측정을 할 수 있다. Agilent 2000series 오실로스코프 내부에 있는 신호발생장치를 이용하여 회로에 인가하는 경우 Trigger source를 'wavegen(파형발생)' 으로 맞추면 쉽게 파형을 고정하여 정확한 측정값을 얻어낸다.

1.4.2 신호발생장치(Waveform Generation)

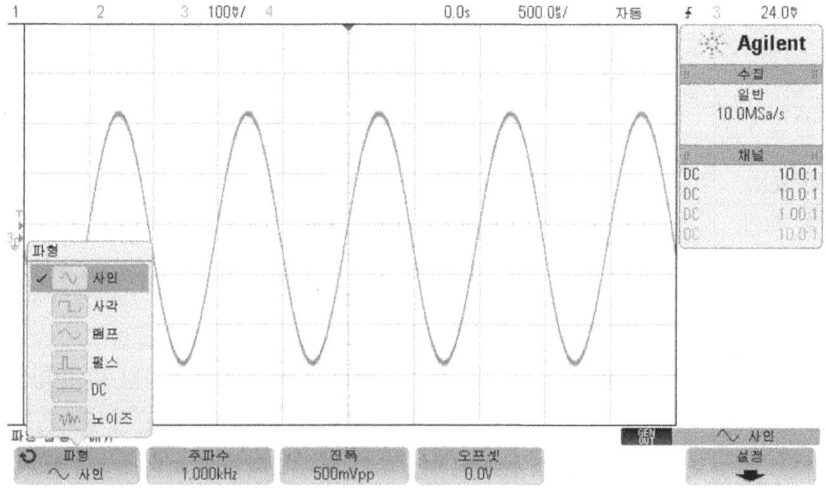

[그림 1-31]. 오실로스코프를 신호발생기로 동작시켰을 때의 화면

Agilent 2000series 오실로스코프는 자체에 함수발생기 기능을 내장하고 있다. [그림 1-31]의 10번 버튼인 '신호발생기(WAVEGEN)' 을 누르면 녹색의 불빛이 켜지고 18번 단자에서 출력신호가 발생된다. 상세한 메뉴는 19에서 설명된 소프트키 버튼을 이용하여 설정할 수 있다. [표 1-7]에 신호발생 종류의 크기나 주파수 등을 조정하는 항목들을 나열하였다. 특히 교류신호 전압의 중심전압에 해당하는 offset 크기를 조정할 수 있으며 엔트리노브를 이용하여 값의 변경이 가능하다.

[표 1-7] 오실로스코프의 신호발생출력의 상세내용

메 뉴	상세 내용
파형	Sine / Square / Lamp / Pulse / DC / Noise
주파수	Frequency / Frequency (Fine) / Cycle / Cycle(fine)
Amplitude	Amplitude / High Level / High Level(Fine)
Offset	Offset / Low Level / Low Level(Fine)
Default	1kHz Sine, 500 mVpp, 오프셋 0V, High-Z

1.4.3 교류신호 측정방법 (Channel coupling, 커서이용법)

12번 키와 관련된 소프트 키는 각 채널에 입력되는 신호의 coupling 방법과 접지위치를 표시한다. coupling 은 신호 중에 포함된 직류 offset 값을 측정대상에 포함시킬 것인지 유무를 결정하고 선택한다. 직류에 비해 교류값이 매우 적거나 교류만을 측정하고 싶은 경우에는 AC coupling을 선정함으로써 교류신호의 특성을 측정한다.

- DC coupling : 교류신호 중에 직류 값이 offset으로 포함되었을 경우 직류를 포함한 교류신호를 모두 측정하고자 할 때 사용한다.
- AC coupling: 교류신호 중에 직류 offset등을 무시하고 순수하게 교류신호만을 측정하고자 하는 경우에 사용한다.
- Gnd(Ground): 신호의 접지(ground)레벨 위치를 표시한다.

[그림 1-32]는 DC coupling을 이용하여 채널 1,2 에 모두 신호가 입력되었을 때 파형을 모두 보여준다. 각 채널의 접지위치와 div 당 전압 값을 알면 직류 offset을 가지고 있는 교류신호의 최소크기와 최대크기들을 개략적으로 파악할 수있다. 채널1의 신호의 경우처럼 직류보다 교류가 적은 경우 Ac coupling을 사용하면 직류를 제거하고 교류만의 파형을 정밀 측정할 수 있다. 한편 이들의 정확한 값은 [표 1-6]의 '4.측정메뉴' 버튼을 이용하여 주파수, 크기 등을 측정할 수 있다.

측정메뉴 바로 상단에 있는 "cursor" 버튼을 통해 교류신호의 크기, 주기, 주파수 등을 측정할 수 있으며 좀더 정확한 측정을 위해 네 개의 커서라인(x1, x2, y1, y2)을 사용한다. 시간축 상의 x1, x2 라인을 지정하여 두 지점사이의 시간차이 또는 이를 역산한 주파수 값을 계산해주며, y1,y2라인을 이용하여 신호의 절대적인 크기와 상대적인 차이를 계산해준다. [그림 1-32]에서 그 예를 볼 수 있다.

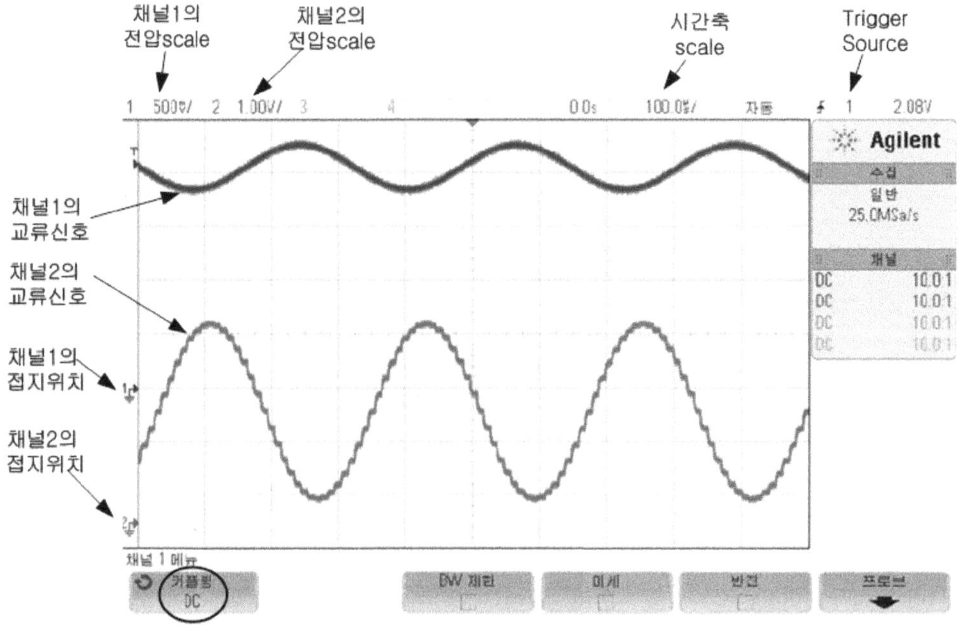

[그림 1-32] 직류offset을 포함하여 DC coupling을 선택하여 파형을 측정하는 경우의 예

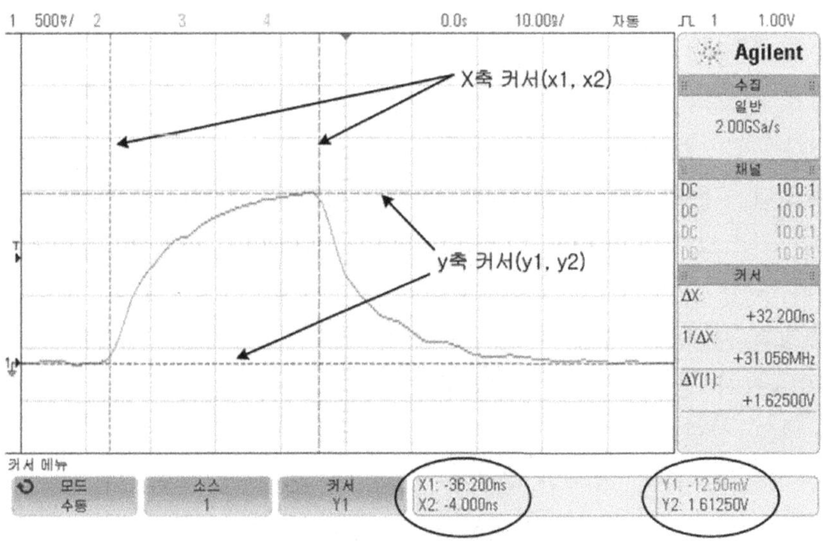

[그림 1-33] 커서들을 이용한 교류신호의 파형 측정

1.4.4 측정 오류들

주기적인 교류신호를 측정할 때 한주기 파형 중 일부만을 측정하는 에러가 종종 발생한다. [그림 1-34](a)에는 2주기의 교류신호를 볼 수 있으나 [그림 1-34](b)은 한주기 파형의 일부분만을 display 하여 그 신호의 크기나 주파수를 측정한 경우로 실제와 전혀 다른 측정값을 얻는다. 가로축의 시간축 노브를 조정하여 [그림 1-34](a)처럼 최소 2주기이상의 신호를 확보한 후 측정한다. 또한 세로축 전압 scale을 조정하여 파형이 display 화면에 충분한 공간을 차지하도록 한 후 측정해야 정확한 크기나 주파수 등을 얻어낼 수 있다.

한편, 매우 작은 전압/전류 측정할 경우에도 측정에러가 발생할 가능성이 많다. 이럴 때 세로축의 11번 노브인 volt/div을 조정하여 신호를 최대한 크게 하고 잡음을 억제한 상태에서 측정해야 에러를 줄일 수 있다. 이때 파형이 확실하게 트리거(내부 신호발생기를 사용하는 경우 트리거 소스를 "wavegen(파형발생)" 으로 맞추면 쉬운 트리거링을 얻을 수 있음)된 상태여야 측정이 가능하며 가급적 AC coupling을 통해 교류신호만을 관찰한다.

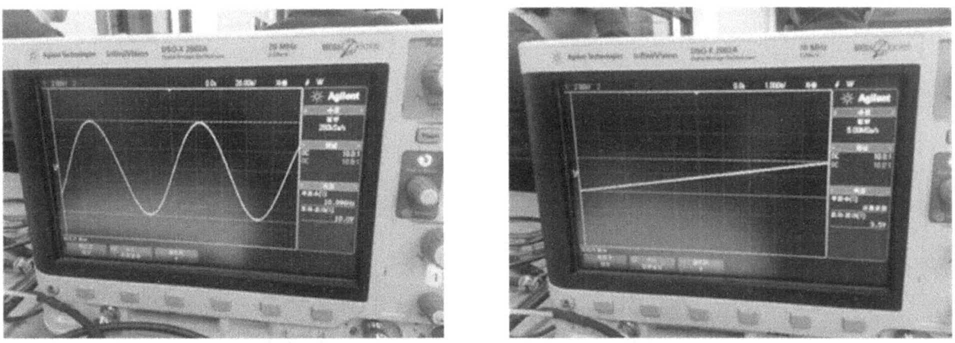

(a) 2주기 교류파형　　　　(b) 한 주기의 파형 일부

[그림 1-34] 부분적인 교류신호 측정에 따른 측정에러 사례

1.4.5 측정을 위한 회로연결용 액세서리

브레드보드상에 구현된 회로는 교류신호를 측정하기 위해서는 다음과 같은 도구가 필요하며 각 구성품의 동작과 연결 시 주의가 요구된다. 상세내용이 [표 1-8]에 있다.

[표 1-8] 회로연결에 필요한 장치 및 케이블 사용법

항목	상세내용	참고그림
교류신호용 입력케이블	한쪽은 BNC 형이며 어댑터(adapter)를 돌려 스코프와 연결하고, 반대쪽은 악어클립형태로 빨간색은 교류신호공급을 검정색은 접지를 나타낸다. 접지선은 회로의 접지와 반드시 연결이 돼야한다.	[그림 1-35](b)
스코프 프로브	스코프에 연결되는 부분은 BNC 구조이며 육면체구조의 몸체와 연결되어있다. - 연결시 어댑터(adapter) 부분만을 손으로 잡고 돌리면서 체결되어야 하며 육면체의 회로박스를 돌리는 경우 프로브가 파손된다. - 특히, 프로브가 1:1 인지 10:1인지 케이블(cable) 표기되어 있으므로 반드시 확인한다. 스코프의 14번 버튼과 관련된 소프트키에서도 같은 내용을 확인하고 다른 경우 동일하게 맞춰야 한다. - 악어클립모양의 검정색 접지선은 반드시 회로의 접지와 연결돼야 한다.	[그림 1-35](a)
직류전원 공급장치	[그림 1-37]에 직류 전원공급장치의 전면 패널을 볼 수 있다. 가운데 금속봉은 장치의 접지점으로서 교류전원선의 접지와 연결되어 실질적인 0의 전위를 가진다. 직류전원의 출력 단자쌍(p1)은 +단자와 -단자사이의 상대전압이며 -단자를 0의 전위로 맞추기 위해서는 그림과 같이 연결한다.	[그림 1-37]
전원케이블	전원케이블에서 직류 전원공급장치로 연결되는 부분은 바나나 잭이라 부르며, 반대편은 악어클립이다. 바나나잭은 전원공급장치로, 악어클립은 브레드보드의 전원공급단자로 색상에 맞춰 연결한다.	[그림 1-38]

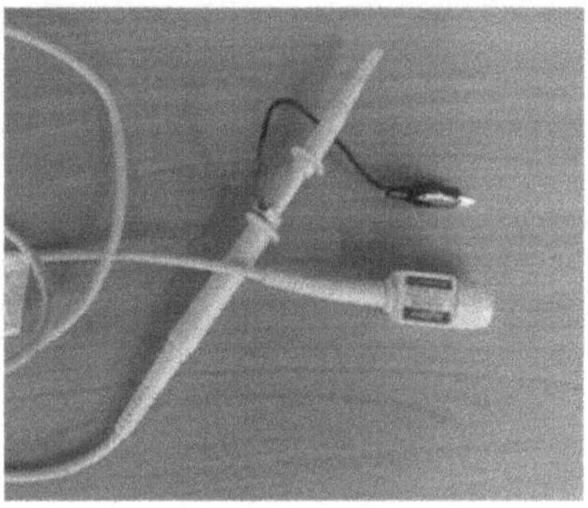

(a) 오실로스코프용 프로브

(b) 교류신호입력용 케이블

[그림 1-35] 교류회로 실험과 측정에 필요한 도구들

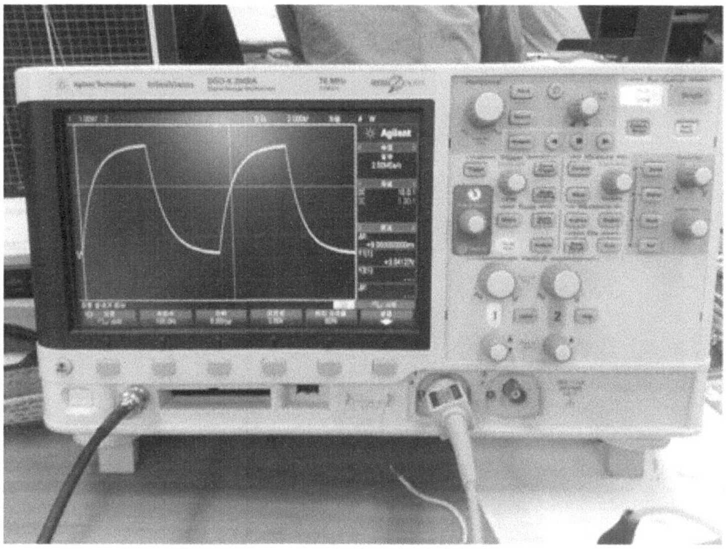

[그림 1-36] 오실로스코프와 교류신호출력용 케이블 및 프로브의 연결모습

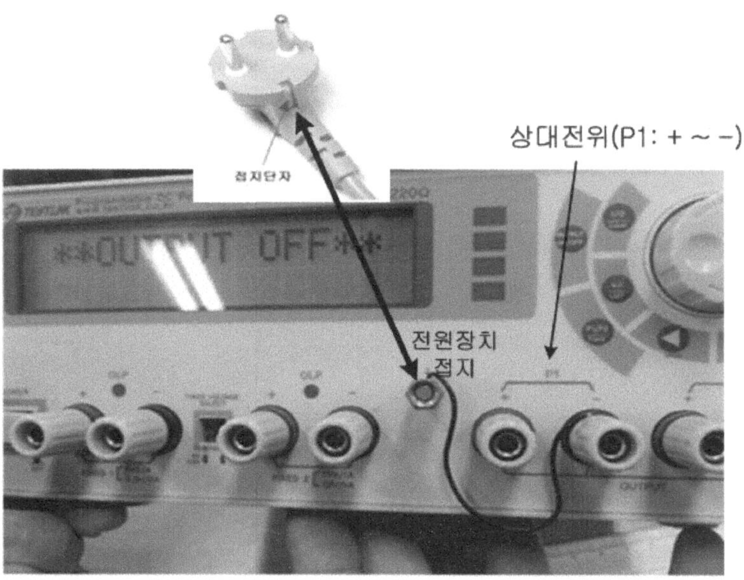

[그림 1-37] 직류 전원공급장치의 접지 연결 및 출력단자

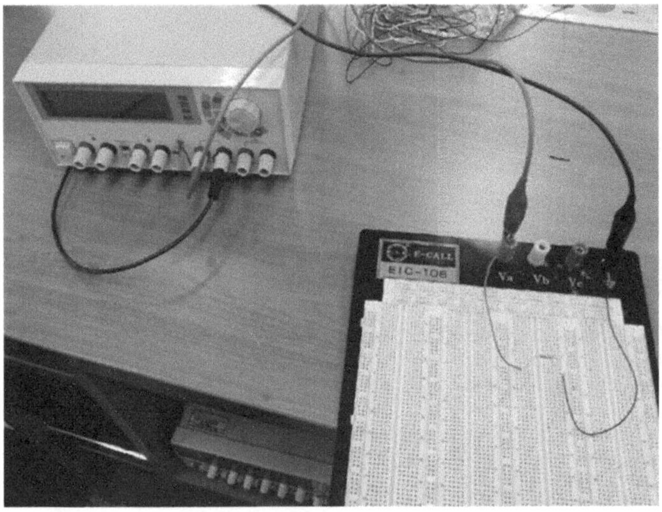

[그림 1-38] 직류 전원공급장치와 브레드보드와의 연결

실험 1 수동부품 이해 및 교류신호 측정

1. 실험목적

- 수동부품(R, L, C)의 종류, 읽는 법, 기초동작을 이해한다.
- 교류신호의 특징을 이해한다.
- 기본 교류시험 방법과 오실로스코프의 사용법을 익힌다.

2. 실험내용

1) 수동부품 이해

조별로 보유한 부품들 중에서 저항 5개, 전해캐패시터 2개, 세라믹캐패시터 2개를 선택하고 부품값과 허용오차, 정격전압 등을 판정하시오(단, 해당내용이 표시되지 않은 경우 무시할 것). 또한 저항의 경우 멀티미터로 측정한 값과 비교하시오.

2) 교류신호이해 및 오실로스코프 사용법

조별로 아래 표에서 주어진 교류 신호를 발생시키고 파형을 오실로스코프를 이용하여 측정하시오. (실험조 번호의 끝자리수를 x라 한다)

교류파형	주파수	Vpp(peak to peak)	Voffset
정현파신호	(10+x)KHz	50mV	(0.5+0.1x)V
사각파신호	10(1+x)KHz	50mV	(0.5+0.1x)V

3. 실험장치 및 부품

장치목록	악세사리	기타
-디지털멀티미터 1대 -오실로스코프 1대 -신호발생기 1대 (오실로스코프에 내장)	-브레드보드 1개 -교류신호입력용 케이블 1셋 -오실로스코프 프로브 1셋	-저항 set -캐패시터 set -회로연결용 점퍼선 (검정, 흰색)

4. 실험절차 요약

- 요구사항 파악 및 실험에 관련된 이론 이해
- 장치, 악세사리, 기타 부품들의 준비
- 설정된 목표값을 위해 팀원들의 상호 토론 및 연구
- 실험 시행 및 관련 Data 수집
- 보고서 작성 및 발표자료 준비

Test Report Template(실험 1)

실험 결과 보고서

<table>
<tr><td>과제명</td><td colspan="6"></td></tr>
<tr><td>실험 조</td><td>조(번호)</td><td></td><td>조인원수</td><td></td><td>평가결과</td><td>/</td></tr>
<tr><td rowspan="4">최초보고서</td><td rowspan="4">제출일자</td><td rowspan="4"></td><td rowspan="4">조원
이름</td><td>이름</td><td>학번</td><td>실험참가여부</td></tr>
<tr><td></td><td></td><td></td></tr>
<tr><td></td><td></td><td></td></tr>
<tr><td></td><td></td><td></td></tr>
<tr><td>수정보고서
(해당조만
작성할 것)</td><td>제출일자</td><td></td><td>개선내용
(요약)</td><td colspan="3"></td></tr>
</table>

※ 수정보고서는 최초보고서 제출 후 좀 더 나은 결과를 위해 수정을 희망하는 조에 한함.
※ 아래 양식에 준해 보고서를 작성하며 표나 그림은 반드시 번호를 넣고 제목을 작성하기 바랍니다. 또한 이들을 설명해야하며 표 제목은 상단에, 그림 제목은 하단에 표시합니다.

1. 실험 기초이론 요약

작성 안내	*아래 내용들은 본 실험에 관련된 기초 이론들이며 실험내용을 살펴보고 해당되는 내용들로 2 페이지 이내로 요약 정리한다.*

- 저항, 캐패시터 용량 읽는 법 및 정격에 대한 이해
- 오실로스코프에서 교류신호 측정법
- 교류신호에 대한 이해

2. 실험내용

2.1 수동부품 측정

조별로 보유한 저항들 중에서 5개, 전해캐패시터 2개, 세라믹캐패시터 2개를 선택하고 부품 값과 허용오차, 정격전압 등을 판정한다(단, 해당내용이 없는 경우 무시할 것). 또한 저항의 경우 멀티미터로 측정한 값과 비교한 후 오차율을 계산한다.

2.2 교류신호이해 및 오실로스코프 사용

조별로 주어진 교류 신호를 발생시키고 파형을 오실로스코프를 이용하여 측정한다. 이때 측정하는 과정을 단계별로 상세히 작성하고 설명한다.

: 스코프상의 노브(knob)를 조작하는 방법 및 순서

■ 오실로스코프 설정방법

- **세로축설정**: 작은 크기를 갖는 신호의 측정은 오실로스코프 측정에 대한 숙지가 필요하다. 필요시 매뉴얼이나 도움말 등을 참고한다. 교류신호만을 측정할 때 AC coupling 을 모드로 설정하고 세로축의 접지는 항상 중앙에 위치시킨다. 직류 offset 전압을 갖는 교류신호는 DC coupling 모드로 하고 접지위치를 적절히 낮게 잡아 직류위에 실려있는 교류신호를 측정한다. 잡음레벨에 근접할 정도의 작은 신호는 잡음에 섞인 신호를 구분하여 측정하기 위해서는 세로축 스케일(V/div)을 지속적으로 조정하여 화면상에 신호크기를 최대한 크게 한 상태에서 측정해야 정확한 값을 얻는다. 또한 신호가 트리거링 되어 화면상에 고정되어야 한다. 이때 스코프의 커서기능을 이용하면 정확한 측정에 도움이 된다.
- **가로축설정**: 입력주파수에 따른 주기 값을 염두에 두고 시간을 나타내는 가로축의 스케일(시간/div)을 적절히 조정하여 화면당 최소 2주기 이상의 신호를 확보한 후 측정해야 정확하다.
- **트리거링**: 트리거링(triggering)이란 신호를 화면에 고정하는 것으로 고정되지 않은 상태에서 측정하는 것은 매우 부정확하다. Agilent 2000 series 스코프는 스코프자체에서 신호가 발생되므로 트리거 메뉴에서 'wavegen(파형발생)' 을 신댁하면 쉽게 트리거된다.

■ 신호 발생기 설정방법

- **정현파 신호의 발생**: 사인파 파형, offset 전압, 주파수 등을 설정한다.
- **오실로스코프에서 측정된 신호크기 오류**: 신호발생기에서 설정한 크기와 오실로스코프에서 관찰한 크기가 다를 수 있으므로, 브레드 보드 회로를 거치지 않고 케이블들을 직접 연결하는 확인과정이 필요하다. 차이점이 발생한 경우 원인(예로 케이블의 scale(1:1 또는 10:1) 설정내용, 또는 오실로스코프의 각 채널 프로브 메뉴 설정내용)을 분석하고 해소한다. 확인과정이 종료된 후에 회로에 교류신호를 인가한다.

3. 실험결과 정리 및 분석

3.1 실험 방법/순서

작성 안내	*-멀티미터로 저항 측정방법과 순서를 단계별로 상세히 작성한다. -전체 실험 측정 환경 사진 및 장치들의 설정내용, 부품 목록 -스코프로 교류신호를 측정하는 과정을 단계별로 작성한다.*

3.2 측정결과 정리 및 분석

작성 안내	*측정결과들을 단순히 나열하지 않고 표나 그림을 이용하여 정리한다. 이들 표나 그림에 번호와 제목을 붙이고 그 내용을 관련 이론에 근거하여 충실하고 상세히 설명한다.*

3.3 문제점 및 개선내용

작성 안내	▪ *실험과정에서 발생했던 문제점들을 나열하고 어떻게 해결하였는지에 대한 과정과 개선된 사항들을 서술한다.* ▪ *목표대비 달성하지 못한 항목들은 상세히 나열하고 논리적이고 구체적으로 설명한다.* ▪ *실험과정에서 변경하였거나 실험목표를 재 조정하였으면 근거를 논리적이고 구체적으로 설명한다.* ▪ *이들 내용은 보고서를 우수하게 평가받는데 중요한 항목이다.*

4. 결론

작성 안내	*본 실험에서 달성하고자 하는 실험목적에 대비하여 실험과정이나 측정결과들로부터 도출된 결론을 요약하여 작성한다. 표로 작성하거나 요점위주로 개조 식으로 나열하고 간단한 설명을 추가하면 효과적이다.*

제 2장 주파수응답과 필터

내용

실험

■ 단원핵심주제 ■

- 수동부품(R, L, C)의 임피던스 개념과 주파수 특성 이해
- 공진회로의 특성과 성능 파라미터들의 이해
- 필터의 동작특성과 성능을 나타내는 파라미터들의 이해

교류회로에서 기초가 되는 수동부품은 저항과 캐패시터 및 인덕턴스이다. 저항은 주파수변화에 무관하나 캐패시터와 인덕턴스는 주파수에 임피던스가 변화하는 특성을 가진다. 전자기기나 통신시스템에서 주파수 변화에 따라 시스템의 특성이 변하는데 이를 주파수 응답특성이라 한다. 시스템의 주파수 응답특성을 파악하기 위해서는 기본이 되는 수동부품의 임피던스를 이해가 우선이다. 캐패시터와 인덕터의 임피던스를 정의하고 주파수에 따른 임피던스 변화를 알아본다.

또한 전자기기나 통신회로에서 필수 부품인 필터는 캐패시터와 인덕터가 핵심부품이다. 각종 필터들의 구성을 알아보고 동작을 이해하며, 이들의 성능을 나타내는 파라미터들을 소개한다.

본 단원의 후반부에서는 저역통과필터와 대역통과필터에 대해 실험을 수행하고 설계목표를 정하여 이를 달성하는 과정을 전개한다. 이를 통해 주파수응답 특성과 필터에 대한 이해를 할 수 있도록 한다.

2.1 수동부품의 주파수응답

2.1.1 수동부품과 임피던스

전자부품에서 수동부품라고 할 수 있는 것들로 저항(R: Resistor), 인덕터(L :Inductor), 캐패시터(C: Capacitor)]를 들 수 있다. 저항은 주파수와 무관하며 인덕터와 캐패시터는 주파수에 따른 특성변화를 나타낸다.

한편, 직류에서 저항이 회로에서 전류를 제어하는 개념과 마찬가지로, 교류에서는 임피던스(impedance) 개념을 사용한다. Impedance라는 단어를 사전에서 찾아보면 '방해, 저지' 라는 의미의 단어이다. 언뜻 회로의 저항(resistance)라는 개념과 매우 유사하다. 기본 정의는 다음과 같은 오옴(Ohm)의 법칙에 따른다.

$$Z = \frac{V}{I}$$

여기에서 V는 교류전압이고 I 는 교류전류이다. 즉, 임피던스는 회로상의 특정위치에서의 교류전압과 교류 전류의 비이고 직류와 마찬가지로 교류전류를 제어한다. 저항(resistor)은 전력소모(dissipation)의 개념보다 함께 부하(load)의 개념이 더 널리 사용되듯이, 임피던스 역시 부하와 관련된 개념으로 더욱 활용된다. 중요한 차이점은, 임피던스는 철저히 주파수를 가진 교류회로에서 응용되는 개념이라는 점이다. 즉 임피던스는 주파수와 무관한 순수저항 R을 비롯하여 주파수 개념이 포함된 인덕터와 캐패시터에 대한 개념이 포함된 보다 큰 교류개념의 저항이다.

임피던스는 복소수이며 실수 성분인 저항 성분 R과 허수 성분인 리액턴스 성분 X로 구성된다. 단위는 ohm 이다.

$$Z = R + jX \tag{1-1}$$

■ 저항 R

저항은 전류의 흐름을 방해하여 전류의 크기를 조절하므로 신호의 크기를 감쇄시키는 도구로 사용된다. 저항에서의 전류-전압 관계는 옴(ohm)의 법칙에 따라 다음 수식으로 표현된다.

$$V = IR \tag{1-2}$$

식 (1-2)에서 전압(V)이나 전류(I)는 직류 또는 교류 모든 상황에서 동일하게 적용된다. 저항 R에 대한 임피던스를 Z_R이라고 표현하면 Z_R은 다음과 같이 표현된다.

$$Z_R = R \tag{1-3}$$

여기에서 저항 R은 주파수와 무관한 일정한 값을 가진다.

■ 인덕터 L

인덕터에서 전압-전류 관계는 다음의 미분 식(1-4)로 표현된다.

$$v(t) = L\frac{di}{dt}\ , \qquad \text{L : inductance} \tag{1-4}$$

인덕터에 교류전류가 흐르면 그 변화 값(주파수)이 클수록 높은 전압이 걸린다. 직류전류가 흐를 때 인덕터 양단에 걸린 전압은 0의 값을 가진다. 윗 식에 페이저(phasor)를 도입하여 인덕터 L의 임피던스(리액턴스) Z_L를 구하면 다음과 같다.

$$V = L \cdot j\omega \cdot I \text{, 여기에서 j는 허수, } \omega = 2\pi f \text{는 각주파수} \tag{1-5}$$

$$Z_L = \frac{V}{I} = j\omega L \tag{1-6}$$

높은 주파수를 가진 교류신호가 흐를 때 임피던스는 커지며 교류전류가 작게 흐른다. 반면에 낮은 주파수로 갈수록 교류전류가 잘 흐른다. 이를 통해 인덕터는 높은 주파수를 갖을수록 감쇠가 심하고, 낮은 주파수 신호일수록 잘 통과시킨다. 고주파 회로 또는 잡음 차단용으로 사용하며, 필터에서 특히 중요한 부품으로 사용된다. 인덕터의 주파수에 따른 임피던스의 크기 변화를 [그림 2-1]에서 볼 수 있다.

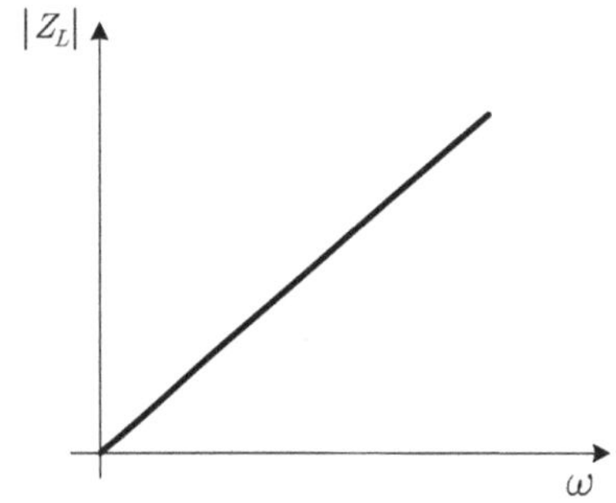

[그림 2-1] 인덕터 임피던스의 주파수 특성

■ **캐패시터 C**

캐패시터에서 전압-전류 관계는 다음의 미분식으로 표현된다.

$$i(t) = C\frac{dv}{dt} \quad , \text{C : capacitance} \qquad (1\text{-}7)$$

캐패시터는 순간적으로 변화하는 직류전압이나, 주기적으로 변화하는 교류전압에 대해 캐패시터에 전류가 흐른다. 반면에, 전류변화가 없는 직류전압이 인가될 때에는 전류 값이 0이다. 충전되는 캐패시터에서는 직류전압이 걸릴 때, 인가되는 전압까지 완충(100% 충전)될 때까지만 순간전류가 흐르나 이후에 전류 값은 0의 값을 가진다. 방전시에도 동일한 개념이 적용된다. 식 (1-7)에 페이저(phasor)를 도입하여 캐패시터 C의 임피던스(리액턴스) Z_C를 구하면 다음과 같다.

$$I = C \cdot j\omega \cdot V \quad \text{,여기에서 j는 허수, } \omega = 2\pi f \text{ 는 각주파수} \qquad (1\text{-}8)$$

$$Z_C = \frac{V}{I} = \frac{1}{j\omega C} = \frac{-j}{\omega C} \qquad (1\text{-}9)$$

인덕터와는 반대로 높은 주파수를 가진 교류전압 신호가 걸릴 때 임피던스는 작아지며 큰 교류전류가 흐른다. 반면에, 작은 주파수로 갈수록 임피던스가 커져 교류전류가 줄어든다. 이를 통해 캐패시터는 높은 주파수를 갖는 고주파 신호일수록 잘 통과시키고 저주파 신호들을 감쇄시키는 특성을 갖고 있다. 전원회로에서 잡음제거용 바이패스(bypass)

용으로 사용하며 필터에서 중요한 부품으로 사용된다. 캐패시터의 주파수에 따른 임피던스의 크기변화를 [그림 2-2]에서 볼 수 있다.

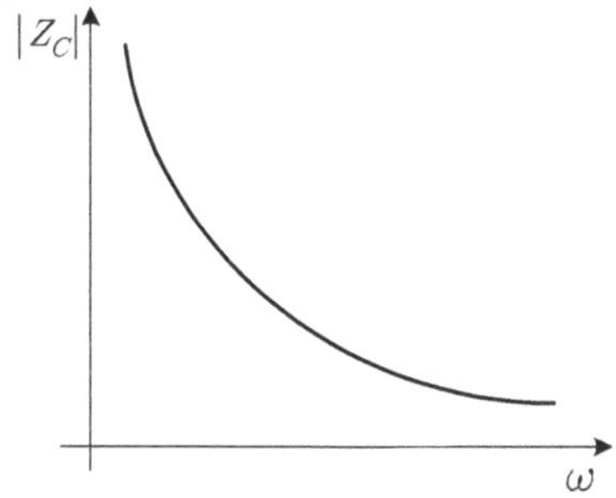

[그림 2-2] 캐패시터 임피던스의 주파수 특성

2.1.2 수동부품의 주파수 응답

주파수응답(frequency response)이란 시스템에 입력된 교류신호에 대해 시스템 전달 특성에 따라 출력신호의 크기와 위상(또는 지연)이 주파수에 따라 변화하는 특성을 말한다. 그렇다면 주파수 변화에 따라 시스템의 특성을 변화시키는 근본 요인은 무엇일까? 시스템은 능동(트랜지스터 및 IC류) 및 수동부품(R,L,C) 들로 구성되고 이들은 주파수에 따라 임피던스가 변화한다. 즉, 임피던스 함수로 표현된 시스템 특성이 주파수에 따라 변하기 때문이다. 시스템은 증폭기, 수신기, 송신기, 변복조장치 , 그리고 본 단원에서 주로 다루는 필터들이다. 능동부품들의 주파수 특성은 이후 전개되는 이론들에서 소개될 예정이다. 수동부품들 중에서 저항의 임피던스($Z_R = R$)는 주파수와 무관한 반면, 인덕터와 캐패시터의 임피던스는 식 (1-6)과 식 (1-9)에서 주어진 바와 같이 주파수에 따라 서로 상반된 변화 값을 가진다.

2.1.3 공진회로(RLC)의 특성

공진회로는 항상 인덕터와 캐패시터의 조합이며 주변의 손실성분(R)을 포함하여 일반적으로 RLC 수동부품들로 구성된다. 인덕터에 흐르는 전류는 주변에 자기장의 형태로 에너지를 저장하며 주파수에 따른 임피던스 변화는 [그림 2-4]와 같이 주파수가 증가할수록 커진다. 반면에 캐패시터는 두 개의 도체판 사이에 인가되는 전압에 의해 전기장형태로 에너지를 저장하며 주파수에 따른 임피던스 변화는 [그림 2-4]와 같이 주파수가 증가할수록 임피던스가 감소하는 특성을 가진다. 인덕터와 캐패시터를 동시에 포함하는 공진회로에서는 두 종류의 에너지를 서로 주고받다가 고유 진동주파수에서 평형을 이룰 때 공진이 형성되며 이때 전체 임피던스는 저항성분만을 나타낸다. 또한 공진 시에는 캐패시턴스와 인덕턴스 리액턴스 성분은 서로 상쇄되므로 임피던스는 순 저항성분만 남게 된다. 따라서, 어떤 회로의 합성임피던스를 구하고, 이의 허수부가 "0"이 되는 조건을 찾으면 이 조건에서 공진주파수가 결정된다.

■ 직렬공진회로

RLC 직렬공진회로는 [그림 2-3]과 같이 R, L, C가 직렬로 연결된 회로에 교류전원을 걸어준 회로이다. 임피던스 개념을 도입하여 이 회로의 총 임피던스와 공진주파수를 구해본다.

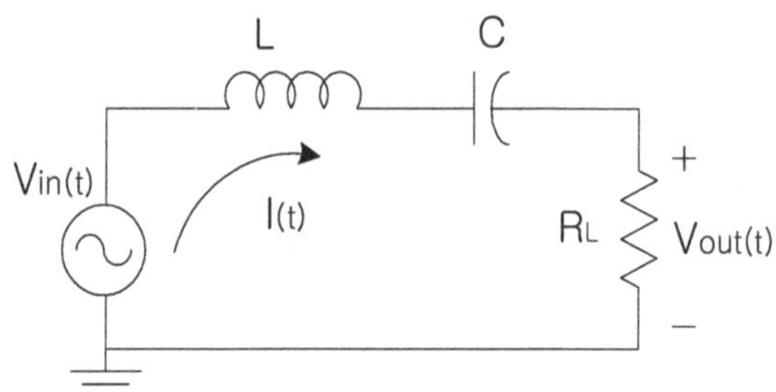

[그림 2-3] RLC 직렬공진회로

우선 직렬공진회로에 입력되는 교류전압은 아래 식으로 표현된다고 한다.

$$V_{in}(t) = V_p \sin\omega t \quad (1\text{-}10)$$

각 부품들 R, L, C가 직렬로 연결되어 있으므로 전체의 임피던스는 직렬로 연결된 저항과 동일하게 단순히 더해서 얻어진다.

$$\boldsymbol{Z} = \boldsymbol{Z}_R + \boldsymbol{Z}_L + \boldsymbol{Z}_C = R + j\omega L + \frac{1}{j\omega C} = R + j(\omega L - \frac{1}{\omega C}) \quad (1\text{-}11)$$

여기에서 허수부분을 리액턴스(reactance)라 칭하는 데 이 부분이 0의 값을 가지는 주파수에서 회로는 공진한다고 하고, 이를 공진주파수라 한다. 즉, 공진은

$$\omega L - \frac{1}{\omega C} = 0\text{, 즉 } \omega_o = \frac{1}{\sqrt{LC}} = 2\pi f_o \quad (1\text{-}12)$$

일 때 일어난다. 따라서 공진주파수는

$$f_o = \frac{1}{2\pi\sqrt{LC}} \tag{1-13}$$

가 된다. 위 식(1-11)이 복소수로 표현되었으므로 전체 임피던스 크기는 복소 연산을 통해 다음과 같이 구해진다.

$$|\boldsymbol{Z}| = \sqrt{R^2+(\omega L-\frac{1}{\omega C})^2} \tag{1-14}$$

교류전압(V_{in})이 직렬공진회로에 인가되며 직류회로와 마찬가지로 저항과 같은 개념인 임피던스가 작을수록 회로에 흐르는 교류전류는 커진다.

직렬 공진회로에서 주파수 변화에 따른 전체 임피던스 크기 변화를 [그림 2-4]에서 볼 수 있다. 공진주파수를 중심으로 낮은 주파수에서는 캐패시터의 임피던스가 지배적이어서 직류에 가까울수록 무한대 임피던스를 갖으며, 높은 주파수에서는 인덕터 임피던스 크기가 지배적이고 더욱 고주파에 접근할수록 역시 큰 임피던스를 갖는다. 저항은 전체 임피던스의 주파수 특성에 영향을 주지 못한다. 직렬공진회로 공진주파수에서 임피던스 허수는 0이고, 순수 저항 성분만 가진다. 큰 교류전류가 흐르나 이는 저항 값에 의존한다. 따라서 직렬 또는 병렬 공진회로는 특정 주파수를 선별할 수 있는 능력을 갖기 때문에 흔히 각종 필터에 많이 사용된다.

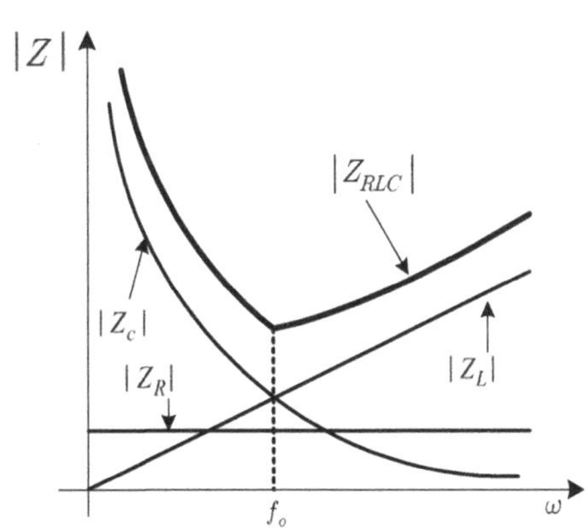

[그림 2-4] 직렬공진회로에서 각 부품의 주파수에 따른 임피던스 변화

실제로 100MHz 이상의 고주파 대역에서는 인덕터 성분에 의해 주파수응답이 크게 영

향을 받는다. 그러나 일반 전자회로 교과과정에서 취급하는 주파주 대역은 훨씬 낮은 주파수 대역이므로 주로 콘덴서 성분에 의해 주파수응답이 좌우되며 인덕터 성분의 영향은 극히 미미하여 일반적으로 무시된다. 따라서 주파수응답은 콘덴서 성분에 의해 주로 결정된다.

다음은 직렬공진회로의 전달특성을 구해보기로 한다. 부하저항 R의 양단에 걸린 전압을 출력전압이라고 가정할 때 전압분배법칙에 따라 출력전압은 아래식과 같다.

$$V_{out} \equiv \frac{V_{in} R}{R + j(\omega L - \frac{1}{\omega C})} \tag{1-15}$$

$$\frac{|V_{out}|}{|V_{in}|} = \frac{R}{\sqrt{R^2 + (\omega L - \frac{1}{\omega C})^2}} \tag{1-16}$$

이 값을 주파수 $f = \omega/2\pi$ 의 함수로 그리면 [그림 2-5]과 같다.

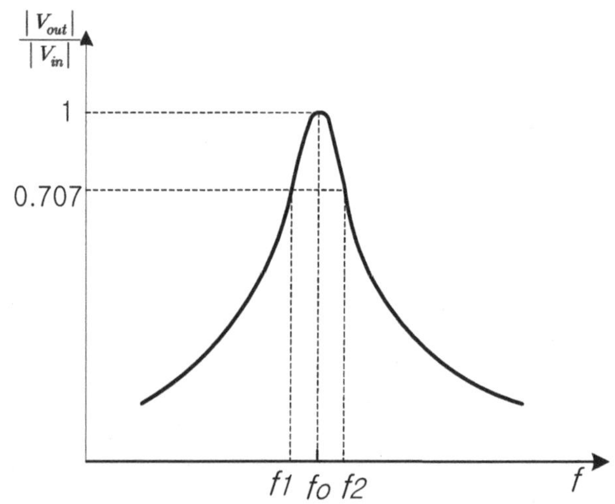

[그림 2-5] 직렬공진회로에서 주파수에 따른 전달 특성

직렬공진회로에서는 공진주파수(f_0)에서 허수 부분이 0의 값을 가지므로 임피던스 크기가 제일 작아져 입력전압이 출력에 그대로 나타나는 특성을 갖는다. 따라서 입력과 출력의 전압크기 비는 $|V_{out}|/|V_{in}| = 1$이다. 즉, 공진주파수를 중심으로 한 주파수들을 갖

는 신호들만이 주로 출력단에서 검출되며 다른 주파수 성분들은 큰 임피던스로 인해 출력단에서 관측되지 않는다. 이러한 특성은 대역통과필터로 사용되고 그 중심은 공진주파수(f_0)이다. 공진주파수를 중심으로 좌우로 최대 출력에 비해 0.707(70.7%) 값을 제공하는 상위주파수와 하위주파수의 차이를 3dB 대역폭(bandwidth)이라 부른다.

■ 공진기 Q와 주파수 응답

공진기에서의 Q(Quality factor)는 주파수 선택 특성품질을 의미하며 그 정의는 아래와 같다.

$$Q = \omega_0 \frac{\text{공진기의 평균저장에너지}}{\text{공진기의 손실에너지}} \tag{1-17}$$

공진기에서 저장되는 에너지와 공진회로를 구성하는 인덕터와 캐패시터에서 발생하는 손실의 비에 주파수개념을 적용한 수식이다. 다음은 일련의 유도과정을 통해 직렬공진회로에서 결정된 Q 값을 나타낸다.

$$Q = \frac{\omega_o L}{R} = \frac{1}{\omega_0 RC} \tag{1-18}$$

위 식에서 R은 [그림 2-3]의 부하저항 R_L과 다르며 이상적이지 않은 실제 인덕터와 캐패시터에 내재된 저항성분을 의미한다. 따라서 위 식(1-18)에서 Q 값은 단지 인덕터와 캐패시터만으로 구성된 공진회로만의 '무부하 Q_U (unloaded Q)' 이다. 실제로는 전원공급을 위한 저항 또는 [그림 2-3] 과 같이 출력 신호를 얻기 위한 부하저항(R_L)이 필요하며 이를 고려하여 새로운 Q값을 계산하는 데 이를 실질적인 직렬공진회로에서 Q 값이며 '부하 Q_L(loaded Q)' 라 칭한다. 일반적으로 Q_L 값은 Q_U 보다 작다. 따라서 실제 적용되는 높은 Q_L 값을 얻어내기 위해서는 시스템의 특성을 정확히 알아야 한다.

[그림 2-5]의 직렬공진회로의 전달특성이 주어졌을 때 공진기의 Q 값을 계산 할 수 있으며 다음 식과 같다.

$$Q = \frac{f_0}{f_2 - f_1} = \frac{resonace\ frequency}{3\,dB\ Bandwidth} \tag{1-19}$$

즉, 주어진 공진주파수에서 대역폭이 작을수록 높은 Q값을 가지며 전달 특성이 예리한 대역통과필터 특성을 나타낸다. [그림 2-6]는 공진주파수가 같고 Q 값이 다른 여러 공진곡선을 그린 것이다. 그림에서 보듯이 Q 값이 클수록 공진곡선의 폭이 좁아져 예리한 특성을 나타내는 것을 알 수 있다. 이것은 입력단자에 여러 주파수가 섞여서 들어올 때, 원하는 주파수만을 선별하는 기능이 더 뚜렷해지는 것을 뜻한다.

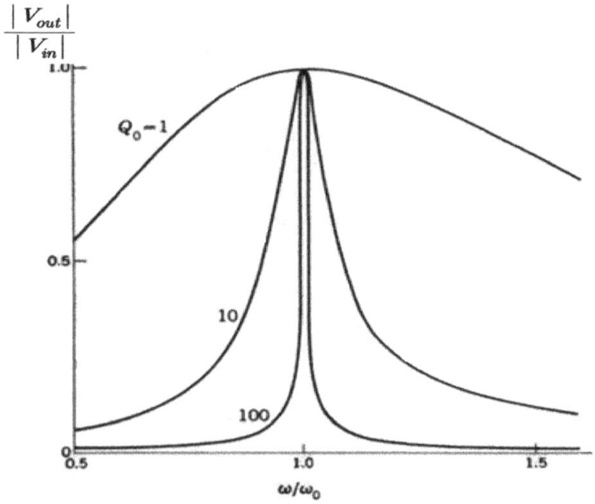

[그림 2-6] 여러 가지 Q 값에 따른 주파수 응답

한편, 인덕터와 캐패시터를 병렬로 연결한 병렬공진회로의 전형적인 회로는 다음 [그림 2-7]과 같다.

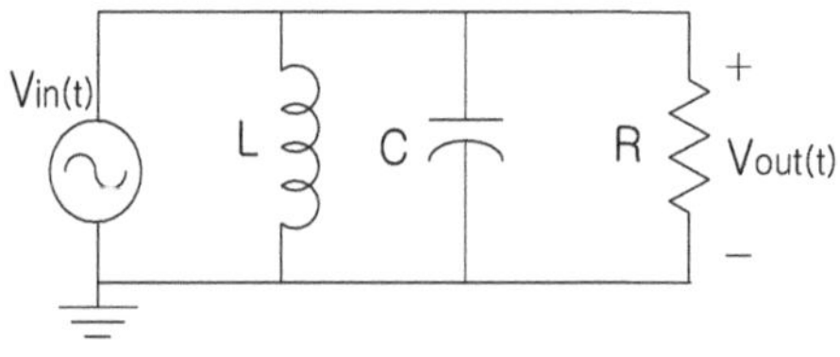

[그림 2-7] 병렬공진회로

직렬공진회로와 마찬가지로 병렬 공진회로의 공진주파수는 다음 식 (1-20)과 같다. 병렬공진회로에서도 공진시, 인덕터의 임피던스와 캐패시터의 임피던스가 상쇄되어 순 저항 특성만 나타낸다.

$$f_o = \frac{1}{2\pi\sqrt{LC}} \tag{1-20}$$

[그림 2-7] 회로에서 전체 임피던스와 이의 크기는 다음 식들로 주어진다

$$\frac{1}{Z}=\frac{1}{R}+j(\omega C-\frac{1}{\omega L}) \tag{1-21}$$

$$|Z|=\frac{1}{\sqrt{\frac{1}{R^2}+(\omega C-\frac{1}{\omega L})^2}} \tag{1-22}$$

병렬공진회로에서의 Q(quality factor)는 직렬공진회로와 마찬가지로 $Q=f_0/(f_2-f_1)$ 로 정의되나 무부하 Q 값은 $Q_U=\omega_0 CR=R_1/(\omega_0 L)$ 로 표현된다. 즉, Q는 병렬로 연결된 L ,C의 기생저항성분 R 크기에 비례한다.

2.2 신호전달 개념

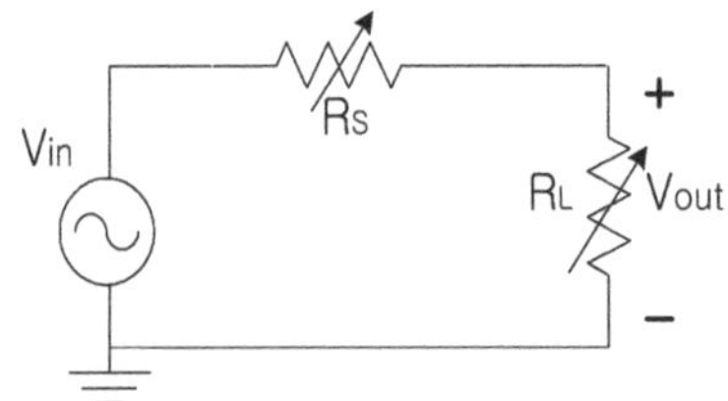

[그림 2-8] 신호전달 이해를 위한 회로

교류입력신호가 시스템을 통해 출력되는 경우, 교류신호 전달과정을 [그림 2-8] 과 같이 간단히 2개의 저항회로로 표시할 수 있다. 이때 편의상 저항들은 주파수변화에 따라 변화하는 교류저항(임피던스)을 상징한다. 부하저항(R_L)에 걸린 전압을 출력전압이라 할 때 이는 전압분배법칙에 따라 다음과 같이 쓸 수 있다.

$$V_{out} = \frac{R_L}{R_s + R_L} \cdot V_{in} \qquad (2\text{-}1)$$

전달이득을 A라 할 때 $A = \frac{V_{out}}{V_{in}} = \frac{R_L}{R_s + R_L}$ 이다.

전달이득이 1에 접근하여 출력 단에 입력교류신호가 모두 검출될 때 신호가 100% 전달되었다고 한다. 이 경우는 저항 R_L 이 주파수 변화에 따라 매우 크게 증가하여 $R_s \ll R_L$가 될 때 R_s을 무시할 수 있게 될 때다. 또한 주파수 변화에 따라 R_s 값이 주파수 변화에 따라 고정된 부하저항(R_L)에 비해 매우 작게 되어($R_s \ll R_L$) 이를 무시할 수 있게 되는 경우도 있다. 이때 우리는 전달이득이 $0.707(70.7\%) = 1/\sqrt{2}$ ~ 1(100%) 범위의 값을 가질 때, 시스템을 지나 출력 단에 나타난 입력신호는 '시스템을 통과' 하였다고 하고 이에 해당되는 주파수 범위를 3dB 대역폭이라 한다. 반대로 전달이득이 0 ~ $0.707(70.7\%) = 1/\sqrt{2}$ 값의 범위를 가질 때 시스템을 지나 출력단에 나타난 입력신호는 '차단' 되었다고 하고, 이에 해당되는 주파수범위를 차단 주파수영역이라 한다.

이들을 정리 해볼 때 주파수 변화에 따라 직렬 경로 상에 있는 R_s에 비해, 션트(shunt)로 연결된 부하저항 R_L 값이 상대적으로 커지는 경우 신호전달 이득(A)가 증가하며, 반대로 션트(shunt)로 연결된 부하저항 R_L 에 비해 직렬경로 상의 저항 R_s값이 상대적으로 커지는 경우, 인가된 교류신호의 전압이 모두 R_s 양단에 걸려 최종 목적지인 R_L에는 전압이 걸리지 않아 결국에는 전달이득(A)가 작아진다.

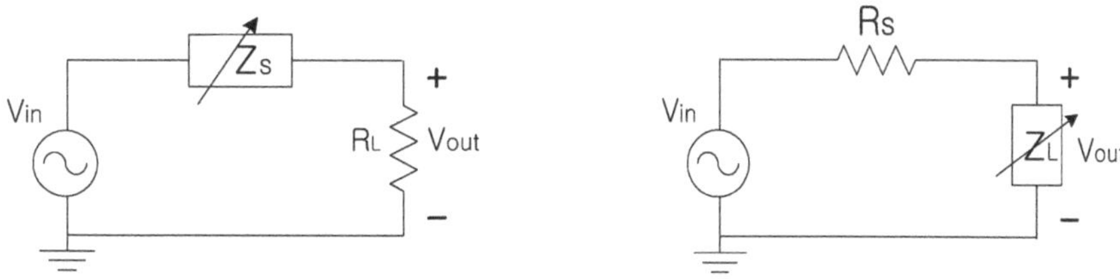

(a) 직렬경로에 위치 (b) 부하지점에 위치

[그림 2-9] 인덕터/캐패시터 위치에 따른 전달 특성 이해

[그림 2-8]의 저항들 중의 하나를 캐패시터나 인덕터로 대신하였을 경우, 식(1-6)과 식(1-9)와 같이 이들의 임피던스가 주파수의 함수이다. 인덕터는 주파수에 따라 임피던스가 증가하고 캐패시터는 임피던스가 감소한다. [그림 2-9](a)와 같이 직렬경로에 인덕터가 위치한 경우 주파수가 증가함에 따라 임피던스가 커지므로 이득은 줄어드는 특성을 나타낸다. 즉, 낮은 주파수를 잘 통과시키는 저역통과필터 특성을 드러낸다. 반면에 직렬경로에 캐패시터가 위치한 경우 주파수가 증가함에 따라 임피던스가 작아지므로 입력된 교류전압이 부하저항에 걸려 이득이 증가한다. 즉, 높은 주파수를 잘 통과시키는 고역통과필터 특성을 드러낸다. 마찬가지로 [그림 2-9](b)의 부하저항위치에 캐패시터나 인덕터가 위치하는 경우 어떠한 필터 특성을 나타내는 지 독자 여러분이 살펴보기로 한다.

2.3 dB 와 dBm 단위

dB는 decibel 의 약자로서 어떤 수치 값(X)에 $10\,Log(X)$ 단위를 취하는 것을 기본으로 한다. 일반적으로 물리량의 상대적인 값을 비교할 때 사용하며 수학적인 Log 단위의 특성을 물리량에 적용하는 것이다. 물리량이 백만, 천만 또는 그 이상 의 매우 큰 값을 갖거나 0.00001 과같이 매우 작은 값을 갖는 경우가 있다. 예를 들어 0.00001 이나 0.0000001을 구분하는 것이 매우 중요한데도 우리가 피부로 느끼지 못하거나 이들을 그대로 표현한 경우 사용상 매우 불편할 것이다. 이를 Log 함수의 특성을 이용하여 우리가 일상에서 자주 사용하는 작은 수로 표현할 수 있다. 또한 Log 함수의 특성이 두수의 곱을 더하기로 표현할 수 있다는 점이다. 이를 이용하여 dB 단위로 표현된 각 구성품의 성능으로부터 시스템 성능을 쉽게 얻어낼 수 있다.

전자통신 분야에서 dB 단위는 두 전력(watt)의 비로 다음과 같이 정의된다.

$$dB = 10\,Log\left(\frac{P_{out}}{P_{in}}\right) \tag{3-1}$$

여기에서 P_{in} 은 시스템 입력전력이며, P_{out}은 시스템 출력전력이다. 따라서 dB 단위는 두 전력의 상대적인 크기 비이다. 전력은 $P = V^2/R$ 로 전압과 관계를 가지므로 전압을 이용하여 위 식 (3-1)을 다시 표현할 수 있다.

$$dB = 20\,Log\left(\frac{V_{out}}{V_{in}}\right) \tag{3-2}$$

따라서 전압이 주어지는 경우 위 식 (3-2)를 사용하여 dB 단위로 환산할 수 있다.

주로 사용하는 dB 값을 아래 [표 2-1]에 나타냈다. dB 값이 양인 경우 시스템에 입력되는 전력신호에 비해 출력전력의 값이 커지는 교류 신호의 증폭(또는 이득)을 의미하며, 음인 경우 시스템 출력 교류 신호 값이 작아지는 감쇠 특성을 의미한다. 예를 들어 -10dB 인 경우 출력신호가 입력신호의 1/10로 작아진 것을 말한다. 특히 [표 2-1]에서 -3dB 인 경우 출력전압이 입력전압에 비해 0.707(70.7%)로 작아진 것이며 필터에서 널리 사용되는 값으로서, 신호가 필터를 통과하였는지 또는 차단되었는지를 구분하는 경계지점인 차단주파수의 기준으로 삼는 값이다.

dB 단위가 전력이나 전압의 상대적인 값을 표현하는 데 반해, 특정 값을 기준으로 교류신호의 출력을 표현하는 단위는 dBm 이다. dBm 단위는 다음 식 (3-3)과 같이 정의된다. 이와 유사하게 dBW, dBV, 또는 dBμV도 정의된다.

[표 2-1] 자주 사용되는 dB 값들의 목록

dB 값	P_{out}/P_{in}	V_{out}/V_{in}	dB 값	P_{out}/P_{in}	V_{out}/V_{in}
3dB	2	$\sqrt{2}$	-3dB	1/2	$1/\sqrt{2}$=0.707
6dB	4		-6dB	1/4	
10dB	10		-10dB	1/10	
20dB	100		-20dB	1/100	
30dB	1000		-30dB	1/1000	

$$dBm = 10\,Log(\frac{P_{out}}{1mw}) \tag{3-3}$$

이는 입력이 1mW 크기를 기준으로 할 때 시스템에서 출력시킬 수 있는 전력의 크기를 의미한다. 입력이 특정 값으로 지정되었기 때문에 결국 dBm 은 출력크기를 나타내는 절대 값이다. 고주파 신호를 다루는 무선통신 분야에서는 작은 전력을 다루는 경우가 많아 보통 mW단위의 전력을 주로 다루기 때문에, 기준의 간편함을 위하여 1mW를 기준으로 dBm을 보편적으로 사용한다.

[표 2-2] 자주 사용되는 dBm 값들

dBm 값	전력크기	dBm 값	전력크기
0dBm	1mW	-10dBm	0.1mW
10dBm	10mW	-20dBm	0.01mW
20dBm	100mW	-30dBm	0.001mW
30dBm	1W		
40dBm	10Watt		

2.4 필터의 종류 및 특성

필터(Filter)는 입력된 여러 주파수 성분중 원하는 주파수만 통과시키고 나머지는 감쇄시켜 버리는 역할을 한다. 즉, 필터는 통신회로 또는 여러 전자회로 응용에서 많은 주파수 성분들 중에서 원하는 신호의 주파수선택을 위해 꼭 필요한 개념이다. 이는 RLC 수동부품 만으로 또는 트랜지스터나 OPAMP등과 결합된 형태로서 구현된다.

필터는 정의하기에 따라서 여러 가지 분류법에 의해 구분될 수 있으나 우선 대역통과 특성에 따른 Filter의 종류를 먼저 파악한다. 즉, 어느 주파수 대역을 통과시키는지에 대한 특성에 따라 필터는 4가지의 종류로 구분할 수 있다.

- 저역통과필터(low pass filter)
- 고역통과필터(high pass filter)
- 대역통과필터(band pass filter)
- 대역저지필터(band stop filter)

2.4.1 저역통과필터 (low Pass filter, LPF)

LPF는 모든 필터의 기본형으로서, 우선 LPF 필터를 구현하고서 그것을 수정함으로써 고역통과필터, 대역통과필터 등 여러 가지 형태로 변환하여 다른 종류의 필터를 만든다. LPF는 고주파 신호를 제거하고, 저주파를 갖는 신호만을 골라내는 기능을 한다. 이를 통해 직류전원 회로에서 고주파 잡음을 제거하거나 고주파 spurious 제거, 각종 검파 등 전자회로나 통신회로에 고루 사용된다.

LPF 의 회로구조는 주파수에 따른 신호전달 개념상 직렬 인덕터와 션트(shunt) 캐패시터 구조가 가장 효과적이다. 그러나 저주파 대역에서 설계되는 저역통과필터에서는 큰 인덕터 용량의 구현상 문제점 또는 성능의 한계 들 때문에, [그림 2-10]처럼 인덕터 대신 저항으로 대체한다.

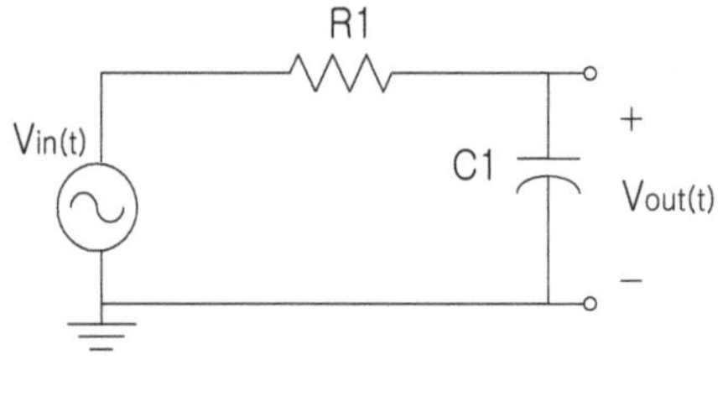

[그림 2-10] RC를 이용한 저역통과필터 회로

교류신호(V_{in})이 저역통과필터에 인가될 때 캐패시터(C1)에서 출력을 얻는다. 이때 필터의 전달 전압이득(A_V)은 전압분배법칙에 따라 식 (4-1)과 같이 쓸 수 있다. 이를 전압이득의 크기로 표시하면 식 (4-2)와 같다.

$$A_V = \frac{\mathrm{V_{out}}}{\mathrm{V_{in}}} = \frac{1/(j\omega C1)}{R1 + [1/(j\omega C1)]} = \frac{1}{1 + j\omega R1\,C1} \tag{4-1}$$

$$|A_V| = \frac{1}{\sqrt{1 + (\omega R1\,C1)^2}} \tag{4-2}$$

위 식 (4-2)을 주파수 별로 값을 구분하면 다음과 같다. 여기에서 각주파수는 $\omega = 2\pi f$ 이다.

$$\therefore\ |A_V| = \frac{1}{\sqrt{1 + (\omega R1\,C1)^2}} = \begin{cases} 1, & \omega = 0 \\ 1/\sqrt{2}, & \omega = \omega_c = 1/R1\,C1 \\ 0, & \omega = \infty \end{cases} \tag{4-3}$$

위에서 구한 수식으로부터 주파수에 따른 전압이득 크기를 그래프로 그리면 아래 [그림 2-11]과 같다. 위의 전압이득에서 보듯이 낮은 주파수에서는 이득이 거의 1에 가까운 값을 가지므로, $|V_{out}| \approx |V_{in}|$이 되어 해당 교류신호가 출력단에 전달되며, 매우 높은 주파수에서는 이득이 0에 접근하므로 출력단에서 입력 교류신호가 급격히 감쇄되어 버린다. 즉, 낮은 주파수를 갖은 신호는 필터를 통과하고 높은 주파수 신호는 차단되므로 이를 '저역통과필터'라 부른다. 한편, 통과와 차단의 경계지점이 되는 기준 값으로 식 (4-4)에서 보듯이 전압이득이 $1/\sqrt{2} = 0.707$이 되는 각주파수(ω_c)에 해당되는 주파수를 '차단주파수(f_c)'라 한다. 차단주파수는 전력으로 환산하면 입력전력의 1/2에 해당되며 dB 단위로는 -3dB 이다. 실무에서는 전력을 주로 취급하므로 음의 값을 빼고 3dB 차단주파수라 칭한다. 식 (4-3)으로부터 이를 구하면 다음 식과 같다.

$$\frac{1}{\sqrt{1 + (\omega_c R1\,C1)^2}} = 1/\sqrt{2} \tag{4-4}$$

$$\rightarrow f_c = \frac{1}{2\pi\,R1\,C1}$$

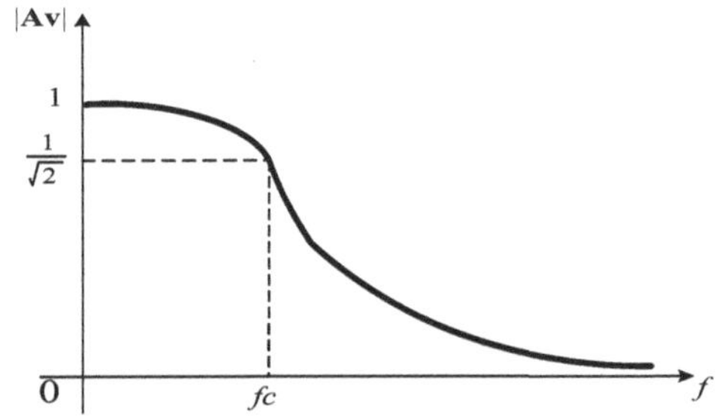

[그림 2-11] RC를 이용한 저역통과필터 주파수 응답

2.4.2 고역통과필터 (high Pass filter, HPF)

HPF 는 LPF와 대칭되게 저주파 신호를 차단시키고 높은 주파수를 통과시킨다. 저역통과 필터와 같이 차단주파수를 두어 이의 경계 값으로 삼는다. 고역통과필터의 회로구조는 주파수에 따른 신호전달 개념상 직렬 캐패시터와 션트(shunt) 인덕터 구조가 가장 효과적이다. 그러나 저역통과필터에서와 같은 이유로 [그림 2-12]처럼 인덕터 대신 저항으로 대체하여 필터를 구현한다.

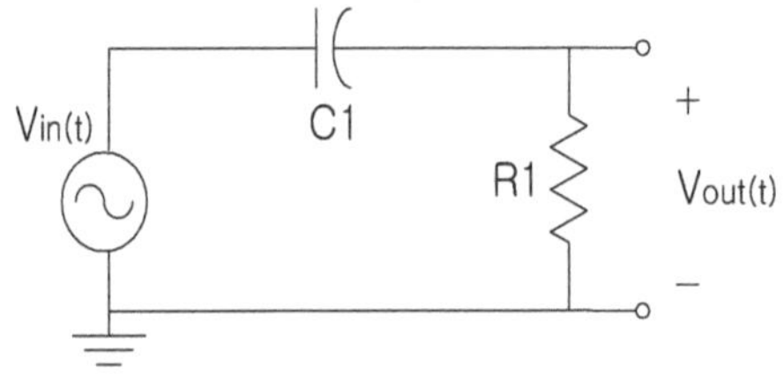

[그림 2-12] CR를 이용한 고역통과필터 회로

교류신호(V_{in})가 고역통과필터에 인가될 때 저항(R1)에서 출력을 얻는다. 이때 필터의 전달 전압이득(A_V)은 전압분배법칙에 따라 식(4-5)와 같이 쓸 수 있다. 이를 전압이득의 크기를 표시하면 식(4-6)과 같다.

$$A_V = \frac{\mathrm{V}_{out}}{\mathrm{V}_{in}} = \frac{R1}{R1 + [1/(j\omega C1)]} = \frac{j\omega R1\,C1}{1 + j\omega R1\,C1} \tag{4-5}$$

$$|A_V| = \frac{\omega R1\,C1}{\sqrt{1 + (\omega R1\,C1)^2}} \tag{4-6}$$

위 식(4-6)을 주파수 별로 값을 구분하면 다음과 같다. 여기에서 각주파수 $\omega = 2\pi f$ 이다.

$$\therefore \ |A_V| = \frac{\omega R1\,C1}{\sqrt{1+(\omega R1\,C1)^2}} = \begin{cases} 0, & \omega = 0 \\ 1/\sqrt{2}, & \omega = \omega_c = 1/R1\,C1 \\ 1, & \omega = \infty \end{cases} \tag{4-7}$$

위에서 구한 수식으로부터 주파수에 따른 전압이득 크기를 그래프로 그리면 아래 [그림 2-13]과 같다. 위의 전압이득에서 보듯이 높은 주파수에서는 이득이 거의 1에 가까운 값을 가지므로, $|V_{out}| \approx |V_{in}|$이 되어 해당 교류신호가 출력 단에 전달되며, 낮은 주파수에서는 이득이 0에 접근하므로 출력 단에서 입력 교류신호가 급격히 감쇄되어 버린다. 즉, 높은 주파수를 갖은 신호는 필터를 통과하고 낮은 주파수 신호는 차단되므로 이를 '고역통과필터'라 부른다. 한편, 통과와 차단의 경계지점이 되는 기준 값으로 식 (4-7)에서 보듯이 전압이득이 $1/\sqrt{2} = 0.707$ 이 되는 각주파수(ω_c)에 해당되는 주파수를 '차단주파수(f_c)'라 한다. 전력단위로 환산하면 입력전력의 1/2에 해당되며 dB 단위로는 -3dB 이다. 실무에서는 음의 값을 빼고 3dB 차단주파수라 칭한다. 식 (4-7)로부터 이를 구하면 다음과 같이 저역통과필터와 동일한 수식으로 표현된다.

$$f_c = \frac{1}{2\pi\,R1\,C1} \tag{4-8}$$

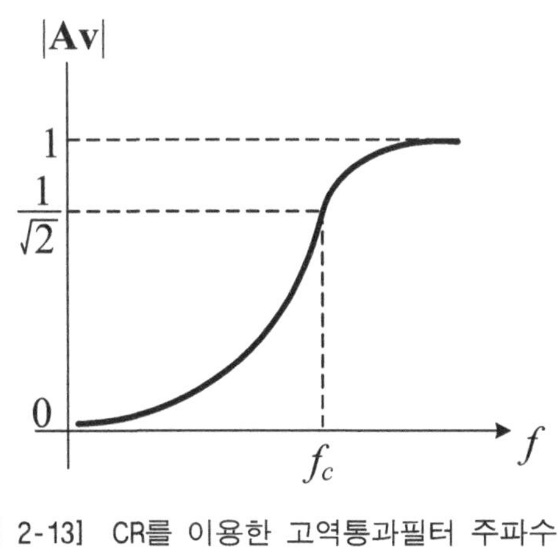

[그림 2-13] CR를 이용한 고역통과필터 주파수 응답

2.4.3 대역통과필터 (band pass filter, BPF)

대역통과필터란 어떤 주파수를 중심으로 하여 한정된 범위의 주파수 대역만 통과시키는 필터이다. 특히 통신시스템에서 필요한 주파수범위를 갖는 신호들만을 정확히 골라내고, 불필요한 주파수 신호들을 억제하는 중요한 역할을 한다. 따라서 응용에 따라 매우 다양한 형태의 필터로 구현된다. 기본적인 회로는 인덕터와 캐패시터로 구성되는 공진기 형태이다. 그러나 저주파 대역에서 주로 많이 사용되는 대역통과필터는 인덕터 구현의 한계로 인해 저항으로 대체한다.

[그림 2-14]와 같이 저항과 캐패시터로 구성된 저역통과필터와 고역통과필터를 직렬 연결하면 대역통과필터 특성을 얻어낼 수 있다. [그림 2-15]와 같이 필터들은 각각의 차단주파수를 가지므로 통과대역은 $f_{cL}-f_{cH}$이고 이를 대역통과필터의 3dB 대역폭이라 한다. 여기에서 f_{cL}은 저역통과필터의 차단주파수이며 f_{cH}는 고역통과필터의 차단주파수이다. 이들은 다음 식으로 구해진다.

$$f_{cL} = \frac{1}{2\pi\, R1\, C1} \quad , \qquad f_{cH} = \frac{1}{2\pi\, R2\, C2} \tag{4-9}$$

$$3dB\ BW = f_{cL} - f_{cH} \tag{4-10}$$

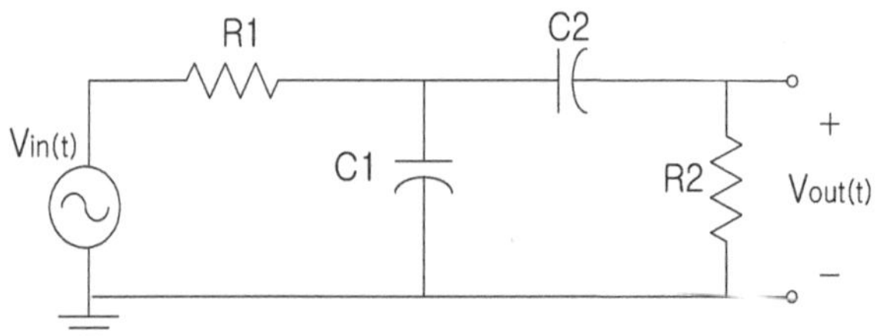

[그림 2-14] 저역통과필터와 고역통과필터가 결합된 대역통과필터 회로

2.4.4 대역저지필터(band rejection filter, BRF)

대역통과필터와는 정반대로, 모든 주파수대역은 잘 통과시키면서 특정 대역의 주파수만 통과시키지 않는 형태의 필터이다. 주로 특정 주파수의 유입만 차단하기 위해 사용되며, 통신 시스템 곳곳에 유용하게 사용된다.

대역통과필터의 공진회로 구조들을 정 반대로 사용하는 형태로, 직렬 공진과 병렬공진을 적절히 배치하고 조합하여 구현된다.

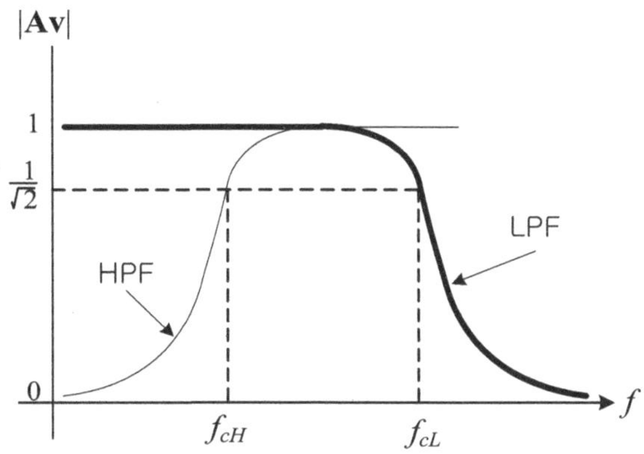

[그림 2-15] 대역통과필터 주파수 응답

2.4.5 필터의 특성 파라미터

지금까지 설명한 필터들은 회로구조에 따라 또는 사용부품 등에 따라 같은 종류의 필터라도 많은 성능차이를 보여준다. 일반적으로 필터의 성능은 [그림 2-16]과 같이 저역통과필터를 기준으로 다음과 같은 성능파라미터들로 기술된다.

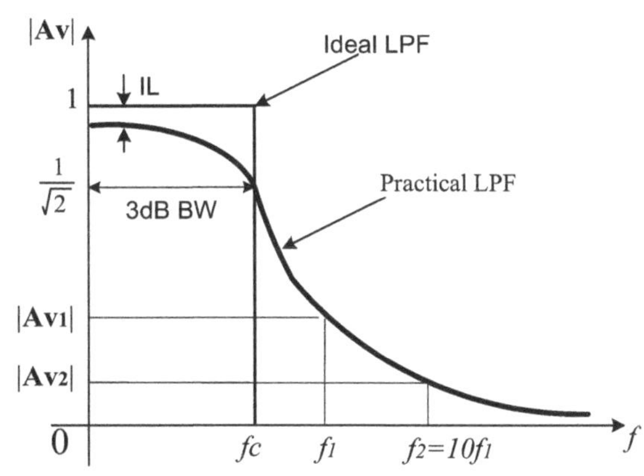

[그림 2-16] 저역통과필터 주파수 응답특성과 성능파라미터들

1) 삽입손실(insertion loss, IL)

이상적인 저역통과필터(ideal LPF)는 통과대역(직류로부터 차단주파수까지)에서 전압이득이 1이다. 즉, 출력단에서 입력신호를 그대로 손실 없이($V_{out} = V_{in}$) 얻을 수 있다. 그러

나 실제 부품들의 손실, 구현과정, 입출력 부정합으로 인해 통과대역 내에서 손실이 발생한다. 필터는 통신시스템이나 전자시스템의 일부에 삽입되어 사용되는데, 필터를 삽입한 결과 발생한 손실이라 하여 삽입손실(insertion loss, IL)이라 한다. 이러한 삽입손실은 dB 단위로 표시하며 일반적으로 통과대역 내에서 정의한다.

2) 3dB 차단주파수 및 대역폭

저역통과필터의 차단주파수는 전압이득을 기준으로 교류입력신호의 $1/\sqrt{2}$ 값을 기준으로한 주파수이며 전력단위로는 -3dB이다. 실무에서는 전력단위로 3dB 차단주파수를 주로 사용하며 저역통과필터의 경우 직류에서 3dB 차단주파수까지를 대역폭이라 한다. 그러나 실제 구현된 저역통과필터는 통과대역에서 삽입손실을 가지므로 출력단에서 삽입손실이 가장적은 주파수에서의 교류전력을 기준으로 3dB 떨어진 지점의 주파수를 차단주파수로 정한다. 또한 이렇게 결정된 차단주파수까지를 3dB 대역폭으로 한다.

- 저역통과필터 대역폭: 직류~3dB 차단주파수
- 고역통과필터 대역폭: 3dB 차단주파수에서 관심 있는 높은 주파수
- 대역통과필터 대역폭: 3dB 차단주파수(상한) ~ 3dB 차단주파수(하한)

3) 차단기울기

필터의 차단영역에서 기울기는 불필요한 신호를 어느 정도 제거하느냐를 정한다. 이는 회로구조의 복잡성과 관련된다. 저역통과필터를 예를 들면 [그림 2-17]과 같다. [그림 2-17](a)와 같이 저항과 캐패시터 한조를 일차(1st order)필터라 부르며, [그림 2-17](b)와 같이 저항과 캐패시터 조합이 두 번 반복된 것을 이차(2nd order)필터라 한다. 이들 회로 차이는 차단영역에서 기울기를 결정한다. 차단영역에서 특정 주파수를 f_1이라하고 이의 열배주파수를 $f_2 = 10f_1$라 할 때, 두 주파수에서 일차회로는 20dB의 전력비 감쇄기울기를 갖는 반면 2차회로는 전력비 감쇄기울기가 일차의 2배인 40dB이다. 이를 각각 20dB/decade 와 40dB/decade라 표시한다. 여기에서 decade는 열배 또는 1/10의 주파수를 의미한다. 차단 기울기는 회로의 차수가 커질수록 20dB씩 증가한다. 이를 측정하기 위한 주파수들은 차단영역에서 가급적 차단주파수에 근접해야 정확한 측정이 이루어진다. [그림 2-16]에서 차단주파수 f_1와 $f_2 = 10f_1$ 지점에서 차단 기울기는 다음 식으로 주어진다.

$$20\log\left(\frac{|A_{V2}|}{|A_{V1}|}\right) \qquad (4\text{-}11)$$

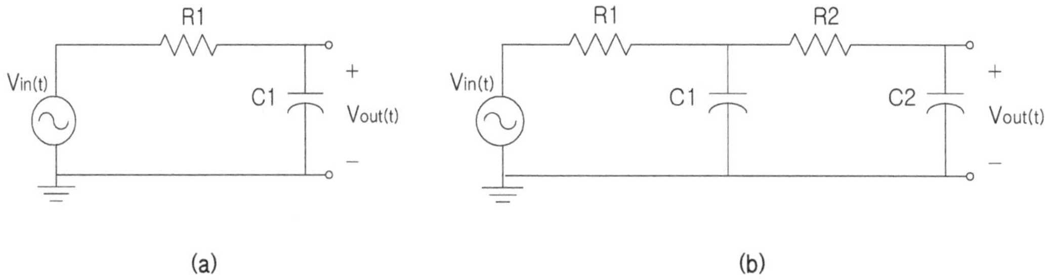

[그림 2-17] 저역통과필터의 차수: 일차(a), 이차(b)

2.5 필터회로 시뮬레이션(Pspice 이용)

2.5.1 PSpice 설계 툴(tool)

전기, 전자 및 디지털 회로 등을 설계 할 경우에는 회로 특성을 평가할 수 있는 정확한 방법이 필요하다. 이러한 회로를 직접 제작하여 실험할 수도 있지만, 회로 구성 및 특성 해석에 많은 시간과 계측장비 및 경비가 필요하기 때문에 실제로 회로를 제작하기 전에 컴퓨터를 이용하여 계산하고, 관찰, 평가하는 과정을 거치는 것이 요구된다.

이러한 관점에서 전기회로 및 전자회로의 시뮬레이션을 목적으로 개발된 ORCAD사에서 출시된 PSPICE(Professional Simulation Program with Integrated Circuit Emphasis)는 트랜지스터의 동작점, 과도 특성 해석 및 주파수 응답 해석 등의 전기, 전자회로에 대한 복잡하고 다양한 해석이 가능하고, 저항, 콘덴서, 인덕터 등의 수동부품과 다이오드, Tr, FET등 능동부품에 대한 모델을 자료화함으로써 거의 모든 회로에 대한 시뮬레이션을 손쉽게 수행해준다.

평가판에는 회로에서 시뮬레이션 가능한 최대 부품수의 제한이 있으나 개인적으로 무료로 사용할 수 있다. [표 2-3]에는 ORCAD사의 시뮬레이션 패키지 중에 전자회로시뮬레이션이 가능한 Pspice의 전체 과정을 정리하였다.

[표 2-3]처럼 먼저 부품 Library에서 부품을 가져다 회로도를 그리고 시뮬레이션 목적에 맞도록 환경을 설정한 후 시뮬레이션 실행을 한다. 결과로 plot 된 데이터들을 이론에 맞는지 분석하고 결과들을 출력한다.

시뮬레이션 수행 전에 이론에 대한 이해가 선행되어야하며 본인이 직접 단계별로 컴퓨터상에서 실행시켜봐야 쉽게 시뮬레이션 흐름을 익힐 수 있다. 시뮬레이션에 관련된 상세내용은 사용자 메뉴얼이나 본 교재의 부록에 소개되어있다. 우선 관련 참고자료들을 사용하여 단계별로 유사 예제들을 따라 해보기를 권장한다.

[표 2-3] Pspice를 이용한 회로 시뮬레이션 전체과정

주요단계	상세내용
회로도 그리기(Schematic)	① Library에서 부품 가져오기(Draw) ② 결선(Wire) ③ 접지설정 및 전원입력(직류, 교류) ④ Parameter값의 입력 ⑤ 관측점(Marker) 설정 ⑥ Schematic file의 저장

<table>
<tr><td rowspan="2">Simulation
(설정 및 실행)</td><td>환경 설정
(Simulation/Setup)</td><td>- bias Point Detail
- Transient(과도현상)
- DC Sweep
- AC Sweep(주파수응답)
- Fourier Analysis</td></tr>
<tr><td colspan="2">시뮬레이션 실행(Analysis/Simulate)</td></tr>
<tr><td rowspan="3">Simulation 결과 관찰
(Probe window)</td><td>Probing</td><td>Voltage/Current probe</td></tr>
<tr><td colspan="2">Data Marker : plot 된 데이터 상에 값 표시</td></tr>
<tr><td colspan="2">결과 출력</td></tr>
</table>

2.5.2 ORCAD PSpice를 이용한 직렬공진회로 설계

1) 회로도그리기

회로도(schematic diagram) 그리기는 프로젝트 이름 생성과 부품 Library에서 ‘부품가져오기’ 부터 시작한다. [그림 2-3] 의 직렬공진회로를 구성하는 예를 들어 설명한다.

(1) ORCAD Capture(Version16.5 이상)를 실행시키면 다음과 같은 화면 창이 뜬다.

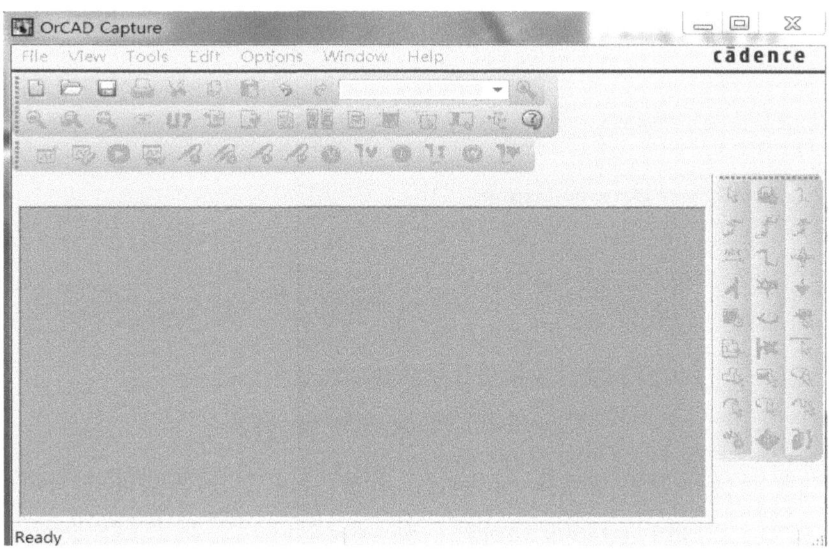

[그림 2-18] ORCAD Capture 실행 화면

(2) File 메뉴에서 New를 클릭한 후 Project를 선택한다.

본 교재는 아날로그회로를 시뮬레이션 하므로 'Analog or Mixed Signal Circuit Wizard' 를 체크하여 프로젝트를 생성시킨다. 또한 [그림 2-19]와 같이 화면 아래 부분에 프로젝트 파일이 위치할 폴더를 지정한다.

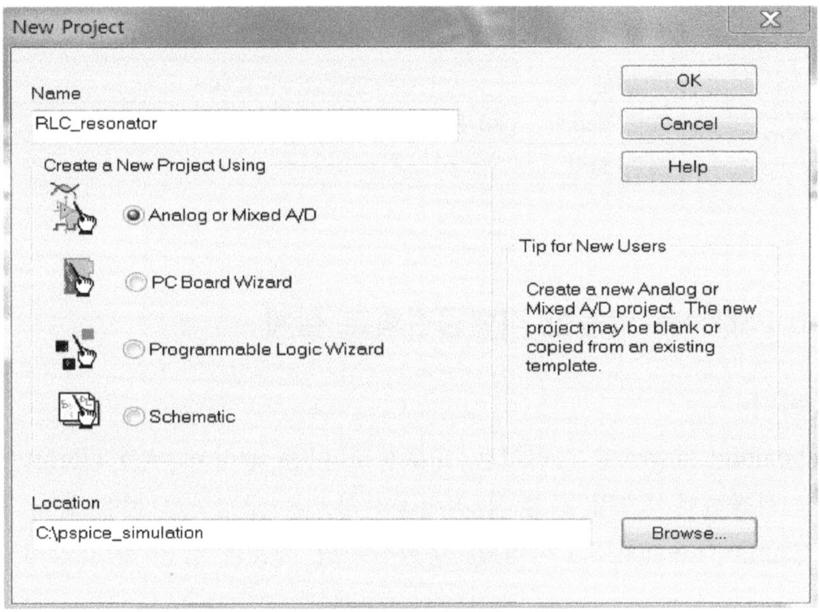

[그림 2-19] Pspice 실행을 위한 시작페이지

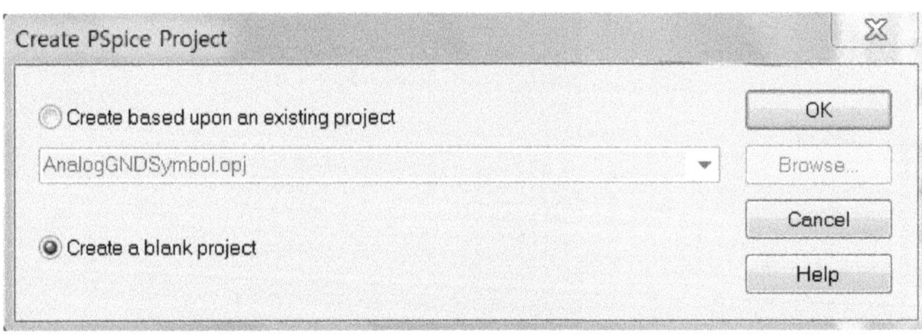

[그림 2-20] Pspice 프로젝트 생성

또한 기존에 작성한 프로젝트를 이용하는 것이 아니고, 처음부터 시작하는 경우에 [그림 2-20]과 같이 'create a blank project' 를 체크한다. 아래 [그림 2-21]은 프로젝트의 전체 구조를 보여준다.

① Design Resources: 부품을 모아 회로도를 작성하여 시뮬레이션작업을 수행

② PAGE1: 회로도(schematic)를 작성한다. 이름 변경가능
③ Library: 회로도 작성에 필요한 부품을 소장하고 있는 창고 역할
④ Outputs: 시뮬레이션 결과 자료들을 포함하는 폴더

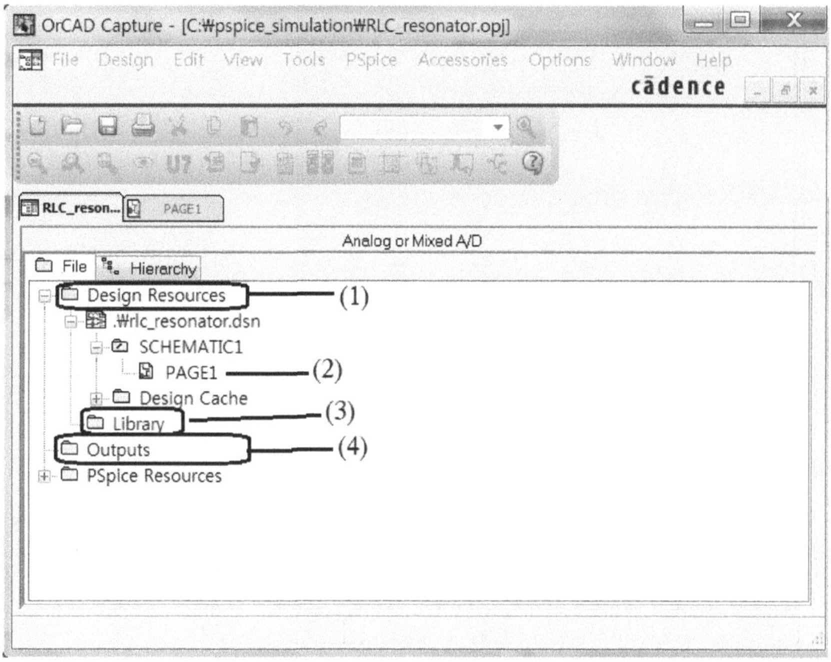

[그림 2-21] Pspice 프로젝트의 전체 구조

(3) [그림 2-21]의 'PAGE1' 을 클릭하여, 아래 [그림 2-22]와 같이 주어지는 화면에서 회로도를 작성한다. 우측의 팔레트에 있는 버튼들은 회로도를 그리기 위한 '부품가져오기', 회로연결을 위한 'wiring', 접지, 그리고 새로운 모양을 그리기 위한 것들이다.

먼저 부품 가져오기(Place Part)를 하는 데 관련 버튼을 클릭하거나, 단축키(p)를 활용한다. 모든 명령어가 단축키와 버튼메뉴로 병행 구성되어 툴 사용이 익숙해지면 단축키를 사용하게 된다. 주로 많이 사용하는 부품은 tools/pspice/library 폴더 안에 있으며, 그림 [2-23]에서 보는 부품 Library목록들을 가져온다. 이들은 아날로그 회로들을 구성하기 위해 주로 많이 사용되는 부품들을 갖고 있다.

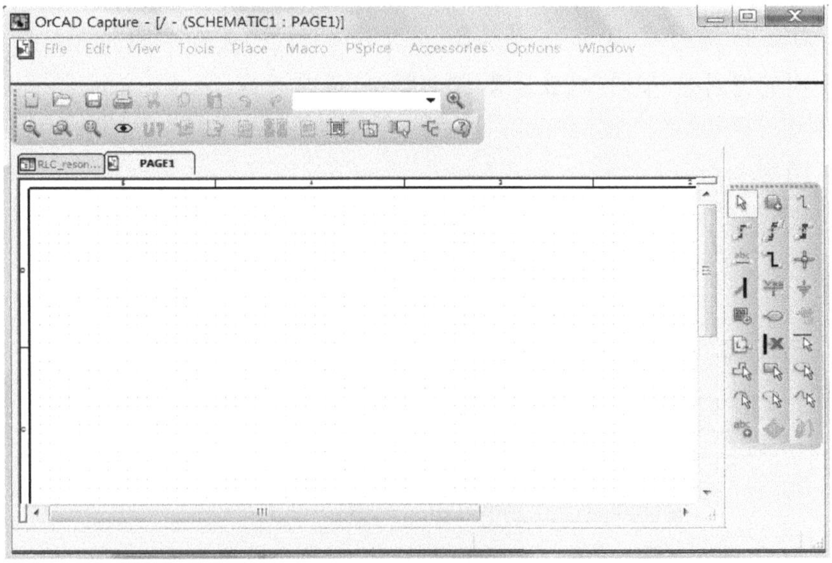

[그림 2-22] Pspice에서 schematic diagram을 그리기 위한 공간

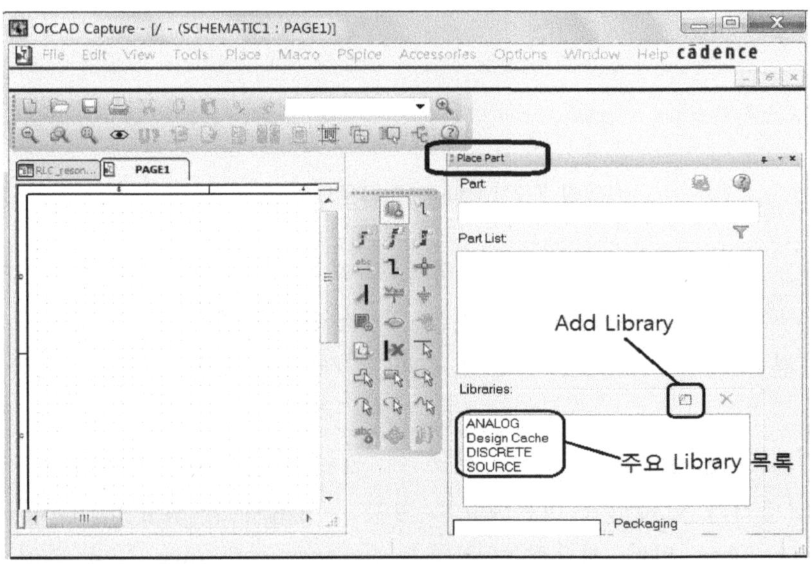

[그림 2-23] Pspice schematic diagram에서 많이 사용하는 Library 목록

[그림 2-23]의 우측 상단에 위치한 'Placepart' 버튼을 클릭하여, 해당 부품을 가져와서 좌측 하단의 공간에 회로를 구성한다. 부품사이의 연결은 'wire' 버튼을 이용한다. 접지는 오른쪽 팔레트에서 접지버튼이 있으며 여러 접지 중에서 '0/source'를 가져와서 연결한다.

2) 직렬공진회로 설계 및 시뮬레이션

설계 예제로 공진회로의 공진주파수를 160KHz로 설정하며 이에 근접한 부품 값 들을 초기 값으로 선정한다. 많은 LC 조합이 있으나 설계목표에 부합하는 특성을 줄 수 있는 부품 값 들을 시뮬레이션을 통해 최적화한다. 초기 L과 C 값은 다음 식에서 구한 것처럼 인덕터는 $0.1\mu H$, 캐패시터는 $10\mu F$으로 한다. 공진회로의 부하로 사용하는 저항(R_L) 값은 신호전달개념과 시뮬레이션 과정을 통해 공진특성을 얻어내고, 설계목표에 근접하는 값으로 최적화한다. 계산된 초기 값을 아래 [그림 2-24]에 있는 부품 값으로 입력한다. 교류전원의 크기(V_{AC})와 직류 offset (V_{DC})는 Library에서 가져온 그대로 사용한다. 부품 값은 [그림 2-24]에 있는 부품을 클릭하면 값을 입력하는 공란이 있으며, 적절한 단위에 맞춰 입력한다.

$$f_o = 160KHz = \frac{1}{2\pi\sqrt{LC}} \approx \frac{1}{2\pi\sqrt{(0.1\times10^{-6})(10\times10^{-6})}} \tag{4-8}$$

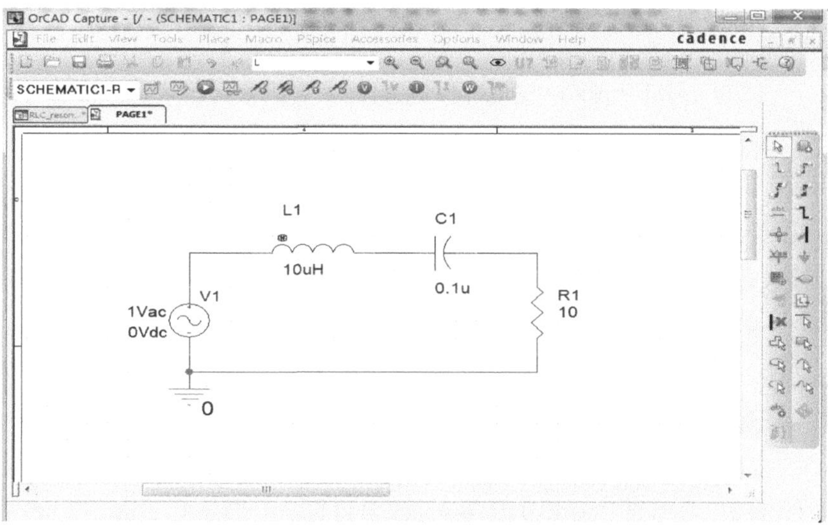

[그림 2-24] 직렬공진회로의 schematic diagram

공진회로의 주파수 응답특성을 얻어내기 위해서는 교류전원의 주파수를 변경할 수 있어야 한다. 이를 위해 [그림 2-25]과 같이 표시된 것처럼, 화면 상단의 작은 버튼을 클릭하여 simulation 환경설정을 한다. 환경설정을 완료한 후 우측의 시뮬레이션실행버튼을 누름으로써 시뮬레이션을 수행한다. 수행결과를 측정하기 위해 오실로스코프의 프로브

(probe)와 같은 역할을 하는 전압 프로브를 클릭하고, 아래 [그림 2-25]와 같이 회로도의 관찰지점에 위치시킨다.

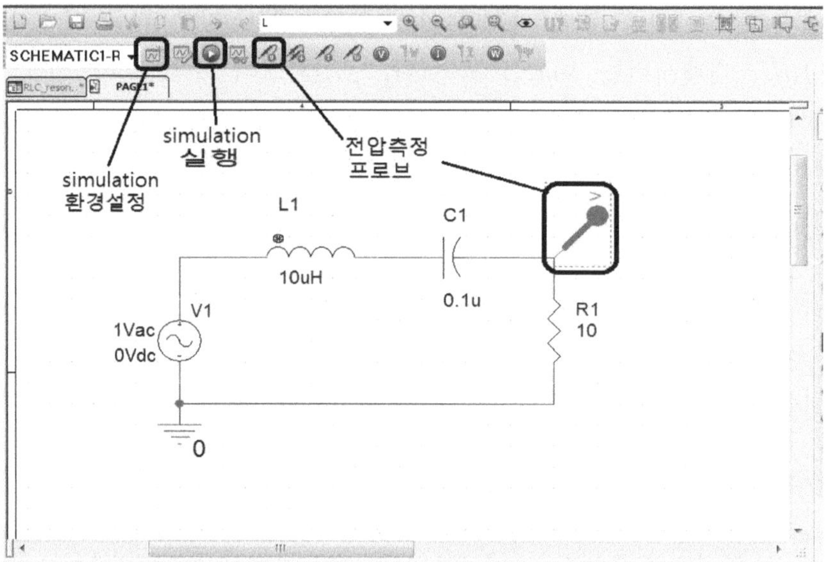

[그림 2-25] Pspice 시뮬레이션 환경설정, 수행(running), 전압프로브

시뮬레이션 환경설정은 아래 [그림 2-26]과 같다. 상단에 여러 버튼이 있으나 'Analysis' 만 클릭하고 다른 것들은 그대로 둔다. 'Analysis' 종류는 여러 가지 있으며 주파수 응답특성을 얻어내기 위해서는 'AC sweep' 을 이용한다. 그림에 체크된 항목그대로 두고 우측에서 주파수 범위를 설정한다. 시작주파수로 0Hz로 하는 경우 오류가 발생하니 항상 1Hz 이상에서 시작한다. 설계된 중심주파수가 160KHz이므로 시뮬레이션 종료 주파수를 1MHz로 하여 매우 낮은 주파수로부터 종료 주파수까지 변화를 모두 관찰할 수 있게 한다. 'Total point' 는 주파수 응답을 얻어내기 위한 시작과 종료 주파수 사이의 포인트들로 값이 클수록 정확하고 정밀한 결과를 얻어내나 너무 클 경우 시뮬레이션 시간이 길어진다. 반면에 출력된 파형이 불연속이거나 매끄럽지 못한 경우 값을 높여야 한다. 특히 이 값을 홀수로 하여 시뮬레이터 계산 주파수가 정수가 되도록 한다.

3) Simulation 결과 관찰

구성한 회로를 바탕으로 시뮬레이션을 수행하면 가로는 주파수축, 세로는 전압 축으로

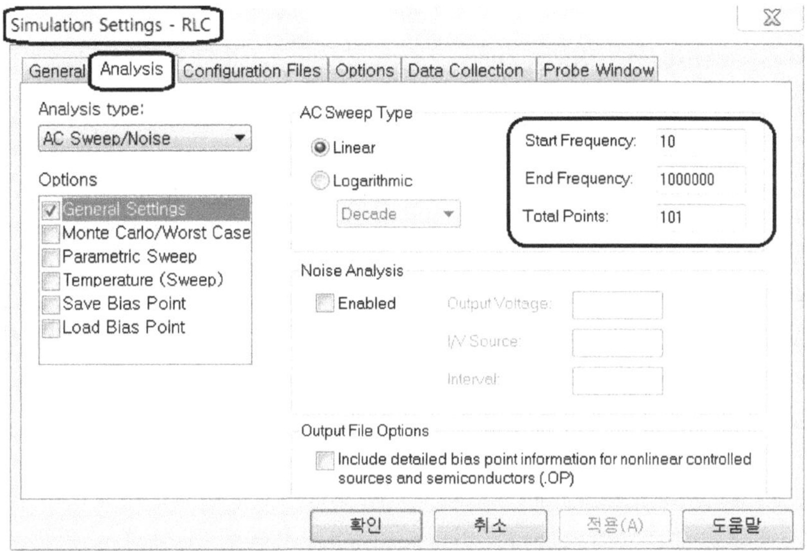

[그림 2-26] Pspice 해석방법 및 AC 해석을 위한 주파수 범위 설정

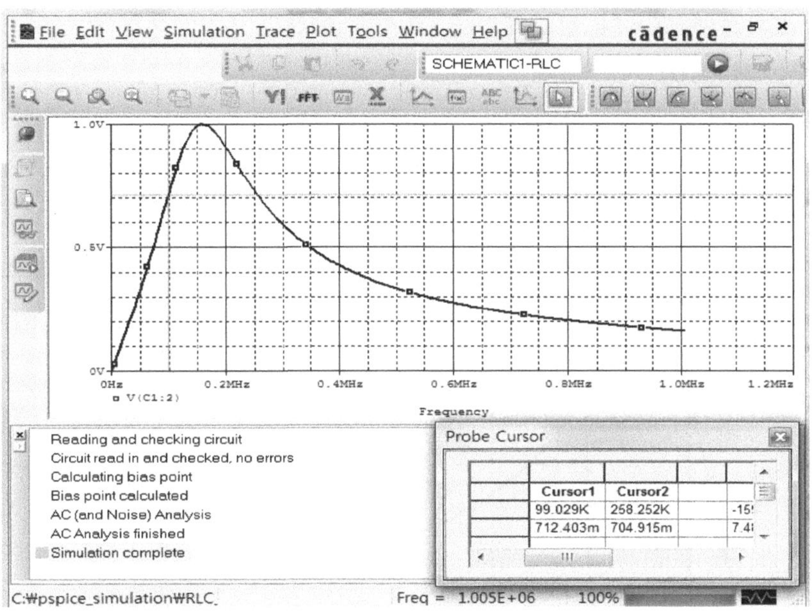

[그림 2-27] pspice 시뮬레이션(주파수응답) 결과보기

하여 직렬공진회로의 주파수 응답특성이 그려진다. 그러나 세로축 값을 회로의 각 지점의 전압, 전류 및 전력 값들로 변경하여 출력 할 수 있다. 각 축의 스케일을 변경할 수 있으

며 축의 이름도 넣을 수 있다. 또한 회로도에 있는 각 부품용량을 변화시킨 후 다시 실행하면, 즉시 결과 응답을 확인할 수 있다. 이 응답특성의 상세한 값은 [그림 2-27]의 probe 윈도우 상단에 있는 메뉴들 중에서 Trace 버튼을 클릭하면 커서(cursor) 버튼을 이용하여 알아 볼 수 있다. 2개의 커서가 제공되며 윈도우 하단에 각각에 대해 x축(주파수)과 y축(전압) 값을 볼 수 있다. 커서를 좌우로 이동시키면서 plot된 결과 값의 상세 내용을 측정할 수 있다.

[그림 2-28]은 측정된 plot을 확대한 것이다. 커서(cursor)를 움직여 최대 출력전압을 제공하는 주파수 지점이 공진주파수(f_0) 이며 160KHz에서 형성된 것을 찾을 수 있다. 이를 중심으로 좌우로 멀어지면서 출력 전압신호 크기가 줄어든다. 공진주파수에서 출력전압크기를 기준으로 $(1/\sqrt{2})V_{AC}$ 되는 2개의 주파수 지점(f_2-f_1)의 차이가 3dB 대역폭(bandwidth)이다. plot의 궤적은 대역통과필터의 특성과 매우 흡사하다. 실제로 많은 통신 시스템에서 사용되는 대역통과필터는 인덕터와 캐패시터로 구성되는 직렬 또는 병렬공진회로들을 이용하여 구성한다.

위 그림에서 커서들을 이용하여 플롯(plot)된 데이터를 중심으로 상세히 관찰할 수 있으며, 직렬공진회로에 필요한 시뮬레이션 결과를 아래와 같이 정리해 본다.

- 중심주파수 : 160KHz
- 3dB 대역폭: 159KHz (258.25KHz-99.03KHz)
- 공진기 $Q=(f_2-f_1)/f_0 \approx 1$

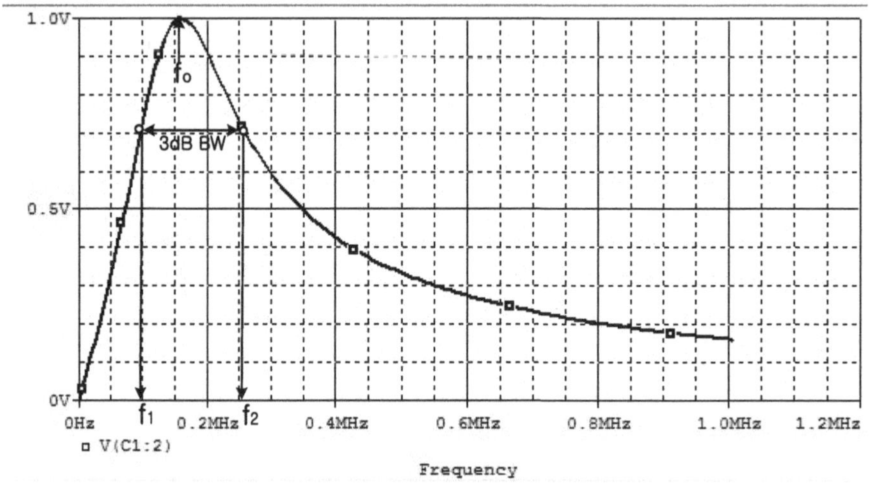

[그림 2-28] 시뮬레이션 결과(주파수 응답) 확대 보기

2.5.3 ORCAD PSpice를 이용한 고역통과필터 설계

2.4.2절에서 소개된 고역통과필터 이론에 따라 고역통과필터회로를 Pspice를 이용하여 설계해본다. 아래와 같이 설계목표가 주어졌다.

1) 고역통과필터의 설계 목표

- 차단주파수: 160KHz
- 삽입손실: 1dB 이내
- 차단기울기: 20dB/decade

2) 차단주파수 계산

이득이 $1/\sqrt{2}$ 배로 감소하는 때의 주파수를 3dB 차단주파수(f_{ch})라고 하며, 이를 구하면 다음과 같다. 차단주파수가 160KHz이므로 식 (4-9)을 이용하여, 저항을 1KΩ으로 고정하면 캐패시터를 1000pF 얻을 수 있다.

$$f_{ch} = 160KHz \approx \frac{1}{2\pi R_1 C_1} = \frac{1}{2\pi(1000)(0.001\times10^{-6})} \tag{4-9}$$

3) 시뮬레이션

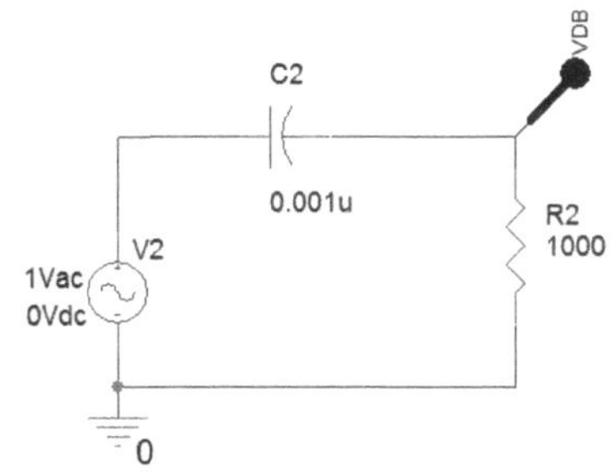

[그림 2-29] 저역통과여파기 schematic diagram

CR 고역통과필터는 직렬경로에 캐패시터, 션트(shunt) 경로에 저항을 연결하므로 이를 Pspice schematic page 상에 회로를 [그림 2-29]와 같이 구성한다. 스코프의 프로브 역할을 하는 VDB는 측정하고자 하는 위치(V_p)에서 dB 단위의 측정결과(20log($Vp/1\,V_{rms}$))를 표시한다. 이는 시뮬레이터의 메뉴 중에서 다음 [그림 2-30]과 같은 경로를 찾아가면 이용할 수 있다.

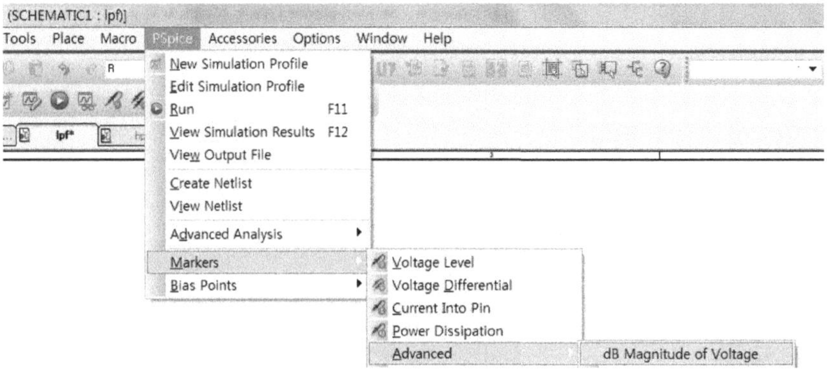

[그림 2-30] pspice dB 단위 마커(marker) 선택

차단주파수가 160KHz 이므로 Pspice 시뮬레이터의 실행환경설정에서 시작주파수를 10Hz로 하고 종료주파수를 200KHz로 하여 차단주파수와 통과대역 내에서 삽입손실을 확인한다. 시뮬레이션 결과를 [그림 2-31]에서 볼 수 있다. 화면에서 세로축의 값을 자동에서 해제하고, 필요한 값의 범위를 새로 입력하여 [그림 2-32]와 같이 좀 더 자세하게 결과를 확인해 본다.

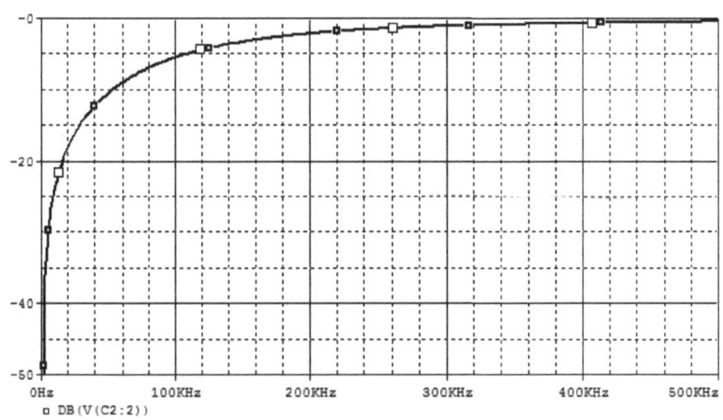

[그림 2-31] 고역통과필터의 주파수 응답 시뮬레이션 결과

또한 decade(10배) 주파수 변화에 따른 차단기울기(dB/decade)는, 고역통과필터의 경우 차단주파수 이전, 예를 들어 150KHz(f_2)에서의 감쇄이득(A_{V1})과, 1/10배인 15KHz(f_1) 주파수에서 감쇄이득(A_{V2})를 비교해 감쇄된 양($20\log(A_{V1}/A_{V2})$)으로 정한다. 이를 위해 Pspice 시뮬레이터의 실행환경설정에서는, 시작주파수를 10Hz로, 종료주파수를 0.2MHz로

해야 차단기울기를 확인할 수 있다.

[그림 2-32]에서 보는 바와 같이 CR 고역통과필터는 주파수가 높을 때는 신호를 잘 통과시켜 이득이 1(0dB)로서 거의 감쇄가 없으나, 주파수가 낮아짐에 따라 출력 신호가 감쇄되어 이득이 급격히 떨어지고 있음을 알 수 있다.

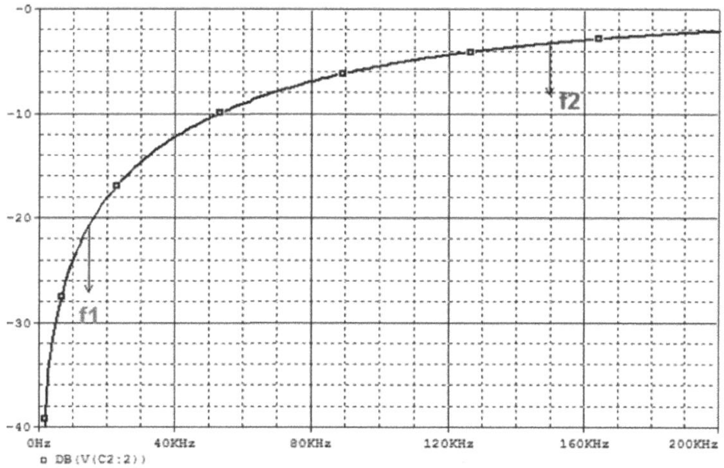

[그림 2-32] 고역통과필터의 시뮬레이션(주파수 응답) 상세결과 보기

실험 2-1 저역통과필터의 설계 및 실험

1. 실험목적

- 저역 통과 필터를 설계한다.
- 저역 통과 필터의 주파수 응답특성을 이해하고 성능파라미터들의 측정을 통해 각각의 의미를 이해한다.
- 필터 시뮬레이션 기법 및 오실로스코프등 실험장치의 사용법을 터득한다.

2. 실험내용 및 방법

저역통과필터는 DC에서 차단주파수까지 신호를 통과하고 그 이후는 차단하는 동작을 나타낸다. 먼저 이론을 파악하여 충분한 이해를 바탕으로 조별로 주어진 설계목표를 달성하기 위한 방안을 논의한다. 다음에 관련 수식을 이용하여 R, C값을 계산해보고 이를 기초로 시뮬레이션을 실시하여 실험 목표달성 가능성을 타진해본다. 시뮬레이션을 통해 결정된 부품 값으로 브레드 보드를 구성하여 필요한 전압·전류들을 측정한다. 이때 실험을 진행하면서 이론에 근거하여 원하는 실험결과를 얻기 위해 회로상의 부품 값이나 교류전원을 일부 조정할 수 있다. 측정한 결과와 시뮬레이션 결과, 그리고 예측된 결과들을 비교한다. 이들 데이터들을 정리하여 실험 결과보고서에서 기술하고 문제점들을 포함하여 해결과정을 논리적으로 서술한다.

■ 저역통과필터의 조별 설계 목표

- 3dB 차단주파수: 100(1+2x)KHz (실험조 번호의 끝자리수를 x라 한다)
- 대역폭: 0~100(1+2x)KHz
- 삽입손실: 1dB 이내
- 차단기울기: 30dB/decade

1) 필터 설계순서

① 부품재고파악: 조별로 주어진 저항 값과 Capacitor 값들의 정보를 사전에 개략적으로

파악한다.

② 초기 R,C 값 계산: 조별로 설계목표에서 주어진 차단주파수별로 R과 C 값을 계산하고 부품재고에 있는 조합을 찾는다. C를 먼저 고정하는 것이 설계에 용이하다.

③ 초기 설계: 위에서 계산된 R, C값을 바탕으로 시뮬레이션을 실시하여, 설계 목표에 적합한지 판정한다.

④ 최적화 설계: 시뮬레이션을 통해 설계 목표에 맞도록 회로를 조정하여 최적화한다. 이때 부품들은 실제 조별로 확보하고 있어야 한다.

■ **필터설계 팁:** Simulation 을 통한 R,C 조합 찾기

- 동일한 차단주파수에 대해 저항, Capacitor 들의 조합은 무수히 많은 것을 고려한다.
- 이들 중에서 적절한 부품을 선택하기 위해서는 신호전달 개념을 이해해야 한다. 신호전달이득을 높이기 위해서는 직렬 경로상의 임피던스 성분을 최소화하고 션트(shunt) 임피던스 성분을 최대화시켜야 한다. 또한 저항은 주파수에 무관하고, Capacitor 의 임피던스 값은 주파수에 반비례하는 특성도 고려한다. 신호전달이득이 작은 경우 큰 삽입손실의 원인이 된다.

2) 실험순서

① 설계 완료 후, 결정된 부품들을 이용하여 [그림 1](a) 또는 [그림 1](b)의 저역통과필터를 브레드보드를 이용하여 구성하시오(아래의 **'5. 실험유의사항'** 을 참고할 것)

② 신호발생기의 출력전압을 2Vpp로 설정하고, 주파수를 차단주파수를 중심으로 낮은 값부터 높은 주파수까지 서서히 증가시켜 가면서 회로의 출력 전압을 주파수 별로 오실로스코프를 이용하여 측정한다. 이때 시뮬레이션 결과를 참고하면서 주파수 측정 간격을 조정한다. 즉, 감쇠가 심한 주파수 영역이나 차단주파수 근처에서는 세밀한 측정이 필요하므로 아래 소개된 **'측정 팁'** 을 참고한다.

③ 측정결과 데이터들을 정리하여 주파수 응답특성을 살펴보고 적절한 결과를 얻었는지 판단한 후 재 실험 여부를 결정한다.

3) 신호 발생기 설정방법

- 교류신호의 OFFSET 전압은 0 [V]로 한다.
- 정현파 신호(사인파)를 발생시키고 주파수응답을 얻기 위해 주파수를 가변시킨다.

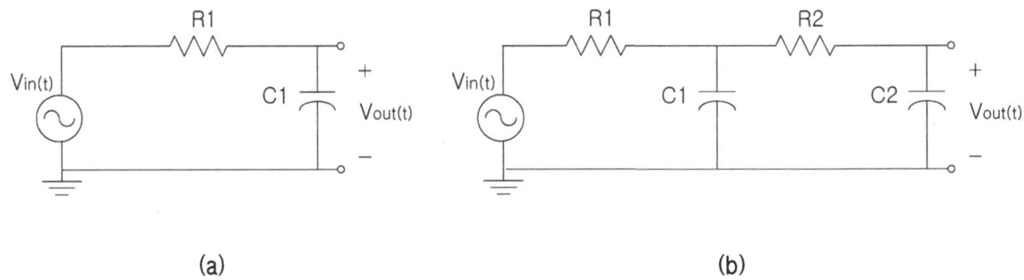

[그림 1] 저역통과필터의 차수(order): 일차(a), 이차(b)

- **정현파 신호크기** : 필터는 입력에 비해 출력이 항상 작고, 차단대역에서 멀리 떨어질수록 신호가 급격히 감쇄되는 것을 감안하여 입력 교류신호크기를 최소 2V 이상의 첨두 간 전압(Vp-p)을 발생시킨다.
- **오실로스코프에서 측정된 신호크기 오류**: 신호발생기에서 설정한 크기와 오실로스코프에서 관찰한 크기가 다를 수 있으므로 회로를 거치지 않고 직접 연결하여 확인과정이 필요하다. 차이점이 발생한 경우 원인(예로 케이블의 scale(1:1 또는 10:1) 설정내용, 또는 오실로스코프의 각 채널 프로브 메뉴 설정내용)을 분석하고 해소한다. 확인과정이 종료된 후에 회로에 교류신호를 인가한다.

4) 오실로스코프 설정방법

- **세로축설정**: 세로축의 접지는 항상 중앙에 위치시킨다. 입력 교류신호의 크기가 2V의 첨두간 전압이므로 필터 출력신호는 항상 이보다 작은 것을 염두에 둔다. 감쇄가 심한 주파수의 신호는 10mV/div 까지 근접하므로 세로축 스케일(V/div)을 지속적으로 측정하여 신호크기를 최대한 크게 한 상태에서 측정해야 정확한 값을 얻는다. 이때 스코프의 커서기능을 이용하면 정확한 측정에 도움이 된다.
- **가로축설정**: 입력주파수에 따라 가로축의 스케일(시간/div)을 지속적으로 조정하여 화면 당 최소 2주기 이상의 신호를 확보한 후 측정해야 정확하다.
- **트리거링**: 트리거링(triggering)이란 신호를 화면에 고정하는 것으로 고정되지 않은 상태에서 측정하는 것은 매우 부정확하다. Agilent 사의 스코프는 스코프자체에서 신호가 발생되므로 메뉴에서 'wavegen(파형발생)' 을 선택하면 쉽게 트리거된다.
- **커플링**: 회로에 공급되는 교류신호의 중심전압(offset 전압)이 0이므로 신호의 커플링(coupling)을 AC로 하여 교류신호의 크기만을 관찰한다.

■ **측정 팁**

- 필터 측정은 교류입력전압(V_{in})이 정해진 값으로 고정되므로, 주파수 별로 출력단 전압(V_{out})만을 측정하고 이들의 전압비($A_V = V_{out}/V_{in}$)를 통해 어떠한 필터 특성을 나타내는 것인지 파악하는 것이다. 실제 측정 데이터와 이론적인 결과의 차이는 항상 존재하며 또한 시뮬레이션결과와도 차이점이 발생할 수 있다. 이들의 원인을 살펴본다.
- 측정 주파수 포인트 수는 필터 전체특성을 파악할 수 있을 정도면 된다. 단, 차단주파수 근처는 좀 더 세밀해야 되며, 차단기울기(dB/decade)를 측정할 때는 차단 영역에서 가급적 가까운 곳에서 첫 번째 주파수를 잡아야 열배의 주파수인 두 번째 주파수에서 상대적으로 큰 교류신호를 얻을 수 있다. 즉, 측정하기 편하고 정확도가 향상된다.
- 측정 액세서리 중에서 교류신호 입력용 악어케이블과 오실로스코프 프로브를 혼동하여 사용하지 않도록 한다.

5) 측정 데이터 및 처리 방법

- **교류신호 측정데이터(오실로스코프) 내용**
  - 통과주파수 대역에서 브레드 보드 회로에 입출력되는 파형
  - 3dB 차단주파수에서의 파형(주파수, 전압크기 측정)
  - 차단기울기를 확인하는 2지점 주파수에서의 파형(주파수, 전압크기 측정)
- **주파수 응답 플롯(plot) 방법**: 측정된 입 출력전압 들은 시간 축에서 측정된 값들이므로 주파수응답 특성을 얻어내기 위해, 주파수별로 입출력 전압변화(이때 입력은 고정된 값)들을 Microsoft사의 엑셀(Excel) 데이터로 모아 dB 단위로 표시한다.
- **저역통과여파기 주파수응답 데이터처리**: 플롯(plot)된 주파수 응답 결과에 삽입손실, 차단주파수. 대역폭, 차단기울기 등을 표시하며, 이들 데이터들을 이용하여 시뮬레이션 결과 또는 이론과 비교·분석한다.

3. 실험장치 및 부품

장치목록	악세사리	기타
-디지털멀티미터 1대 -오실로소코프 1대 -신호발생기 1대 (오실로스코프에 내장)	-브레드보드 1개 -교류신호입력용 케이블 1셋 -오실로스코프 프로브 1셋	-저항 set -캐패시터 set -회로연결용 점퍼선 (검정, 흰색)

4. 실험 절차 요약

- 요구사항 파악 및 실험에 관련된 이론 이해
- 장치, 악세사리, 기타 부품들의 준비
- 설정된 목표 값을 위해 팀원들의 상호 토론 및 연구
- 실험 시행 및 관련 Data 수집
- 보고서 작성 및 발표자료 준비

5. 실험 유의사항

- 브레드보드 상에 결선된 회로들로부터 쉽게 회로도를 연상할 수 있도록 회로를 간결하고 일목요연하게 하는 것이 고장진단에 쉽다.
- 브레드보드 상의 점퍼선은 가급적 적게 쓰되 짧은 것을 사용하고 [표 1]처럼 색상별로 적절한 것을 사용한다.

[표 1] 색상별 점퍼선의 권장사용 내역

색별 점퍼선	용 도
빨간색 점퍼선	양의 직류전원
하얀색 점퍼선	교류신호의 입출력단자, 교류신호 전달을 위한 부품연결
검정색 점퍼선	접지선 또는 음의 직류전원
파란색 점퍼선	음의 직류전원 또는 기타

- 모든 접지선은 검정색으로 일치할 것: 교류신호 입력용 악어케이블의 접지선과 오실로스코프 프로브의 접지선, 그리고 직류/교류신호의 접지선은 모두 검정색으로 하여 공통 접지를 확보함으로써 회로의 오동작을 방지한다.

실험 2-2 대역통과필터와 공진기의 설계 및 실험

1. 실험목적

- 대역통과 필터 또는 직렬공진회로를 설계하고 각각을 측정한다.
- 주파수 응답특성을 이해하고 성능파라미터들의 측정을 통해 각각의 의미를 이해한다.
- 필터 시뮬레이션 기법을 터득한다.

2. 실험내용 및 방법

[그림 2]의 대역통과필터와 [그림 3]의 직렬공진기 회로는 모두 대역통과필터 특성을 갖는다. 즉, 통과대역내의 주파수를 갖는 신호들을 통과시키고, 차단주파수 대역의 신호들을 감쇄시킨다. 관련 이론에 대한 충분한 이해를 바탕으로 조별로 주어진 설계목표를 달성하기 위한 방안을 논의한다. 먼저 관련 수식을 이용하여 R, L, C값을 계산해보고, 이를 기초로 시뮬레이션을 실시하여 실험 목표달성 가능성을 타진해본다. 시뮬레이션을 통해 결정된 부품 값으로 브레드 보드를 구성하여 필요한 전압·전류들을 측정한다. 이때 실험을 진행하면서 이론에 근거하여 원하는 실험결과를 얻기 위해 회로상의 부품 값이나 교류전원을 조정할 수 있다.

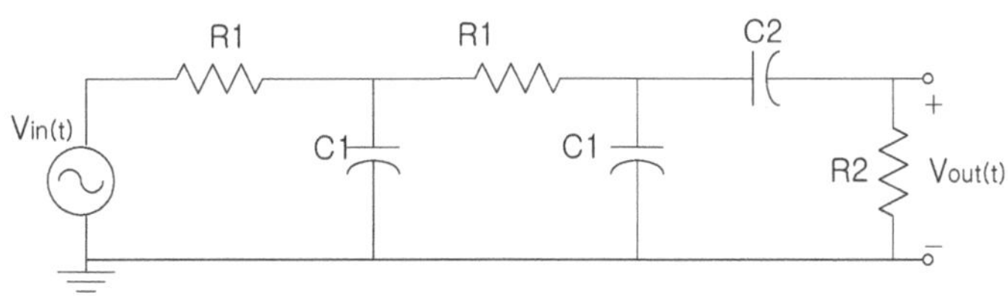

[그림 2] 2차 저역통과필터와 고역통과필터가 결합된 대역통과필터 회로

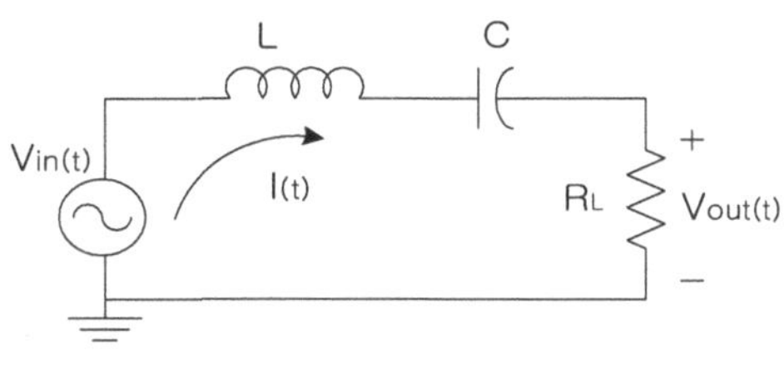

[그림 3] 직렬공진회로

측정한 결과와 시뮬레이션 결과, 그리고 이론에 근거하여 예측된 결과들을 비교한다. 이들 데이터들을 정리하여 실험 결과보고서에서 기술하고 문제점들을 포함하여 해결과정을 논리적으로 서술한다.

■ 직렬공진회로 및 대역통과필터의 조별 설계 목표

[표 2] 조별 설계목표

	직렬공진기	대역통과필터
공진주파수	(10+5x)KHz	(100+10x)KHz
대역폭	제한없음	300KHz
삽입손실	3dB 이내	5dB 이내
차단기울기	제한없음	30dB/decade

※ x는 실험조 번호의 끝자리수

1) 필터와 공진기 설계순서

① 부품재고파악: 조별로 주어진 저항, 캐패시터와 인덕터 값들의 정보를 파악한다.

② 초기 R,L,C 값 계산: 조별로 주어진 설계목표에서 대역통과필터는 2개의 차단주파수를 중심으로, 직렬공진회로는 공진주파수를 중심으로 L, C 값을 계산하고 부품재고에 있는 조합을 찾는다. 차단주파수와 공진주파수가 정해졌으므로 관련 수식에 근거하여 L, C 중에서 하나의 값을 먼저 고정하면 쉽게 접근할 수 있다.

③ 초기 설계: 위에서 계산된 R, L, C값을 바탕으로 시뮬레이션을 실시하여, 설계 목표에 적합한지 판정한다.

④ 최적화 설계: 시뮬레이션을 통해 설계 목표에 맞도록 회로를 조정하여 최적화한다. 이때 부품들은 실제 조별로 확보하고 있어야 한다. 특정 값이 없는 경우 보유하고 있는 부품들의 조합(직렬 또는 병렬)을 통해 구할 수 있다.

■ **설계 팁:** Simulation 을 통한 R,L,C 조합 찾기

- 동일한 차단주파수나 공진주파수에 대해 캐패시터, 인덕터 들의 조합은 무수히 많은 것에 유의한다.
- 이들 중에서 적절한 부품을 선택하기 위해서는 신호전달 개념을 이해해야 한다. 신호전달이득을 높이기 위해서는 직렬 경로상의 임피던스 성분을 최소화하고 션트(shunt) 임피던스 성분을 최대화시켜야 한다. 또한 저항은 주파수에 무관하고, 인덕터의 임피

던스는 주파수에 비례하며 캐패시터의 임피던스 값은 주파수에 반비례하는 특성도 고려한다. 신호전달이득이 작은 경우 큰 삽입손실의 원인이 된다.

- 대역통과필터의 설계의 최적화과정: 저역통과와 고역통과필터를 합성하여 대역통과필터를 얻는다. 이때 합성된 대역폭은 각각의 대역폭의 차이보다 훨씬 늘어날 수 있으며 삽입손실도 크게 증가한다. 이것은 설계 대역폭이 좁은 경우에 흔히 발생한다. 설계목표를 달성하기 위해서, 저역통과와 고역통과필터의 차단 주파수를 재설계 하여 최적화 시뮬레이션을 수행한다. 아래 [그림 4]에서 예를 보여준다. 이론을 근거로 시뮬레이션한 2차 저역통과필터의 차단주파수(f_{cL})와 고역통과필터의 차단주파수(f_{ch})의 차이보다 이들을 합성한 3dB 대역폭이 훨씬 커지며, 삽입손실도 증가하였다. 만일 3dB 대역폭이나 삽입손실이 목표 값보다 다르다면, 재설계를 통해 저역통과필터의 차단주파수(f_{cL})와 고역통과필터의 차단주파수(f_{ch}) 조정해야 할 것이다.

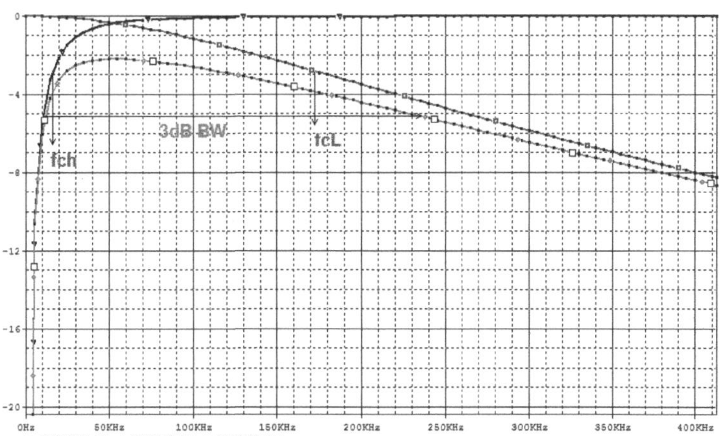

[그림 4] 대역통과필터의 주파수 응답 시뮬레이션결과의 예

2) 실험순서

① 설계 완료 후 결정된 부품들을 이용하여 [그림 2]와 [그림 3]과 같은 회로를 브레드보드를 이용하여 구성한다(아래의 **'5. 실험유의사항'** 을 참고할 것).

② 신호발생기의 출력전압을 2Vpp로 설정하고 주파수를 낮은 값부터 높은 주파수까지 서서히 증가시켜 가면서 필터나 공진기 회로의 출력 전압을 주파수 별로 오실로스코프를 이용하여 측정한다. 이때 시뮬레이션 결과를 참고하면서 주파수를 조정하는 것이 바람직하다. 감쇄가 심한 주파수 영역이나 차단주파수 근처에서는 세밀한 측정이 필요

하므로 아래 소개된 **'측정 팁'** 을 참고한다.

③ 측정결과 데이터들을 정리하여 주파수 응답특성을 살펴보고 적절한 결과를 얻었는지 판단한 후 재 실험 여부를 결정한다.

3) 오실로스코프 설정방법

- **세로축설정**: 세로축의 접지는 항상 중앙에 위치시킨다. 입력 교류신호의 크기가 2V의 첨두간 전압이므로 필터 출력신호는 항상 이보다 작은 것을 염두에 둔다. 감쇄가 심한 주파수의 신호는 10mV/div 까지 근접하므로 세로축 스케일(V/div)을 지속적으로 조정하여 신호크기를 최대한 크게 한 상태에서 측정해야 정확한 값을 얻는다. 이때 스코프의 커서기능을 이용하면 정확한 측정에 도움이 된다.
- **가로축설정**: 입력주파수가 변화함에 따라 시간을 나타내는 가로축의 스케일(시간/div)을 지속적으로 조정하여 화면당 최소 2주기 이상의 신호를 확보한 후 측정해야 정확하다.
- **트리거링**: 트리거링(triggering)이란 신호를 화면에 고정하는 것으로 고정되지 않은 상태에서 측정하는 것은 매우 부정확하다. Agilent 사의 스코프는 스코프자체에서 신호가 발생되므로 트리거 메뉴에서 'wavegen(파형발생)' 을 선택하면 쉽게 트리거된다.
- **커플링**: 회로에 공급되는 교류신호의 중심전압(offset 전압)이 0이므로 신호의 커플링(coupling)을 AC로 하여 교류신호의 크기만을 관찰한다.

4) 신호 발생기 설정방법

- 교류신호의 OFFSET 전압은 ZERO 로 한다.
- **정현파 신호(사인파)를 발생**시키고 주파수응답을 얻기 위해 주파수를 가변시킨다.
- **정현파 신호크기** : 필터는 입력에 비해 출력이 항상 작고, 차단대역에서 멀리 떨어질수록 신호가 급격히 감쇄되는 것을 감안하여 입력 교류신호크기를 최소 2V 이상의 첨두간 전압(Vp-p)을 발생시킨다.
- 오실로스코프에서 측정된 신호크기 오류확인: 신호발생기에서 설정한 크기와 오실로스코프에서 관찰한 크기가 다를 수 있으므로 회로를 거치지 않고 직접 연결하여 확인과정이 필요하다. 차이점이 발생한 경우 원인(예로 케이블의 scale(1:1 또는 10:1) 설정내용, 또는 오실로스코프의 각 채널 프로브 메뉴 설정내용)을 분석하고 해소한다. 확인과정이 종료된 후에 회로에 교류신호를 인가한다.

■ 측정 팁

- 대역통과필터나 직렬공진기는 모두 대역통과특성을 나타낸다. 이들의 측정은 교류입력 전압(V_{in})은 정해진 값으로 세팅되므로 결국은 주파수 별로 출력단 전압(V_{out})만을 측정하고 이들의 전압비($A_V = V_{out}/V_{in}$)를 통해 어떠한 특성을 나타내는 것인지 파악하는 것이다. 실제 측정 데이터와 이론적인 결과의 차이는 있을 수 있으며, 또한 시뮬레이션결과와 도 차이점이 발생할 수 있다. 이들의 원인을 살펴본다.
- 측정 주파수 측정 포인트 수는 필터 전체의 특성을 파악할 수 있을 정도이면 된다. 단, 차단주파수 근처는 좀더 세밀해야 되며, 차단 기울기(dB/decade)를 측정할 때는 차단 영역에서 가급적 가까운 곳에서 첫 번째 주파수를 잡아야 열배(또는 1/10)의 주파수인 두 번째 주파수에서 상대적으로 큰 교류신호를 얻을 수 있다. 즉, 측정하기 편하고 정확도가 향상된다.
- 측정 액세서리 중에서 교류신호 입력용 악어케이블과 오실로스코프 프로브를 혼동하여 사용하지 않도록 한다.

5) 측정 데이터 및 처리 방법

- **교류신호 측정데이터(오실로스코프) 내용**
  - 통과주파수 대역에서 브레드 보드 회로에 입출력되는 파형
  - 3dB 차단주파수에서의 파형(주파수, 전압크기 측정)
  - 공진(또는 중심) 주파수에서의 파형(주파수, 전압크기 측정)
  - 차단기울기를 확인하는 2지점 주파수에서의 파형(주파수, 전압크기 측정)
- **주파수 응답 플롯(plot) 방법**: 측정된 입 출력전압 들은 시간 축에서 측정된 값들이므로 주파수응답 특성을 얻어내기 위해, 주파수별로 입출력 전압변화(이때 입력은 고정된 값)들을 Microsoft사의 엑셀(Excel)내에서 데이터로 모아 dB 단위로 표시한다.
- **대역통과필터 주파수응답**: 플롯(plot)된 주파수 응답 결과에 삽입손실, 중심주파수, 상한 및 하한 차단주파수. 대역폭, 차단기울기 등을 표시하며 이들 데이터들을 이용하여 시뮬레이션 결과 또는 이론과 비교·분석한다.
- **직렬공진기 주파수응답**: 플롯(plot)된 주파수 응답 결과에 삽입손실, 공진주파수, 대역폭 및 공진기 Q값 등을 표시하며, 이들 데이터들을 이용하여 시뮬레이션 결과 또는 이론과 비교·분석한다.

3. 실험장치 및 부품

장치목록	악세사리	기타
-디지털멀티미터 1대 -오실로스코프 1대 -신호발생기 1대 (오실로스코프에 내장)	-브레드보드 1개 -교류신호입력용 케이블 1셋 -오실로스코프 프로브 1셋	-저항 set -캐패시터 및 인덕터 set -회로연결용 점퍼선 (검정, 흰색)

4. 실험 절차 요약

- 요구사항 파악 및 실험에 관련된 이론 이해
- 장치, 악세사리, 기타 부품들의 준비
- 설정된 목표 값을 위해 팀원들의 상호 토론 및 연구
- 실험 시행 및 관련 Data 수집
- 보고서 작성 및 발표자료 준비

5. 실험 유의사항

- 브레드보드 상에 결선된 회로들로부터 쉽게 회로도를 연상할 수 있도록 회로를 간결하고 일목요연하게 하는 것이 고장진단에 쉽다.
- 브레드보드 상의 점퍼선은 가급적 적게 쓰되 짧은 것을 사용하고, 색상 별로 적절한 것을 사용한다.
- 모든 접지선은 검정색으로 일치시킬 것 : 교류신호 입력용 악어케이블의 접지선과 오실로 스코프 프로브의 접지선 그리고 직류/교류신호의 접지선은 모두 검정색으로 하여 공통 접지를 확보함으로써 회로의 오동작을 방지한다.

Test Report Template(실험 2-1/2-2)

실험 결과 보고서(실험 2-1과 실험 2-2는 별도 작성)

<table>
<tr><td>과제명</td><td colspan="6"></td></tr>
<tr><td>실험 조</td><td>조(번호)</td><td></td><td>조인원수</td><td></td><td>평가결과</td><td>/</td></tr>
<tr><td rowspan="4">최초보고서</td><td rowspan="4">제출일자</td><td rowspan="4"></td><td rowspan="4">조원
이름</td><td>이름</td><td>학번</td><td>실험참가여부</td></tr>
<tr><td></td><td></td><td></td></tr>
<tr><td></td><td></td><td></td></tr>
<tr><td></td><td></td><td></td></tr>
<tr><td>수정보고서
(해당조만
작성할 것)</td><td>제출일자</td><td></td><td>개선내용
(요약)</td><td colspan="3"></td></tr>
</table>

※ 수정보고서는 최초보고서 제출 후 좀 더 나은 결과를 위해 수정을 희망하는 조에 한함.
※ 아래 양식에 준해 보고서를 작성하며 표나 그림은 반드시 번호를 넣고 제목을 작성하기 바랍니다. 또한 이들을 설명해야하며 표 제목은 상단에, 그림 제목은 하단에 표시합니다.

1. 실험 기초이론 요약

작성 안내	*아래 내용들은 본 실험에 관련된 기초 이론에 관련된 주제들이며 필요시에 조별로 일부 변경가능하다. 실험내용을 살펴보고 해당되는 내용들로만 2 페이지 이내로 요약 정리한다.*

- 수동부품의 임피던스
- 저역통과필터의 기본 동작 특성 및 특성파라미터
- 대역통과필터나 직렬공진회로의 동작특성 및 특성파라미터

2. 실험내용

2.1 저역통과필터 설계

작성 안내	▪ *이론에 근거한 3dB 차단주파수를 먼저 계산하고 이를 기반으로 시뮬레이션을 실시한다. 시뮬레이션 결과를 반영하여 조별로 주어진 설계 목표의 달성가능성을 타진한다. 필요한 경우 재설계를 하여 회로를 최적화한다.* ▪ *설계과정이나 최적화 과정을 서술한다.* ▪ *이론을 연계하여 설계한 내용을 서술한다.*

2.2 대역통과필터와 직렬공진회로의 설계

작성 안내	▪ *이론에 근거한 공진주파수나 필터의 3dB 차단주파수들을 먼저 계산해보고 이를 기반으로 시뮬레이션을 실시한다. 시뮬레이션 결과를 반영하여 조별로 주어진 설계 목표의 달성가능성을 타진한다. 필요한 경우 재설계를 하여 회로를 최적화한다.* ▪ *설계과정이나 최적화 과정을 서술한다.* ▪ *이론을 연계하여 설계한 내용을 서술한다.*

3. 실험결과 정리 및 분석

3.1 실험 방법/순서

작성 안내	*다음 내용을 보고서에 첨부한다.* *-전체 실험 측정 환경 사진 및 장치들의 설정내용, 부품 목록* *-본 실험의 5)절에 있는 주요 측정내용(2개 이상)들을 실험하는 순서를 단계별로 작성한다.*

3.2 측정결과 정리 및 분석

작성 안내	*측정결과들을 단순히 나열하지 않고 표나 그림을 이용하여 정리한다. 이들 표나 그림에 번호와 제목을 붙이고 관련 이론에 근거하여 내용을 설명한다. 또한 결과들을 이론과 시뮬레이션을 인용하여 충실하고 상세히 설명한다.*

3.3 문제점 및 개선내용

작성 안내	▪ *실험과정에서 발생했던 문제점들을 나열하고 어떻게 해결하였는지에 대한 과정과 개선된 사항들을 서술한다.* ▪ *목표대비 달성하지 못한 항목들은 상세히 나열하고 논리적이고 구체적으로 설명한다.* ▪ *실험과정에서 변경하였거나 실험목표를 재 조정하였으면 근거를 논리적이고 구체적으로 설명한다.* ▪ *이들 내용은 보고서를 우수하게 평가받는데 중요한 항목이다.*

4. 결론

작성 안내	*본 실험에서 달성하고자 하는 실험목적에 대비하여 실험과정이나 측정결과들로부터 도출된 결론을 요약하여 작성한다. 표로 작성하거나 요점위주로 개조 식으로 나열하고 간단한 설명을 추가하면 효과적이다.*

제 3장 정전원회로

내용

실험

■ 단원핵심주제 ■

- 다이오드의 기본동작이론과 정류작용이해
- 포락선검파기 및 레귤레이터(regulator) 의 동작이해
- 정전원 출력회로(AC To DC 회로) 구현을 통한 동작 특성 이해

정전원회로는 AC/DC 어댑터(adapter)라는 이름으로 일상생활에서 흔히 볼 수 있으며 220V 교류전원으로 부터 필요한 직류전원을 얻기 위해 사용된다. 노트북컴퓨터, 스마트폰, 블루투스를 비롯한 각종 소형기기에서 거의 필수적이다. 아래 그림에서 이의 기본동작에 관련된 블록선도를 볼 수 있다. 60Hz 220V의 가정용전원은 전원트랜스에서 전압이 강하되고 다이오드로 구성된 전파 또는 반파 정류회로를 통과한다. 이 신호는 저항과 캐패시터와 함께 구성된 포락선검파기(envelope detector)거쳐 레귤레이터(regulator)를 통해 전자기기(부하)에 필요한 직류전압을 공급한다. 본 단원에서는 이들의 핵심부품인 다이오드와 포락선 검파기, 그리고 레귤레이터의 기본이론과 동작을 살펴보고 시뮬레이션을 통해 확인한다. 또한 실험을 통해 전체회로를 구성해보고 직류전압을 출력시켜본다.

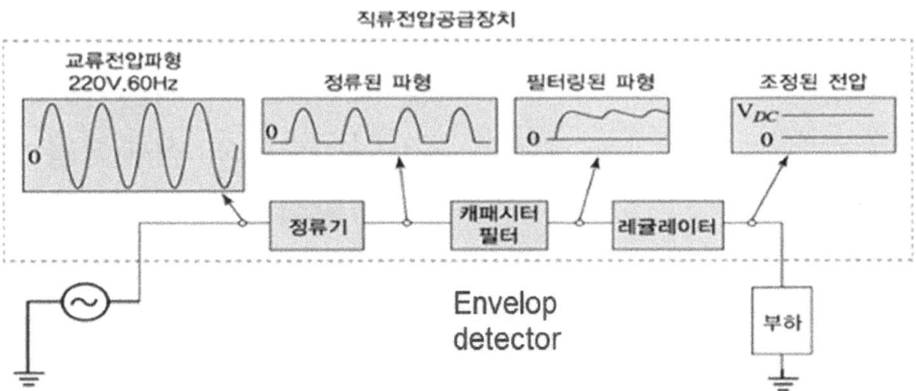

3.1 다이오드(Diode) 란 무엇인가

3.1.1 반도체에서의 캐리어(carrier)

위 그림에서 소개된 정류기의 핵심부품인 다이오드는 오늘날 대부분의 전자회로의 기본이 되며 트랜지스터(transistor) 구조의 기초를 형성한다. 다이오드는 P형 반도체와 N형 반도체가 원자 구조적으로 결합된 PN 접합(junction)이라고 한다.

실제 전자회로를 구성한 대부분의 전자부품들은 도체와 절연체 또는 반도체 재료로 되어있다. 절연체(insulator)란 플라스틱, 나무, 유리 등과 같이 정상적인 조건에서 전류가 흐르지 못하는 물질을 말하고, 도체(conductor)는 대부분의 금속처럼 전류가 잘 흐르는 물질을 의미한다. 반도체(semiconductor)는 도체와 절연체의 중간적인 도전성을 갖는 물질이다. 실리콘(Si), 게르마늄(Ge), 탄소(C)등은 단일 원소로 구성된 반도체 이며, 갈륨비소(GaAs), 인듐인(Inp) 등은 화합물 반도체이다. 실리콘은 높은 온도에서 우수한 특성을 보여, 타 반도체에 비해 선호된다.

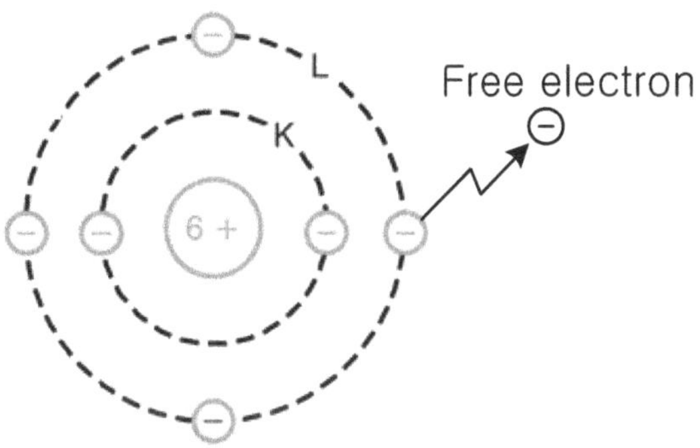

[그림 3-1] 탄소(C) 원자구조 및 자유전자의 발생

모든 물질은 원자(atom)로 구성되며, 원자는 그 중심에 양전하를 띠는 양성자와 주변에 가전자대(valence electron band)를 돌면서 음전하를 띠는 전자(electron)으로 구성된다. 외부에서 가해지는 힘이 없는 경우 이들은 전기적으로 중성을 띠고 있다. [그림 3-1]은 탄소의 원자구조 예를 보여주고 있다. 만일 외부에서 전기력이 가해져 최 외곽 가전자 대의 전자를 하나 잃어버리면 탄소원자의 전체전하는 양(positive, +)이 되고 전자가 빠져나간 빈 상태를 정공(hole)이라한다. 에너지를 얻어 궤도를 벗어난 전자를 자유전자(free electron)이라 한다. 여기에서 전도(conduction)에 기여하는 것은 정공과 자유전자이다. 반도체의 도전현상은 양자역학적인 에너지 대역개념으로 좀더 쉽게 이해될 수 있으나 본 교재의 범주를 벗어나므로 여기에서는 회로적인 관점에서만 설명한다.

3.1.2 진성반도체와 불순물반도체

진성반도체(intrinsic semiconductor)는 불순물(dopant)이 첨가되지 않는 순수한 반도체를 의미한다. 즉, 결정구조에서 다른 형태의 원자가 존재하지 않은 단결정물질로 고유반도체라고도 한다. 진성반도체에서 전도에 기여하는 캐리어(carrier)의 농도가 매주 작아 용도가 매우 제한적이다.

불순물반도체는 도핑물질에 따라 N형반도체와 P형 반도체로 구분된다. 진성반도체에 불순물을 도핑(doping)하면 캐리어 농도가 증가하여 도전성이 향상된다. 진성반도체에 3가 또는 5가 불순물을 첨가하여 전자 혹은 정공의 수를 증가시키는 과정을 도핑(doping)이라 하며 도핑된 반도체를 불순물(extrinsic semiconductor)라고 한다. 이처럼 도핑과정을 통해 반도체에서 자유전자와 정공의 양을 조절할 수 있다.

불순물 반도체는 도핑물질에 따라 N형 반도체와 P형 반도체로 구분된다. 진성실리콘에 인(P, 비소(As), 안티몬(Sb)같은 5가 불순물을 첨가하면 전자의 농도를 증가시킬 수 있는 반도체가 된다. 또한 진성 실리콘에 붕소(B), 인듐(In), 갈륨(Ga)과 같은 3가 불순물을 첨가하면 양전기를 띠는 정공의 농도를 증가시킬 수 있다.

3.1.3 PN 접합(junction) 다이오드

PN다이오드, 바이폴라접합트랜지스터(bipolar junction transistor), FET(field effect transistor)등 반도체 소자는 N형 반도체와 P형 반도체의 접합을 기본으로 구성된다. 따라서 반도체 소자에 흐르는 전류는 N형 반도체의 전자와 P형 반도체의 정공에 의해 운반(carrier)되며, 이들의 농도와 밀접한 관계를 갖는다.

P형 반도체와 N형 반도체가 [그림 3-2]과 같이 결합된 것을 PN 접합(junction)이라고 한다. 접합부의 경계 근처에서는 [그림 3-3]와 같이 P형 반도체안의 정공과 N형 반도체안의 자유전자가 서로 확산현상에 의하여 상대측의 영역으로 들어가 자유전자-정공의 결합하여, 전기적으로 소멸함으로써 캐리어가 사라지는 부분이 발생한다. 이 부분을 공핍층(depletion layer)이라고 하는데 캐리어가 없기 때문에 절연체로 간주할 수 있다.

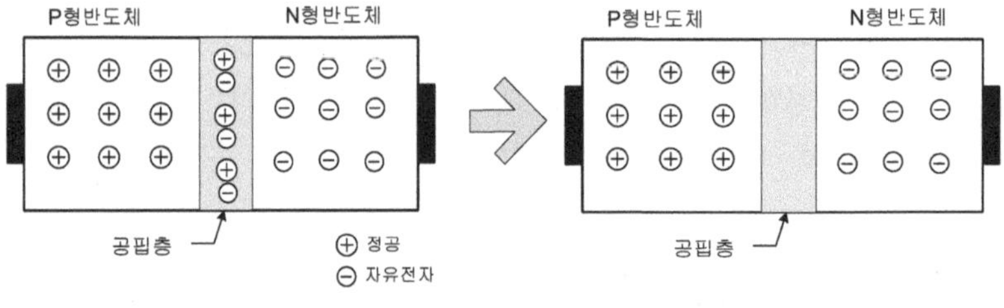

[그림 3-2] 다이오드의 접합 및 공핍 층의 동작

이제 PN 접합에 [그림 3-3]와 같이 전압을 인가하고 폐회로를 구성한다. 반도체의 P형 측에 양전압을. N형 측에 음전압을 인가(순방향 전압, Vs)하면 P형 반도체안의 정공들이 N형 반도체 쪽으로 이동하고 N형 반도체안의 자유전자들이 P형 반도체 쪽으로 이동시킴으로써 전체적으로 캐리어들의 이동을 얻어낸다. 실제로는 자유전자들의 흐름이며 이것이 폐회로의 전류인 셈이다. 회로적인 관습에 의해 전류의 방향은 자유전자들의 흐름과 반대이다. 이번에는 PN 접합 반도체에 역방향으로 전원(Vs)을 인가하면 P형 단자에 음전압을 N형 단자에 양전압이 걸린다. 이때 [그림 3-4]와 같이 P형 반도체내부의 정공들이 P형단자의 음의 전극으로, N형 반도체 내부의 자유전자들이 N형 단자의 양의 전극으로 이동한다. 이는 [그림 3-3]과 같이 단순접합보다 공핍층이 더욱 확대된 것이며 PN 접합내부를 통해 이동하는 전류 값은 0이다. 실제는 역방향으로 미세한 포화 전류(I_o)가 흐른다.

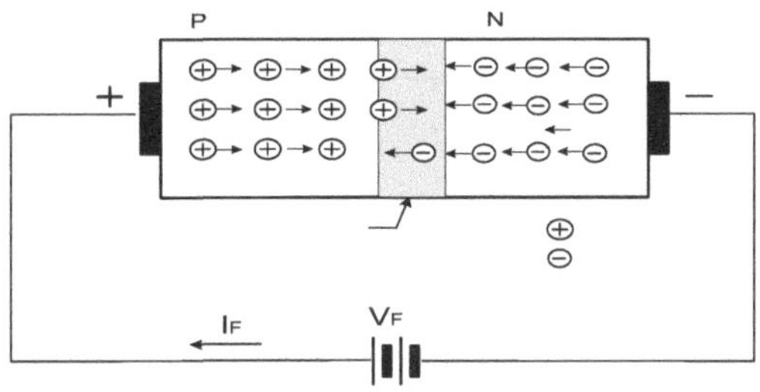

[그림 3-3] PN 접합다이오드의 순방향 전압인가 시 전류흐름

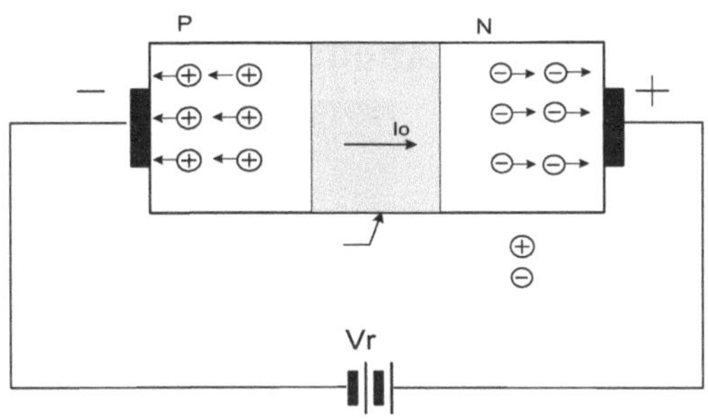

[그림 3-4] PN접합에 역방향 전압이 인가될 때 동작

이와 같이 PN 접합반도체 양단에 가해지는 전압의 방향에 따라 전류를 흐르게 하거나 반대로 거의 전류가 흐르지 않게 하는 동작을 정류작용이라 한다. 이러한 특성을 나타내는 부품이 다이오드(diode)이다.

3.1.4 다이오드 심볼 및 적용

PN 접합반도체를 이용한 다이오드의 심볼은 [그림 3-5] (b)와 같다. 순방향전압에만 전류가 흐르므로 전류방향을 가리키는 화살표와 같다. 전류가 들어가는 단자를 애노드(anode), 나오는 단자를 캐소드(cathode)라 부른다. 따라서 다이오드는 방향성을 가지므로 사용상의 주의가 필요하다. [그림 3-6](a)에는 극성을 나타내기 위해 몸체의 캐소드 단자 부분에 띠를 가진 실제다이오드의 모습들을 보여준다. 크기가 작을수록 정격전력(소비전력)이 작다. [그림 3-6](b)에는 4개의 다이오드들이 배열되어 보드에 실장된 모습을 보여준다.

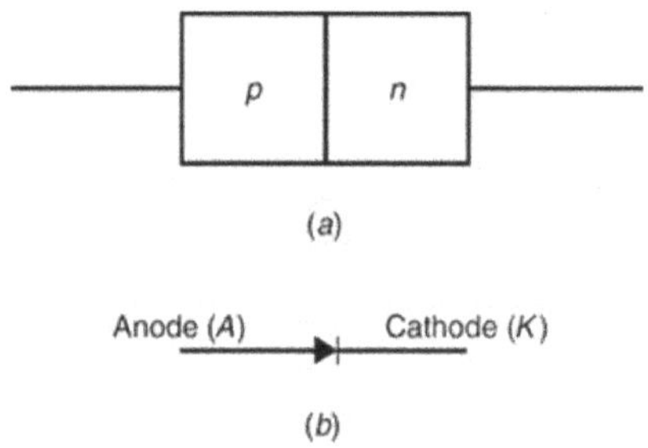

[그림 3-5] PN 접합 반도체(a)와 다이오드의 심볼(b)

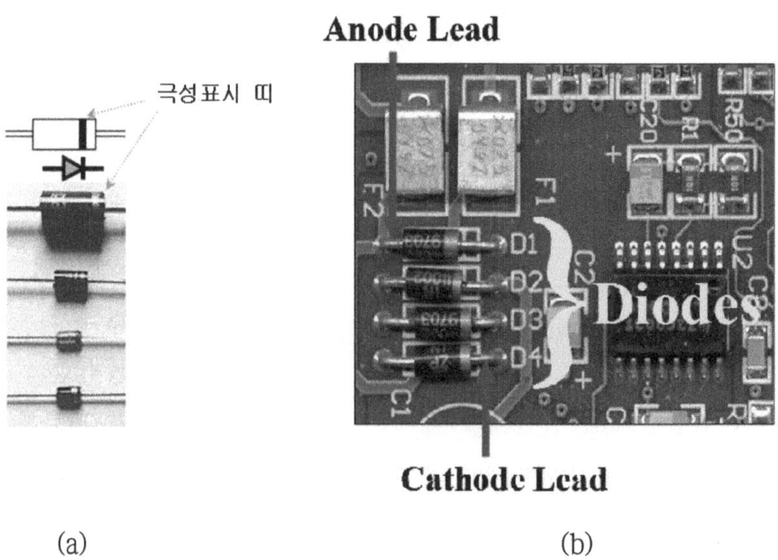

[그림 3-6] 실제 다이오드의 모습(a) 및 적용 사례(b)

3.1.5 다이오드의 종류

다이오드는 대표적으로 정류작용이외에 전압 제어가 필요한 수많은 응용에 많이 사용되고 있다. 대표적인 응용을 간단히 정리하면 다음과 같다.

■ **정류용 다이오드**

교류를 직류로 변환하기 위한 전원정류용으로서 실리콘 다이오드가 널시 사용되고 있다. 이는 전압 리미팅(limiting), 클램핑(clamping)등 회로에서 전압을 제어하는 용도로서도 많이 활용되고 있다. 이후 본 단원에서 심도 있게 다룰 예정이다.

■ **정전압다이오드(zener diode)**

실리콘 다이오드에서 역 전압을 크게 하면 특정 전압에서 역 방향 전류가 급격히 증가하는 특성이 있다. 지속적으로 역방향으로 전압을 증가해도 전류는 증가하나 다이오드 양단전압은 거의 일정하게 유지되는 특성을 갖고 있다. 이를 이용한 것이 정전압 다이오드이다. 회로에서 특정 전압을 일정하게 유지시키면서 전류를 공급하고자 하는 정 전원 회로 응용에서 사용된다.

■ **배랙터다이오드(varactor diode)**

PN 접합에서 역방향 전압을 인가하면 [그림 3-4]와 같이 공핍층이라는 절연 층의 폭이 넓어진다. 이 상태의 PN 접합은 두 전극 간에 존재하는 유전체의 모습을 띤 캐패시터(capacitor)와 동일한 구조적 특성이다. 역방향 전압 크기를 변화시키면 공핍층의 간격이 변화하며 이는 캐패시터의 구조와 이에 따른 용량변화와 매우 유사하다. 즉, 전압변화에 대해 캐패시터의 캐패시턴스(capacitance)가 변화한다. 이러한 목적으로 만든 다이오드를 배랙터(varactor) 다이오드라 부른다. 고주파 특성이 우수해 고주파 제어회로에 많이 사용된다. 특히, 회로에서 TV나 FM 수신기의 자동주파수 조정, 또는 무선통신장치에서 주파수 합성기의 전압제어발진기의 주파수 조정용으로 사용된다.

■ **발광다이오드(light emitting diode, LED)**

LED는 순방향 바이어스일 때 빛을 방출하는 소자이며, 순방향 전압은 일반 실리콘 정류다이오드보다 훨씬 크다. 전형적인 LED의 전압전류 특성은 일반다이오드와 유사하나 순방향 턴온(turn ON) 전압(V_{Th})은 $1.2V \sim 3.2V$으로 높고 낮은 역방향 항복전압(V_{BR})은 비교적 낮다. LED의 색깔은 원소의 조합에 의해 결정되며 적색(red), 황색(yellow),녹색(green)과 같은 다양한 색을 갖는다. [그림 3-7]에 보는 것처럼 길고 짧은 두 개의 단자를 갖으며 긴 쪽이 애노드(anode)이다. 또한 대부분은 100mA이하의 순방향 전류를 갖기 때문에 반드시 전류제한용 저항이 직렬로 연결된 상태에서 회로에 적용된다.

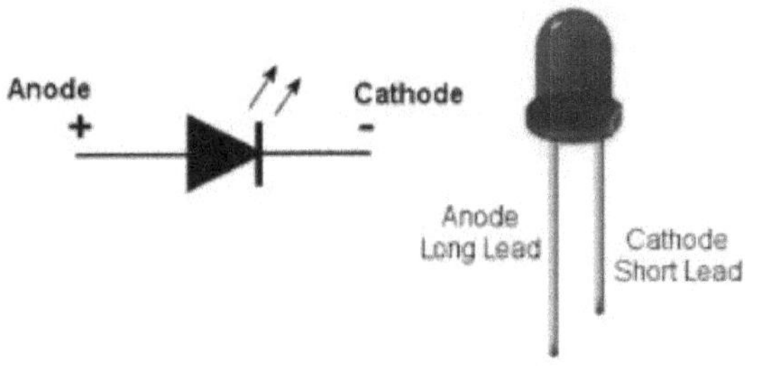

[그림 3-7] LED의 심볼 및 적색 LED

3.2 다이오드의 기본 동작

3.2.1 다이오드의 동작특성

다이오드는 전압이 가해졌을 때 [그림 3-8]과 같은 동작특성을 나타낸다. 이를 다이오드의 전압-전류 동작특성이라 한다. 순방향 전압(V_F)가 인가되었을 때 전류(I_F)(순방향전류)가 거의 흐르지 않다가 임계전압(threshold voltage, V_{Th}) 이후에 급격히 전류가 증가하기 시작한다. 일반적으로 다이오드는 실리콘(Si)과 게르마늄(Ge)을 주로 사용하며 게르마늄의 임계전압은 약 0.1V, 실리콘의 임계전압은 약 0.6V이다. 일반적으로 많이 사용되는 다이오드는 실리콘을 사용한다. 또한 역방향으로 전압이 인가되었을 때 도 마찬가지로 아주 작은 역방향 미세전류(I_o)만 있을 뿐 실질적으로 전류흐름은 없다. 역방향 전압이 점점 커져 급격히 역방향 전류가 증가하는 지점이 있는 데 이를 항복전압(V_{BR})이라한다. 대부분의 다이오드는 이 지점까지 사용하는 응용이 거의 없으며 실제 회로 적용 시 역방향 전압이 이 전압까지 오지 않도록 주의한다. 그러나 제너(zener) 다이오드는 오히려 이러한 특성을 이용하여 정전압다이오드로 사용하기도 한다.

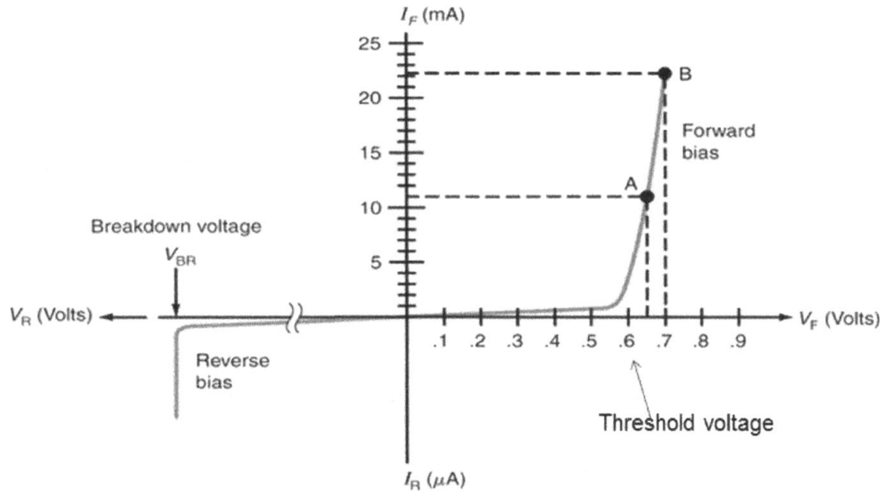

[그림 3-8] 다이오드의 기본 동작특성

다이오드는 주로 반도체의 접합특성을 이용하여 구현되며 이의 전류-전압 관계는 다음과 같은 수식으로 표현된다.

$$I_D = I_o\,(e^{\frac{V_D}{V_T}} - 1) \tag{2-1}$$

여기서, I_o는 역방향 포화전류(reverse saturation current)이며, 접합의 구조적 특징과 온도에 따라 결정되고 통산 $10^{-15} \sim 10^{-13}[A]$ 수준이다. V_T는 열전압(thermal voltage) 또는 온도 등가전압이라고 하며, 상온(200° K)에서 26mV 정도의 값을 가진다. 다이오드 양단에 걸린 전압을 V_D라고 하며 흐르는 전류는 I_D이다. 위의 수식은 [그림 3-8]와 같은 전류-전압 특성 곡선으로 그릴 수 있다.

순방향 바이어스가 걸려 임계전압(V_{Th})에 도달할 때까지 전류가 미세하게 흐르다 V_{Th} 이후 전류가 지수함수 적으로 급격히 증가한다. 따라서 V_{Th}를 턴온(turn ON)전압이라고도 한다. 반대로 V_{Th} 이전까지 또는 역방향으로 전압이 걸린 상태에서 다이오드는 미세한 전류만이 흘러 거의 OFF 상태에 있다. 식(2-1)은 전압 V_D에 따라 순방향 바이어스 상태와 역방향 바이어스 상태로 구분지어 다음과 같이 근사적으로 표현될 수 있다. $V_D \gg V_T$이면 역방향 포화전류 I_o를 무시할 수 있으므로 아래와 같이 근사 화된다.

$$I_D \simeq I_o\, e^{\frac{V_D}{V_T}} \tag{2-2}$$

만약 다이오드의 특성은 다이오드 전압 $V_D < 0$ (역방향 전압) 또는 $V_D \ll V_T$라면 다이오드에 흐르는 전류는 식(2-3)과 같이 근사 화시킬 수 있다. I_o는 매우 작은 양이므로 역방향 바이어스된 다이오드의 누설전류라 할 수 있다.

$$I_D \simeq -I_o \tag{2-3}$$

다이오드를 해석하는 데 있어 다음과 같이 2개의 근사모델을 운영하여 회로해석을 용이하게 하고 있다.

- 이상적인 다이오드 모델: $V_{Th} = 0$ 이고 V_{Th}이후 I_D를 무한대 값으로 가정
- 실제동작과 유사한 근사모델: $V_{Th} \neq 0$ 이고 V_{Th}이후 전류를 유한한 값으로 가정

3.2.2 다이오드의 등가모델

이상적인 다이오드로(ideal diode)의 특성은 [그림 3-9]와 같이 순방향으로 직류전압을 인가($V_F = V_D > 0$)(이를 바이어스(bias)한다고 표현함) 하게 되면 전류가 흐르는 단락회로

가 되고, 역 바이어스(V_F < 0)가 되면 전류가 차단되는 개방회로가 되는 것으로서 결국, 순 바이어스일 때 온(on)되고, 역 바이어스일 때 오프(off)되는 스위치(switch)특성을 갖는다. 이상적인 다이오드 모델은 회로해석을 쉽게 빨리 해석할 수 있는 장점이 있어 많이 활용하고 있으나 정확하지 않는 단점을 갖는다.

[그림 3-10]의 등가모델은 순 바이어스 상태에서, 다이오드에 걸린 턴온(turn ON) 전압 이후에서 순방향 전류가 흐르며, 이 전류는 전압에 비례하여 증가하는 경우이다. 따라서 이를 순방향 저항(R_F)으로 표시할 수 있다. 한편, 역방향으로 바이어스 될 경우 다이오드는 개방회로(OFF) 상태에 있으나 실제는 역방향 포화전류(I_o)가 흐르고 있고, 매우 작은 점을 고려하여 이를 회로 상에 매우 큰 역방향 저항(R_r)으로 나타냈다.

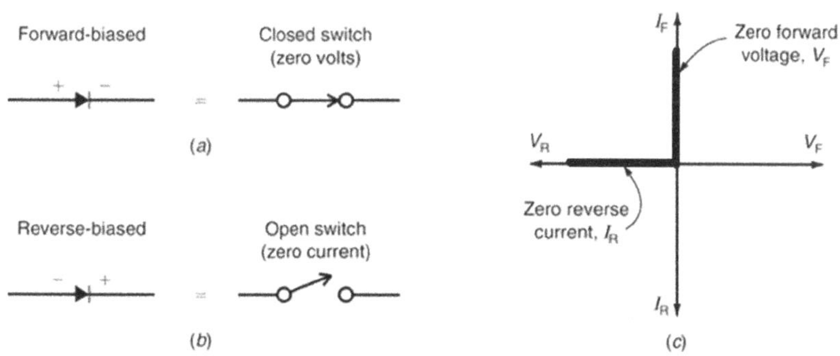

[그림 3-9] 이상적인 다이오드의 동작특성: 순방향(a), 역방향(b) 및 전압전류 특성(c)

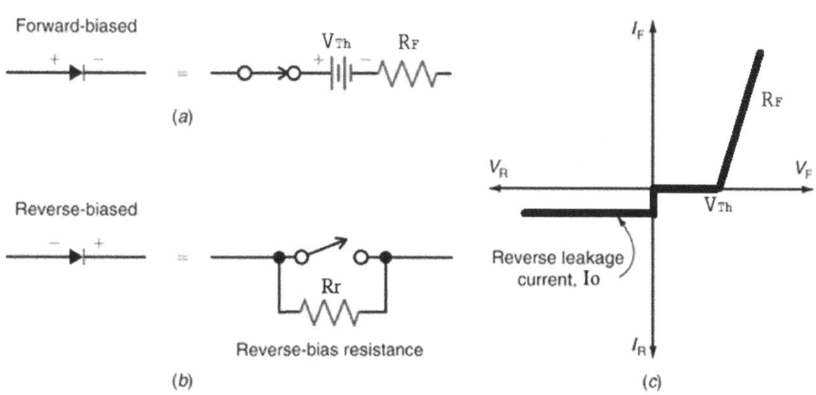

[그림 3-10] 순방향 턴온(turn ON) 전압과 전류를 고려한 다이오드 모델 순방향(a), 역방향(b) 및 전압전류 특성(c)

3.2.3 다이오드의 정격

다이오드의 종류별로 허용정격들이 있으나, 정류용 다이오드의 정격은 다음과 같다.

- 역방향 최대 허용전압: 다이오드는 순방향 특성을 주로 이용하므로 회로 적용 시에 방향성을 주의한다. 역방향 최대 허용전압을 V_{BRmax}라 한다.
- 최대허용 동작전력($P_{\max}$): 순방향으로 다이오드를 사용 시 임계전압이상에서는 많은 전류가 흐른다. 다이오드의 크기, 구조, 재료에 따라 허용할 수 있는 최대전력이 있다.
- 최대 역방향 전류($I_{r\max}$): 역방향으로 전압을 인가 시에 흐를 수 있는 최대 허용전류이다. 주로 V_{BR}근처에서 많은 역방향 전류가 흐르나 허용한계가 있다.

3.3 다이오드의 정류작용

3.3.1 반파정류

[그림 3-11]은 기본적인 반파 정류기를 보여주고 있다. 정현파 교류 입력신호 $v_I(t)$가 인가되었을 때 출력전압 $v_o(t)$의 파형을 구해보기로 한다. 편의상 전체 동작을 쉽게 이해하기 위해 다이오드는 턴온(turn on) 전압(V_{Th})이 0을 갖는 이상적인 다이오드로 가정한다.

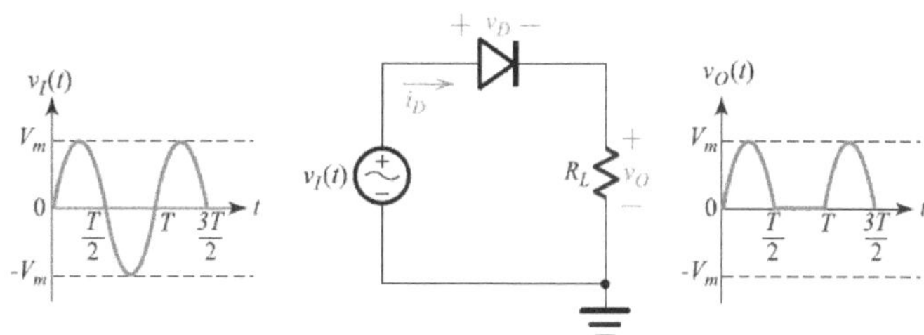

[그림 3-11] 반파 정류회로의 동작

[그림 3-11]에서 보는 것처럼 양의 반주기 동안의 다이오드는 순 바이어스로 되기 때문에 단락회로로 대체 되어 부하저항(R_L)에 나타나는 출력전압 파형은 입력전압과 동일하다.

$$v_o(t) = v_i(t) \quad at \quad 0 \le t \le \frac{T}{2} \tag{2-4}$$

음의 반주기 동작동안의 다이오드는 역 바이어스로 되기 때문에 다이오드는 개방(OFF)회로로 대체 된다. 따라서 회로 내에 전류가 흐르지 못하여 부하저항(R_L) 양단에 나타나는 출력전압($v_{out}(t)$)은 다음과 같이 0이 된다.

$$v_{out}(t) = 0 \quad at \quad \frac{T}{2} \le t \le T \tag{2-5}$$

정류된 출력전압의 평균값을 구하면, 그 것이 얻을 수 있는 직류전압이 된다. 정현파 교류신호(sine 파형)가 입력되었을 때, 반파 정류의 경우 평균값을 구하면 다음과 같다.

$$\begin{aligned} V_{av} &= \frac{1}{T}\int_0^{\frac{T}{2}} v_o(t)\,dt = \frac{1}{T}\int_0^{\frac{T}{2}} V_m \sin(\frac{2\pi}{T})t\,dt \\ &= \frac{V_m}{\pi} \simeq 0.318\,V_m = V_{DC} \end{aligned} \tag{2-6}$$

결과 값은 식 (2-6)과 같이 Peak 전압의 31.8%에 지나지 않는다.

이번에는 실제 다이오드 동작과 유사하게 적용된 [그림 3-10]의 모델을 이용하여 반파 정류회로를 순방향 바이어스(bias)하여 출력전압의 변화를 살펴본다. 실리콘 다이오드의 경우 턴온(turn ON) 전압이 일반적으로 0.6V 이상에서 전류가 흐르기 시작하고, 전압에 비례해서 전류가 흐른다. 다이오드가 턴온 되기 위해서는 입력전압이 0.6V보다 커야 하므로 입력의 양의반주기 중에 0.6V이상에 대해서만 도통 되어 출력이 나타난다. 그리고 턴온 동작 시 다이오드 등가저항(R_F)이 부하저항보다 일반적으로 매우 적으므로 ($R_F << R_L$) 여기에 걸린 전압(V_{R_F})을 무시할 수 있다. 따라서 출력전압의 최대치는 이상적인 다이오드를 가정했을 때 보다 0.6V 낮아진다. 즉, 출력전압의 최대치는 ($V_m - 0.6$)이다. 입력 신호가 0.6V보다 매우 클 경우 이 오차는 무시될 수 있다.

한편 전압강하에 따른 전류 i_D의 최대치는 다음 식과 같다.

$$i_{D\max} = \frac{V_m - 0.6 - V_{R_F}}{R_L} \approx \frac{V_m - 0.6}{R_L} \qquad (2\text{-}7)$$

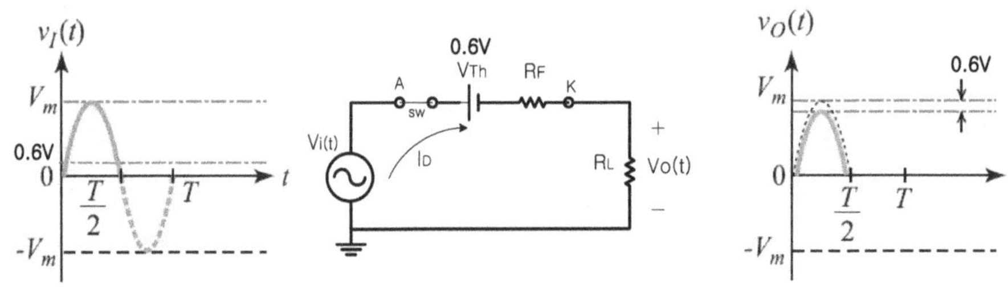

[그림 3-12] 실제동작과 유사한 모델을 적용한 다이오드의 동작

3.3.2 중간탭 정류(전파정류)

[그림 3-13]처럼 트랜스포머(transformer, 약칭으로 트랜스)를 사용하고 2차 측 중심에 접지탭(center tap)을 두는 구조이다. 트랜스의 입력에는 정현파 전원을 사용하고 1차 측과 2차 측의 권선비에 따라 2차 측 교류전압이 결정된다. [그림 3-13]에서는 권선비가 1:1 이므로 1차 측 전압이 2차 측으로 그대로 전달되며, 2차 측이 중간 탭을 가지므로 중간 탭을 중심으로 한쪽단자의 전압은 $V_m/2$이다. 또한 트랜스의 규격에 따라 2차 측에 공급할 수 있는 전력이 주어진다.

트랜스가 중간 탭된 2차에 교류전압이 전달된 경우, 접지를 중심으로 위아래 코일에 걸린 교류파형이 서로 반대이며 각기 다이오드 D_1과 D_2 에 공급된다. 즉, 2차 측의 위쪽 코일은 1차 측의 교류파형을 동 위상으로 전달받으며, 2차 측의 아래쪽 코일은 1차 측의 교류파형을 역 위상으로 전달받는다. 결국, 출력단 부하저항 R_L에 걸린 파형은 모두 양의 파형을 가진다. 이의 상세한 동작은 정현파입력 교류전압($V_I(t)$)을 반주기 별로 구분하여 다음과 같이 설명될 수 있다. 이때 다이오드는 이상적이라고 간주한다.

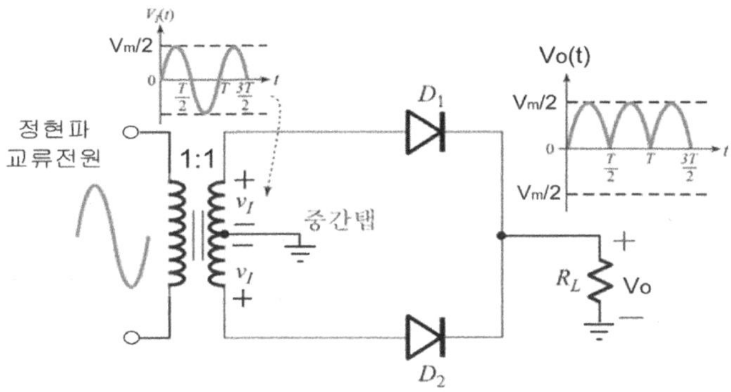

[그림 3-13] 전원트랜스를 활용한 전파정류기 회로의 동작

■ **양의 반주기 동작**($D_1 : ON, \quad D_2 : OFF$)

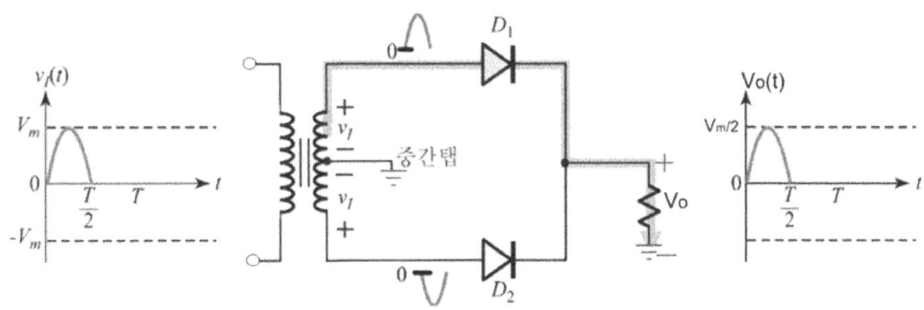

[그림 3-14] 교류입력전원의 양의 반주기동안 신호전달

양의 반주기 동안 다이오드 D_1은 순바이어스 되어 턴온(turn ON)되고, D_2는 역바이어스 되어 턴오프(turn OFF)된다. 따라서 전류는 [그림 3-14]에 굵은 화살표로 표시된 것처럼 다이오드 D_1을 통과하는 경로를 통해 부하저항(R_L)에 양의 전압을 발생시킨다. 다이오드 D_2로는 전류가 흐르지 않는다. 이상적이지 않는 다이오드의 경우 턴온 전압(V_{Th})를

고려해야 한다.

■ **음의 반주기 동작**($D_1 : OFF,\quad D_2 : ON$)

음의 반주기 동안 다이오드 D_1은 역 바이어스 되어 턴오프(turn OFF)되고, D_2는 순바이어스 되어 턴온(turn ON)된다. 따라서 전류는 [그림 3-15]에 굵은 화살표로 표시된 것처럼 다이오드 D_2을 통과하는 경로를 통해 부하저항(R_L)에 양의 전압을 발생시킨다. 다이오드 D_1으로는 전류가 흐르지 않는다. 이상적이지 않는 다이오드의 경우 턴온 전압(V_{Th})를 고려해야 한다. 이상의 결과들을 종합하여 교류입력신호의 전주기에 대해 부하저항(R_L)에는 동일 방향의 양의 전류가 흘러 양의 전압만이 나타나는 전파정류기가 된다.

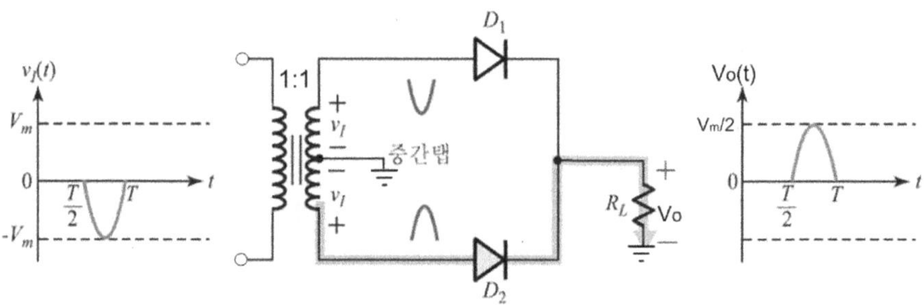

[그림 3-15] 교류입력전원의 음의 반주기동안 신호전달

■ **직류 전압**

전파정류에서의 정류된 출력은 반파정류의 2배가 되므로 평균 값은 다음 수식과 같이 반주기에 대해 적분한 다음 2를 곱한다.

$$V_{av} = \frac{2}{T}\int_0^{\frac{T}{2}} v_o(t)\,dt = \frac{2}{T}\int_0^{\frac{T}{2}} V_m \sin(\frac{2\pi}{T})t\,dt \qquad (2\text{-}8)$$
$$= 2\frac{V_m}{\pi} \simeq 0.636\,V_m = V_{DC}$$

3.4 평활회로

3.4.1 포락선검파기(envelope detector)

전파 정류기가 반파 정류기보다 출력 단에서 평균전압이 더 크고 양의 교류신호 peak 값의 변화가 작아 효율이 우수하다. 이 변화를 리플(ripple)이라하며 이를 줄이는 것을 평활작용이라 한다. 정류기 출력은 아직 직류전압과는 거리가 있어 리플을 줄여야 한다. 평활작용을 효과적으로 하는 간단한 방법은 [그림 3-16]에 보는 것처럼, 부하저항과 캐패시터의 병렬회로를 션트(shunt)로 다이오드 출력단에 연결하는 것이다. 다이오드와 함께 션트로 연결된 RC 병렬회로를 '포락선검파기(envelope detector)' 라 부른다. RC 병렬회로는 다이오드와 함께 작용하여 리플을 줄여주며, 이의 정도는 RC 시정수 값으로 제어할 수 있다. 포락선 검파기는 각종 제어회로 및 진폭변조 신호의 검파 등을 포함하는 통신회로에 많이 사용되므로 이의 동작을 주의 깊게 살펴본다.

■ 포락선검파기의 충전

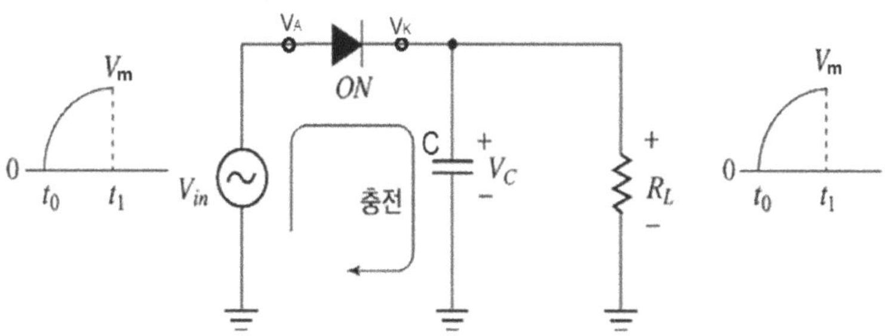

[그림 3-16] 정현파 입력신호 1/4 주기 동안의 포락선검파기 충전동작

[그림 3-16]에 포락선검파기를 볼 수 있다. 초기에 캐패시터에 충전된 전압은 없다고 가정한다. 이제 정현파 교류($V_m \sin(\omega t)$)가 검파기에 입력되었을 때 다이오드 캐소드(cathode) 전압(V_K) 보다 애노드(anode) 전압(V_A)이 크므로 다이오드는 턴온(turn on) 상태(순방향 바이어스)가 된다. 실제는 실리콘 다이오드인 경우 턴온 전압인 0.6V 이상이어야 하는데, 편의상 이해하기 쉽게 이상적인 다이오드라 가정한다. 턴온된 다이오드를 통해 교류전류가 흐르고 캐패시터와 부하저항으로 전류가 흐른다. 이 때 캐패시터에는 입력교류신호의 1/4 주기 동안($t_0 \sim t_1$) 지속적으로 최대값인 V_m까지 충전된다. 충전속도는 RC 시정수(τ)에 의존한다. 회로적으로 캐패시터와 부하저항은 병렬이므로 동일한 전압이

다. 즉, 캐패시터에 충전된 전압(V_C)이 부하저항에 걸린 출력전압(V_{R_L})과 동일하다.

■ **포락선검파기의 방전**

캐패시터에 충전된 전압이 최대값을 나타낸 이후부터는 입력정현파 신호의 크기가 감소하기 시작한다. 이때부터 다이오드 캐소드전압(V_K)이 애노드전압($V_A = V_m$) 전압보다 커지므로(역방향 바이어스) 다이오드는 OFF 상태가 된다. 입력정현파의 $t_1 \sim t_2$ 구간동안 다이오드는 OFF 상태를 지속하고 [그림 3-17]처럼 회로가 RC 회로만으로 구성된다. 캐패시터 전압(V_C)은 지속적으로 방전하여 크기가 감소하나, 시간이 경과함에 따라 입력 정현파 신호가 다시 증가하여 입력전압이 캐패시터 전압(V_C)보다 커지는 t_2 이후에는 다시 다이오드가 순방향 바이어스 되므로 캐패시터는 충전을 다시 시작한다.

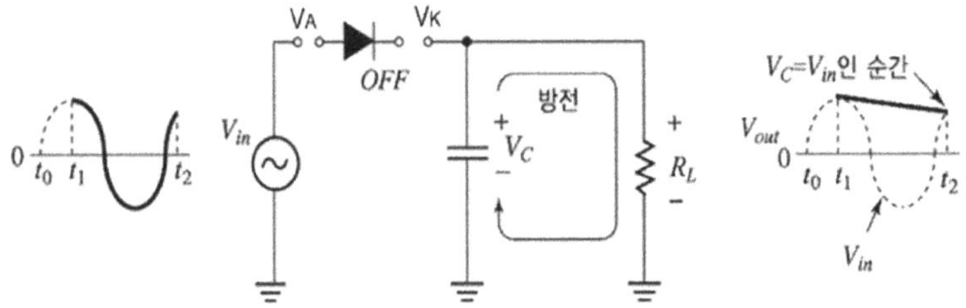

[그림 3-17] 정현파 입력신호에 대한 포락선검파기 방전동작

■ **출력파형의 평활효과**

정현파 입력신호대비 포락선검파기를 통과한 출력파형은 [그림 3-18]와 같다. 평활과정을 통해 전파정류보다 리플전압(ripple voltage)이 크게 줄었으며, 좀더 직류신호에 근접하고 있음을 알 수 있다. 리플의 크기(V_r)는 리플신호의 첨두간(peak-to-peak) 전압을 의미하며, RC 시정수에 의존하여 시정수가 클수록 리플이 줄어든다. 그러나 시스템에 따라서 부하저항 변동에 제한이 있고 캐패시터가 너무 커지면 회로크기가 커지는 문제점이 있어 적절한 선택이 요구된다.

리플전압은 다음 식(4-1)으로 주어지는 것처럼 입력 교류신호의 주파수($f = 1/T$)와 시정수에 반비례한다. 여기에서 V_{Th}는 턴온전압이다. 리플전압도 일종의 주기를 갖는 교류신호이므로 식(4-3)와 같이 최종 직류전압(V_{DC})은 리플전압(V_r)의 Rms값에다 V_2값을 더해서 얻을 수 있다. 한편, 평활작용의 효율은 식 (4-4)와 같이 리플계수(ripple coefficient,

R_f)로 표현된다. 리플계수(R_f)는 시정수가 클수록 작아지며, 계수 값이 작을수록 평활작용이 잘 이루어져 직류에 접근한다.

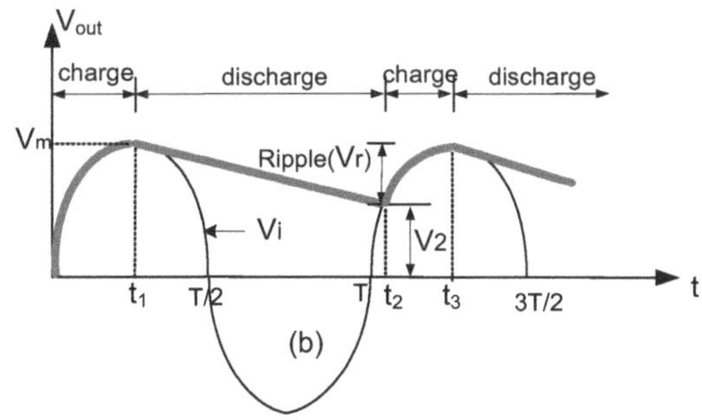

[그림 3-18] 포락선검파기(envelope detector)의 평활동작

$$V_r = \frac{V_m - V_{Th}}{RC \cdot f} \tag{4-1}$$

$$V_r(rms) = \frac{V_r}{2\sqrt{2}} \tag{4-2}$$

$$V_{DC} \approx V_2 + V_r(rms) \tag{4-3}$$

$$R_f = \frac{V_r}{V_{DC}} \tag{4-4}$$

3.4.2 브릿지 다이오드 정류작용

양파정류 회로는 전원트랜스의 2차 측에 중간탭이 존재한다. 이 경우 2차 측의 각 다이오드에 전달된 교류신호는 전원트랜스 1차 단자에 입력된 교류신호의 1/2 로 줄어들어 정류효율을 반으로 경감시킨다. 그러나 다이오드를 2개 추가하여 [그림 3-19] 과 같이 4개로 구성된 브리지 정류회로(full-bridge rectifier)를 사용하는 경우 이런 문제를 해결한다. 하나의 반도체 패키지(package)내에 4개의 다이오드가 한꺼번에 있는 경우, 정류회로를 쉽게 구성할 수 있다.

회로에 공급된 전원(Vs)는 정현파 교류전원이며, AC/DC adapter에서는 220V 가정용전원이 일반적으로 사용된다. 저항(R_s)는 안전한 전원공급을 위한 퓨즈(fuse)처럼 동작하며, 본 회로에서는 저항(1Ω)을 사용한다. 전원트랜스는 권선비에 따라 2차측의 전압이 달라진다. 예를 들어 1차 측이 220Vrms 가정용 전원이고 10:1 권선비면 2차 측은 22V rms 값을 갖는 교류전원이 된다. 22Vrms 교류전원은 첨두 전압이 22V가 아님을 유의해야한다. 본 교재의 제1장에 있는 관련단원을 참고하기 바란다. 4개의 다이오드들 중에서 2개씩 쌍을 지어, 한편이 온(ON)되면 반대편은 Off 된다. 이때 흐르는 교류전류의 방향은 모두 부하저항(R_L)에서 같은 방향으로 흐름을 주목해야 한다. 이들은 모두 동일한 턴온 전압(V_{Th})를 갖고 있음을 유의하여, 전체회로의 동작을 이해하고 출력파형을 그려본다.

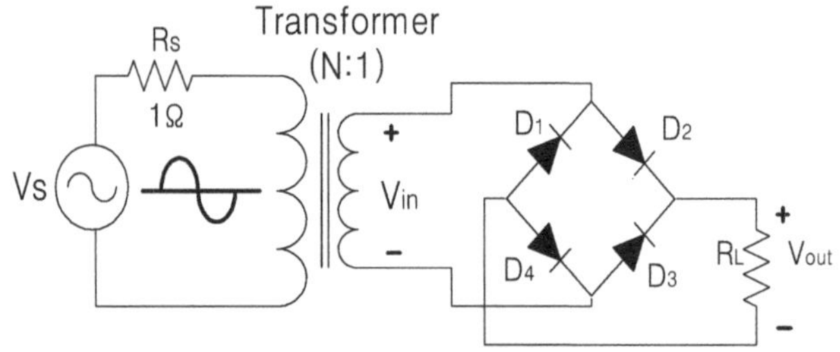

[그림 3-19] 전원트랜스와 결합된 브릿지 다이오드 정류회로

■ **양의 반주기 동작**(D_2 D_4 : ON, D_1 D_3 : OFF)

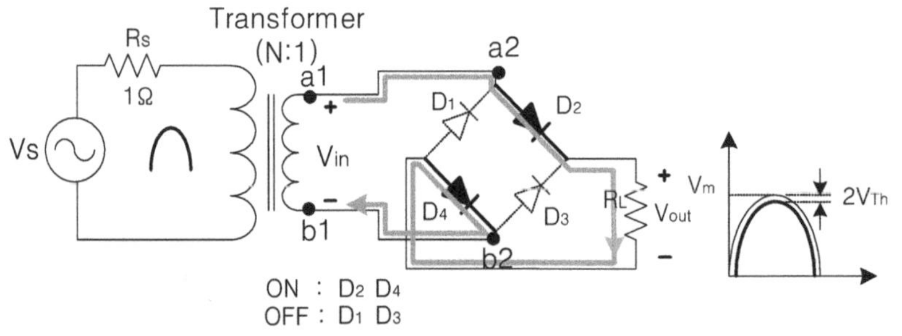

[그림 3-20] 브릿지 다이오드의 양의 반주기 동작

전원트랜스의 1차 측에 정현파 교류전류가 입력되고 이의 양의 반주기 동안의 동작을 살펴보자. 전원트랜스의 권선비(N:1) 만큼 전압이 감소되어 2차 측에 전달된다. 트랜스의 특성상, 전압은 감소되었으나 전력은 동일하다. 2차측 전원(V_{in})의 양의 반주기 동안 [그림 3-20]과 같이 2차 측에서 a1점의 전압(V_{a1})은 b1점의 전압(V_{a2}) 비해 상대적으로 양의 전위를 갖게 된다. 이들 전압차($V_{a1} - V_{a2}$)는 그대로 다이오드 4개에 전달되어 동일한 전

위차($V_{b1} - V_{b2}$)가 된다. 따라서 다이오드 D2과 D4는 순방향바이어스 되고, 반대로 다이오드 D1과 D3는 역방향 바이어스 된다. 한편, 각 다이오드는 모두 동일한 턴온 전압(V_{Th})을 가지므로 부하저항에 걸린 전압은 [그림 3-20]와 같이 양의 교류파형을 볼 수 있되 첨두 값은 $2V_{Th}$만큼 줄어든다.

■ **음의 반주기 동작**(D_2 $D_4 : OFF,$ D_1 $D_3 : ON$)

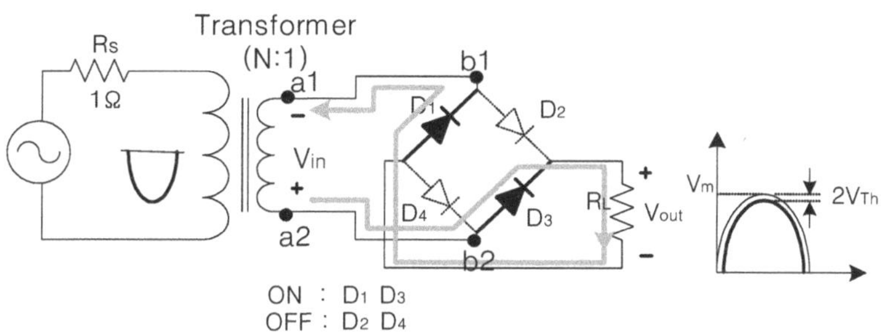

[그림 3-21] 브릿지 다이오드의 음의 반주기 동작

전원트랜스의 1차 측에 정현파 교류전류가 입력되고 이의 음의 반주기 동안의 동작을 살펴보자. 전원트랜스의 권선비(N:1) 만큼 전압이 감소되어 2차 측에 전달된다. 2차측 전원(V_{in})의 음의 반주기 동안 [그림 3-21]과 같이 2차측에서 a1점의 전압(V_{a1})은 b1점의 전압(V_{a2}) 비해 상대적인 음의 전위(절대적인 음의 값이 아님에 유의할 것)를 갖게 된다. 이들 전압차($V_{a2} - V_{a1}$)는 그대로 다이오드 4개에 전달되고, 전위차($V_{b2} - V_{b1}$)과 동일하다. 따라서 다이오드 D3과 D1는 순방향바이어스 되고, 반대로 다이오드 D2와 D4는 역방향 바이어스 된다. 한편 각 다이오드는 모두 동일한 턴온전압(V_{Th})을 가지므로 부하저항에 걸린 전압은 [그림 3-21]와 같이 양의 교류파형을 볼 수 있되 첨두 값은 $2V_{Th}$만큼 줄어든다.

■ **최종 정류파형 및 평활동작**

브릿지 다이오드의 정류동작결과 얻어진 파형은 다이오드 2개를 사용한 전파전류와 유사하다. 차이점은 [그림 3-22](a)에서 보듯이, 전파정류에서는 첨두전압이 $(V_m - V_{Th})/2$인 반번 브릿지 회로에서는 다이오드를 4개 사용한 결과 첨두전압(V_p)이 $V_m - 2V_{Th}$로 약 2배로 증가하였다. 브릿지 다이오드를 사용한 정류동작은 출력전압이 약 2배 향상되므로 효율적이며, 다이오드 수가 증가함에 따라 약간의 전압강하가 있다.

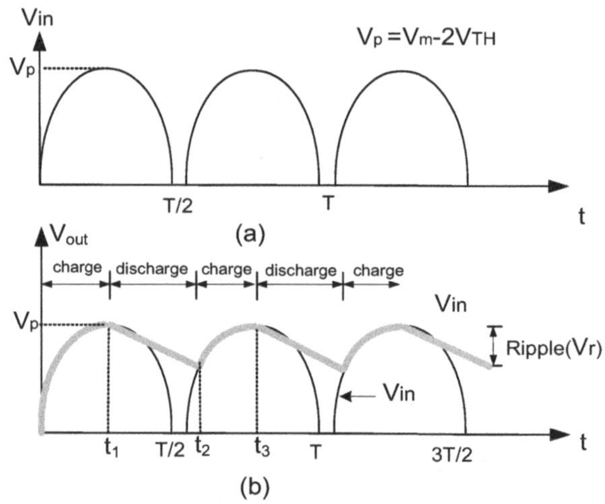

[그림 3-22] 브릿지 다이오드의 출력파형(a) 및 평활동작(b)

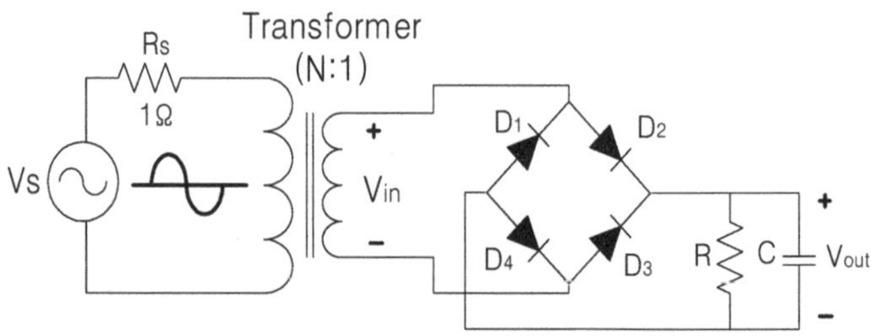

[그림 3-23] 브릿지 다이오드를 이용한 평활회로

전원트랜스와 브릿지 다이오드를 이용하여 정류작용을 하는 [그림 3-23] 회로의 끝단에 있는 부하저항과 병렬로 캐패시터를 연결하면, [그림 3-22](b)의 출력파형처럼 평활한 파형을 얻을 수 있다. 그 동작은 포락선 검파기의 평활작용과 동일하다. 저항과 캐패시터의 시정수가 클수록 평활작용은 우수하며 점점 직류전압에 접근한다.

3.5 Voltage Regulator

일정한 범위의 입력전압 변화를 안정되고, 일정하게 만들어 출력시키는 부품 또는 장치를 말한다. 또한 부하전류의 변화에도 항상 일정한 전압을 공급할 수 있게 하는 작용을 한다. 이를 위해 Regulator IC를 쓰거나 제너(zener) 다이오드를 사용한다. 제너다이오드는 항복전압(V_{BR})에서 큰 전류변화에도 일정한 전압을 유지하는 특징을 이용하며 회로가 간단한 장점을 가진다. 그러나 이보다 부하 변동에 따라 정류성능이 개선된 Regulator IC를 보편적으로 많이 사용한다. Regulator IC 방식은 선형과 스위칭 형으로 2가지로 구분할 수 있으나 본 교재에서는 보편적으로 사용할 수 있는 선형방식을 살펴본다.

Regulator의 내부에는 높은 Gain (70~80dB) 의 OPAMP가 있어 부귀환 동작을 한다. 이를 안정화(발진방지)시키기 위해, [그림 3-24]처럼 출력 단자(V_{out})에 1uF이상의 전해캐패시터를 추가한다. 입력 단 역시 입력신호의 잡음방지와 안정화를 위해 1uF 이상의 전해캐패시터를 사용한다. [그림 3-25]는 MC78XX 시리즈 Regulator IC의 특징과 패키지모습을 보여준다. 최대 1A의 부하전류와 5~25V까지 정전압을 출력시킨다. 부품을 보드에 실장시킬 때 입출력 단자를 혼동하지 않도록 방향을 정확히 살핀다. MC78XX 시리즈는 양의 정전압을 출력시킨다. 음의 정전압은 MC79XX 의 부품체계를 갖는다.

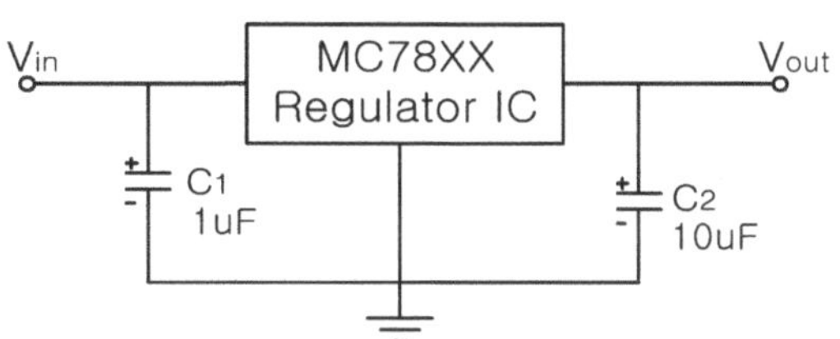

[그림 3-24] 상용 Regulator IC 와 주변회로의 예

Regulator IC 는 리플이 포함된 입력전압(V_{in})의 변화를 흡수하여 일정한 정전압을 출력하므로 부품의 Data sheet 에 있는 전기적인 사양을 자세히 살펴야 한다. 특히 [그림 3-26]은 MC7808에 대한 주요 전기적인 사양을 소개하고 있다. 이 부품은 8V 정전압을 출력시킨다. 이때 'Line regulation' 은 8V 정전압 출력을 위해 입력단 전압(V_{in})이 10.5V ~ 25V 범위에서 가능함을 말한다. 따라서 리플이 포함된 Regulator 입력전압(V_{in})이 최소 10.5V이상이 돼야함을 의미한다. 'Load regulation' 은 출력부하 변동에 따라 부하전류가 변화하며, 출력전압(V_{out})에 포함된 리플 전압을 규정하는 것으로, 5mA~1.5A의 부하전류

MC78XX/LM78XX/MC78XXA

3-Terminal 1A Positive Voltage Regulator

Features

- Output Current up to 1A
- Output Voltages of 5, 6, 8, 9, 10, 12, 15, 18, 24V
- Thermal Overload Protection
- Short Circuit Protection
- Output Transistor Safe Operating Area Protection

TO-220

1

D-PAK

1

1. Input 2. GND 3. Output

Description

The MC78XX/LM78XX/MC78XXA series of three terminal positive regulators are available in the TO-220/D-PAK package and with several fixed output voltages, making them useful in a wide range of applications. Each type employs internal current limiting, thermal shut down and safe operating area protection, making it essentially indestructible. If adequate heat sinking is provided, they can deliver over 1A output current. Although designed primarily as fixed voltage regulators, these devices can be used with external components to obtain adjustable voltages and currents.

[그림 3-25] MC78xx 시리즈 레귤레이터의 특징 및 패키지

Electrical Characteristics (MC7808)

(Refer to test circuit ,0°C < T_J < 125°C, I_O = 500mA, V_I =14V, C_I= 0.33µF, C_O= 0.1µF, unless otherwise specified)

Parameter	Symbol	Conditions		MC7808 Min.	Typ.	Max.	Unit
Output Voltage	V_O	T_J =+25 °C		7.7	8.0	8.3	V
		5.0mA ≤ I_O ≤ 1.0A, P_O ≤ 15W V_I = 10.5V to 23V		7.6	8.0	8.4	
Line Regulation (Note1)	Regline	T_J =+25 °C	V_I = 10.5V to 25V	-	5.0	160	mV
			V_I = 11.5V to 17V	-	2.0	80	
Load Regulation (Note1)	Regload	T_J =+25 °C	I_O = 5.0mA to 1.5A	-	10	160	mV
			I_O= 250mA to 750mA	-	5.0	80	
Quiescent Current	I_Q	T_J =+25 °C		-	5.0	8.0	mA
Quiescent Current Change	ΔI_Q	I_O = 5mA to 1.0A		-	0.05	0.5	mA
		V_I = 10.5A to 25V		-	0.5	1.0	
Output Voltage Drift	$\Delta V_O/\Delta T$	I_O = 5mA		-	-0.8	-	mV/ °C
Output Noise Voltage	V_N	f = 10Hz to 100KHz, T_A =+25 °C		-	52	-	µV/Vo
Ripple Rejection	RR	f = 120Hz, V_I= 11.5V to 21.5V		56	73	-	dB
Dropout Voltage	V_{Drop}	I_O = 1A, T_J=+25 °C		-	2	-	V
Output Resistance	r_O	f = 1KHz		-	17	-	mΩ
Short Circuit Current	I_{SC}	V_I= 35V, T_A =+25 °C		-	230	-	mA
Peak Current	I_{PK}	T_J =+25 °C		-	2.2	-	A

[그림 3-26] 8V 정전압을 갖는 MC7808의 전기적인 상세사양

가 흐를 때 약 10mV에서 최대 160mV의 리플전압이 측정된다. 일반적으로 부하전류가 클 때 평활특성이 줄어들며 리플 전압이 증가하는 현상을 나타낸다. 부하전류가 큰 것은 작은 저항 값으로, 부하전류가 작은 것은 상대적으로 큰 저항으로 등가화 시켜 해석하면 쉽게 이해 할 수 있다.

'Load regulation' 은 Regulator 출력 전압이 리플이 전혀 없는 직류전압이 아니다 라는 것을 의미한다. 즉, 부하에 따라 리플이 증감한다.

3.6 정전원회로 구성 및 설계

3.6.1 정전원 회로구성

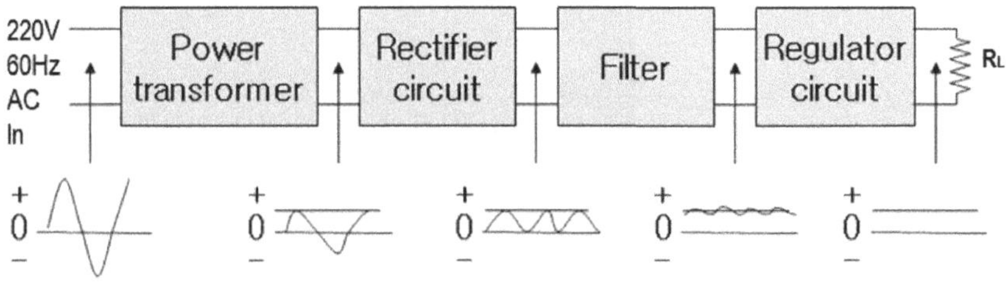

[그림 3-27] 정전원 회로의 블록 구성도

정전원 회로는 AC/DC 어댑터(adapter)라는 이름으로 일상생활에서 흔히 볼 수 있으며 220V 교류전원으로 부터 필요한 직류전원을 얻기 위해 사용된다.
지금까지 서술한 내용을 바탕으로 [그림 3-27]에서 보는 바와 같이 최종 직류전원 전압까지 얻어지는 과정은 블록별로 다음과 같이 정리할 수 있다.

- **Power Transformer(전원트랜스):** 60Hz 220V rms 값을 갖는 가정용 교류전원을 권선비에 따라 전압을 떨어뜨리는 역할을 한다. 이때 이상적인 전원트랜스라면 1차 측의 전력은 2차 측으로 손실 없이 그대로 전달된다.
- **Rectifier Circuit(정류기)**: 정현파의 교류신호를 다이오드를 이용하여 음의 영역 전압을 양으로 반전시키는 동작을 정류한다고 한다. 정전원 회로에서는 일반적으로 bridge 형태로 다이오드 4개를 사용하여 정류과정의 손실을 줄이고 효율을 높인다.
- **Filter:** 정류기에서의 다이오드와 함께 동작하여 충전과 방전의 과정을 거쳐 교류신호의 리플을 최대한 줄이는 역할을 한다. 이때 저항과 캐패시터의 시정수가 리플을 줄이는 중요한 역할을 한다. 일반적으로 다이오드와 함께 포락선 검파기라 칭한다. 이어지는 Regulator 회로에서 감당할 수 있도록 리플을 적절하게 줄여준다.
- **Regulator Circuit:** 포락선검파기 동작을 이용하여 평활해진 신호는 레귤레이터에서 리플을 급격히 감소되며, 레귤레이터 정격출력에 맞는 직류 전압과 전류를 제공한다. 부하회로에서 소모되는 전력에 맞게 적절한 용량을 갖는 IC를 선택한다.

정전원회로에 사용되는 부품의 선정과 설계는, 정전원 회로에서 전자기기에 제공하려고 하는 소비전력을 정하는 것부터 시작해야 한다. 예를 들어 전자기기에서 5V 직류전압에 최대 500mA 의 소비전력을 갖는다면, 2.5W 이상을 감당할 수 있는 레귤레이터와 이와 연결되어 적절한 전력을 지원할 수 있는 다이오드 및 전원트랜스가 필요한 것이다. 또한 전자기기에 제공되는 직류전압과 부하 전류에 포함되어 있는 리플이 어느 정도 허용하는 지도 매우 중요하다. 리플이 전혀 없는 직류전원은 현실적으로 정 전원회로에서 제공할 수 없기 때문이다. 부품선정 및 설계과정은 다음과 같다.

① **전자기기에 필요한 직류전압과 전류 소비용량(부하전력)의 결정**
  : 부하전류의 변동에 따라 리플 전압의 변동치를 예상
② **직류전압과 소비전력에 적절한 레귤레이터의 선정**: 레귤레이터 data sheet상의 'Load regulation' 을 참조하여 출력신호의 리플전압 수준 파악
③ **레귤레이터의 최소 입력전압 설정**: 레귤레이터의 입력 'Line regulation' 사양을 참고하여 결정함
④ **다이오드 선정**: 정격 소비전력에 적합하고 60Hz 주파수에서 동작가능
⑤ **포락선검파기 설계(저항, 캐패시터 값 결정)** : 포락선 검파기 시뮬레이션을 통해 리플 전압의 범위를 정한다. 리플전압을 포함한 교류신호가 레귤레이터에서 요구하는 최소 전압보다 작지 않도록 한다.

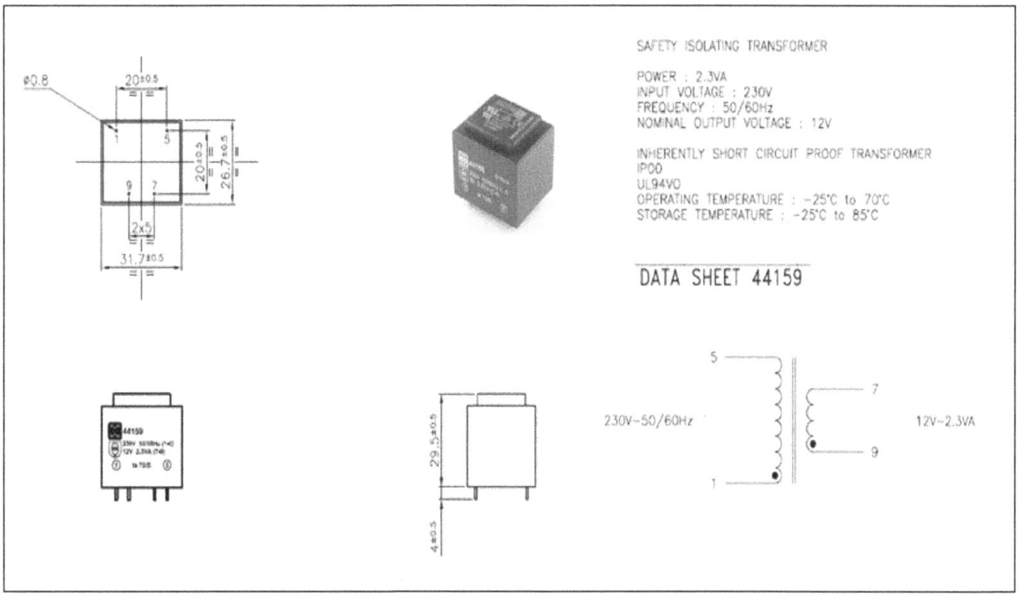

[그림 3-28] 전원트랜스의 전기 및 기구적 사양 예(DS44159)

⑥ **전원트랜스 선정**: 전자기기의 소비전력을 감안하여 전원트랜스의 전력을 결정한다. 가정용 교류전원이 220V 인점을 감안하여 적절한 권선비를 갖는 부품을 선정하도록 한다. [그림 3-28]에 2.3W 소비전력과 정상 출력전압이 12Vrms 값을 가지는 전원트랜스의 예를 볼 수 있다. 전압비는 $230V/12V \approx 19$ 이므로 약 19:1 의 권선비를 갖는다.

3.6.2 정전원회로 설계

[그림 3-28]의 전원트랜스를 사용하여 시뮬레이션하는 경우 전원트랜스 모델링이 필요하다. ORCAD사에서 제공하는 Analog Libray 중에 XFRM_Linear을 사용한다. 이의 설정은 XFRM 을 클릭하게 되면 속성에서 1차 측과 2차 측의 인덕턴스를 실제 사용하는 부품의 권선비에 맞춰 설정할 수 있다. 상세한 내용은 [표 3-1]에서 볼 수 있다.

[표 3-1] 시뮬레이션에 사용되는 전원트랜스(XFRM)의 설정방법

전원트랜스 설정 과정	XFRM_Linear(Analog Library) 값 세팅
■ 기본개념 : 실제 실험에 사용하는 부품의 전압비를 통해 권선비를 계산하고 각 측의 인덕턴스 값을 구한다. ■ 절차 ① 전압비로부터 인덕턴스비 계산 220 Vrms /12 Vrms ≈ 18 1차측전력=2차측전력 → $V_1 I_1 = V_1 . V_1/j\omega L_1 = V_2 . V_2/j\omega L_2$ $V_1/V_2 = N_1/N_2 = 18$ $L_1/L_2 = 18^2 = 324$ ② 전원트랜스 각 측의 인덕턴스 계산 $\omega L_1 \gg 10\Omega(fuse\ resistance)$ $\omega L_1 \gg 10$ or $L_1 \gg 10/(2\pi 60Hz)$ L1을 충분히 큰 값으로 한다. 예를 들어 L1 =5H 로 설정한다 ➔ L2 =L1/324 = 5 / 324= 15.4mH	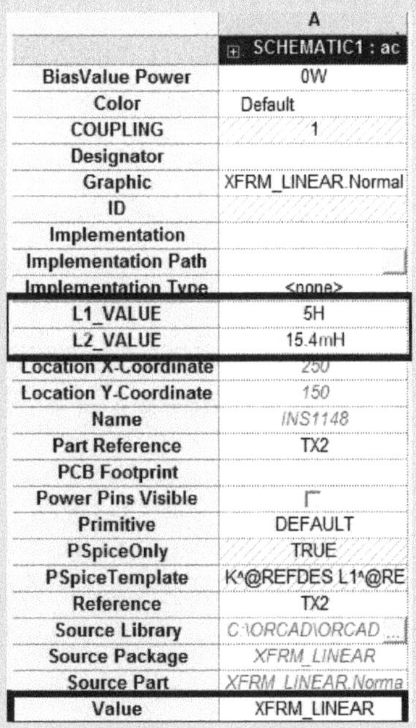

	A
	SCHEMATIC1 : ac
BiasValue Power	0W
Color	Default
COUPLING	1
Designator	
Graphic	XFRM_LINEAR.Normal
ID	
Implementation	
Implementation Path	
Implementation Type	<none>
L1_VALUE	5H
L2_VALUE	15.4mH
Location X-Coordinate	250
Location Y-Coordinate	150
Name	INS1148
Part Reference	TX2
PCB Footprint	
Power Pins Visible	
Primitive	DEFAULT
PSpiceOnly	TRUE
PSpiceTemplate	K^@REFDES L1^@RE
Reference	TX2
Source Library	C:\ORCAD\ORCAD ...
Source Package	XFRM_LINEAR
Source Part	XFRM_LINEAR.Norma
Value	XFRM_LINEAR

■ **브릿지(bridge) 다이오드의 정류동작 시뮬레이션**

먼저 브릿지 다이오드의 정류작용을 시뮬레이션하기 위해 회로도를 [그림 3-29]과 같

이 Pspice schematic page에 구성한다. 교류입력전원의 크기는 220Vrms 값으로부터 정현파 전압의 첨두전압($\sqrt{2} \cdot Vrms$)으로 대체하였다. 일차 측 저항(R13)은 퓨즈와 같은 역할을 하는 것이므로 1/4w 정격으로 10Ω 이만의 가급적 작은 저항 값을 사용한다. 저항 R15는 전원트랜스의 일차 측과 2차 측의 전위를 동등하게 하여 Pspice 시뮬레이션을 가능하게 하는 부품이다. 가급적 10MΩ 이상의 높은 저항을 사용한다. 브릿지 다이오드 구성은 기존의 다이아몬드에서 사각형 구조로 회로배치만 바뀌었을 뿐 동일한 회로이다.

브릿지 다이오드의 출력단에 부항저항($R16$)만 있는 회로와 RC 필터를 추가한 회로를 구분하여 정류작용과 평활작용을 확인할 수 있게 한다. 부하저항(R16)이나 캐패시터 (C8)에 전압프로브를 위치시켜 시뮬레이션 결과를 볼 수 있다. 먼저 부하저항(R16)만 있는 경우 [그림 3-30]와 같이 전파정류된 결과를 확인할 수 있다. 최대 첨두 전압은 2개의 다이오드 턴온(turn ON) 전압인 약 1.2V를 감안하여 15.8V가 관찰된다. RC 필터를 추가한 [그림 3-32]에서는 리플이 관측되고, 이는 포락선검파기의 평활작용을 통해 얻어진다. 리플의 첨두간 전압(V_r)은 약 1.2V 이고 [그림 3-32]에서 주어지는 V2전압(리플의 최소전압)은 14.6V이다. 이는 이후에 연결되는 레귤레이터(regulator) 최소 입력전압이 되며 리플계수도 계산해볼 수 있다.

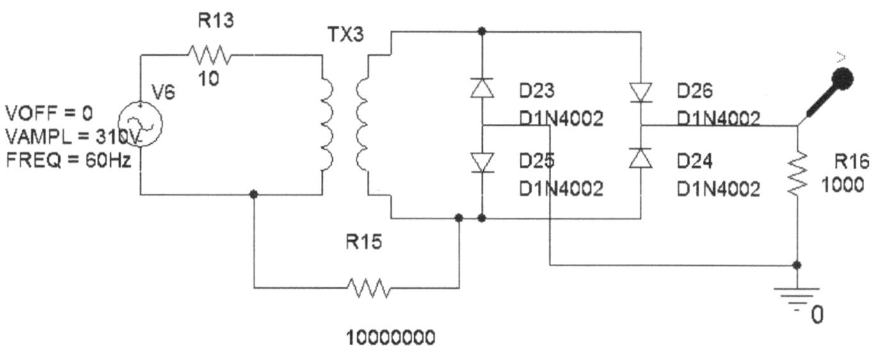

[그림 3-29] 브릿지 다이오드 정류회로의 시뮬레이션 회로

■ 정전원회로의 시뮬레이션

[그림 3-31]에서 구성한 회로에 레귤레이터를 추가하여 정전원회로를 [그림 3-33]처럼 Pspice schematic page에 구성한다. 출력전압은 5V를 얻기 위해 레귤레이터를 LM7805C를 사용하였다. 부하저항이 1KΩ이기 때문에 5mA의 부하전류가 흐를 것으로 예상해 볼 수 있다. [그림 3-34]에 시뮬레이션 결과를 나타냈다. 시간 축 상으로 초기동작에 필요한 천이(transient) 시간을 제외하고 4ms 이후에 5V 직류전압과 레귤레이터 입력 단에서 리플

전압이 포함된 파형을 볼 수 있다. 이의 최소전압이 12V 이상이므로, 다른 종류의 레귤레이터(예를 들어 MC7810)를 사용하여 10V의 직류전압 까지도 얻을 수 있다. 그러나 부하저항 값이 줄어들 경우(부하전류의 증가) 리플전압이 발생하기 시작하고, 그 크기가 커질 수 있으므로 직류전원을 공급받는 전자기기가 어떠한 성능을 요구하는지 점검해 본다. 이는 레귤레이터 와 전원트랜스의 datasheet에 있는 전기적 사양과도 관련되어 있다.

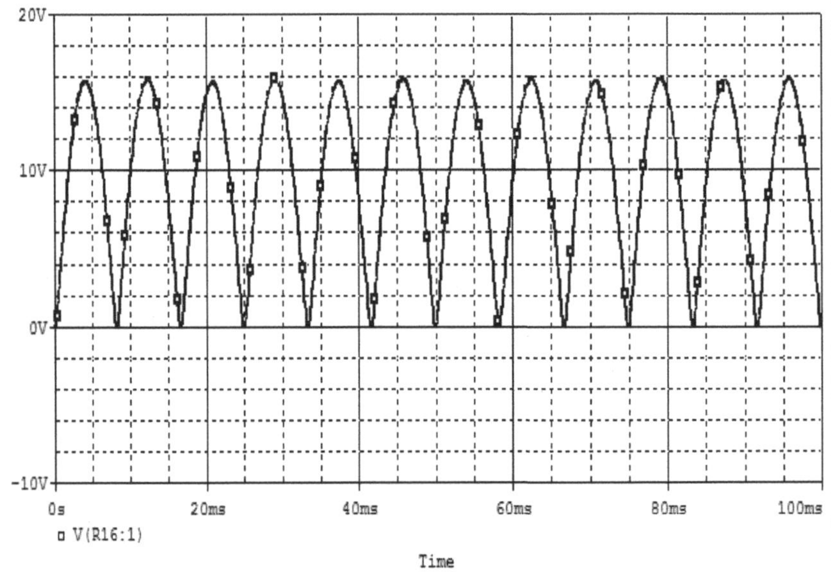

[그림 3-30] 브릿지 다이오드 정류회로의 시뮬레이션 결과

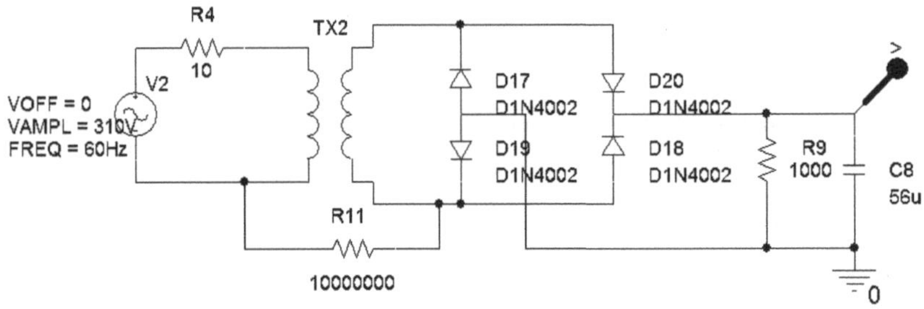

[그림 3-31] 포락선 검파기를 이용한 정전원 회로의 시뮬레이션

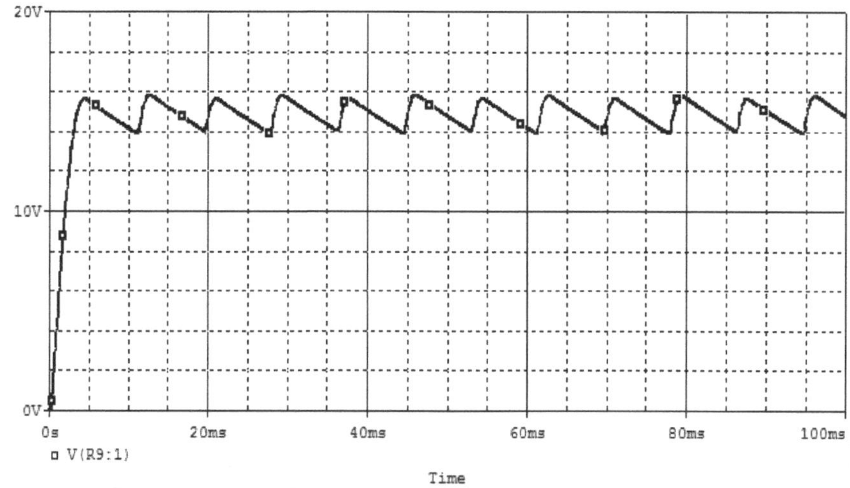

[그림 3-32] 포락선 검파기를 이용한 정전원 회로의 시뮬레이션 결과

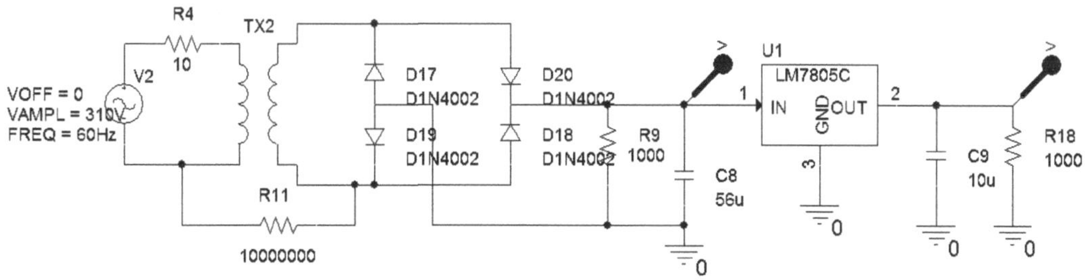

[그림 3-33] 정전원회로의 시뮬레이션 schematic diagram

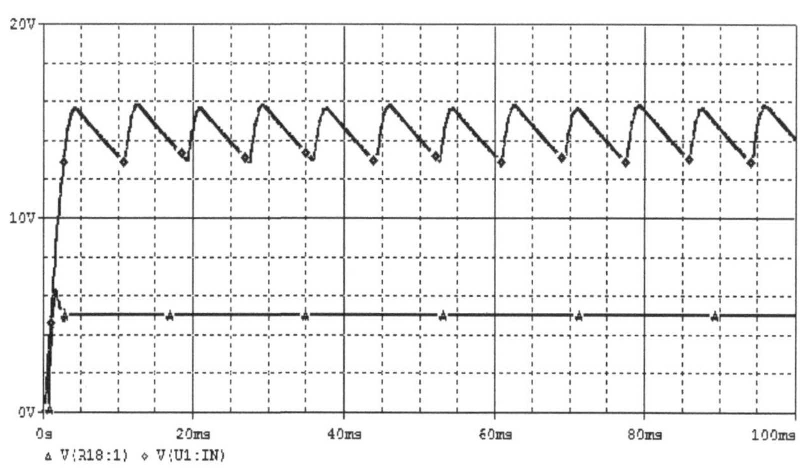

[그림 3-34] 정전원 회로의 시뮬레이션 결과(5V 출력전압)

실험 3-1 다이오드 정류 및 포락선검파기 설계 및 실험

1. 실험목적

- 다이오드의 동작특성을 이해한다.
- 포락선 검파기 회로의 동작을 파악하고 시정수에 따른 리플(ripple)계수 변화를 이해한다.
- 시뮬레이션 도구 및 오실로스코프 등 장치들의 사용법을 이해한다.
- 다이오드 및 수동부품 사용법을 익힌다.

※ 가정용 전원인 220V를 다루는 실험이므로 반드시 실험절차를 따르고 감전되거나 실험장치가 파손되지 않도록 주의한다!!

2. 실험내용 및 방법

본 단원의 핵심 내용을 이해하기 위해 아래 주제별 회로에 대해 브레드보드에 회로를 구성하여 필요한 전압·전류들을 측정한다. 이와 동시에 ORCAD Pspice를 기동(running) 시켜 회로를 구성하고 실제 실험과 병행하여 이론에 근접한 결과를 얻도록 시뮬레이션을 실시한다. 이때 실험을 진행하면서 이론에 근거하여 원하는 실험결과를 얻기 위해 회로상의 부품 값이나 전원을 조정할 수 있다. 측정한 결과와 시뮬레이션 결과, 그리고 예측된 결과들을 비교한다. 이들 데이터들을 정리하여 실험 결과보고서에서 기술하고 논리적으로 분석한다.

1) 다이오드 동작특성

① 다이오드 순방향 특성을 측정하기 위해 다이오드와 저항으로 구성된 아래 [그림 1] 회로를 브레드 보드에 구성한다. ORCAD Capture를 기동하여 동일한 회로를 구성한다. 이때 저항은 조별로 보유한 유사 값으로 해도 무방하다.

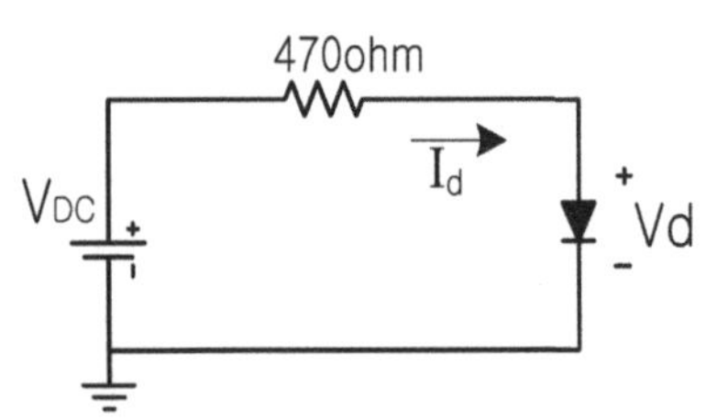

[그림 1] 다이오드 순방향 측정

② 회로에 공급되는 전압(V_{DC})을 0V에서부터 시작하여 서서히 증가한다. 멀티미터를 사용하여 다이오드에 양단에 걸린 전압(V_d)와 다이오드에 흐르는 전류(I_d)를 측정한다.
③ 다이오드 역방향 특성을 측정하기 위해 아래 [그림 2]회로를 브레드 보드에 구성한다. 이때 저항은 유사 값으로 해도 무방하다.

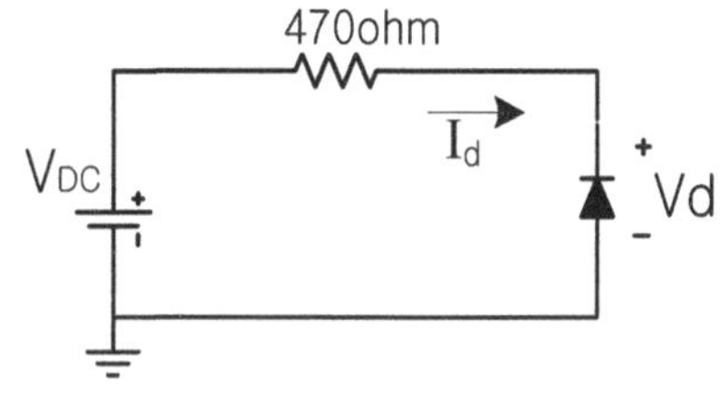

[그림 2] 다이오드 역방향 특성 측정

④ [그림 2] 회로에 전압(V_{DC})을 0V에서부터 시작하여 서서히 역방향 항복(V_{BR})까지 증가시킨다. 이 항복전압은 다이오드의 Datasheet에서 확인한다. 위의 ②항과 같이 멀티미터로 다이오드의 전압, 전류를 측정한다.
⑤ 위에서 측정한 전압, 전류들을 엑셀(excel) 파일에 모아 가로축을 전압으로 세로축을 전류로 하여 [그림 3-8]과 유사한 다이오드 동작특성을 확인한다. 즉, 이 실험을 통해 다이오드 턴온(turn ON) 전압과 이후 전압에서의 전류증가, 그리고 역방향 항복전압까지의 전류크기 등 다이오드 동작특성을 확인한다.
⑥ 마찬가지로 ORCAD Pspice 회로 상에서, 전압변화 대비 전류 변화를 알아보기 위해 시뮬레이션을 실시하고 위의 ⑤ 결과와 비교한다.

2) 포락선검파기 동작

포락선 검파기의 동작을 확인하기 위해 브레드보드 위에 [그림 3]과 같은 회로를 구성한다. 이와 동시에 ORCAD Capture를 기동하여 동일한 회로를 구성한다.

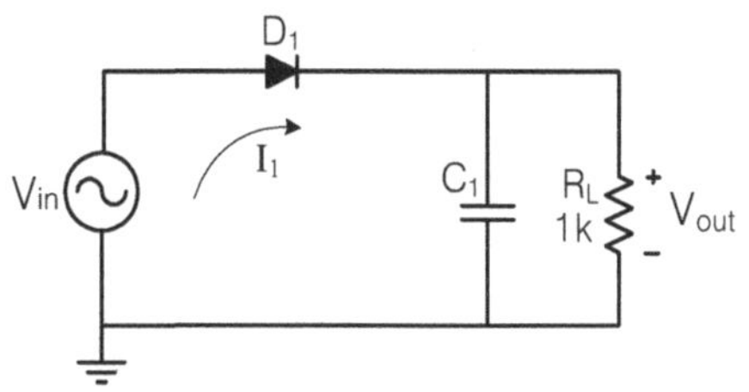

[그림 3] 포락선 검파기 동작회로

① 다이오드 정류동작을 확인하기 위해 먼저 캐패시터(C_1)을 제거한 후 부하저항(R_L)에 걸리는 교류파형(V_{out})을 오실로스코프로 측정한다. 입력전원($V_{in} = V_m \sin(\omega t)$)의 첨두 전압($V_m$)은 3V 이상으로, 주파수는 1KHz로 한다. 이때 파형을 통해 턴온전압(V_{Th})도 확인한다. 시뮬레이션된 결과와 측정결과와 일치함을 확인한다.

② 다음에 캐패시터(C_1)을 위 회로처럼 저항과 병렬로 연결한다. 부하저항(R_L)에 걸리는 교류파형(V_{out})을 측정한다. 입력전원($V_{in} = V_m \sin(\omega t)$)은 위의 ①항과 동일하게 한다. 이때 측정된 파형을 통해 턴온 전압도 확인한다. 캐패시터 용량에 따라 리플 전압이 달라지므로 적절한 몇 개 값을 Pspice 시뮬레이션을 통해 선정하고 실제 브레드보드 상에 실험해본다. 이때 모든 용량이 주어지는 것이 아니므로 12계열 용량 값 들을 확인한다.

③ 위의 ②항에서 주어지는 파형을 보고서에 삽입하고 2)의 포락선 검파기 실험 리플계수를 계산한다. 또한 직류값(V_{DC}) 값을 계산해본다.

④ 조별로 주어진 캐패시터와 저항 값들의 조합(최소 4set)을 찾아 시정수에 따라 리플 계수와 평활 동작이 개선됨을 측정데이터들로부터 분석하시오.

3) 브릿지 다이오드회로의 정류

이번에는 다이오드를 4개 사용한 브릿지(bridge) 다이오드와 전원트랜스를 이용한 정류회로의 특성을 알아본다. 트랜스(transformer)를 사용하는 이유와, 4개 다이오드를 사용하는 장점들을 파악하여 보고서에 기술한다.

① [그림 4] 회로를 브레드 보드에 구성한다. 220V 전원코드와 직접 연결되는 저항(10Ω)은 퓨즈(fuse)와 같은 역할을 한다. 전원트랜스의 1차 측 전압이 매우 높아 감전위험이 있으므로, 1차 측의 전원코드들과 연결되는 회로에 **반드시 검정색 절연테이프**를 이용하여 감전을 예방한다. 권선비가 약 19:1을 갖는 트랜스포머는 강압된 2차 측의 전압이 12Vrms 이고, 총 소모 전력이 2.3W로서 최대 190mA의 전류를 2차 측 부하에 공급할 수 있다. 2차측 전압이 12Vrms 이므로 정현파의 첨두 전압은 $12 \times \sqrt{2} \approx 17[V]$ 이다. 즉, 첨두간 전압 Vpp=34V 이다.

② [그림 4]회로를 Pspice 시뮬레이션 schematic page에 그리고 시뮬레이션을 해본다. 시뮬레이션 결과와 이후 실험결과들을 비교해본다.

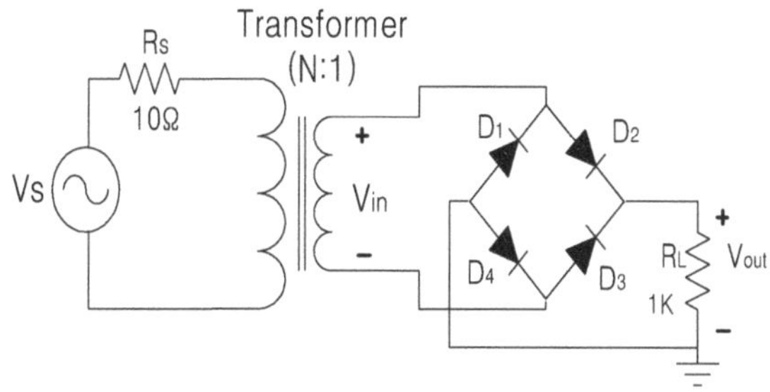

[그림 4] 브릿지 다이오드 정류 회로

③ 오실로스코프 프로브를 이용하여 2차측 입력전압(V_{in})과 부하양단에 걸린 전압을 측정한다. **<u>이때 일차측 회로의 파형은 절대로 측정하지 않는다.</u>** 일차측은 접지가 플로팅(floating)되 있어 프로브 접지단자를 접촉하는 순간 단락이 되어 감전된다.

④ 다음에 [그림 5]와 같이 출력단 쪽의 부하저항과 병렬로 캐패시터(C1)을 추가하여, 위의 실험 ③항과 동일한 시험을 한다. C1 과 R_L값에 따라 출력파형에 리플전압이 형성되고 평활동작이 이루어 질 것이다. 조별로 보유하고 있는 캐패시터와 저항 값들의 조합(최소 4개)을 찾아 먼저 시뮬레이션을 수행한다. 시정수에 따라 리플 계수와 평활동작이 개선됨을 확인해 보고, 이들 부품들을 브레드보드에 조립하여 오실로스코프로 측정해본다. 측정결과와 이론 및 시뮬레이션 결과와 비교해본다.

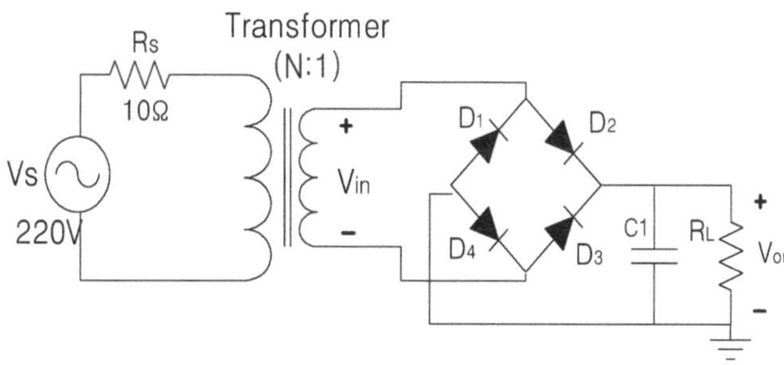

[그림 5] 브릿지 다이오드를 사용한 평활회로

⑤ 위의 ③항에서 얻어지는 결과들을 보고서에 삽입하고 리플계수를 계산하시오. 또한 직류값(V_{DC}) 값을 계산한다.

⑥ 실험 2)의 포락선검파기 실험결과와 비교·분석한다.

■ **오실로스코프 설정방법(전원트랜스 사용시)**

- **세로축설정**: 전원트랜스의 2차측 교류파형을 측정시에는 'AC coupling' 으로 하고 접지라인을 화면에 중앙에 위치시킨다. 반면에 정류된 파형을 측정하는 데는 'DC coupling' 으로 하고 접지라인을 화면에서 가급적 낮은 쪽으로 위치시켜 접지위에 올려져 있는 양의 전압파형들을 관찰한다. 크기가 작은 신호일수록 잡음신호에 섞여 측정하기 어려우므로 세로축(전압) 스케일을 조정하고 세로축 위치조정 노브(knob)를 이용해서 화면 중앙에서 크게 보일 수 있게 해야 측정오차를 줄일 수 있다. 이때 스코프의 커서기능을 이용하면 정확한 측정에 도움이 된다. 한편, 부하저항(R_L)에 걸린 출력전압에서 리플파형을 정밀하게 측정하고자 할 때는 'AC coupling'을 사용한다.
- **가로축설정**: 교류전원은 60Hz를 기준으로 파형이 관찰되므로 이의 역수인 16.7ms가 한 주기인 점을 감안하여 가로축의 스케일(시간/div)을 조정하여 화면 당 최소 2주기 이상의 신호를 확보한 후 측정해야 정확하다.
- **트리거링**: 트리거링(triggering)이란 신호를 화면에 고정하는 것으로 고정되지 않은 상태에서 측정하는 것은 매우 부정확하다. 오실로스코프 사용자 매뉴얼을 참고하여 신호가 움직이는 상태에서 측정하지 않도록 한다.

3. 실험장치 및 부품

장치목록	악세사리	기타
-디지털멀티미터 1대 -오실로스코프 1대 -신호발생기 1대	-브레드보드 1개 -교류신호입력용 케이블 1셋 -오실로스코프 프로브 1셋	-저항, 캐패시터 set -전원트랜스 44159 -다이오드(1N4001/1N4002) 4개 -점퍼선(검정, 흰색) -220V 전원코드 -검정색절연테이프

■ **오실로스코프 측정 데이터**

- 입력 교류전원 파형(위의 실험1) 과 실험2)에 한정함)
- 전원트랜스 2차 측 교류파형(1차측 파형은 절대 측정하지 말 것)
- 최종부하 양단에 걸린 정류 또는 평활파형
- 캐패시터와 저항의 조합 변화에 따른 리플파형

4. 실험 절차 요약

- 요구사항 파악 및 실험에 관련된 이론 이해
- 장치, 악세사리, 기타 부품들의 준비
- 설정된 목표 값을 위해 팀원들의 상호 토론 및 연구
- 실험 시행 및 관련 Data 수집
- 보고서 작성 및 발표자료 준비

5. 실험 유의사항

- 가정용 전원인 220V를 다루는 실험이므로 반드시 실험절차를 따르고 인체에 감전되거나 실험장치가 파손되지 않도록 주의한다.
- 브레드보드 상에 결선된 회로들로부터 쉽게 회로도를 연상할 수 있도록 회로를 간결하고 일목요연하게 하는 것이 고장진단에 쉽다.
- 브레드보드 상의 점퍼선은 가급적 적게 쓰되 짧은 것을 사용하도록 한다.
- 브레드보드 상의 220V 교류전원코드에 3상전원선 간격, 그리고 직류전원선과 접지선 간의 간격은 공간적으로 충분히 이격하거나 절연테이프로 보호하여 단락에 따른 장치의 고장 및 부품파손 등 문제들이 발생하지 않도록 한다.

실험 3-2 정전원 회로의 설계 및 실험

1. 실험목적

- 레귤레이터(regulator) 동작을 이해한다.
- 정전원회로의 전체 동작을 파악하고 이해한다.
- 시뮬레이션 도구 및 오실로스코프 등 장치들의 사용법을 이해한다.
- 다이오드 및 수동부품 사용법을 익힌다.

※ 가정용 전원인 220V를 다루는 실험이므로 반드시 실험절차를 따르고 감전되거나 실험장치가 파손되지 않도록 주의한다!!

2. 실험내용 및 방법

실험 3-1의 회로에 전압레귤레이터와 부하를 추가하여 정전원회로를 완성해본다. 부하는 정전원회로에서 직류전압을 공급받는 전자기기로 간주하여 이해한다. 본 단원의 핵심내용을 이해하기 위해 아래 정전원 회로에 대해 브레드 보드상에 회로를 구성하여 필요한 전압·전류들을 측정하시오. 이와 동시에 ORCAD Capture를 기동하여 동일한 회로를 구성하고 실제 실험과 병행하여 이론에 근접한 결과를 얻도록 시뮬레이션을 실시한다. 이때 실험을 진행하면서 이론에 근거하여 원하는 실험결과를 얻기 위해 회로상의 부품 값이나 전원을 조정할 수 있다. 측정한 결과와 시뮬레이션 결과, 그리고 예측된 결과들을 비교한다. 이들 데이터들을 정리하여 실험 결과보고서에서 기술하고 논리적으로 비교·분석한다.

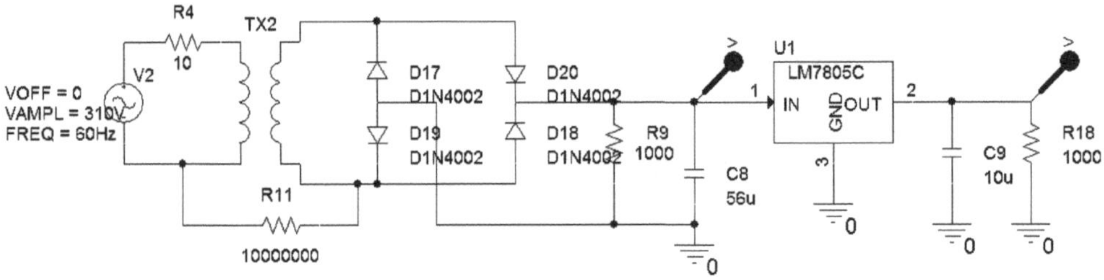

[그림 6] 정전원회로의 시뮬레이션 schematic

① 위 schematic diagram([그림 6])을 브레드 보드에 구성한다.

- 전원트랜스의 1차 측 전압이 220Vrms로 매우 높아 감전 위험이 있으므로 1차 측

의 전원코드들과 연결되는 회로에 **반드시 검정색 절연테이프**를 이용하여 접촉시 감전을 예방한다.

- 220V 전원코드와 직접 연결되는 저항 R4(10Ω)은 퓨즈(fuse)와 같은 역할을 한다. 따라서 1/4w 정격을 가지고 10Ω 미만의 작은 저항을 사용하면 전체 회로 동작에 영향을 주지 못한다.
- 권선비가 약 19:1을 갖는 트랜스포머는 강압된 2차 측의 전압이 12Vrms 이고, 총 소모 전력이 2.3W로서 최대 190mA의 전류를 2차측 부하에 공급할 수 있다. 2차측 전압이 12Vrms 이므로 정현파의 첨두 전압은 $12 \times \sqrt{2} \approx 17[V]$ 이다. 즉, 첨두간 전압 Vpp=34V 이다.
- 다이오드는 1N4001 이나 1N4002 모두 사용 가능하다.
- 전원트랜스와 브릿지(bridge) 다이오드사이에 있는 저항(R11)은 시뮬레이션에만 필요한 부품이니 실제 실험 시에는 제거한다.
- 위 회로에 있는 다이오드와 레귤레이터 사이에 있는 저항(R9)와 캐패시터(C8)의 부품 값은 예시에 불과하니 실험 조별로 적절한 값으로 변경하여 사용한다.
- 레귤레이터 전후에 사용하는 캐패시터 들은 레귤레이터 IC의 안정된 동작과 잡음을 제거하기 위해 사용하며 상세 내용은 관련 datasheet 를 참고한다.
- 위 회로([그림 6])은 5V 직류전압을 출력시키기 위해 레귤레이터 IC로 LM7805C를 사용한 것이며, 다른 출력전압을 얻기 위해서는 다른 부품을 사용한다(예로 8V 직류전압은 LM7808C)

② 위의 [그림 6] 회로를 Pspice 시뮬레이션 schematic page에 그리고 시뮬레이션을 해본다. 시뮬레이션 결과와 실험결과를 비교해본다.

③ 오실로스코프 프로브를 이용하여 포락선 검파기출력전압과 부하양단에 걸린 전압들 만을 측정한다. **이때 일차측 회로의 파형은 절대로 측정하지 않는다.** 일차측은 접지가 플로팅(floating)되 있어 프로브 접지단자를 접촉하는 순간 단락이 되어 감전된다.

④ 부하저항(R18) 값을 단계적으로 줄여 출력파형에 있는 리플전압을 조사해보고 리플계수를 계산해본다. 부하저항을 줄이는 것은 부하(예를 들어 전자기기)에 공급되는 전류가 증가함을 의미한다. 시뮬레이션을 통해 특정 부하저항에서 리플전압을 줄이기 위한 노력을 시도해보고 이를 브레드보드 상의 회로에 반영하여 측정해본다. 이러한 일련의 시도를 상세히 실험 결과 보고서에 작성한다.

3. 실험장치 및 부품

장치목록	악세사리	기타
-디지털멀티미터 1대 -오실로스코프 1대 -신호발생기 1대	-브레드보드 1개 -교류신호입력용 케이블 1셋 -오실로스코프 프로브 1셋	-저항, 캐패시터 set -전원트랜스 44159 -다이오드(1N4001/1N4002) 4개 -점퍼선(검정, 흰색) -220V 교류전원코드 -검정색절연테이프

■ 오실로스코프 설정방법

- **세로축설정**: 전원트랜스의 2차측 교류파형을 측정 시에는 'AC coupling' 으로 하고 접지라인을 화면에 중앙에 위치시킨다. 반면에 정류된 파형을 측정하는 데는 'DC coupling' 으로 하고, 접지라인을 화면에서 가급적 낮은 쪽으로 위치시켜 접지위에 위치하고 있는 전압파형들을 관찰한다. 크기가 작은 신호일수록 잡음신호에 섞여 측정하기 어려우므로 세로축(전압) 스케일을 조정하고 세로축 위치조정 노브(knob)를 이용해서 화면 중앙에서 크게 보일 수 있게 해야 측정오차를 줄일 수 있다. 이때 스코프의 커서기능을 이용하면 정확한 측정에 도움이 된다. 한편, 부하저항(R_L)에 걸린 출력전압에서 리플파형을 정밀하게 측정하고자 할 때는 'AC coupling'을 사용한다.
- **가로축설정**: 교류전원은 60Hz를 기준으로 파형이 관찰되므로 이의 역수인 16.7ms가 한 주기인점을 감안하여 가로축의 스케일(시간/div)을 조정하여 화면 당 최소 2주기 이상의 신호를 확보한 후 측정해야 정확하다.
- **트리거링**: 트리거링(triggering)이란 신호를 화면에 고정하는 것으로 고정되지 않은 상태에서 측정하는 것은 매우 부정확하다. 관련 매뉴얼을 참고하여 신호가 움직이는 상태에서 측정하지 않도록 한다.

■ 오실로스코프 측정 데이터

- 전원트랜스 2차 측 교류파형(1차 측 파형은 절대 측정하지 말 것)
- 캐패시터와 저항의 조합 변화에 따른 레귤레이터 입력 단 리플파형
- 최종부하의 변화에 따른 레귤레이터 입력 단 과 출력 단의 평활파형

4. 실험 절차 요약

- 요구사항 파악 및 실험에 관련된 이론 이해
- 장치, 악세사리, 기타 부품들의 준비
- 설정된 목표값을 위해 팀원들의 상호 토론 및 연구
- 실험 시행 및 관련 Data 수집
- 보고서 작성 및 발표자료 준비

5. 실험 유의사항

- 가정용 전원인 220V를 다루는 실험이므로 반드시 실험절차를 따르고 인체에 감전되거나 실험장치가 파손되지 않도록 주의한다.
- 브레드보드 상에 결선된 회로들로부터 쉽게 회로도를 연상할 수 있도록 회로를 간결하고 일목요연하게 하는 것이 문제점 발견 및 해결에 용이하다.
- 브레드보드 상의 점퍼선은 가급적 적게 쓰되 짧은 것을 사용하도록 한다.
- 브레드보드 상의 220V 교류전원코드에 3상 전원선 간격, 그리고 직류전원선과 접지선 간의 간격은, 공간적으로 충분히 이격하거나 절연테이프로 보호함으로써 단락에 따른 장치의 고장 및 부품파손 등 문제들이 발생하지 않도록 한다.

Test Report Template(실험 3-1/3-2)

실험 결과 보고서(실험 3-1과 실험 3-2는 별도 작성)

<table>
<tr><td>과제명</td><td colspan="6"></td></tr>
<tr><td>실험 조</td><td>조(번호)</td><td></td><td>조인원수</td><td></td><td>평가결과</td><td>/</td></tr>
<tr><td rowspan="4">최초보고서</td><td rowspan="4">제출일자</td><td rowspan="4"></td><td rowspan="4">조원
이름</td><td>이름</td><td>학번</td><td>실험참가여부</td></tr>
<tr><td></td><td></td><td></td></tr>
<tr><td></td><td></td><td></td></tr>
<tr><td></td><td></td><td></td></tr>
<tr><td>수정보고서
(해당조만
작성할 것)</td><td>제출일자</td><td></td><td>개선내용
(요약)</td><td colspan="3"></td></tr>
</table>

※ 수정보고서는 최초보고서 제출 후 좀 더 나은 결과를 위해 수정을 희망하는 조에 한함.
※ 아래 양식에 준해 보고서를 작성하며 표나 그림은 반드시 번호를 넣고 제목을 작성하기 바랍니다. 또한 이들을 설명해야하며 표 제목은 상단에, 그림 제목은 하단에 표시합니다.

1. 실험 기초이론 요약

작성 안내	*아래 내용들은 본 실험에 관련된 기초 이론에 관련된 주제들이며 필요시에 조별로 일부 변경가능하다. 실험내용을 살펴보고 해당되는 내용들로만 2 페이지 이내로 요약 정리한다.*

- 다이오드의 기본적인 회로 특성
- 정류작용과 포락선검파기의 기본동작 및 성능 파라미터
- 브릿지 다이오드를 이용한 정류작용 동작
- 정전원회로의 기본동작 및 성능파라미터

2. 설계내용

2.1 다이오드 정류 및 포락선검파기 설계

	설계주제	작성내용
작성	다이오드 동작	*다이오드의 순방향 및 역방향 회로 특성 확인하기 위한 시뮬레이션을 실행*

<table>
<tr><td rowspan="3">안내</td><td>특성 설계</td><td>한다.</td></tr>
<tr><td>포락선검파기 설계</td><td>포락선 검파기 회로를 구성하여 기존 동작특성을 시뮬레이션 해본다. 또한 포락선 검파기의 필터회로를 구성하는 저항과 캐패시터의 조합의 변화를 통해 리플계수를 이론적으로 계산해보고 시뮬레이션으로 확인해 본다.</td></tr>
<tr><td>브릿지 다이오드회로 설계</td><td>전원트랜스와 다이오드 4개로 구성된 포락선 검파기의 저항과 캐패시터의 조합의 변화를 통해 리플계수를 시뮬레이션으로 확인해 본다. 전원트랜스와 다이오드를 4개 사용하는 장점도 시뮬레이션을 통해 검증해본다.</td></tr>
</table>

2.2 정전원 회로의 설계

- 정전원 회로를 Pspice를 이용하여 회로를 구성한다.
- 정전원회로 동작이론에 근거하여 시뮬레이션을 통해 조별로 아래의 항목별로 실험 목표를 설정한다. 이들 실험목표들은 시뮬레이션과정에서 타당성이 입증되어야 한다.

항 목	실험 및 설계 내용
실험방법	*전원트랜스와 다이오드들은 주어진 부품을 이용하고 나머지 부품은 조별로 선택하여 설계한다.*
설계 대상 회로	*포락선 검파기의 필터회로 와 레귤레이터 입출력 회로*
조별 설계목표	*포락선 검파기의 필터회로에 4개이상의 저항과 캐패시터 조합을 사용하고 부하저항을 가변시켜 본다. 이로부터 최종 부하에 제공되는 직류전압의 리플이 개선되는 과정을 제시한다.*

3. 실험결과 정리 및 분석

3.1 실험 방법/순서

작성 안내	*다음 내용을 보고서에 첨부한다.* *-전체 실험 측정 환경 사진 및 장치들의 설정내용, 부품 목록* *-정류과정이나 부품변화에 따라 평활작용이 개선되는 실험과정을 서술한다.*

3.2 측정결과 정리 및 분석

작성 안내	*측정결과들을 단순히 나열하지 않고 표나 그림을 이용하여 정리한다. 이들 표나 그림에 번호와 제목을 붙이고 관련 이론에 근거하여 내용을 설명한다. 또한 결과들을 이론과 시뮬레*

	이션을 인용하여 충실하고 상세히 설명한다.

3.3 문제점 및 개선내용

작성 안내	▪ *실험과정에서 발생했던 문제점들을 나열하고 어떻게 해결하였는지에 대한 과정과 개선된 사항들을 서술한다.* ▪ *목표대비 달성하지 못한 항목들은 상세히 나열하고 논리적이고 구체적으로 설명한다.* ▪ *실험과정에서 변경하였거나 실험목표를 재조정하였으면 근거를 논리적이고 구체적으로 설명한다.* ▪ *이들 내용은 보고서를 우수하게 평가받는데 중요한 항목이다.*

4. 결론

작성 안내	*본 실험에서 달성하고자 하는 실험목적에 대비하여 실험과정이나 측정결과들로부터 도출된 결론을 요약하여 작성한다. 표로 작성하거나 요점위주로 개조 식으로 나열하고 간단한 설명을 추가하면 효과적이다.*

제 4장 트랜지스터 회로

내용

실험

■ 단원핵심주제 ■

- BJT 기본 동작 및 증폭 이론의 이해
- BJT 증폭기의 동작점과 소신호 증폭 동작 이해
- BJT 스위칭 동작 이해

1948년에 세명의 물리학자 (W. Shockley, J. Bardeen, W. Brattain)에 의해 트랜지스터가 발명된 것을 시작으로 전자 산업은 빠르게 발전하였으며, 오늘날 컴퓨터를 기반으로 스마트 전자기기 시대의 개막에 시초가 되었다. 트랜지스터는 당초 게르마늄이라는 반도체로 만들어졌으나 저온에 약한 단점으로 최근에는 대부분 실리콘을 이용하고 있으며 갈륨비소(GaAs), 인듐인(Inp) 등 화합물 반도체와 함께 사용하여 성능을 다양화시키고 있다. 트랜지스터 형태는 두가지로 구분되는 데 그 중 하나는 양극성 접합형 트랜지스터(bipolar junction transistor, BJT)이고 다른 하나는 전계 효과형 트랜지스터(field effect transistor, FET)이며 이들은 동작특성과 내부구조가 다르다. 단순히 트랜지스터라 칭하면 일반적으로 바이폴라 트랜지스터인 BJT를 의미한다.

바이폴라 트랜지스터는 다이오드의 PN 접합(junction)을 기반으로 하고 있다. 다이오드는 불순물 도핑과정에서 생성된 반도체인 P형 반도체와 N형 반도체가 원자 구조적으로 결합(단극결합)을 통해 정류작용 등의 기능을 한다. 트랜지스터는 N형 반도체와 P형 반도체를 PNP 또는 NPN 형태로 이극 접합(bipolar junction)한 구조로 전류의 흐름 등을 조절할 수 있도록 한 회로구성이다. 이의 대표적인 기능으로 스위칭, 검파, 증폭이며 모든 전자 시스템에 한 가지 또는 여러 가지 형태로 사용된다.

본 단원에서는 바이폴라트랜지스터(bipolar junction transistor, BJT)에서의 전류흐름을 이해하고 동작영역별 직류 바이어싱(biasing) 방법과 증폭이론을 서술한다. 또한 주요기능인 스위칭동작을 알아본다. 이들 내용은 시뮬레이션을 통해 좀 더 심층적인 이해를 할 수 있도록 하며, 실험을 통해 대표적인 회로(증폭 및 스위칭)들을 구성하여 이론을 검증해본다.

4.1 BJT의 기본동작

4.1.1 BJT 구조 및 심볼

NPN 바이폴라 트랜지스터는 그림 [4-1](a)과 같이 N형 반도체와 P형 반도체를 조합한 구조를 갖는다. NPN 바이폴라 트랜지스터는 전류의 흐름을 주도하는 다수캐리어가 전자인 반면 이와는 상반되는 PNP 바이폴라 트랜지스터는 정공이 다수캐리어다. 이들은 [그림 4-1]과 [그림 4-2]와 같이 구조적으로 대칭되는 모습을 갖고 있다. 따라서 전류의 방향이 서로 반대일 뿐 전체동작은 동일하므로 본 단원에서는 NPN 바이폴라 트랜지스터를 중심으로 설명한다.

NPN 타입을 기준으로 바이폴라 트랜지스터는 다음과 같은 구조적인 특징과 캐리어의 분포를 갖는다.

- 베이스의 폭은 매우 얇고 정공밀도가 작도록 도핑(doping) 되었다.
- 이미터 영역의 전자밀도는 베이스에 있는 정공밀도보다 충분히 크도록 도핑 되었다.
- 이미터 영역의 면적보다 컬렉터 영역의 면적이 크며 이미터보다 상대적으로 적게 전자들이 도핑 되었다.

[그림 4-1]와 같이 NPN 바이폴라 트랜지스터는 불순물이 도핑된 결과로, N형 이미터 영역에는 다수캐리어인 전자가 고밀도, P형 반도체인 베이스 영역에는 양전기를 갖는 정공이 저밀도로, 다시 N형 반도체인 컬렉터 영역에는 전자들이 분포되었다. 각 반도체에 연결된 금속단자(metal contact)를 이미터(emitter), 베이스(base), 컬렉터(collector)라 부른다. 이는 [그림 4-1](b)에서 다이오드로 표시된 등가회로와 같이 이미터-베이스간의 PN접합으로 구성된 다이오드와, 베이스-컬렉터간의 PN 접합으로 구성된 다이오드가 서로 마주보고 연결된 모습이다. 트랜지스터의 전류흐름은 이미터와 베이스 간에 형성된 다이오드의 도통 상태에 따라 제어되며 전체 트랜지스터의 동작이 정해진다. 즉, 이미터 단자보다 상대적으로 베이스단자의 전압이 높은 순바이어스 상태일 때 이미터와 베이스 사이에 전류가 흐르며 이를 기반으로 이미터와 컬렉터사이에도 전류가 흐른다. 이후에 상세한 설명이 이어질 것이다. [그림 4-1](c)에 NPN 바이폴라 트랜지스터의 심볼을 볼 수 있다. 심볼 내에 화살표는 트랜지스터가 도통 상태일 때 전류가 흐르는 방향을 나타낸다.

PNP 바이폴라 트랜지스터의 구조는 [그림 4-2]처럼 물리적인 구조가 NPN과 정 반대이다. P형 반도체인 이미터 영역은 양전기를 띤 정공이 고밀도로 분포되고 매우 폭이 좁은 베이스 영역에는 전자가 저밀도로, 다시 컬렉터는 정공이 넓은 지역에 걸쳐 분포되었다. [그림 4-2](b)의 좌측의 다이오드로 표시된 등가회로와 같이 다이오드 2개가 서로 마주보고 연결된 모습이다. 이미터와 베이스간에 형성된 다이오드가 도통이 돼야 하므로 NPN과는 반대로 이미터 단자의 전압이 상대적으로 베이스단자의 전압보다 높아야 순바이어스 상태이다. [그림 4-2](b)의 우측에 PNP 바이폴라 트랜지스터의 심볼을 볼 수 있다. PNP 트랜지스터도 마찬가지로 심볼 내에 화살표는 전류가 흐르는 방향을 나타낸다.

4.1.2 BJT의 기본동작

바이폴라 트랜지스터의 동작을 이해하는 첫 걸음은, 구조적인 특징으로 베이스 반도체

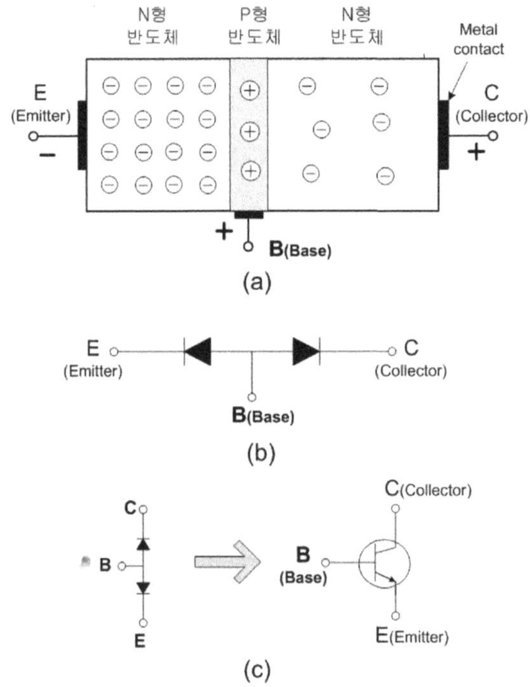

[그림 4-1] NPN 트랜지스터의 구조(a), 등가회로(b), 심볼(c)

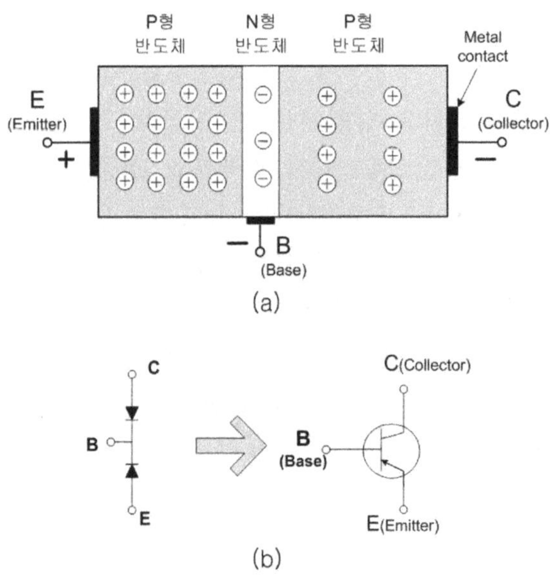

그림 [4-2] PNP 트랜지스터의 구조(a) 와 심볼(b)

의 폭이 이미터와 컬렉터에 비해 매우 좁다는 것을 염두에 두어야 하며 두번째는 이미터와 베이스 간에 형성되어 있는 다이오드의 동작 상태를 파악하는 것이다. [그림 4-3](a)에서 이미터와 베이스 간 전압(V_{BE})에 형성된 다이오드가 도통하기 위해서는 문턱전압(V_{th})보다 높아야 한다. 즉, 베이스 전압이 이미터 전압보다 문턱전압이상 높다는 것이다. 이 때 이미터 영역에 있는 수많은 캐리어수(전자)들이들이 P형 반도체에 있는 정공과 결합하기 위한 에너지를 얻고 P형 반도체에 있는 베이스 단자를 향해 몰려 이동하지만 구조적으로 좁은 폭으로 인해 전자흐름은 제약을 받는다. 이때 컬렉터 단자는 베이스 단자보다 더 높은 양의 전압이 걸려 있도록 [그림 4-3](a)처럼 직류바이어스 돼있다. 즉, 베이스-컬렉터 간에는 역방향 바이어스(V_{CB})가 걸린 상태이다. 이미터 영역에서 출발하여 베이스 단자를 향해 이동하던 수많은 캐리어(전자)들 중 일부만이 베이스 단자방향으로 이동하고 대다수의 전자(약 99%이상)들은 베이스 단자보다 높은 양위 전위를 갖는 컬렉터 단자를 향해 이동하게 된다. 즉, 전자흐름의 반대방향으로 정의되는 전류측면에서는 컬렉

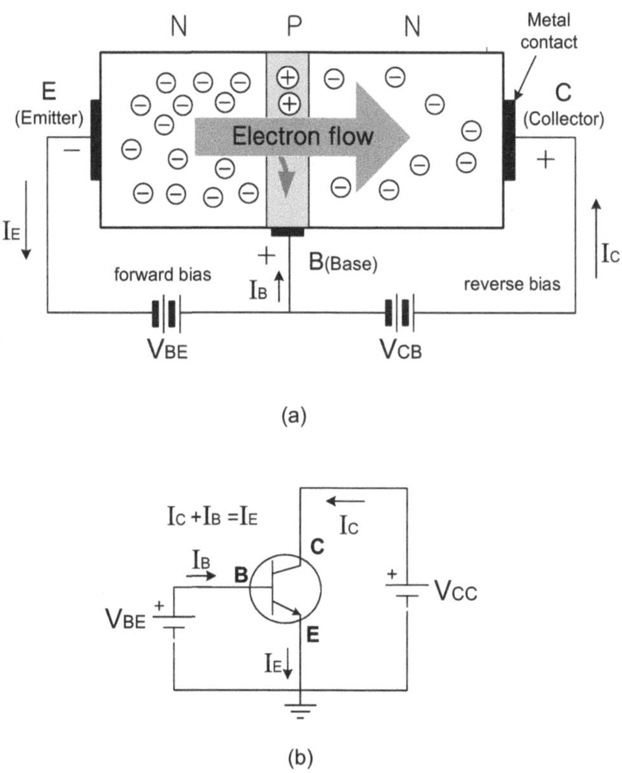

[그림 4-3] 바이폴라 트랜지스터의 동작

터 단자로 전류(I_C)가 흘러들어간다는 의미이다. 회로적인 관점에서 전체동작을 해석하면 **이미터 베이스간 순방향 바이어스에 의해 소량의 베이스전류(I_B)가 흐를 수 있는 환경을 갖게 하면 이를 계기로 컬렉터에서 이미터 방향으로 많은 전류가 흐른다.**

여기에서 유의해야 할 점은 이미터-베이스간 다이오드가 도통되지 않으면, 즉, 문턱전압보다 낮게 걸려있으면 이미터 영역의 전자들의 이동도 없고 트랜지스터 전체의 전류흐름이 없다는 사실이다. **따라서 이미터-베이스간 다이오드 동작상태가 전체 트랜지스터 동작을 결정짓는다.**

이와 같이 이미터 전류(I_E)의 대부분은 컬렉터 전류(I_C)이며, 일부분만이 베이스전류(I_B)이다. 그래서 베이스단자에서 흘러들어가는 전류(I_B)는 매우 적기 때문에 컬렉터 전류(I_C)와 이미터 전류(I_E)의 크기는 거의 비슷하다. 이들을 정리하면 다음과 같은 관계식을 갖는다. 식 (1-2)에서 β_{DC}를 DC전류 증폭률이라 한다.

$$I_E = I_B + I_C \tag{1-1}$$

$$I_C = \beta_{DC} I_B \tag{1-2}$$

한편, [그림 4-3](b) 회로처럼 접지를 기준으로 베이스 단자에서 교류가 입력되고, 출력을 컬렉터 단자에서 얻어낸다고 가정할 때, 이미터 단자는 입출력에 공통으로 위치해 있고 접지에 연결되었으므로 이미터 공통접지(CE, common emitter) 회로라 칭한다. 베이스 공통접지는 CB(common base)라 하고 입력단은 이미터 단자이고, 컬렉터 공통접지는 CC(common collector)라 하고 베이스 단자가 입력단이다. 트랜지스터의 응용에 따라 CE, CB, CC 회로 방식들을 적절히 선택하며 CE는 주로 증폭기에서 응용된다. 본 단원에서는 CE 방식의 회로를 중심으로 설명한다.

이상을 종합하여 [그림 4-3](b) 회로에서 전류흐름을 [그림 4-4]에서 정리하였다. V_{BE}가 임계전압이상으로 인가되면 베이스전류(I_B)가 흐르기 시작하고 이 전류 흐름을 계기로 컬렉터전류가 흘러 이미터 단자로 모이고, 또한 베이스전류도 합류되어 이미터전류(I_E)로 된다. 이때 컬렉터-베이스간 전압은 역바이어스 상태이다. [그림 4-5](b)에서 보듯이 베이스전류가 0이면 컬렉터 전류도 0의 값이고 베이스전류가 증가하면 컬렉터 전류(또는 이미터전류)도 비례하여 증가한다. [그림 4-3](b)에서 컬렉터 단자에 인가전압(V_{CC})는 이미터단자가 접지에 연결돼 있으므로 컬렉터-이미터간의 전압(V_{CE})과 동일하다. [그림 4-5]에서 베이스전류에 따라 컬렉터 전류(I_C)가 흐르며 이로 인해 컬렉터-이미터 간에 전압

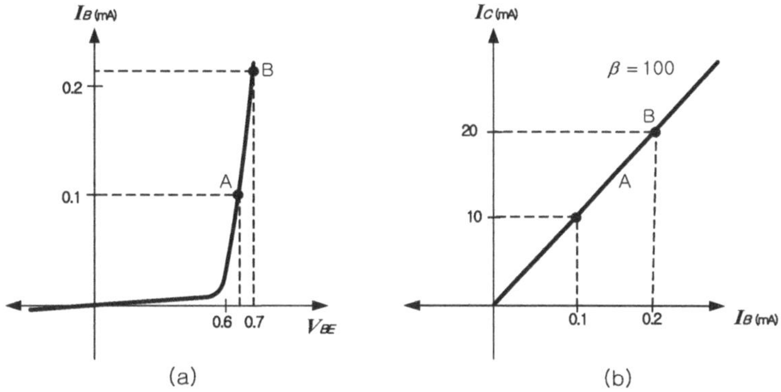

[그림 4-4] 베이스-이미터 동작에 따른 트랜지스터의 전류증폭($\beta = 100$)

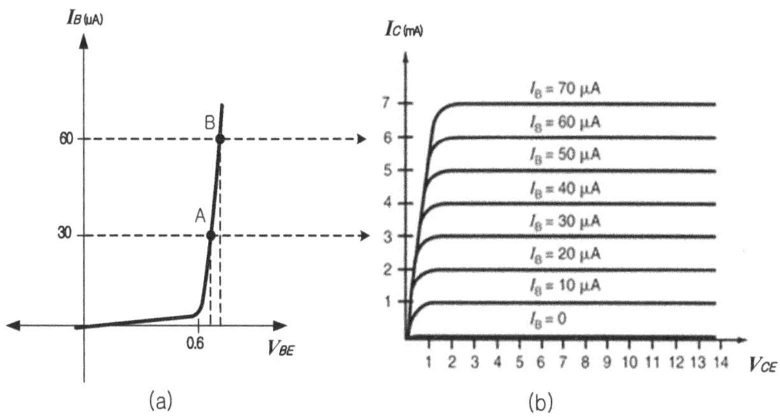

[그림 4-5] 베이스 전류와 연계된 바이폴라 트랜지스터의 특성곡선($\beta = 100$)

(V_{CE})이 걸린다. 예를 들어, 직류증폭률 $\beta = 100$을 갖는 트랜지스터의 V_{BE}가 임계전압이상 바이어스된 경우, [그림 4-5](a)에 있는 A점에서 베이스 전류는 30uA이며 이에 대응하는 컬렉터전류는 우측의 [그림 4-5](b)로부터 3mA임을 알 수 있다. 이때 컬렉터-이미터간에 전압(V_{CE})는 1~14[V] 범위의 전압을 갖는다. 이처럼 베이스전류에 따라 컬렉터전류(I_C)와 컬렉터-이미터간의 전압(V_{CE})사이의 관계를 플롯(plot)하여 놓은 곡선들의 집단을 "트랜지스터의 특성곡선" 이라 부른다. 이 특성곡선은 트랜지스터에 흐르는 전류와 전압들의 특성을 모두 표현한 것으로 트랜지스터의 종류마다 또는 제조사 마다 조금씩 다르다.

트랜지스터는 베이스 측으로 약간의 전류(I_B)만 흘려도 콜렉터 측 회로에서 수백내지 수십배로 큰 전류가 흐르게 하는 전류증폭 동작을 한다. 결국, 컬렉터 전류(I_C)는 베이스전류(I_B)에 의해 제어된다.

PNP 바이폴라 트랜지스터의 동작은 다수캐리어가 양의 전기를 띠는 정공인 점만 감안하면 전체동작은 위와 매우 흡사하니 유추해서 이해하기로 한다.

4.1.3 BJT 전압전류 특성 및 동작영역

공통이미터(CE) 접지회로 구조를 갖는 바이폴라 트랜지스터에 직류 전원을 인가하는 가장 기본적인 회로는 [그림 4-6]과 같다. 여기에서 이미터단자는 접지에 연결되었으므로 전압은 $V_E = 0$이다. 베이스-이미터간의 전압(V_{BE})를 공급하기 위해 베이스 단자에 전원 V_{BB}와 직렬저항 R_B가 입력단에 연결돼있다. 또한 컬렉터-이미터 간에 전압(V_{CE})을 공급하기 위해 전원 V_{CC}와 직렬저항이 회로에 연결돼있다. 일반적으로 컬렉터에 인가되는 전압(V_{CC})은 특정 값으로 고정된다. 베이스 주변저항들과 인가전압(V_{BB})을 적절히 설계하여, 트랜지스터 응용(증폭기 또는 스위칭)에 맞도록 베이스-이미터간의 전압(V_{BE})를 인가한다.

■ **베이스-이미터 회로방정식**

입력단 회로망에 관련된 전압전류 관계식과 베이스 전류(I_B)를 얻어내는 과정을 알아본다. 베이스-이미터 단자에 있는 다이오드가 도통하기 위해서는 임계전압(V_{Th})이상 걸려야 하고 이 전압이상에서 전류는 지속적으로 증가할 뿐 전압변화는 작으므로 이를 무시하여 $V_{BE} \approx 0.6$[V] 라 하면 트랜지스터가 동작상태에 들어가기 위한 대략적인 베이스 전류(I_B)를 다음과 같이 계산해낼 수 있다.

$$V_{BE} \approx 0.6 \text{ [V]} \tag{1-3}$$

$$V_{BB} = I_B \cdot R_B + V_{BE} \tag{1-4}$$

$$I_B = \frac{V_{BB} - V_{BE}}{R_B} \tag{1-5}$$

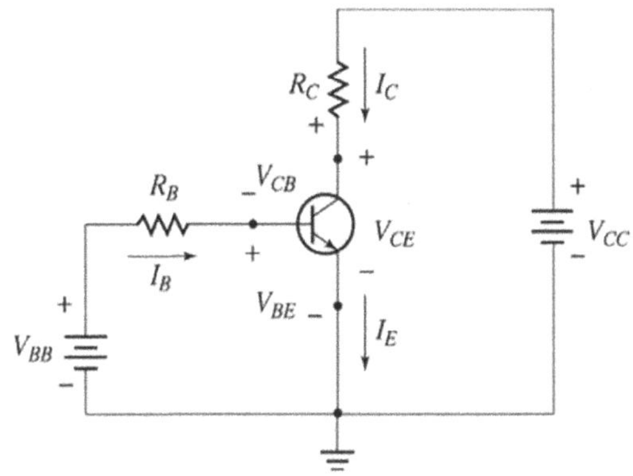

[그림 4-6] 트랜지스터의 기본 직류 바이어스(bias) 회로

■ 컬렉터-이미터 회로방정식

일반적으로 CE 방식의 트랜지스터 회로에서는 컬렉터 단자에서 교류 신호를 출력시킨다. 컬렉터-이미터간의 회로 루프(loop) 방정식과 출력파라미터인 컬렉터 전류(I_C), 컬렉터-이미터간의 전압(V_{CE})은 다음과 같이 구해진다.

$$V_{CC} = I_C \cdot R_C + V_{CE} \tag{1-6}$$

$$I_C = \frac{V_{CC} - V_{CE}}{R_C}, \quad V_{CE} = V_{CC} - I_C \cdot R_C \tag{1-7}$$

■ 바이폴라 트랜지스터의 동작영역

트랜지스터는 일반적으로 증폭기 또는 스위칭 역할을 위해 사용되며 이를 위해서는 적절한 직류전압이 인가되고 직류전류가 흘러야 한다. 베이스전류(I_B)에 의해 컬렉터 전류(I_C)가 제어되고 컬렉터-이미터간 전압(V_{CE})가 변화되어 트랜지스터의 동작이 다음과 같은 세개의 동작영역으로 구분된다. [그림 4-6]과 [그림 4-7]을 참조하여 각 동작영역을 설명한다.

① **활성영역(active region)**: V_{BE} 순방향 바이어스(베이스-이미터 다이오드 ON)
[그림 4-7](b)의 A 영역

V_{BB}를 조정함으로써 베이스-이미터간 전압(V_{BE})이 문턱전압($V_{Th} \approx 0.6$V)보다 크도록(약 0.5V이내) 하면 베이스전류(I_B)가 흐르고 이에 비례하여 컬렉터 전류(I_C)가 흐른다. 즉, $I_C = \beta I_B$ 를 만족한다. 일반적으로 V_{CC}는 고정되었으므로 베이스전류가 증가할 때 지속적으로 컬렉터전류도 증가하여 점차 컬렉터-이미터전압(V_{CE})이 감소하는 특성을 보인다. 트랜지스터가 증폭기로 동작할 수 있는 선형영역이며 교류신호를 증폭하기 위해서는 동작점(quiescent point)들이 필요하다. 상세한 내용은 이후 단원에서 설명한다.

② **포화영역(saturation region)**: V_{BE} 순방향 바이어스(베이스-이미터 다이오드 ON)
[그림 4-7](b)의 S 영역

베이스-이미터간 전압(V_{BE})이 문턱전압보다 매우 커서 베이스전류(I_B)가 매우 크다. 따라서 대량의 컬렉터 전류가 흐르며, 고정된 V_{CC}가 인가된 회로에서 컬렉터-이미터전압(V_{CE})이 거의 0에 가깝다. 이때 트랜지스터는 많은 전류가 흐르므로 포화되었다고 하며, 실제 컬렉터-이미터전압(V_{CE})은 약 0.2V의 포화전압이 걸린다.

③ **차단영역(cutoff region)**: $V_{BE} < V_{Th}$(베이스-이미터 다이오드 OFF), $I_B = I_C \approx 0$
[그림 4-7](b)의 C 영역

베이스-이미터간 전압(V_{BE})이 문턱전압보다 낮아 베이스-이미터간의 다이오드가 OFF 된 상태로 간주된다. 따라서 베이스전류(I_B)가 거의 0의 값을 가지므로 컬렉터전류(I_C)도 일부 누설 전류 외에는 거의 흐르지 않는다. 이때 트랜지스터는 전류가 흐르지 않으므로 차단되었다고 한다. 컬렉터에 고정된 V_{CC}가 인가된 회로에서 컬렉터-이미터선압(V_{CE})은 인가전압 V_{CC}에 근접한 값을 가진다.

④ **항복영역(breakdown region)**: 컬렉터-베이스간 전압(V_{CB})이 정격을 벗어난 역바이어스

컬렉터에 인가되는 전압(V_{CC})보다 커지거나, 컬렉터-이미터전압(V_{CE})이 증가하여 컬렉터-베이스간 전압(V_{CB})이 역방향으로 과도하게 걸리게 되면 항복(breakdown) 현상이 발생하며 과량의 전류가 순간적으로 흘러 트랜지스터를 파괴한다.

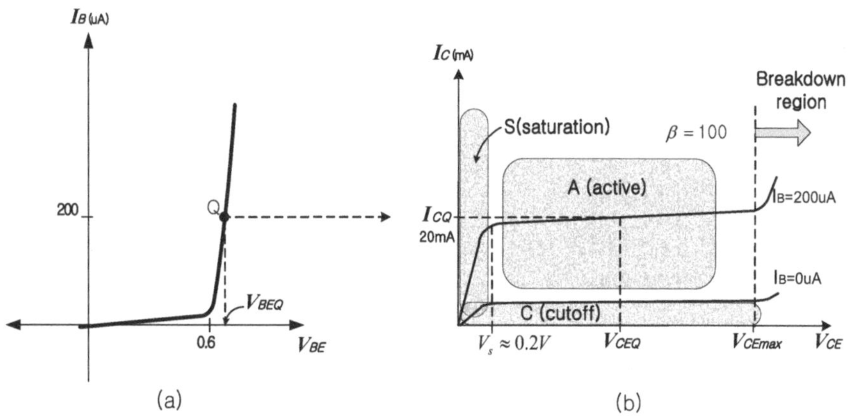

[그림 4-7] 트랜지스터의 동작영역 구분

4.1.4 BJT 정격 과 외관

트랜지스터의 특성은 컬렉터전압, 이미터전류(또는 컬렉터 전류), 주위온도 등에 따라서 크게 달라진다. 트랜지스터는 다이오드 2개를 연결한 구조이므로, 각 다이오드의 역방향 전압이 항복전압이하에서 사용할 수 있는 상태라야 한다. 또한 전력소모 면에서 베이스-이미터 단자들 간에는 작은 전압과 전류를 사용하므로 무시할 수 있으나 컬렉터와 컬렉터 전압은 전력소모의 대부분을 차지하므로 사용상 주의가 필요하다. 트랜지스터 제조사는 부품 datasheet 에 최대정격(maximum rating)을 제공하고 있으므로 사용자는 점검해야 한다. [그림 4-8]에 범용 트랜지스터인 2N3904가 소개되었다. 최대정격(maximum rating)에 관련 항목들의 내용을 확인해 본다.

■ 최대허용 정격

① 최대 V_{CEO}

컬렉터-이미터간의 전압(V_{CE})에 걸릴 수 있는 최대 허용전압을 나타낸다. 특히 트랜지스터가 차단영역에 있을 때 급격하게 증가하여 컬렉터 인가전압(V_{CC})에 도달하므로 이를 감안해야 한다.

② 최대 V_{CBO}

트랜지스터의 컬렉터-베이스간 전압(V_{CB})은 동작 중에 항상 역 바이어스 되어 있으나 트랜지스터가 차단되어 컬렉터-이미터전압(V_{CE})이 증가하게 되면 동시에 컬렉터-베이스

역전압이 증가한다. 지속해서 증가할 때 트랜지스터에 주어진 최대 V_{CBO}를 넘게 되면 역방향 전류가 급격히 증가하여 파손된다.

2N3903, 2N3904

2N3903 is a Preferred Device

General Purpose Transistors

NPN Silicon

ON Semiconductor™

http://onsemi.com

MAXIMUM RATINGS

Rating	Symbol	Value	Unit
Collector–Emitter Voltage	V_{CEO}	40	Vdc
Collector–Base Voltage	V_{CBO}	60	Vdc
Emitter–Base Voltage	V_{EBO}	6.0	Vdc
Collector Current – Continuous	I_C	200	mAdc
Total Device Dissipation @ T_A = 25°C Derate above 25°C	P_D	625 5.0	mW mW/°C
Total Device Dissipation @ T_C = 25°C Derate above 25°C	P_D	1.5 12	Watts mW/°C
Operating and Storage Junction Temperature Range	T_J, T_{stg}	–55 to +150	°C

THERMAL CHARACTERISTICS (Note 1.)

Characteristic	Symbol	Max	Unit
Thermal Resistance, Junction to Ambient	$R_{\theta JA}$	200	°C/W
Thermal Resistance, Junction to Case	$R_{\theta JC}$	83.3	°C/W

1. Indicates Data in addition to JEDEC Requirements.

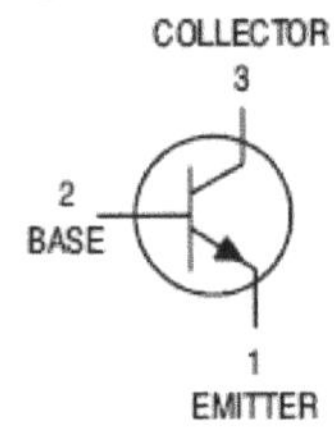

STYLE 1

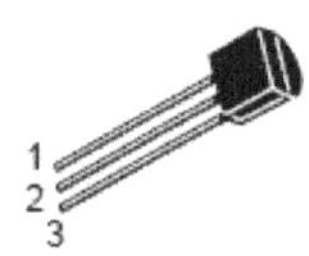

TO–92
CASE 29
STYLE 1

MARKING DIAGRAMS

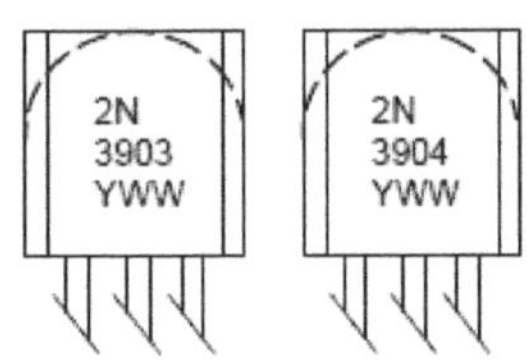

Y = Year
WW = Work Week

[그림 4-8] 2N3904 트랜지스터의 정격 및 외관

③ 최대 V_{EBO}

최대 V_{EBO}는 컬렉터를 차단시킨 상태에서 이미터와 베이스사이에 역방향으로 공급할 수 있는 최고한도의 전압을 나타낸다. 이는 이미터-베이스 간에 역방향의 항복전압보다 약간 낮은 전압이다.

④ **최대 P_D**

컬렉터의 최대 허용손실 전력을 나타낸다. 트랜지스터를 동작시킬 때는 컬렉터에 전압을 공급하고 컬렉터 전류를 흘리기 때문에 상당한 전력이 소비된다. 이 전력은 컬렉터-베이스간의 역방향 저항에서 대부분 전력이 소비되며 접합부의 온도를 높인다. 어느 정도 이상이 되면 트랜지스터가 과열되어 파손된다.

⑤ **최대 컬렉터전류(I_C)**

컬렉터단자에 흐를 수 있는 최대 허용 전류이다. 최대 P_{cmax}와 관련된다.

⑥ **T_j (접합부 온도)**

컬렉터 특 PN 접합부가 견딜 수 있는 최고한도의 온도이다. 접합부의 온도가 그 이상이 될 때 트랜지스터는 파손된다. 접합부의 온도는 주위온도에 맞는 컬렉터의 최대 허용손실 전력을 초과하지 않으면 접합부 온도 역시 초과되지 않는다.

⑦ **f_T (트랜지션 주파수)**

트랜지스터는 선형(활성)영역에서 동작 시 교류신호를 증폭한다. 교류신호가 낮은 주파수 일수록 증폭률(이득)이 높으며 주파수가 증가할수록 이득이 감소된다. 이미터 접지 방식의 트랜지스터 회로를 기준으로 이득이 1이 되는 지점의 주파수를 f_T라 한다. 따라서 f_T가 높은 것일수록 높은 주파수 까지 교류신호를 증폭할 수 있다.

■ **트랜지스터 외관**

저주파 대역에서 증폭기 및 스위칭 용 등으로 일반적으로 사용되는 2N3904 트랜지스터의 심볼을 포함한 외관을 [그림 4-8]의 우측에서 볼 수 있다. 이러한 모습의 플라스틱 패키지(package)를 TO-92라 명명하였다. 일반적으로 패키지의 크기가 클수록 대 전력용으로 사용된다. 또한 최근에는 보드 표면에서 직접 땜납이 가능한 표면실장 형 패키지(package)를 주로 사용한다.

2N3904는 세 개의 금속단자를 가지고 있으며 번호별로 바로 위의 심볼에서 나타내는 번호들과 일치되는 단자 명을 갖는다. 브레드보드에 장착 시, 각 단자들(이미터, 베이스, 컬렉터)을 정확히 구분해야 한다.

4.2 BJT 증폭이론

4.2.1 트랜지스터 직류바이어스

트랜지스터는 활성(또는 선형)영역에서 동작할 때 교류신호를 증폭하는 기능을 한다. 이는 세 개의 단자를 가지고 있으며 이중 하나는 입력단자로 다른 하나는 입출력단자에 공통으로 나머지 하나는 출력단자로 사용된다. 이미 설명한 바와 같이 베이스공통(CB), 이미터공통(CE), 컬렉터공통(CC) 방식이 있으며 일반적으로 **증폭기로 동작할 때는 CE방식**을 사용하여, 베이스는 입력 단으로 컬렉터는 출력단자로 사용된다. 따라서 본 장에서는 CE방식을 중심으로 직류바이어스 및 교류신호 증폭이론을 다룬다.

1) 직류 바이어스 회로

트랜지스터에 교류신호를 입력시켜 적절한 증폭도를 얻기 위해서는 직류바이어스회로를 구성하여 트랜지스터가 활성영역에 있도록 회로를 구성해야 한다. 작은 교류신호를 크게 증폭하기 위한 에너지를 제공하는 셈이다. 일반적으로 교류신호는 베이스단자로 입력시키며 컬렉터단자에서 출력을 얻는다. V_{BE}가 임계전압이상이어야 베이스 전류가 흐르며, 이에 비례하여 컬렉터전류가 이미터를 향해 흐르도록 직류바이어스 되어야 한다. 직류바이어스 회로는 회로의 적용에 따라 간단한 증폭용으로는 고정바이어스를 사용하고, 온도나 기타 환경변수에서 안정적인 동작이 요구되는 곳에서는 좀더 복잡한 전압분배 바이어스를 사용한다.

■ **고정바이어스 회로**

[그림 4-6]은 고정바이어스의 전형적인 회로이다. 베이스단자와 컬렉터단자에 각각의 전원이 필요하나 실제는 [그림 4-9](a)와 같이 저항을 적절히 배치하여 회로를 단순화시킨다. 직류전압(V_{CC})을 저항 R_B로 전압강하해서 베이스-이미터 단에 전압(V_{BE})을 인가함으로써, [그림 4-6]에 있는 베이스단자의 직류전원(V_{BB})를 제거하였다. 베이스저항 R_B값으로 매우 작은 베이스전류를 제어하므로, 보통 $10K\Omega$이상의 큰 저항이 사용된다. [그림 4-9](b)는 해석하기 쉽게 [그림 4-9](a)에 있는 전원(V_{CC})를 분리하였다. 또한 [그림 4-9](c)는 [그림 4-9](a)에 있는 전원(V_{CC})과 접지를 대신한 심볼을 이용하여 전체회로를 간편하게 그렸다. 전원은 일반적으로 이와 같은 모습으로 회로도(schematic diagram)상에 표시하니 해석상에 오류가 없어야 한다.

[그림 4-9](b) 회로를 기초로, 베이스-이미터 회로루프의 직류 전압 과 전류방정식은

다음과 같이 쓴다.

$$V_{CC} = V_{Rb} + V_{BE} = I_B \cdot R_B + V_{BE} \tag{2-1}$$

$$I_B = \frac{V_{CC} - V_{BE}}{R_B} \tag{2-2}$$

또한 컬렉터-이미터간의 회로루프(loop) 방정식들은 다음과 같이 구해진다.

$$V_{CC} = I_C \cdot R_C + V_{CE} \tag{2-3}$$

$$I_C = \frac{V_{CC} - V_{CE}}{R_C}, \quad V_{CE} = V_{CC} - I_C \cdot R_C \tag{2-4}$$

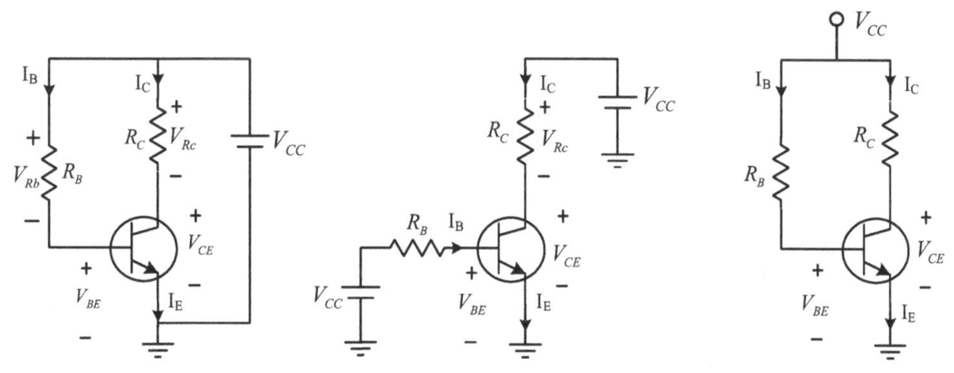

[그림 4-9] 고정바이어스 기본형(a), 전원분리(b), 단일 전원회로(c)

■ 전압분배 바이어스 회로

고정바이어스 회로에서 [그림 4-10]처럼 베이스 단자에 저항 R_{B1}과 저항 R_{B2}를 이용하여 컬렉터 전압(V_{CC})를 분배하여 베이스 단자에 인가한다. 이의 회로해석을 위해 테브냉(Thevenin theorem)이론을 적용하여 [그림 4-10](b)로 재구성하였다.

베이스단자 입력임피던스가 베이스저항의 병렬합성($R_{B1} \parallel R_{B2}$) 보다 매우 크다고 가정할 때 다음과 같은 방정식들을 구할 수 있다.

$$V_{TH} = \frac{R_{B2}}{R_{B1} + R_{B2}} V_{CC} \tag{2-5}$$

$$I_{BQ} = \frac{V_{TH} - V_{BE(ON)}}{R_{TH}} \tag{2-6}$$

$$I_{CQ} = \beta_{DC} I_{BQ} = \beta_{DC} \frac{V_{TH} - V_{BE(ON)}}{R_{TH}} \tag{2-7}$$

$$V_{CEQ} = V_{CC} - I_{CQ} R_C \tag{2-8}$$

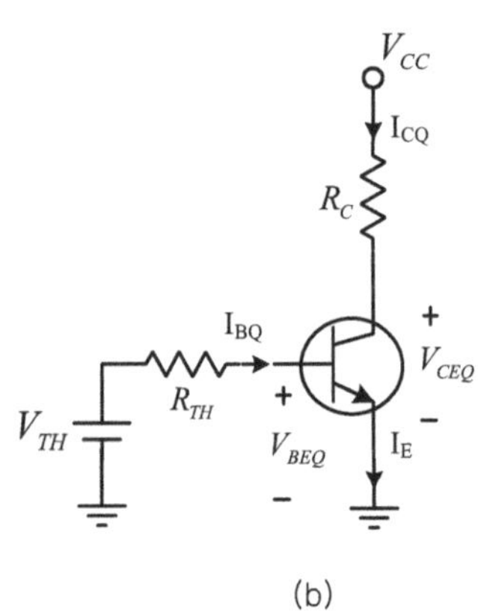

[그림 4-10] 전압분배 바이어스 기본형(a) 및 등가회로(b)

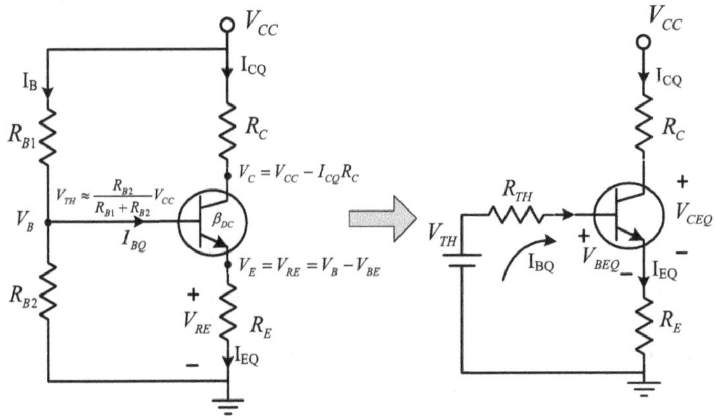

[그림 4-11] 안정화된 전압분배 바이어스 회로(a) 및 등가회로(b)

[그림 4-10](a)회로에 이미터단자에 저항(R_E)를 추가하여 트랜지스터 제조사나 부품별로 조금씩 다른 전류증폭률(β_{DC} or h_{FE})값과 온도변화에 둔감한 회로를 구현할 수 있다. 즉, 보다 안정적인 바이어스 회로를 구성할 수 있음을 다음의 일련의 회로방정식들을 통해 알 수 있다.

$$V_{TH} = \frac{R_{B2}}{R_{B1} + R_{B2}} V_{CC}, \quad R_{TH} = R_{B1} \parallel R_{B2} \tag{2-9}$$

$$V_{TH} = I_{BQ} R_{TH} + V_{BE(ON)} + I_{EQ} R_E \tag{2-10}$$

$$I_{CQ} = \beta_{DC} I_{BQ} \tag{2-11}$$

$$V_{TH} = I_{BQ} R_{TH} + V_{BE(ON)} + (1 + \beta_{DC}) I_{BQ} R_E \tag{2-12}$$

$$I_{BQ} = \frac{V_{TH} - V_{BE(ON)}}{R_{TH} + (1 + \beta_{DC}) R_E} \tag{2-13}$$

$$I_{CQ} = \beta_{DC} I_{BQ} = \frac{\beta_{DC} \ (V_{TH} - V_{BE(ON)})}{R_{TH} + (1 + \beta_{DC}) R_E} \tag{2-14}$$

이미터저항(R_E)를 $(1+\beta_{DC})R_E \gg R_{TH}$되도록 설정하고, 일반적으로 $\beta_{DC} \gg 1$이므로 컬렉터 바이어스 전류(I_{CQ})는,

$$I_{CQ} = \frac{V_{TH} - V_{BE(ON)}}{R_E} \tag{2-15}$$

이다. 따라서, 컬렉터 바이어스 전류(I_{CQ})는 근사적으로 β_{DC}에 무관하게 되어 동작점이 안정화된다. 또한 온도 변화에 의해 컬레터전류(I_{CQ})의 증가로 이미터저항(R_E)에 걸린 전압(V_{RE})이 증가하게 되면 이미터-베이스전압(V_{BE})가 줄어들어 컬렉터 전류를 감소시키는 부귀환 특성을 나타내므로, 외부 온도변화에 컬렉터 전류가 안정화된다.

4.2.2 DC 부하선(load line)과 동작점

트랜지스터의 대표적인 기능은 선형(활성)영역에서 동작할 때 입력된 교류신호를 증폭하는 것이다. 이를 위해서는 직류바이어스를 적절히 인가해야 충분히 증폭되고 증폭된 교류신호가 왜곡되지 않는다. 즉, 직류바이어스위에 교류신호를 실어 운반하는 개념인데,

이러한 직류바이어스는 적절한 베이스-이미터전압으로 시작하여 이와 연계된 베이스전류, 컬렉터전류, 컬렉터-이미터전압들이 핵심이며 이들을 동작점(operating point, 또는 quiescent point Q)이라 한다. 특히 이들 전압, 전류들의 심볼 끝에 Q를 붙여 표기(V_{BEQ}, I_{BQ} , I_{CQ} , V_{CEQ})한다. 이들 동작점 들을 [그림 4-10]회로를 기준으로 설명한다.

동작점들의 설정은 아래 [표 4-1]와 같이 베이스-이미터전압(V_{BE})부터 시작된다.

[표 4-1] 동작점의 설정단계

동작점	V_{BEQ}	→	I_{BQ}	→	I_{CQ}	→	V_{CEQ}
설정 방법	베이스단의 저항 들로 설정		트랜지스터의 베이스-이미터 접합 다이오드 특성		$\beta_{DC} \cdot I_{BQ}$		컬렉터나 이미터에 연결된 저항으로 구성된 회로방정식으로 결정됨
관련 수식			$I_{BQ} = \frac{V_{TH} - V_{BEQ}}{R_{TH}}$				$V_{CEQ} = V_{CC} - I_{CQ} \cdot R_C$

부하선이란 트랜지스터의 출력단 회로에서 부하저항(R_C)를 접속하였을 때 컬렉터 전류(I_C)와 컬렉터-이미터 전압(V_{CE})의 관계를 나타낸 직선으로 동작점 들이 위치한다. 공급된 컬렉터전압(V_{CC})에 따라 부하저항(R_C)이 포함된 출력단회로 루프에 Kirchhoff의 전압법칙을 적용하여 구해진다. 일차방정식의 변수는 트랜지스터의 출력으로 정의되는 컬렉터전류(I_C)와 컬렉터-이미터전압(V_{CE})이며, 부하 저항(R_C)에 따라 기울기가 달라진다. 베이스바이어스 회로에 따른 직류 부하선을 [그림 4-12]에서 볼 수 있다. 직류 부하선에서 동작점 Q(I_{CQ} , V_{CEQ})는 부하선을 따라 이동이 가능하다. 개략적으로 부하선의 중심을 기준으로 멀어질수록 증폭된 교류신호 파형의 왜곡이 심해지며, 차단영역이나 포화영역에서는 신호의 50% 이상 왜곡될 가능성을 갖는다. 부하선은 식 (2-4)를 이용하여 트랜지스터 특성 곡선상에서 컬렉터 전류축(I_c)과 만나는 지점($V_{CE} = 0$)과 컬렉터-이미터 전압(V_{CE}) 축과 만나는 지점($I_C = 0$)을 구해 이를 연결하여 그릴 수 있다.

> 인가된 직류전원(V_{CC})에서, 동작점 들이 부하선의 적절한 위치에 설정되지 않으면 트랜지스터는 차단 또는 포화가 되어 증폭된 신호의 왜곡이 발생한다. 개략적인 설정방법은 선형적인 증폭동작을 얻을 수 있도록 부하선상의 중심부근으로 설정한다.

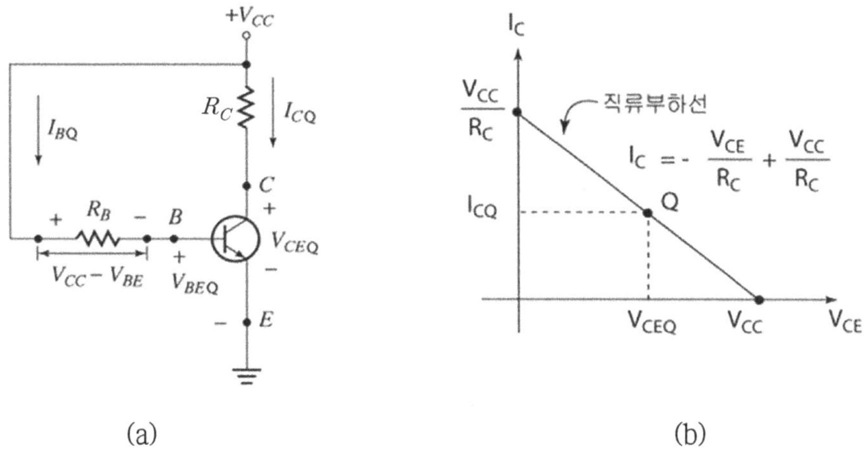

[그림 4-12] 베이스 바이어스 회로(a)에 따른 직류부하선 설정(b)

4.2.3 교류신호의 증폭이론

BJT는 인가되는 직류 바이어스에 의해 동작모드가 결정되며, 증폭기 회로에 사용되기 위해서는 선형(활성)모드로 바이어스가 설정되어야 한다. 이를 위해 가급적 선형 동작영역의 중앙 근처에 동작점이 설정되도록 직류 바이어스를 인가한다. 선형모드에서는 직류 동작점과 교류신호가 합해지는 중첩의 원리가 적용된다. 직류에 비해 상대적으로 크기가 작은 교류신호가 직류위에 실려 있는 개념이다. 예를 들어 인가 전원(V_{CC})가 5V 인 경우 증폭되어 출력된 교류신호의 크기(첨두간 전압)는 항상 이보다 작거나 매우 작다. 증폭 이득이 매우 큰 트랜지스터 경우에도 마찬가지이며, 단지 입력신호 크기가 작을 뿐이다. 따라서 트랜지스터의 각단자의 전압, 전류는 다음과 같이 표현될 수 있다.

$$I_B = I_{BQ} + i_b \tag{2-16}$$

$$I_C = I_{CQ} + i_c \approx I_E \tag{2-17}$$

$$V_{BE} = V_{BEQ} + v_{be} = V_{BEQ} + v_{in} \tag{2-18}$$

$$V_{CE} = V_{CEQ} + v_{ce} \tag{2-19}$$

위 식들에서 소문자는 교류신호를, 대문자는 동작점에서의 직류를 나타낸다. 또한 베이스-이미터 단자의 교류신호(v_{be})를 트랜지스터의 입력신호(v_{in})로 간주한다. 한편, 교류 전류의 증폭률은 β_{ac}로 표현한다. 직류의 β_{DC}와 다르나 값에서 큰 차이가 없어 교류해석

시에도 증폭률을 β_{DC}로 혼용해서 사용한다. 제조사에 따라 β_{ac}대신 h_{fe}로 쓰기도 하고 다른 형태로 표기하기도 하니 관련 제조사 부품의 데이터쉬트를 확인한다.

> 트랜지스터 증폭기 해석에는 출력단에서 부하선을 설정하고 입출력단에서 동작점을 잡은 과정은 직류 전압, 전류를 결정하는 **DC해석**과 이를 기반으로 교류신호의 동작을 이해하는 **AC해석**으로 구분된다.

1) 동작점을 중심으로 한 교류신호의 증폭이론

[그림 4-13]에 직류바이어스를 중심으로 교류신호가 실려 트랜지스터에 입력되고, 증폭되어 출력되는 과정을 예를 들어 상세 설명하고 있다. [그림 4-13]에서 베이스 단자에 교류전압(V_{AC})이 직류전압(V_{BEQ})에 실려 트랜지스터의 베이스-이미터양단에 걸리게 된다. 양단에는 등가적으로 다이오드처럼 동작하므로 문턱전압보다 크게 전압이 인가될 때 베이스 단자로 전류가 흐른다. [그림 4-13](a)에서는 NPN 트랜지스터 반도체 구조를 기초로 증폭동작을 설명하였다. 베이스-이미터 간의 다이오드에 문턱전압보다 높게 순방향 바이어스 되고 베이스-컬렉터 사이에는 역방향 바이어스가 걸려있어야 한다. 이때 이미터 영역에 있던 다수캐리어인 전자들이 베이스단자로 이동하나 베이스 영역의 폭이 워낙 좁아 베이스 영역으로 들어가는 전자들의 수는 일부이고 베이스 단자로 몰렸던 대다수의 전자들은 베이스단자보다 높은 양의 전위를 갖는 컬렉터 단자로 이동한다. 회로적으로 전류는 전자의 흐름과 반대임을 감안하여 해석한다.

전체적인 동작은 직류바이어스만 걸려있을 때나 교류 와 직류가 혼합되어 있는 상황이나 유사하다. 직류전류 증폭률(β_{DC})와 교류의 증폭률(β_{ac})에서 약간의 차이가 있으나 상세한 내용은 사용 부품의 data sheet를 참고한다. [그림 4-13](a)에서는 이해하기 쉽게 베이스 단자로 입력되는 교류의 첨두치 전류를 0.1mA로 설정하였고, 베이스 단자로 입력되는 직류전류를 0.3mA로 하였다. 따라서 [그림 4-9]의 고정바이어스회로나 [그림 4-10]의 전압분배바이어스를 참고하여 베이스 단자로 입력되는 직류전류를 0.3mA 가 되도록 적절한 저항 값을 설정한다. 이때 입력되는 교류전류를 운반하는 직류 전류 0.3mA를 베이스 단자의 동작점 전류(I_{BQ})라 하며, 베이스 단자로 들어가는 전류는 이를 중심으로 최저 0.2mA, 최고 0.4mA의 전류가 주기적으로 흘러들어간다.

전류증폭률에 맞춰 컬렉터 전류가 증폭되어 컬렉터에서 이미터 방향으로 주기적인 교류전류가 흐른다. 이의 중심이 되는 직류전류를 컬렉터 동작점 전류(I_{CQ})라 한다. 컬렉터-

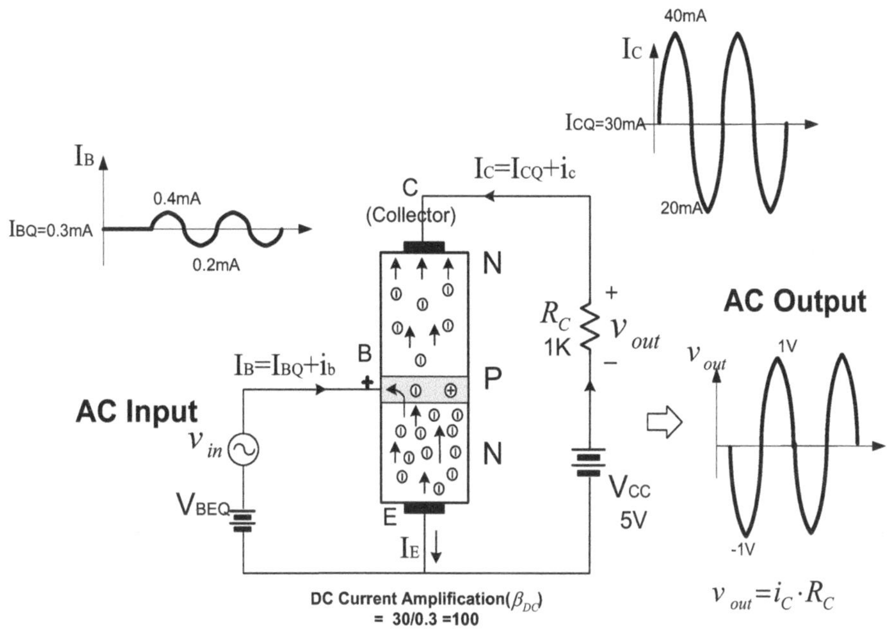

(a) 물리적구조로 해석한 교류 증폭회로

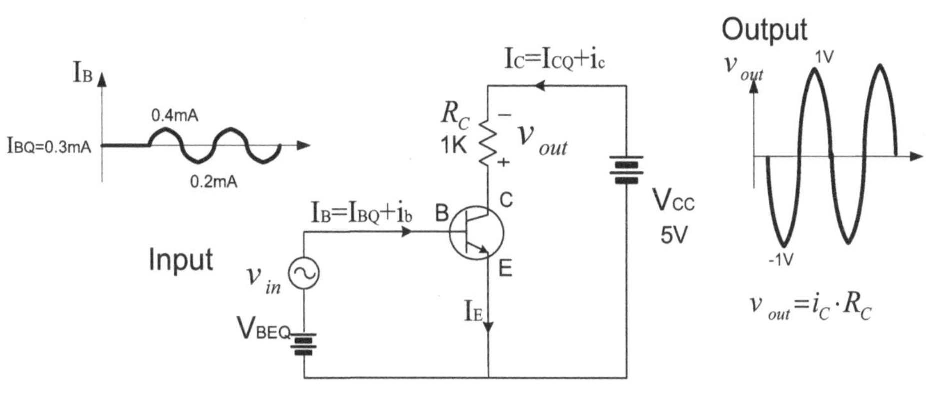

(b) 트랜지스터 심볼로 재구성한 교류 증폭회로

[그림 4-13] BJT의 동작점과 교류신호 증폭과정($\beta_{DC}=100$인 경우)

베이스 간에 역바이어스 환경을 구축하기 위해 공통이미터(common emitter, CE) 증폭기의 경우 이미터단자를 기준으로 컬렉터 단자에 직류전압(V_{CC})을 인가한다. 직류전류(I_{CQ})를 중심으로 교류전류가 부하저항(R_C)에 흐르고 이에 걸리는 전압을 출력전압(v_{out})으로 한다. 교류신호만을 위한 등가회로를 기준으로 출력전압의 방향은 [그림 4-13](a)와 같이 입력전압과 역위상이다.

[그림 4-13](b)는 반도체 구조의 트랜지스터를 NPN 트랜지스터의 심볼로 대신하였으며 개략적으로 증폭률(β_{DC})만큼 출력전압의 크기가 증폭되었고 위상이 반전되었음을 확인해 보다.

[그림 4-14]는 BJT의 동작점을 중심으로 베이스 입력단과 컬렉터 출력단에서 교류신호의 동작을 예를 들어 상세히 설명하고 있다. [그림 4-14](a)는 베이스-이미터 사이의 다이오드 특성곡선에서 문턱전압이상에서 주기적인 신호를 갖는 전압(직류+교류)이 인가된다. 이의 중심에 동작점(quiescent point, Q) 에 해당되는 직류 베이스-이미터 전압(V_{BEQ})이 있고 작은 크기의 교류전압이 함께 인가된다. 다이오드는 순방향이므로 도통이 되어있고, 주기적으로 변하는 교류전압에 맞춰 베이스 전류가 흐른다. 이의 최대 전류는 0.4mA, 최소전류는 0.2mA이다. [그림 4-14](b)에는 트랜지스터의 증폭률($\beta_{DC}=100$)만큼 증폭된 컬렉터 전류를 나타낸다. 이의 중심을 컬렉터 직류전류의 동작점(I_{CQ})이라 하고 30mA이다. [그림 4-14](c)는 트랜지스터 특성곡선 상에 부하선을 표시하고 부하선상에 있는 동작점(Q)를 중심으로 컬렉터 전류와 컬렉터-이미터 전압(V_{CE})를 표시하였다. 부하선은 4.2.2절을 참고하여 그린다. 트랜지스터 특성곡선은 베이스 전류를 기반으로 컬렉터 전류와 컬렉터-이미터간 전압을 표현한 것으로 제조사별 특정 트랜지스터의 대표적인 성능을 나타낸다. 동작점(Q)이 부하선에 중심점 부근에 위치하도록 인가전압 및 부하저항 등이 설정되어야 입력교류신호에 비례하여 증폭된 출력전압을 얻을 수 있다.

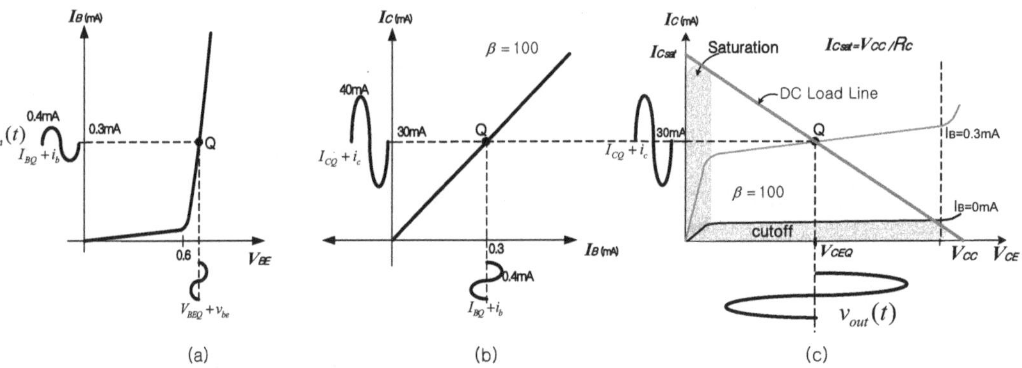

[그림 4-14] BJT에서 교류신호 증폭을 위한 동작점 이해

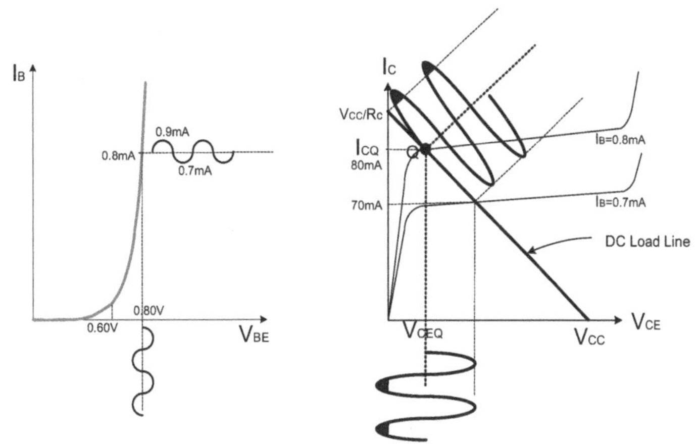

(a) 동작점이 포화영역일 때 교류신호의 왜곡현상

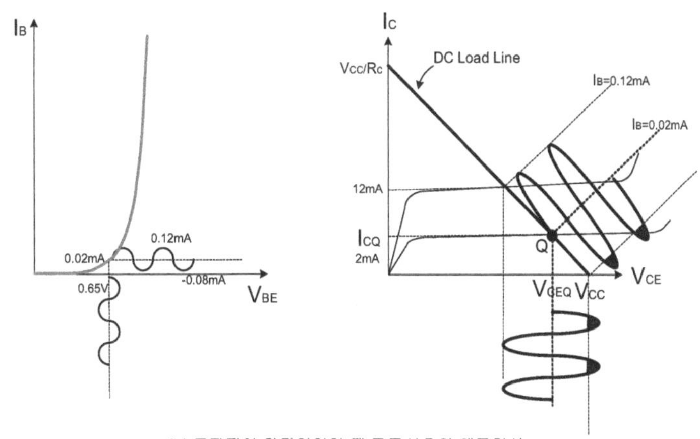

(b) 동작점이 차단영역일 때 교류신호의 왜곡현상

[그림 4-15] BJT에서 동작점 변화에 따른 교류신호의 왜곡

[그림 4-15]는 동작점이 한쪽으로 치우쳤을 때 교류신호가 왜곡되는 과정을 설명한다. [그림 4-15](a)는 베이스-이미터에 인가되는 전압이 문턱전압에 비해 매우 커서 베이스 전류가 큰 경우이다. 이에 비례하여 컬렉터 전류가 매우 커진다. 회로에 인가된 직류전압(V_{CC}) 값은 일정한 반면 컬렉터저항(R_C)에 걸린 전압($R_C \cdot I_C$)이 비례하여 증가하므로 상대적으로 컬렉터-이미터간 전압(V_{CE})은 감소하여 0에 접근하며, 동작점이 부하선상에서 좌측 상단 방향으로 접근한다. 즉, 컬렉터 전류가 매우 커진 포화상태에 이르며 교류신호의 양의 첨두치부터 서서히 왜곡된다. 반대로 [그림 4-15](b)는 베이스-이미터 전압이 문턱전압 바로 위에서 인가되어 베이스 전류가 매우 작은 경우이다. 이에 비례하여 컬렉터 전류도 매우 작아진다. 마찬가지로 컬렉터-이미터간에 인가된 직류전압(V_{CC}) 값은 일정

한 반면 부하저항(R_C)에 걸린 전압($R_C \cdot I_C$)이 비례하여 감소하므로 상대적으로 V_{CE}는 커지고 동작점이 부하선으로 오른쪽 하단으로 이동하여 V_{CC}에 접근한다. 즉, 컬렉터 전류가 거의 흐르지 않는 차단상태에 이르며 교류신호의 음의 첨두치부터 서서히 왜곡된다.

2) 전형적인 공통이미터 증폭기

전형적인 공통이미터 증폭기 회로인 [그림 4-16]을 살펴보면 교류신호가 베이스 단자에 입력되고 컬렉터에서 출력신호가 나오도록 구성된다. 이 회로는 이미터 단자가 접지되어 입력과 출력에 공통역할을 하므로 공통이미터(common emitter) 증폭기라고 한다. 사실 BJT는 3개의 단자가 있으므로 입력을 3개의 단자 중 어느 곳에서나 인가할 수 있고 또한 출력신호도 마찬가지이다. 따라서 공통이미터 외에 공통베이스(common base), 공통컬렉터(common collector) 증폭기라는 3개의 형태로 구성될 수 있다. 본 교재에서는 이중 가장 보편적으로 많이 사용되는 공통이미터 증폭기를 위주로 설명한다.

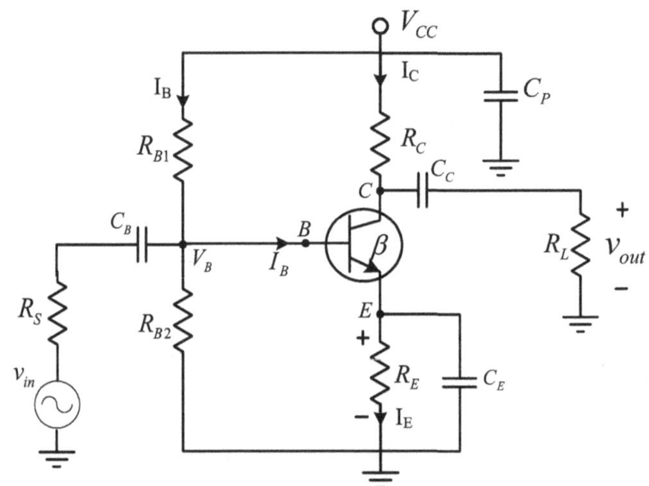

[그림 4-16] 전형적인 BJT의 공통이미터(CE) 증폭회로

[그림 4-16]는 전형적인 전압분배바이어스 구조이며, 이미터에 저항(R_E)를 연결하여 바이어스 안정화를 도모한다. 단일 직류전원(V_{CC})를 인가하여 직류바이어스를 제공한다. 교류신호에 대해서는 베이스단자에서 전원(v_{in})을 입력시키고 부하저항(R_L)에서 증폭된 출력 신호(v_{out})를 얻어낸다. 저주파에서 사용되는 범용적인 BJT는 직류전류증폭률(β_{DC})와 교류전류증폭률(β_{ac}) 값은 선형영역에서 거의 유사한 값을 가진다.

■ **캐패시터의 기능 및 선정**

BJT 증폭기에서 교류신호를 입력시키고 증폭된 출력을 내기 위해서는 직류바이어스를 공급해야 하는 데 이를 위해 [그림 4-16]와 같이 적절한 캐패시터를 사용해야 한다. 이들은 크게 직류전류를 차단시키는 블로킹캐패시터(blocking capacitor)와 교류신호의 경로를 변경시키는 바이패스캐패시터(bypass capacitor)로 구분된다. 이들은 저주파에서는 전해캐패시터를 사용하며 고주파에서 고성능이 필요한 응용에서는 탄탈캐패시터 또는 세라믹캐패시터를 사용하기도 한다. 이때 캐패시터의 극성에 유의하여 회로를 구성한다. 캐패시터의 임피던스(Z_C)는 다음 식과 같이 주파수와 캐패시턴스에 반비례한다.

$$Z_C = \frac{1}{\omega C} = \frac{1}{2\pi f C} \tag{2-20}$$

이들 캐패시터는 회로 내에서 다음과 같은 역할을 수행한다.

① 교류신호를 손실이나 왜곡없이 통과시킨다. 이를 위해 임피던스가 동작중인 교류주파수에서 0의 값(1~2Ω이하)에 근접하도록 충분히 큰 캐패시턴스를 사용하여 회로의 주파수 특성에 영향을 주지 않도록 한다. 너무 큰 용량을 가진 캐패시터를 사용하는 경우 고주파 특성이 악화될 수 있다.

② 직류(DC) 전류를 차단시켜 트랜지스터에 직류전원을 공급할 수 있도록 직류전원 경로를 형성시킨다. 캐패시터의 허용 정격전압은 실제 사용하는 전압의 두배 정도가 적당하다. 큰 정격전압을 갖는 캐패시터의 경우 부품크기가 커지는 점도 유의한다.

• **블로킹캐패시터(blocking capacitor)**

[그림 4-16]에서 C_B와 C_C가 이에 해당된다. 캐패시터가 교류는 통과시키나 직류를 차단하는 특성을 이용하여 직류바이어스 경로를 만들어 준다. C_B를 이용하여 인가된 전압(V_{CC})에 의해 베이스 단자 방향으로 흐르는 직류 전류(I_B)가 교류전원(v_{in})방향으로 흘러가지 못하게 차단시킨다. 따라서 전류는 트랜지스터 베이스단자나 저항(R_{B2}) 방향으로 흐른다. 마찬가지로 C_C는 인가된 직류전압(V_{CC})에 의해 컬렉터 단자를 통해 흐르는 직류전류가 부하저항(R_L) 방향으로 흐르지 못하게 차단시킨다. 블로킹캐패시터는 상대적으로 주파수 특성이 우수한 세라믹캐패시터가 주로 사용된다.

• **바이패스캐패시터(bypass capacitor)**

[그림 4-16]에서 이미터 단자에 있는 C_E와 전원공급단자에 있는 C_P이다. 이들의 임피던스는 동작주파수에서 가급적 0의 값을 갖도록 선정하여 교류신호에 대해 단락된 것으

로 간주된다. C_E는 이미터저항(R_E)와 병렬로 연결되어 있으므로 교류적으로 합성임피던스는 0의 값을 갖는다. 결국, 이미터저항(R_E)에 걸리는 교류전압이 없으므로 트랜지스터의 이득을 증가시키는 효과를 나타낸다. 캐패시터(C_P)는 회로에 공급하는 전원(V_{CC})단자와 함께 사용되는 바이패스 캐패시터이다. 이는 회로의 동작 주파수대역에서 교류적인 접지를 제공하며 전원단자로 유입되는 전원잡음을 제거하는 효과도 가진다.

■ 직류(DC) 해석

[그림 4-16]의 CE 증폭기회로에서 교류신호가 입력신호에 비례하여 증폭동작을 수행하기 위해서는 선형(활성)모드로 동작점이 설정되어야 한다. 교류해석과 직류해석을 구분하여 먼저 직류해석을 위해, 그림 4-16] 회로에 있는 캐패시터들을 제거한다. 이들은 직류전류를 차단하므로 개방된 것과 같은 효과를 갖는다. 따라서 [그림 4-17](a)와 같은 회로들 얻을 수 있으며, 테브냉(Thevenin) 등가회로를 이용하여 베이스 단자에 연결된 전원과 저항들을 간략하게 함으로써, [그림 4-17](b)와 같은 결과를 얻는다. 이때, 베이스입력임피던스는 무한대로 가정한다. 동작점과 관련 부품 값을 결정하는 방식을 다음 순서와 같이 출력단 부하선을 구하는 것부터 시작해야 효율적이다.

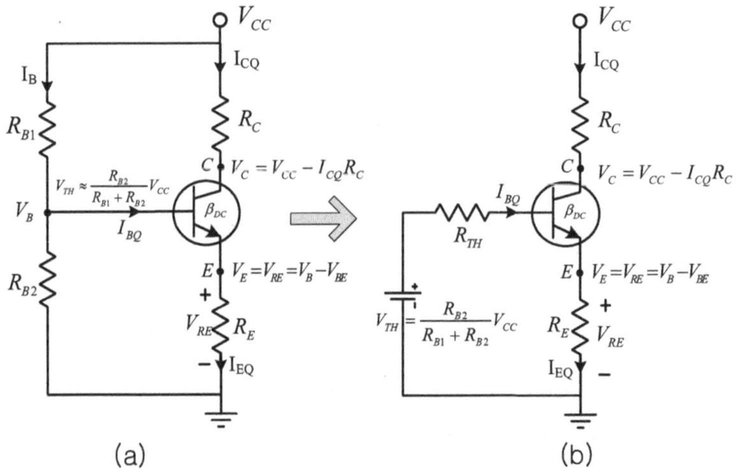

[그림 4-17] 동작점 결정을 위한 직류 바이어스 회로(a) 및 등가회로(b)

- 컬렉터 출력단자에서 KVL을 이용하여 회로 방정식을 구한다
- 트랜지스터 특성곡선 상에서 부하선을 그린다

- 다음에 부하선의 중심부근에서 컬렉터 동작점(I_{CQ}, V_{CEQ})을 선정한다
- 이들 동작점을 이용하여 베이단자에서 동작점(V_{BEQ}, I_{BQ})을 결정한다
- 이들 동작점을 이용하여 베이스 단자를 구성하는 저항들을 거꾸로 산출해낸다.

이들의 상세한 내용을 파악하기 위해서는 4.2.1절과 4.2.2절의 내용을 숙지해야 한다.

■ 교류(AC) 해석

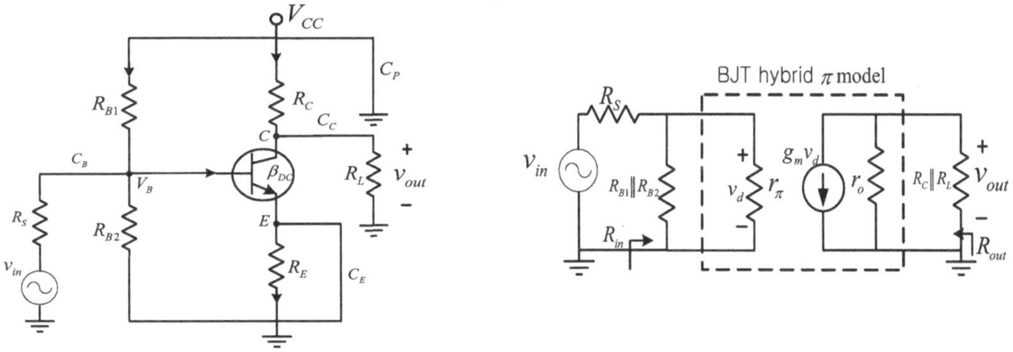

(a) 단락시킨 캐패시터 (b) 재구성한 등가회로

[그림 4-18] 교류해석을 위한 BJT의 소신호 등가회로

지금까지 DC 해석을 통해, [그림 4-16] 회로의 저항 값 들이 먼저 결정되었다. 캐패시터들은 교류신호의 주파수에서 0의 임피던스를 갖기 때문에 단락회로로 취급된다. 따라서 [그림 4-18](a) 회로처럼 재구성할 수 있다. 특히 이미터 단자는 바이패스캐패시터(C_E)가 단락되므로 교류신호 입장에서 저항(R_E)는 제거된다. 또한 직류 전원공급단자도 바이패스 캐패시터(C_p)가 단락되므로 교류적으로 접지이다.

본 단원에서 다루는 교류신호는 직류전원에 비해 크기가 매우 작기 때문에 이를 해석하기 위해 저주파 대역에서 적합한 하이브리드-π모델을 이용하여 해석한다. 모든 캐패시터는 단락(short)된 것으로 간주하고 회로를 구성한다. [그림 4-18](b)는 [그림 4-18](a) 회로에 하이브리드-π모델을 적용하여 교류신호 입장에서 재구성한 등가회로를 보여준다. r_π는 베이스-이미터사이의 순방향다이오드가 도통 상태일 때의 작은 교류전류가 흐를 때 느끼는 저항을 의미한다. 따라서 베이스-이미터간에 걸린 작은 교류전압증가분(ΔV_{BE})

에 의해 베이스-이미터간 다이오드에 흐르는 베이스전류의 증가분(ΔI_B)의 비는 저항성분(r_π)으로 나타내고, ΔV_{BE}에 의해 컬렉터전류증가분(ΔI_C)의 비는 전달컨덕턴스(trans-conductance,g_m)로 정의된다. 이들을 모두 정리하면 다음과 같다.

$$g_m \equiv \frac{\Delta I_C}{\Delta V_{BE}} = \frac{\beta_{ac}\Delta I_B}{\Delta V_{BE}} = \frac{\beta_{ac}}{r_\pi} \tag{2-21}$$

저항(r_π)은 BJT의 바이어스 전류 I_{BQ} 또는 I_{CQ}로부터 다음과 같이 계산된다.

$$r_\pi = \beta_{ac}\frac{V_T}{I_{CQ}} = \frac{V_T}{I_{BQ}} \tag{2-22}$$

여기에서 V_T는 열전압(thermal voltage) 또는 온도등가전압이라고 하며 상온(330K)에서 26mV 정도의 값을 가진다. 한편, 출력단의 컬렉터 등가출력저항(r_o)은 역바이어스 상태인 컬렉터와 베이스간의 교류저항으로 일반적으로 컬렉터저항(R_C)이나 부하저항(R_L)에 비해 매우 큰 값을 가진다. [그림 4-18](b)의 회로에서 소신호 출력전압은 부하저항(R_L)에 걸린 전압으로 정의된다. 그러나 등가회로에서는 부하저항(R_L), 컬렉터저항(R_C)과 소신호 등가출력저항(r_o)와 병렬 연결되었으므로 출력전압은 식(2-24)과 같이 쓸 수 있다. 또한 베이스-이미터사이의 다이오드에 걸린 교류전압(v_d)는 베이스 단자에 교류등가저항(r_π)를 포함한 저항 들이 직병렬로 연결되어 있으므로, 회로에 입력되는 교류전압(v_{in})을 식(2-25)와 같이 전압분배한다. 식(2-25)를 식(2-24)에 대입하여 전체 전압이득을 구하면 식(2-26)처럼 구할 수 있다.

$$g_m = \frac{I_{CQ}}{V_T} \tag{2-23}$$

$$v_{out} = -(g_m v_d)(r_o \parallel R_C \parallel R_L) \tag{2-24}$$

$$v_d = \left(\frac{R_{B1} \parallel R_{B2} \parallel r_\pi}{R_s + R_{B1} \parallel R_{B2} \parallel r_\pi}\right) v_{in} \tag{2-25}$$

$$A_v = \frac{v_{out}}{v_{in}} = -g_m\left[\frac{R_{B1} \parallel R_{B2} \parallel r_\pi}{R_s + (R_{B1} \parallel R_{B2} \parallel r_\pi)}(r_o \parallel R_C \parallel R_L)\right] \tag{2-26}$$

그러나 실제 동작하는 대부분의 선형 증폭기는 베이스 저항 $R_{B1}, R_{B2} \gg r_\pi$이므로

$R_{B1} \| R_{B2} \| r_\pi \approx r_\pi$ 이고, 일반적으로 소신호 등가출력저항(r_o)값은 컬렉터저항(R_C)이나 부하저항(R_L)에 비해 매우 커서 $r_o \| R_C \| R_L \approx R_C \| R_L$ 이다. 이들 특징들을 이용하면 식 (2-26)의 전압이득을 다음과 같이 간단히 쓸 수 있다.

$$A_v = \frac{v_{out}}{v_{in}} \approx -g_m(R_C \| R_L)\left(\frac{r_\pi}{R_s + r_\pi}\right) \tag{2-27}$$

만일 바이패스 캐패시터(C_E)를 사용하지 않는 경우에 전압이득은 지금까지와 유사한 일련의 유도과정을 통해 다음 식 (2-28)처럼 요약 정리된다.

$$A_v = \frac{v_{out}}{v_{in}} \approx -\left(\frac{R_C \| R_L}{R_E}\right) \tag{2-28}$$

즉, 이미터저항(R_E)이 분모에 위치하여 값이 커짐에 따라 이득이 감소된다. 따라서 이미터 단자에 바이패스 저항과 병렬로 이미터 저항을 사용하게 되면 트랜지스터는 바이어스 안정도를 확보할 수 있을 뿐 아니라 소신호 이득을 확보 할 수 있다.

입력단 교류전원 측에서 베이스-이미터 방향을 바라본 등가 입력저항은 바이어스를 위한 저항들(R_{B1}, R_{B2})과 다이오드 등가입력저항(r_π)들의 병렬로 볼 수 있으나 $R_{B1}, R_{B2} \gg r_\pi$ 이므로 다음 식과 같이 간략하게 쓸 수 있다.

$$R_{in} = r_\pi \tag{2-29}$$

마찬가지로 출력단에서 트랜지스터의 컬렉터단자를 바라본 출력저항(R_{out})은 다음과 같이 구한다. 먼저 전류원($g_m v_d$)을 무한대로 하여 개방시킨다. [그림 4-18](b)에서 보는 것처럼 출력단에서 트랜지스터의 컬렉터단자를 바라봤을 때 컬렉터 소신호 등가출력저항 (r_o) 과 컬렉터저항 그리고 부하저항들이 모두 병렬($r_o \| R_C \| R_L$)로 연결된 구조이다. 등가출력저항(r_o)은 컬렉터저항이나 부하저항에 비해 매우 크므로 $r_o \| R_C \| R_L \approx R_C \| R_L$ 이다. 따라서 다음과 같이 교류 출력저항(R_o)을 쓸 수 있다.

$$R_{out} = R_C \| R_L \tag{2-30}$$

예제 4-1 전압분배 바이어스회로를 갖는 CE 증폭기

[그림 4-16]과 같은 회로 구성을 갖는 CE 증폭기 회로의 동작점을 구하고 교류신호에 대한 전압이득, 입출력 저항을 구하라. 여기에서 $\beta_{DC} \approx \beta_{ac} = 170$, $V_{BE(on)} = 0.68\,V$이고 부품값 및 전원은 다음과 같다(β_{DC}는 제조사에 따라 h_{FE}와 등가이다)

$R_{B1} = 20k$, $R_{B2} = 5k$, $C_B = C_E = C_c = C_P = 100uF$, $R_C = 2k$, $R_L = 1k$, $R_S = R_E = 0.5k$, $V_{CC} = 12\,V$

■ **동작점 결정**

4.2.1 절에서와 같은 방법으로 DC 해석을 통해 동작점을 구한다. 베이스단자에서 [그림 4-17]과 같은 Thevenin 등가회로를 구한다. 등가전압과 등가저항은 다음과 같이 계산한다.

$$V_{TH} = \frac{R_{B2}}{R_{B1} + R_{B2}} V_{CC} = \frac{5}{20+5} \times 12\,V = 2.4\,V$$

$$R_{TH} = R_{B1} \parallel R_{B2} = 20 \parallel 5 = 4k\Omega$$

BJT가 순방향 선형모드로 바이어스 되어있다고 가정하고 베이스-이미터 회로 루프(loop)에 KVL을 적용하면 다음과 같다.

$$V_{TH} = I_{BQ} R_{TH} + V_{BE(ON)} + (\beta_{DC} + 1) I_{BQ} R_E$$

이식을 베이스 바이어스 전류 I_{BQ}에 대해 풀면,

$$I_{BQ} = \frac{V_{TH} - V_{BE(ON)}}{R_{TH} + (1 + \beta_{DC}) R_E} = \frac{2.4 - 0.68}{[4 + (170+1) \times 0.5] \times 10^3} = 19.22\mu A$$

베이스 전류로부터 컬렉터 전류를 구하면 다음과 같다.

$$I_{CQ} = \beta_{DC} I_{BQ} = 170 \times 19.22\mu A = 3.27mA \approx I_{EQ}$$

계산된 값들을 이용하여 컬렉터 동작점 전압을 계산하면 다음과 같다.

$$V_{CQ} = V_{CC} - I_{CQ} R_C = 12 - 3.27 \times 2 = 5.46\,V$$

또한 컬렉터-이미터 전압은 컬렉터전압에서 이미터 전압의 차이이므로 다음과 같이 계산할 수 있다.

$$V_{EQ} = I_{EQ} R_E = 3.29 \times 0.5 = 1.65\,V$$

$$V_{CEQ} = V_{CQ} - V_{EQ} = 5.46 - 1.65 = 3.81\,V$$

■ **교류해석 및 소신호 증폭이득**

교류신호들에 적용되는 회로는 [그림 4-18]과 같이 캐패시터 들을 모두 단락시키고 BJT를 등가모델로 적용하여 재구성할 수 있다. 소신호 이득은 식 (2-27)과 같이 개략적으로 주워지므로 먼저 트랜스컨덕턴스와 베이스-이미터간 다이오드 저항성분(r_π)을 계산한다.

$$g_m = \frac{I_{CQ}}{V_T} = \frac{3.27mA}{26mV} = 0.126A/V$$

$$r_\pi \approx \frac{V_T}{I_{BQ}} = \frac{26mV}{19.22\mu A} = 1.35k\Omega$$

이들을 이용하여 소신호 이득을 계산한다.

$$A_v = \frac{v_{out}}{v_{in}} \approx -g_m (R_C \parallel R_L)\left(\frac{r_\pi}{R_s + r_\pi}\right) = -0.126(2K \parallel 1K)\left(\frac{1.35}{0.5 + 1.35}\right) = -61$$

전원측에서 베이스-이미터 방향을 바라본 등가 입력저항은 다음처럼 간략히 계산된다.

$$R_{in} = r_\pi = 1.35k\Omega$$

또한 출력단에서 트랜지스터의 컬렉터단자를 바라본 출력저항(R_{out})은 다음과 같다.

$$R_{out} = R_C \parallel R_L = 2k \parallel 1K = 0.67k\Omega$$

4.3 BJT의 스위칭 동작

BJT(Bipolar Junction Transistor)는 소신호 교류 증폭을 위해 선형(활성) 영역에서 동작점이 설정되고, 소신호 교류해석을 통해 회로를 설계한다. 그러나 디지털 회로에서 스위치로 사용되는 경우에는 소신호 해석이 필요 없고, 매우 크게 입력되는 디지털 신호에 의해 BJT는 차단(cutoff) 모드와 포화(saturation) 모드를 오가는 스위칭(switching) 동작을 하게 되며, 이에 따라 컬렉터단자에서 디지털 출력신호를 얻어낸다.

디지털 논리회로에서 보편적인 TTL(Transistor-Transistor Logic) 신호는 '0' 표시하는 저전압(low voltage)으로 0~0.8V를 사용하고, '1' 을 표시하는 고전압(high voltage)으로 2V~5.25V 정도를 사용한다. 따라서 베이스-이미터사이의 다이오드 문턱전압(V_{Th})을 중심으로 베이스 단자로 입력되는 디지털 신호의 저전압(0~0.5V)과 고전압(2V이상)을 인가하면 컬렉터의 출력단자에서 입력신호와 반대되는 디지털신호를 얻을 수 있다. 즉, 트랜지스터의 스위칭동작에 의해 논리회로의 'Inverter' 로서 역할을 한다.

[그림 4-19]에 BJT의 전형적인 스위칭회로를 보여준다. 교류신호의 증폭회로와는 다르게 베이스 단자에 직류전원이 별도로 없는 것을 알 수 있다. 2개의 전압레벨만을 갖는 디지털 신호(V_{in})가 베이스전류(I_b) 제어용 저항(R_B)을 통해 베이스 단자에 인가된다. 베이스-이미터사이 회로에 적용되는 회로방정식은 식 (3-1)이다. 또한 전류증폭률(β_{DC} or h_{FE})에 따라 증폭된 컬렉터전류(I_C)가 인가전압(V_{CC})에서 컬렉터저항(R_C)을 통해 이미터단자까지 흐르고 이에 적용되는 회로 방정식은 식 (3-2)와 같다.

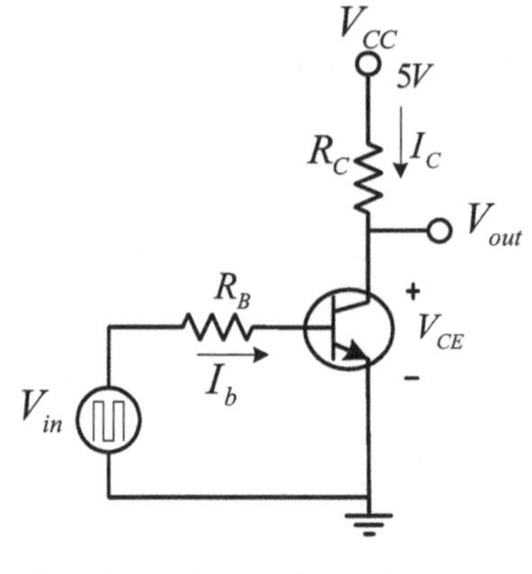

[그림 4-19] BJT의 스위칭 동작

$$V_{in} = I_b \cdot R_B + V_{BE} \quad , V_{BE} = V_{in} - I_b \cdot R_B \tag{3-1}$$

$$V_{out} = V_{CE} = V_{CC} - I_c \cdot R_C \tag{3-2}$$

이들 두 개의 방정식을 이용하여 스위칭동작을 이해할 수 있다. 베이스-이미터 간의 문턱전압(V_{Th})보다 매우 작거나 혹은 훨씬 큰 두 종류의 전압크기를 갖는 V_{in}이 입력된다. 이에 따라 트랜지스터가 포화영역과 차단영역을 주기적으로 오가며 스위칭한다.

> 디지털신호의 입력에 따라 트랜지스터가 포화영역과 차단영역을 스위칭하며 전체적으로 논리회로의 'Inverter' 로서 역할을 한다.

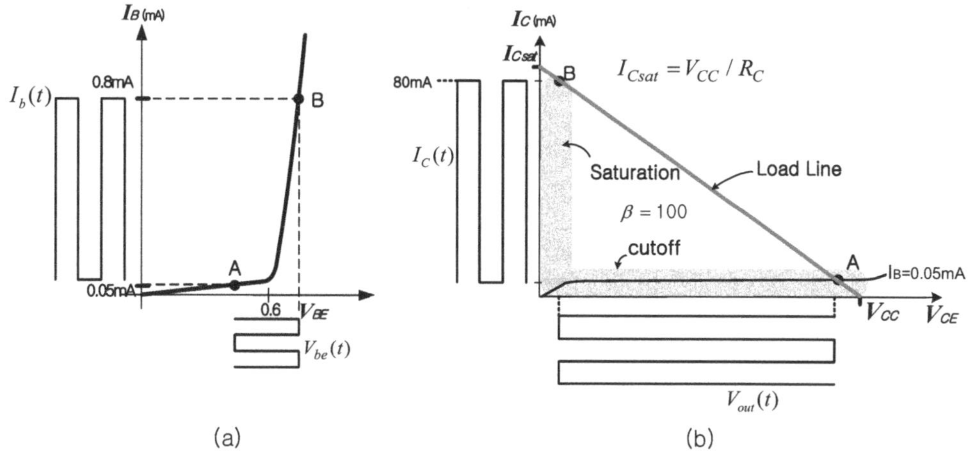

[그림 4-20] BJT의 스위칭 동작: 베이스-이미터 특성(a), 컬렉터-이미터특성(b)

■ 개방스위치로서 동작

디지털 입력신호(V_{in})의 '0' 을 표시하는 저 전압(0~0.5V)이 베이스-이미터단자에 가해질 때 베이스 전압이 0에 근접한다. 따라서 베이스-이미터 전압(V_{BE})도 작아 베이스 전류(I_b)도 거의 0에 가깝다($I_B \approx 0$). 베이스 전류(I_b)가 매우 작은 경우 컬렉터 전류도 작고(차단영역), 부하선을 나타내는 식 (3-2)에 따라 출력전압(V_{out})은 인가전압(V_{CC})에 근접해진다. BJT가 차단영역에 있을 때 BJT를 스위치의 개방회로로 간주된다. 이를 [그림 4-21] 등가회로로 그렸다. 컬렉터전류가 0이므로 컬렉터 저항에 걸린 전압도 거의 없으며 출력 전압이 인가된 직류전압(V_{CC})와 같아진다.

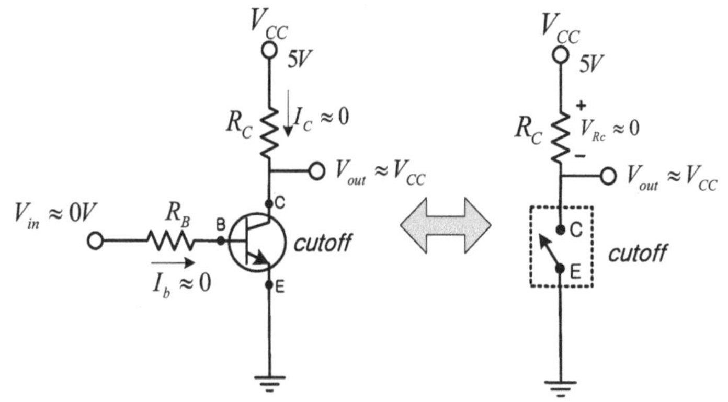

[그림 4-21] BJT의 개방회로 동작

■ **단락스위치로서 동작**

디지털 입력신호(V_{in})의 '1'을 표시하는 큰 전압(2V 이상)이 베이스단자에 가해질 때, 베이스 전류(I_b)가 지수함수 적으로 매우 크게 증가한다. 이를 [그림 4-20](a)의 다이오드 특성곡선에서 이해할 수 있으며 식 (3-1)으로 표현할 수 있다. 식 (3-2)는 컬렉터-이미터를 포함한 출력단 회로방정식이며 이를 이용하여 [그림 4-20](b)상에 부하선으로 표시할 수 있다. 부하선을 트랜지스터 특성곡선 상에 그리는 방법은 증폭회로의 경우와 동일하니 관련 내용을 참고하기 바란다. 베이스 전류(I_b)가 매우 큰 경우 컬렉터 전류도 비례하여 커지며 결국 포화전류($I_{C(sat)} = V_{CC} / R_C$)에 근접하여 트랜지스터의 포화영역에 들어간다. 따라서 식 (3-2)에서 $V_{CC} \approx I_C \cdot R_C$ 가 되므로 출력전압(V_{out})은 0이 된다.

BJT가 포화영역에 있을 때 BJT를 스위치의 단락회로로 간주한다. 이를 [그림 4-22] 등가회로로 그렸다. 컬렉터단자에 포화전류가 흐르므로 컬렉터 저항에 걸린 전압이 인가전압과 동일해지며 결국, 출력 전압이 0에 근접해진다. 이들을 수식으로 표현하면 다음과 같다.

$$I_{Bmax} = \frac{I_{C(sat)}}{\beta_{DC}} \qquad I_{C(sat)} = \frac{V_{CC} - V_{CE(sat)}}{R_C} \tag{3-3}$$

$$V_{CE(sat)} = V_{CC} - I_{C(sat)} R_C \simeq 0 \tag{3-4}$$

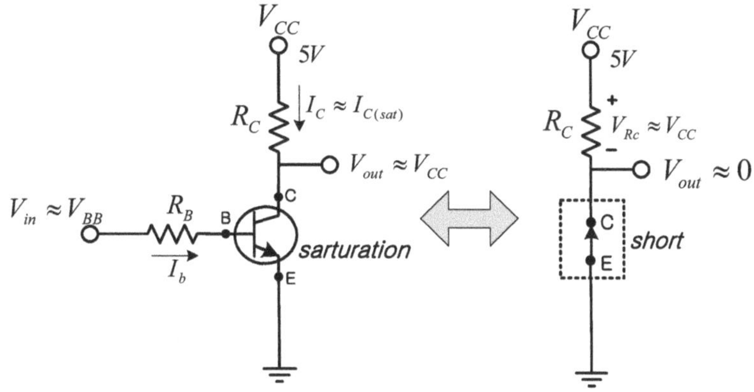

[그림 4-22] BJT 스위치(switch)의 단락회로 동작

4.4 BJT 회로 설계 및 시뮬레이션

4.4.1 소신호 교류 증폭회로 설계

아래 [그림 4-23]과 같은 CE 증폭기 회로를 설계하기 위해 다음을 구하시오.
(β or $h_{FE}=180, V_{BE(on)}=0.72V$, 부하저항 $R_L=1k\Omega$, 직류전원($V_{CC}=10V$) 교류입력신호의 주파수는 1KHz, offset 0V)

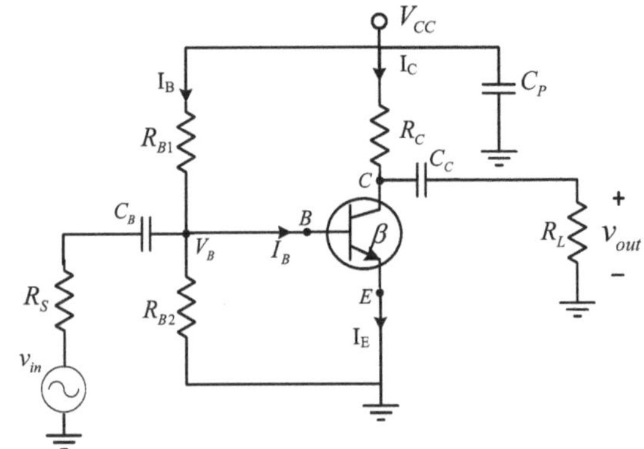

[그림 4-23] BJT의 공통이미터(CE) 증폭회로

① 주어진 직류전원(V_{CC})에서 선형모드에서 왜곡이 없는 최대의 교류신호 출력을 얻기 위한 동작점 들을 구하시오. 이때 컬렉터 저항(R_C)에는 큰 전류가 흐르므로 이를 결정할 때 실험실에서 일반적으로 사용하는 저항이 1/4w 정격임을 고려하시오

② 선형영역에서의 전압이득과 입출력 저항을 계산하시오.

③ 시뮬레이션을 통해 교류신호(첨두치 20mV)의 출력전압 파형을 구하고, 위의 계산된 동작점들과 이득을 비교하시오. 또한 입출력 파형사이에 위상이 반전됨을 확인하시오.

④ 시뮬레이션을 통해 교류입력신호를 20mV로 부터 서서히 증가시키고 출력신호 파형을 관찰하여 증폭기가 선형모드에서 왜곡 없이 최대 출력을 얻을 수 있는 동작점이 계산결과와 일치하는 지 확인하시오.

⑤ 시뮬레이션을 통해 증폭기의 주파수 응답을 확인하시오.

■ **교류신호 최대출력을 위한 동작점 결정(4.2.3절 내용 참조)**

직류전원이 10V이므로 컬렉터-이미터 직류전압(V_{CE})이 이의 1/2인 5V일 때, 출력교류신호는 5V의 offset 전압(동작점)을 중심으로 0~10V에 범위에 걸쳐 최대 5V 첨두신호를 가지고 스윙하는 출력 교류신호를 얻어낼 수 있다. 따라서 주어진 회로에서는 컬렉터 저항에 걸린 전압이 5V까지 가능하다. 그러나 실험실에서 일반적으로 사용하는 저항들의 정격이 1/4w 이므로 , 컬렉터에 흐를 수 있는 전류는 최대 $I = P/V = 0.25W/5V = 50mA$ 이다. 이의 1/2 값을 컬렉터 직류전류의 동작점(I_{CQ})으로 가정하고 컬렉터 저항을 계산 $(5/0.025 = 200)$하면 200Ω이다.

이들을 정리하면 컬렉터 동작점 전류(I_{CQ})는 25mA, 컬렉터-이미터전압(V_{CEQ})는 5V, 컬렉터저항(R_C)는 200Ω이다. 이로부터 베이스 전류(I_{BQ})를 계산한다.

$$I_{BQ} = \frac{I_{CQ}}{\beta} = \frac{25mA}{180} = 139\mu A$$

BJT가 순방향 선형모드로 바이어스 되어있다고 가정하고 베이스-이미터 회로 루프(loop)에 KVL을 적용하고 베이스단자에서 Thevenin 등가회로를 이용하여 다음 식들을 구한다.

$$V_{TH} = I_{BQ}R_{TH} + V_{BE(ON)} = 139\mu A \cdot R_{TH} + 0.72V$$

$$V_{TH} = \frac{R_{B2}}{R_{B1} + R_{B2}} V_{CC} = \frac{R_{B2}}{R_{B1} + R_{B2}} \times 10V$$

$$R_{TH} = R_{B1} \parallel R_{B2}$$

여기에서 베이스저항(R_{B2})을 2.7k로 선정하고 나머지 식들을 이용하여 베이스저항(R_{B1})을 계산하면 23.0kΩ을 얻는다. 실제 보드에 회로를 구성할 때는 이 저항 값은 존재하지 않으므로 22K 혹은 24kΩ을 사용한다.

베이스 단자에서 정확한 저항을 계산하여 얻더라도 실제 존재하지 않는 저항이 대부분이므로 베이스 단자에서는 Thevenin 등가회로으로부터 구한 방정식 보다는 베이스단자에서 트랜지스터 측을 바라본 임피던스를 무한대로 가정하게 되면 베이스단자가 개방상태가 된다. 즉, 복잡한 방정식들을 이용하기 보다는 단순한 전압분배회로를 사용하여 베이스 저항(R_{B2}, R_{B1}) 들을 구하는 방법을 실제 많이 적용한다.

■ 캐패시터 들의 용량 결정

교류신호가 트랜지스터에서 적절히 동작하기 위해서는 직류 블로킹캐패시터(C_B, C_C)와 바이패스 캐패시터(V_P)가 교류신호의 주파수에서 모두 0의 값에 근접하는 임피던스를 가져야 한다. 주어진 동작주파수에서 캐패시턴스가 클수록 임피던스가 작아지나 너무 높은 용량은 동작주파수 보다 큰 고주파영역에서 기생 임피던스가 발생하고 부품크기가 커지는 단점을 갖는다. 따라서 적절한 용량의 임피던스를 선정한다. 일반적으로 1MHz 이하의 저주파 증폭기에서는 10uF이상의 캐패시턴스를 많이 사용한다. 본 과제에서 주어진 교류신호의 주파수인 1KHz에서 100uF의 전해캐패시터를 사용할 경우 임피던스를 환산해보면,

$$Z_C = \frac{1}{\omega C} = \frac{1}{2\pi f C} = \frac{1}{2\pi \cdot 1000 \cdot 100\mu} \approx 1.6\Omega$$

값을 가지므로 캐패서터 들이 모두 단락된 것으로 간주 할 수 있다.

■ 교류해석 및 소신호 증폭이득

교류신호들에 적용되는 회로는 [그림 4-18]과 같이 캐패시터 들을 모두 단락시키고 BJT를 등가모델로 적용하여 재구성한다. 소신호 이득은 식 (2-27)과 같이 개략적으로 주워지므로 먼저 트랜스컨덕턴스(g_m)와 베이스-이미터간 다이오드 저항성분(r_π)을 계산한다.

$$g_m = \frac{I_{CQ}}{V_T} = \frac{25mA}{26mV} \approx 1\ A/V$$

$$r_\pi \approx \frac{V_T}{I_{BQ}} = \frac{26mV}{139\mu A} = 187\Omega$$

이들을 이용하여 소신호 이득을 계산한다.

$$A_v = \frac{v_{out}}{v_{in}} \approx -g_m(R_C \parallel R_L)\left(\frac{r_\pi}{R_s + r_\pi}\right) = -1(200 \parallel 1K)\left(\frac{186}{500+187}\right) \approx -45$$

입력단 전원측에서 베이스-이미터 방향을 바라본 등가 입력저항을 다음 식과 같이 간략히 계산한다.

$$R_{in} = r_\pi = 187\Omega$$

출력단에서 트랜지스터의 컬렉터단자를 바라본 출력저항(R_{out})은 다음과 같이 구한다.

$$R_{out} = R_C \parallel R_L = 200 \parallel 1K \approx 167\Omega$$

PN2222, PN2222A

General Purpose Transistors

NPN Silicon

ON Semiconductor®

http://onsemi.com

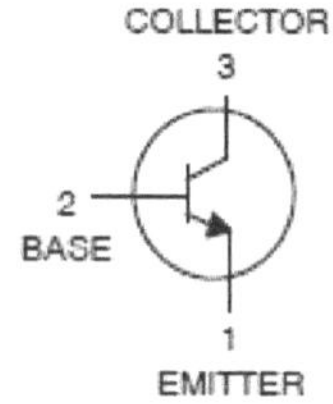

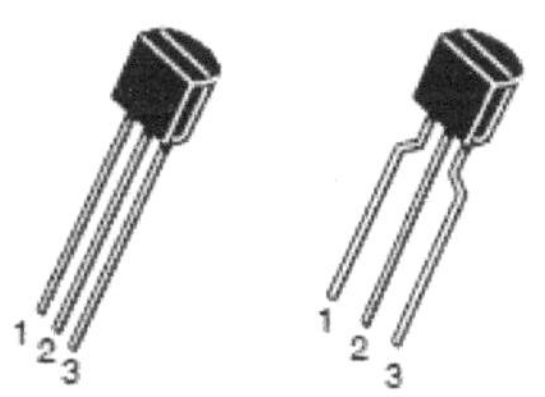

TO-92
CASE 29
STYLE 1

STRAIGHT LEAD
BULK PACK

BENT LEAD
TAPE & REEL
AMMO PACK

MARKING DIAGRAM

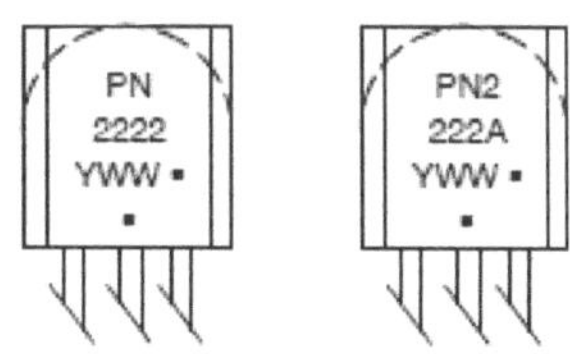

PN2222 PN2222A

Y = Year
WW = Work Week
▪ = Pb-Free Package

(Note: Microdot may be in either location)

ORDERING INFORMATION

See detailed ordering and shipping information in the package dimensions section on page 3 of this data sheet.

Features

- Pb-Free Packages are Available*

MAXIMUM RATINGS

Rating	Symbol	Value	Unit
Collector-Emitter Voltage PN2222 / PN2222A	V_{CEO}	30 / 40	Vdc
Collector-Base Voltage PN2222 / PN2222A	V_{CBO}	60 / 75	Vdc
Emitter-Base Voltage PN2222 / PN2222A	V_{EBO}	5.0 / 6.0	Vdc
Collector Current – Continuous	I_C	600	mAdc
Total Device Dissipation @ T_A = 25°C / Derate above 25°C	P_D	625 / 5.0	mW / mW/°C
Total Device Dissipation @ T_C = 25°C / Derate above 25°C	P_D	1.5 / 12	W / mW/°C
Operating and Storage Junction Temperature Range	T_J, T_{stg}	–55 to +150	°C

THERMAL CHARACTERISTICS

Characteristic	Symbol	Max	Unit
Thermal Resistance, Junction-to-Ambient	$R_{\theta JA}$	200	°C/W
Thermal Resistance, Junction-to-Case	$R_{\theta JC}$	83.3	°C/W

Stresses exceeding Maximum Ratings may damage the device. Maximum Ratings are stress ratings only. Functional operation above the Recommended Operating Conditions is not implied. Extended exposure to stresses above the Recommended Operating Conditions may affect device reliability.

ELECTRICAL CHARACTERISTICS (T_A = 25°C unless otherwise noted)

Characteristic		Symbol	Min	Max	Unit
OFF CHARACTERISTICS					
Collector – Emitter Breakdown Voltage (I_C = 10 mAdc, I_B = 0)	PN2222 PN2222A	$V_{(BR)CEO}$	30 40	– –	Vdc
Collector – Base Breakdown Voltage (I_C = 10 μAdc, I_E = 0)	PN2222 PN2222A	$V_{(BR)CBO}$	60 75	– –	Vdc
Emitter – Base Breakdown Voltage (I_E = 10 μAdc, I_C = 0)	PN2222 PN2222A	$V_{(BR)EBO}$	5.0 6.0	– –	Vdc
Collector Cutoff Current (V_{CE} = 60 Vdc, $V_{EB(off)}$ = 3.0 Vdc)	PN2222A	I_{CEX}	–	10	nAdc
Collector Cutoff Current (V_{CB} = 50 Vdc, I_E = 0) (V_{CB} = 60 Vdc, I_E = 0) (V_{CB} = 50 Vdc, I_E = 0, T_A = 125°C) (V_{CB} = 50 Vdc, I_E = 0, T_A = 125°C)	 PN2222 PN2222A PN2222 PN2222A	I_{CBO}	 – – – –	 0.01 0.01 10 10	μAdc
Emitter Cutoff Current (V_{EB} = 3.0 Vdc, I_C = 0)	PN2222A	I_{EBO}	–	100	nAdc
Base Cutoff Current (V_{CE} = 60 Vdc, $V_{EB(off)}$ = 3.0 Vdc)	PN2222A	I_{BL}	–	20	nAdc
ON CHARACTERISTICS					
DC Current Gain (I_C = 0.1 mAdc, V_{CE} = 10 Vdc) (I_C = 1.0 mAdc, V_{CE} = 10 Vdc) (I_C = 10 mAdc, V_{CE} = 10 Vdc) (I_C = 10 mAdc, V_{CE} = 10 Vdc, T_A = −55°C) (I_C = 150 mAdc, V_{CE} = 10 Vdc) (Note 1) (I_C = 150 mAdc, V_{CE} = 1.0 Vdc) (Note 1) (I_C = 500 mAdc, V_{CE} = 10 Vdc) (Note 1)	 PN2222A only PN2222 PN2222A	h_{FE}	 35 50 75 35 100 50 30 40	 – – – – 300 – – –	–
Collector – Emitter Saturation Voltage (Note 1) (I_C = 150 mAdc, I_B = 15 mAdc) (I_C = 500 mAdc, I_B = 50 mAdc)	 PN2222 PN2222A PN2222 PN2222A	$V_{CE(sat)}$	 – – – –	 0.4 0.3 1.6 1.0	Vdc
Base – Emitter Saturation Voltage (Note 1) (I_C = 150 mAdc, I_B = 15 mAdc) (I_C = 500 mAdc, I_B = 50 mAdc)	 PN2222 PN2222A PN2222 PN2222A	$V_{BE(sat)}$	 – 0.6 – –	 1.3 1.2 2.6 2.0	Vdc
SMALL – SIGNAL CHARACTERISTICS					
Current – Gain – Bandwidth Product (Note 2) (I_C = 20 mAdc, V_{CE} = 20 Vdc, f = 100 MHz)	PN2222 PN2222A	f_T	250 300	– –	MHz
Output Capacitance (V_{CB} = 10 Vdc, I_E = 0, f = 1.0 MHz)		C_{obo}	–	8.0	pF
Input Capacitance (V_{EB} = 0.5 Vdc, I_C = 0, f = 1.0 MHz)	PN2222 PN2222A	C_{ibo}	– –	30 25	pF
Input Impedance (I_C = 1.0 mAdc, V_{CE} = 10 Vdc, f = 1.0 kHz) (I_C = 10 mAdc, V_{CE} = 10 Vdc, f = 1.0 kHz)	 PN2222A PN2222A	h_{ie}	 2.0 0.25	 8.0 1.25	kΩ
Voltage Feedback Ratio (I_C = 1.0 mAdc, V_{CE} = 10 Vdc, f = 1.0 kHz) (I_C = 10 mAdc, V_{CE} = 10 Vdc, f = 1.0 kHz)	 PN2222A PN2222A	h_{re}	 – –	 8.0 4.0	X 10^{-4}
Small–Signal Current Gain (I_C = 1.0 mAdc, V_{CE} = 10 Vdc, f = 1.0 kHz) (I_C = 10 mAdc, V_{CE} = 10 Vdc, f = 1.0 kHz)	 PN2222A PN2222A	h_{fe}	 50 75	 300 375	–

1. Pulse Test: Pulse Width ≤ 300 μs, Duty Cycle ≤ 2.0%.
2. f_T is defined as the frequency at which $|h_{fe}|$ extrapolates to unity.

ELECTRICAL CHARACTERISTICS (T_A = 25°C unless otherwise noted) (Continued)

Characteristic		Symbol	Min	Max	Unit
SMALL-SIGNAL CHARACTERISTICS					
Output Admittance (I_C = 1.0 mAdc, V_{CE} = 10 Vdc, f = 1.0 kHz) (I_C = 10 mAdc, V_{CE} = 10 Vdc, f = 1.0 kHz)	 PN2222A PN2222A	h_{oe}	 5.0 25	 35 200	μMhos
Collector Base Time Constant (I_E = 20 mAdc, V_{CB} = 20 Vdc, f = 31.8 MHz)	 PN2222A	$rb'C_c$	–	150	ps
Noise Figure (I_C = 100 μAdc, V_{CE} = 10 Vdc, R_S = 1.0 kΩ, f = 1.0 kHz)	 PN2222A	NF	–	4.0	dB
SWITCHING CHARACTERISTICS (PN2222A only)					
Delay Time	(V_{CC} = 30 Vdc, $V_{BE(off)}$ = −0.5 Vdc,	t_d	–	10	ns
Rise Time	I_C = 150 mAdc, I_{B1} = 15 mAdc) (Figure 1)	t_r	–	25	ns
Storage Time	(V_{CC} = 30 Vdc, I_C = 150 mAdc,	t_s	–	225	ns
Fall Time	I_{B1} = I_{B2} = 15 mAdc) (Figure 2)	t_f	–	60	ns

ORDERING INFORMATION

Device	Package	Shipping†
PN2222G	TO−92 (Pb−Free)	5000 Units / Bulk
PN2222AG	TO−92 (Pb−Free)	5000 Units / Bulk
PN2222ARLRA	TO−92	2000 / Tape & Reel
PN2222ARLRAG	TO−92 (Pb−Free)	2000 / Tape & Reel
PN2222ARLRM	TO−92	2000 / Tape & Ammo Box
PN2222ARLRMG	TO−92 (Pb−Free)	2000 / Tape & Ammo Box
PN2222ARLRPG	TO−92 (Pb−Free)	2000 / Tape & Ammo Box

†For information on tape and reel specifications, including part orientation and tape sizes, please refer to our Tape and Reel Packaging Specifications Brochure, BRD8011/D.

SWITCHING TIME EQUIVALENT TEST CIRCUITS

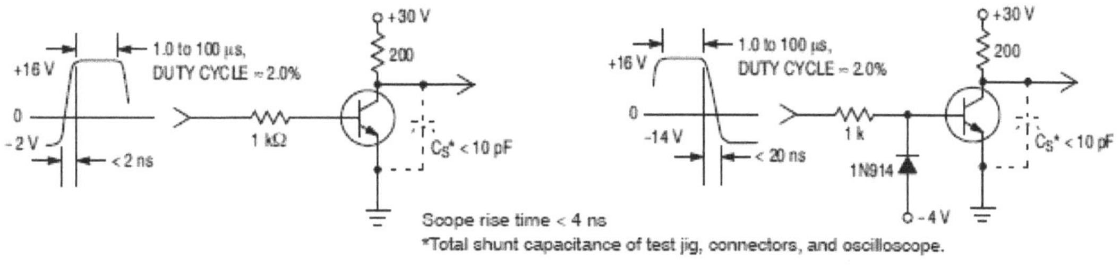

Figure 1. Turn−On Time

Figure 2. Turn−Off Time

[그림 4-24] BJT 트랜지스터(PN2222)의 데이터쉬트(datasheet)

4.4.2 소신호 증폭회로 시뮬레이션(ORCAD 이용)

4.4.1 절에서 설계된 BJT 증폭기를 Pspice 시뮬레이션을 통해 검증해 본다.

1) 회로도그리기

회로도(schematic) 그리기는 프로젝트 이름 생성과 부품 Library에서 '부품가져오기' 부터 시작한다.

① ORCAD Capture(Version16.3 이상)를 실행시키면 다음과 같은 화면 창이 뜬다.

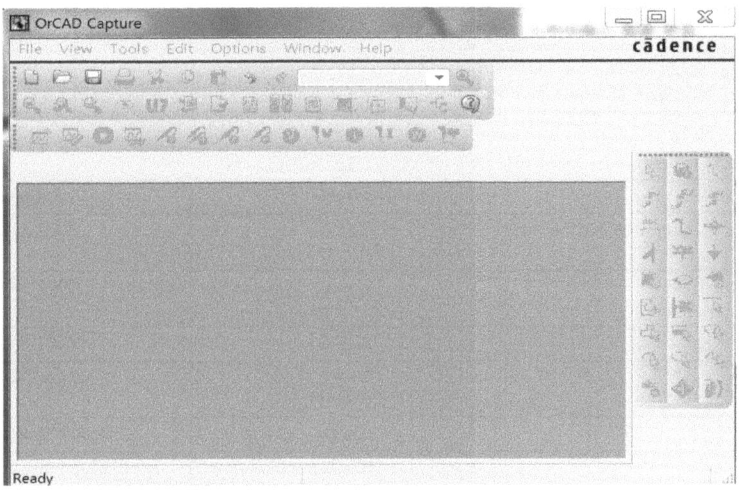

[그림 4-25] ORCAD의 Pspice simulation 시작 화면

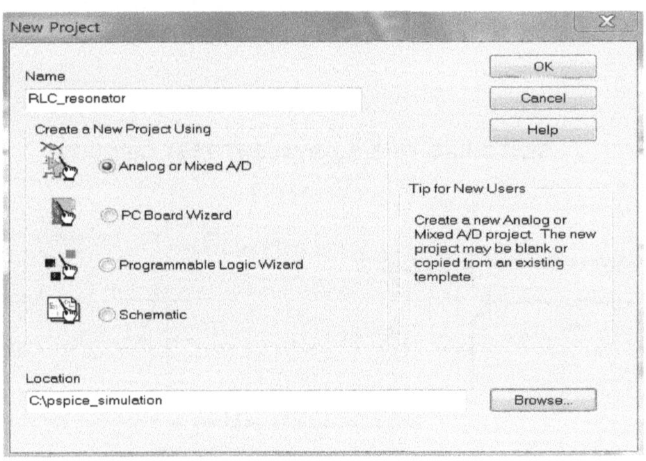

[그림 4-26] Pspice에서 새로운 프로젝트 생성 및 폴더지정

② File 메뉴에서 New를 클릭한 후 Project를 선택한다.

[그림 4-26]처럼 'Analog or Mixed Signal Circuit Wizard' 를 체크하여 프로젝트를 생성시킨다. 또한 화면 아래 부분에 프로젝트파일이 위치할 폴더를 지정한다. 또한 기존에 작성한 프로젝트을 이용하는 것이 아니고 처음부터 시작하므로 아래쪽의 'create a blank progect' 를 체크한다.

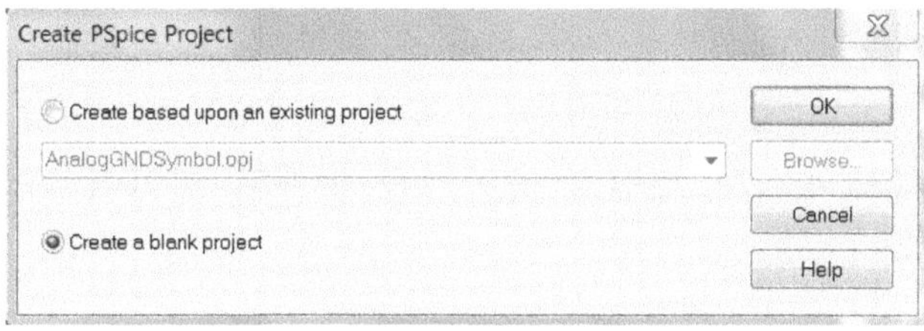

[그림 4-27] Pspice에서 새로운 프로젝트 생성

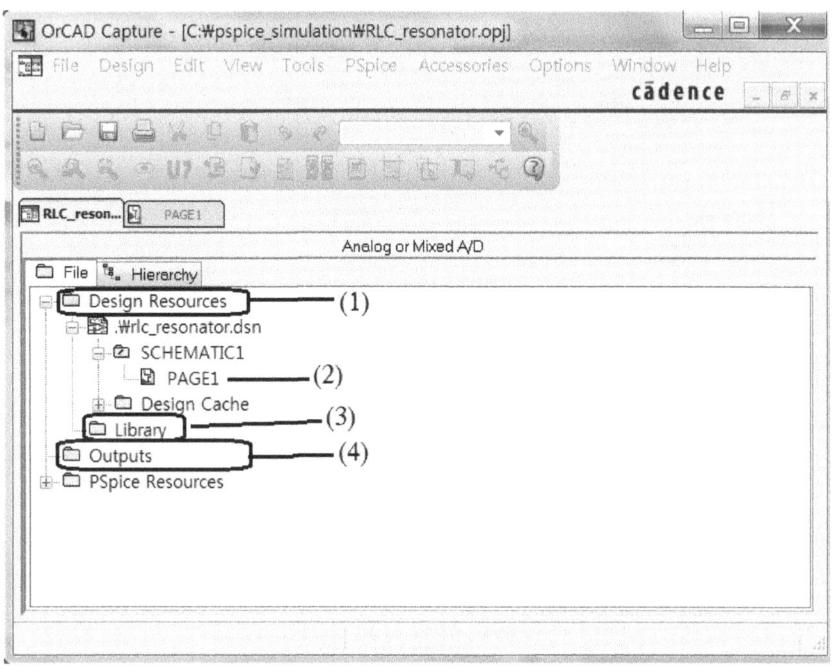

[그림 4-28] Pspice에서 프로젝트 구조를 보여주는 Progect Manager 화면

[그림 4-28]은 프로젝트의 전체 구조를 보여준다.

① Design Resources: 부품을 모아 회로도를 작성하여 시뮬레이션 작업을 수행한다.

② PAGE1: 회로도(schematic)를 작성한다. 시뮬레이션 특성에 맞게 적절한 이름으로 변경

하기를 권장한다.

③ Library: 회로도 작성 및 시뮬레이션에 필요한 부품을 소장하고 있는 창고 역할한다. 이번 시뮬레이션에는 트랜지스터를 사용하므로 C:\cadense\spb_16.5\tools\capture\library\pspice\bipolar.olb를 추가하여 원하는 BJT 부품을 선택할 수 있게 한다.

④ Outputs: 시뮬레이션 결과로 발생된 측정 자료들을 포함하는 폴더이며 향후 이를 참고하여 여타 시뮬레이션 및 보고서에 인용하기도 한다.

위 [그림 4-28]의 'PAGE1' 을 클릭하여 아래와 같은 회로를 구성한다. '부품가져오기' 등을 포함하여 회로 결선에 필요한 상세한 구성방법은 본 교재의 부록을 참고한다. 또한 4.4.1 절에서 CE 방식의 소신호 증폭기를 설계된 절차에 따라 결정된 전원이나 부품 값 들을 사용한다.

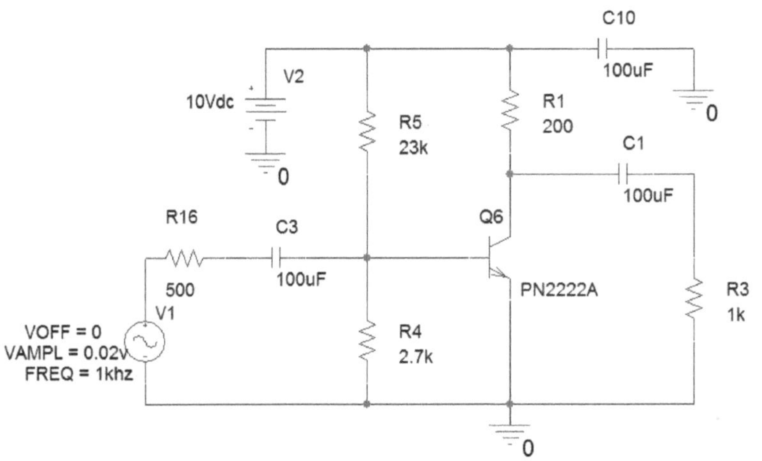

[그림 4-29] Pspice에서 schematic diagram 구성

2) 시뮬레이션

시뮬레이션 환경설정은 아래 [그림 4-30]과 같다. 상단에 여러 버튼이 있으나 'Analysis' 만 클릭한다. 이번 시뮬레이션에서는 1KHz 주파수 만을 갖는 작은 교류신호를 입력하여 증폭하는 것이므로 시간축 상에서 해석을 위한 'Time domaim' 을 선택하고, [그림 4-30]과 같이 'Run to time' 과 'Maximum step size' 를 설정한다. 설정 기준으로 입력신호(1KHz)의 주기는 1ms 이므로 이의 10배에 해당하는 시간을 입력한다. 또한 주기의 1/100 이하의 값을 'step size' 로 하는 시뮬레이션 해상도를 입력한다. 다른 버튼들은 특별한 의도가 없는 한 그대로 둔다.

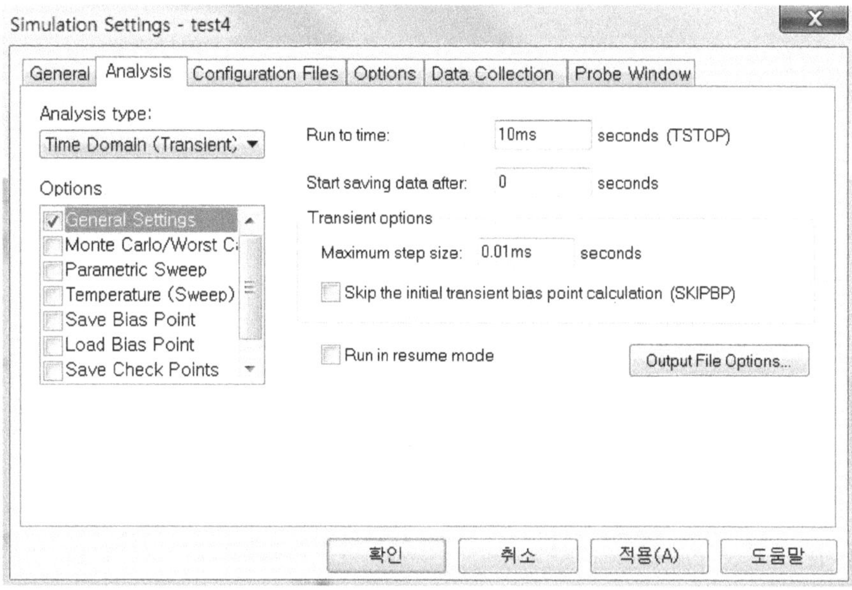

[그림 4-30] Pspice 시뮬레이션 환경설정

■ 직류(DC) 해석 시뮬레이션 및 동작점 확인

구성된 회로를 기동(running)시킨 후, schematic 창 화면의 상단 측에 있는 직류전압(V)과 직류전류(I) 버튼을 클릭하면, [그림 4-31]과 같이 회로상의 각 지점에서 직류 값들이 나타난다. 10V 직류전원전압이 인가되었을 때, 회로전체에 25.13mA의 전류가 흐르는 것을 확인한다.

컬렉터-이미터 경로에 약 25mA의 전류가 흐르고 있고, 컬렉터 단자의 전압이 약 5V이다. 베이스단자로 약 132uA의 전류가 흘러 들어가고 있고, 베이스-이미터 전압이 약 730mV의 전압이 걸려 있다. 트랜지스터의 직류증폭률(β_{DC})의 오차범위를 감안하며 4.4.1절에서 계산한 값들과 유사하다. 즉, 이들이 트랜지스터의 동작점이라 할 수 있다.

시뮬레이션을 통해 계산된 동작점

- $I_{CEQ} = 24.72\,[mA]$
- $V_{CEQ} = 5.05\,[V]$

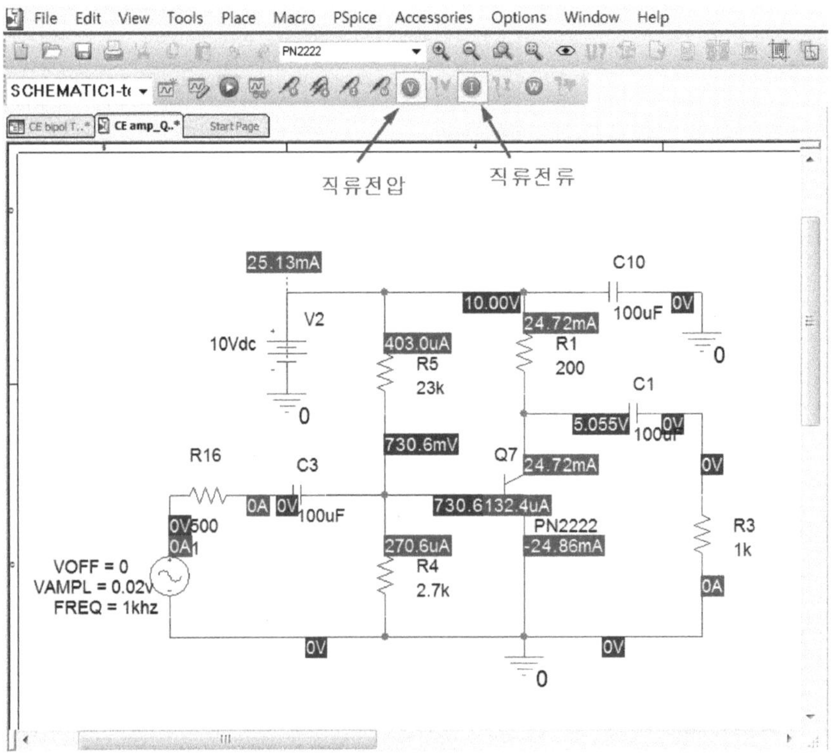

[그림 4-31] Schematic diagram에서 직류 전압, 전류 표시

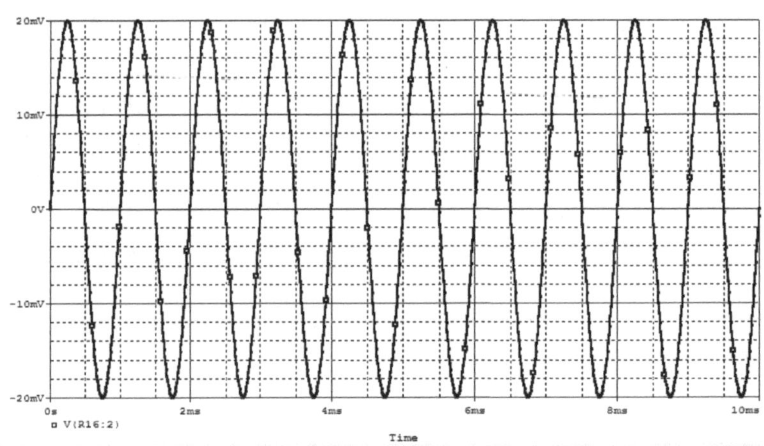

[그림 4-32] 소신호 교류신호의 입력파형

■ 교류해석 및 소신호 증폭 확인(시간축)

지금까지 설정된 동작점에 offset 전압이 0V이고 주파수가 1KHz, 크기가 20mV 인 소신호 교류를 입력시킨다. [그림 4-31]의 좌측에서 교류신호(Vsin)에 입력된 값들을 확인할 수 있다. [그림 4-32]의 파형은 주파수 1KHz, 진폭 20mV를 갖는 소신호 교류입력을 나타낸다. 주기가 1ms이고 시뮬레이션 종료시간(Run to time)이 10ms 이므로 10개의 파형을 볼 수 있다.

아래 [그림 4-33] 파형은 컬렉터단자에서 확인한 파형을 보여준다. 동일한 주기를 갖으며 주파수 1KHz, 진폭 5.8V를 갖는 교류출력을 나타낸다. 파형의 중심전압이 컬렉터 단자의 직류 동작점인 약 5V인 것을 확인 할 수 있다. 입력 교류신호의 진폭이 증가해도 컬렉터 단자의 출력파형은 동작점을 중심으로 교류신호의 상하 진폭이 비례하여 증가하며 최대로 직류 인가전압인 10V 까지 도달한다. 즉, 컬렉터단의 직류전압 동작점이 인가직류전압의 1/2정도로 잡혀야 트랜지스터가 선형모드로 동작 시 최대출력을 얻을 수 있다.

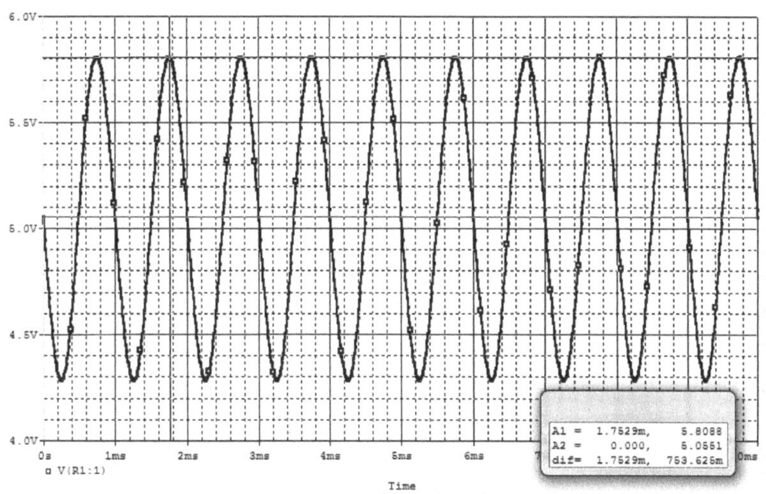

[그림 4-33] 컬렉터 단자에서 측정한 출력 교류신호 파형

또한, 컬렉터 단에서 본 출력 교류파형은 입력 교류신호와 위상이 180° 반전되었다. 상세내용은 관련 이론에서 확인하기로 한다. 한편, 출력 교류파형은 중심전압 5V를 중심으로 진폭이 약 800mV 이므로 입력에 비해 약 38배가 증폭되었으며, 이는 4.4.1절에서 이론에 근거하여 계산한 값 45과 차이를 보인다. 이 오차의 가장 큰 이유는 PN2222의 데이터쉬트에서 찾아볼 수 있다. 교류 증폭률(β_{ac} or h_{fe})이 직류전원, 주파수 마다 차이를 보이고

특정 직류전원과 주파수에서도 일정범위의 값을 갖기 때문이다.

아래 [그림 4-34]의 파형은 컬렉터단자에서 측정한 결과(V3)와 부하저항(R_3)에서 측정한 결과(V_R3)를 나란히 비교하였다. 세로축의 전압 스케일(V/div)이 달라진 것에 주목한다. 이들 두 종류의 파형은 주파수와 진폭, 그리고 위상이 모두 동일하다. 다른 점은 부하저항에서 관측된 파형은 블로킹캐패시터(C_1)으로 인해 직류가 통과되지 않아 중심전압이 0인 점이고, 순수한 교류신호만을 보여준다. 반면에 컬렉터단자에서 관측된 파형은 중심전압이 동작점(V_{CEQ})이므로, 이를 중심으로 입력신호의 진폭을 증가시키면서 출력파형 변화를 살펴본다.

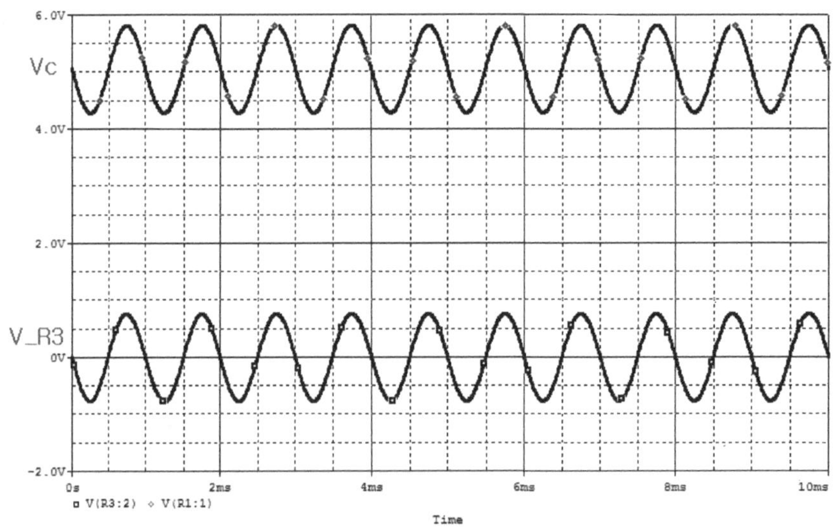

[그림 4-34] 컬렉터단자의 관측 전압(V3)와 부하지항(R_3)에서 관측 전압(V_R3)

■ **소신호 증폭의 시뮬레이션 결과 확인(주파수축)**

설계된 증폭회로의 주파수 응답특성을 얻어내기 위해서는 교류전원의 주파수를 변경할 수 있어야 한다. 특정 주파수 범위에 대한 이득을 얻기 위해 설계하는 것은 본 교재의 범위를 벗어나는 것으로 본 단원에서는 시뮬레이션을 통해 주어진 부품의 주파수 특성만을 확인하기로 한다. 이를 위해 먼저 [그림 4-31]의 회로도(schematic diagram)에서 좌측에 있는 교류전원 'Vsin' 을 부품 Library의 'Source' 폴더에 있는 전원 중에서 'V_{AC}' 로 대체한다. 'V_{AC}' 를 클릭해보면 입력해야 될 파라미터들이 있으며, 이 중에서 Vdc는 직류 offset을 지칭하므로 0V로 하고, Vac는 교류전압의 진폭을 나타내는 것으로 가능한 작게 10mV로 한다. 즉, 소신호에 대한 주파수 응답을 확인하기 위함이다.

또한 주파수 응답을 얻어내기 위해서는 simulation 환경설정을 한다. 시뮬레이션 환경설정은 [그림 4-35]과 같다. 상단에 여러 버튼이 있으나 'Analysis' 만 클릭하고 다른 것들은 그대로 둔다. 'Analysis' 종류는 여러 가지 있으며 주파수 응답특성을 얻어내기 위해서는 'AC sweep' 을 이용한다. 체크된 항목그대로 두고 우측에서 주파수 범위를 설정한다. 시작주파수로 0Hz로 하는 경우 오류가 발생하니 항상 10Hz 이상에서 시작한다. 증폭기는 일반적으로 낮은 주파수에서는 이득이 높고 주파수가 높아질수록 이득이 낮아진다. 시작주파수를 1KHz로 하고, 종료 주파수를 10MHz로 하여 주파수가 높아질수록 이득 변화를 관찰할 수 있게 한다. 'Total point' 는 주파수 응답을 얻어내기 위한 시작과 종료 주파수 사이의 포인트들로 값이 클수록 정확하고 정밀한 결과를 얻어내나 너무 클 경우 시뮬레이션 시간이 길어진다. 반면에 포인트 수가 작을 경우 출력된 파형이 불연속이거나 매끄럽지 못하다. 이 값은 홀수로 하여 시뮬레이터 계산 주파수가 정수가 되도록 한다.

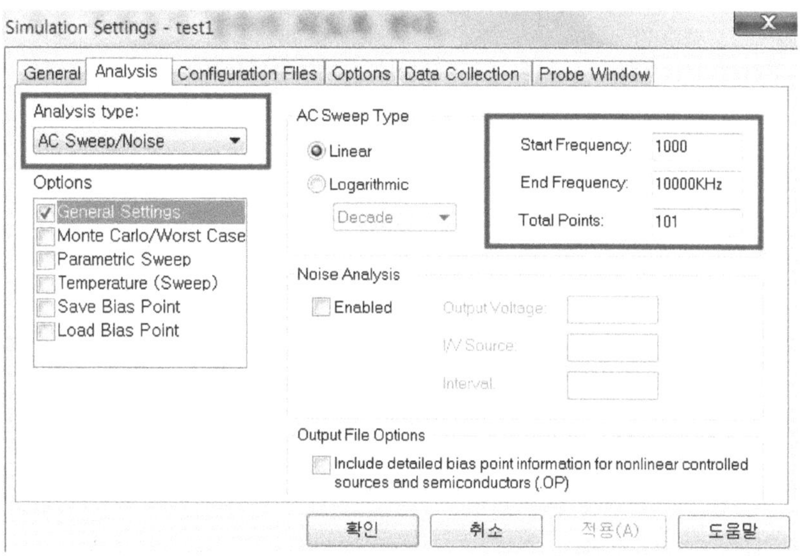

[그림 4-35] Pspice에서 주파수 응답을 위한 환경설정

환경설정을 완료한 후 우측의 시뮬레이션 실행버튼을 누름으로써 시뮬레이션을 수행한다. 수행결과를 측정하기 위해 오실로스코프의 프로브와 같은 역할을 하는 전압프로브를 클릭하여 회로도의 관찰지점에 위치시킨다. 구성한 회로를 바탕으로 시뮬레이션을 수

행하면 [그림 4-36]처럼 가로는 주파수 축, 세로는 전압 축으로 하여 소신호 증폭기의 주파수 응답특성이 그려진다. 입력신호의 진폭이 10mV의 작은 신호를 1KHz 부근에서는 380mV의 크기를 갖기 때문에 약 38배의 이득을 나타내나 점차 주파수가 증가할수록 출력 전압이 작아지므로 이득이 줄어든다. 출력전압이 입력신호와 같아지는 주파수를 증폭기의 'f_T' 라 칭한다. 주파수별 출력전압의 상세한 값은 probe 윈도우 상단에 있는 메뉴들 중에서 Trace 버튼을 클릭하면 나타나는 커서(cursor)를 이용하여 알아 볼 수 있다.

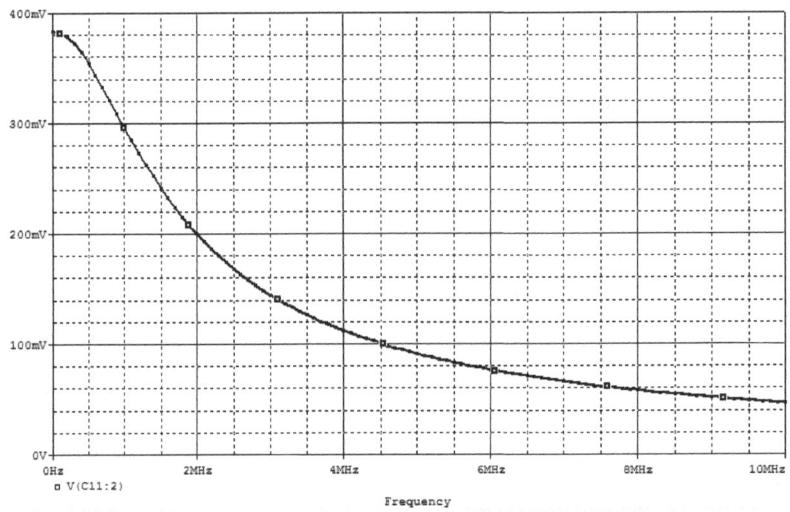

[그림 4-36] 시뮬레이션을 통해 관측된 주파수별 출력전압

4.4.3 BJT 스위칭 회로 설계

[그림 4-37] 스위칭 회로를 다음 요구사항들에 맞춰 설계하고 시뮬레이션을 통해 확인한다. 전원 $V_{CC}=5V$, 전류증폭률 $\beta=100$이고, 교류입력신호는 최대 5V, 최소 0V이고 주파수는 1KHz이다.

① 출력전압(V_{out}) : 'high' - 전압 5V 이상, 'Low' -최소전압 0.5V이하

② 스위칭회로에 적절하게 R_C와 R_B를 결정하시오

③ 시뮬레이션을 통해 스위칭 동작을 확인하시오

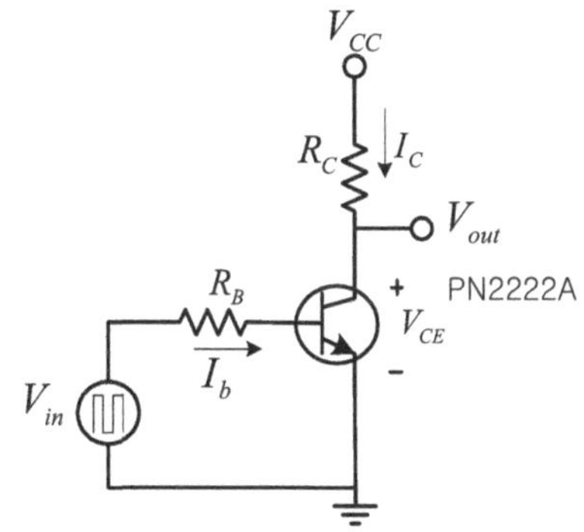

[그림 4-37] BJT의 스위칭 동작회로

디지털 신호 중에 'Low' 가 입력될 때 베이스전류(I_b)가 거의 0의 값을 가지므로 I_c 도 매우 작다. 따라서 다음 식 (4-1)로부터 출력전압($Vout$)은 $V_{CC} \approx 5V$ 값을 가진다.

$$V_{out} = V_{CE} \approx V_{CC} - I_c \cdot R_C \approx V_{CC} \tag{4-1}$$

이번에는 디지털 신호 중에 'High' 가 입력될 때 베이스-이미터간 전압(V_{BE})가 매우 높아 큰 베이스전류(I_b)가 흐른다. 역시 매우 큰 컬렉터전류(I_c)가 컬렉터 단자로 흘러 트랜지스터는 포화영역에 도달한다. [그림 4-24]의 PN2222 BJT의 데이터쉬트로 부터 포화된 컬렉터전류(I_c)를 대략 100mA, 포화전압을 약 0.2V라 가정한다. 이들 특성을 다음 식(4-2)에 대입하면 포화전압(V_{sat})에 근접한 결과를 얻는다.

$$V_{out} = V_{CE} \approx V_{CC} - I_c \cdot R_C \approx V_{sat} \tag{4-2}$$

이를 이용하여 컬렉터 저항을 다음과 같이 계산해 낼 수 있다.

$$R_C = \frac{(V_{CC} - V_{sat})}{I_c} = \frac{(5-0.2)}{0.1} = 48$$

48Ω의 저항 값은 실제 사용할 수 없는 값이므로 근접한 51Ω을 사용한다. 이 저항에 100mA의 포화전류가 흐를 경우 소비전력이 0.5w 이므로 이를 감안하여 정격에 맞는 적절한 저항을 사용해야 한다. 또한 전류증폭률 $\beta = 100$ 으로 설정할 때 베이스 전류를 역으로 환산하면 1mA 이다. 베이스-이미터전압(V_{BE})을 문턱전압보다 훨씬 큰 0.8V라 가정하여 다음과 같은 베이스-이미터 루프 방정식 (4-3)에 대입한다.

$$V_{in} = I_b \cdot R_B + V_{BE} \tag{4-3}$$

이 식으로부터 베이스 저항(R_B)를 계산한다.

$$R_B = \frac{(V_{in} - V_{BE})}{I_b} = \frac{(5-0.8)}{0.001} = 4.2k$$

브레드보드에 회로를 구현 시 4.2k 저항은 실제 존재하지 않는 값이므로 4.3KΩ나 4.7kΩ을 사용할 수 있다.

4.4.4 BJT 스위칭 회로 시뮬레이션(ORCAD 이용)

4.4.3절에서 설계한 스위칭회로의 동작을 Pspice를 이용하여 확인해 본다. 설계한 부품값을 바탕으로 Pspice 의 schematic page를 열어 [그림 4-38]과 같이 회로를 구성한다. 컬렉터 단자만 직류전원이 인가되고 베이스 단자는 입력 디지털 신호가 직접 베이스-이미터사이의 다이오드 동작을 ON/OFF 한다. [그림 4-38]의 좌측에 V5로 표시된 사각형펄스 신호를 나타내는 파라미터들을 [그림 4-39]에서 정의하였다. PER은 주기를 나타내며 설계 주파수가 1KHz 이므로 주기는 1ms이다. TD는 펄스파형의 초기지연시간을 나타내는 데 여기서는 0이라 가정한다. TR은 'high' 전압레벨(V2)까지 올라가는 상승시간을, TF는 'Low' 전압레벨(V1)까지 내려가는 하강시간을 나타낸다. PW는 'high' 전압레벨의 펄스폭을 나타내므로, TR+PW+TF는 반주기를 의미한다. 실제 디지털 회로에서 다루는 펄스파형들의 TR과 TF는 0이 아니며 PW에 비해 매우 작은 경우가 대부분이다. 본 시뮬레이션에서는 TR과 TF를 1ns로 주기의 백만분의 일로 설정하였다.

이들을 반영한 디지털 입력신호(V5)를 [그림 4-40]에서 볼 수 있다. TR과 TF이 매우 작아 전체적으로 사각형 펄스파형처럼 보인다. 'high' 상태 전압은 5V이고 'Low' 상태 전압은 0V이다. Vbb는 베이스단자에서 관찰된 파형으로 베이스-이미터간의 다이오드에 인가된 전압 상태를 보여준다. 입력신호가 'high' 상태일 때 다이오드 베이스-이미터 전압은 약 0.8V로 문턱전압보다 훨씬 큰 전압이 인가된 상태이고, 'Low' 상태일 때 전압은 0V이다.

[그림 4-41]는 베이스단자와 컬렉터 단자에서 관찰된 파형을 동시에 보여주고 있다. 역시 Vbb는 베이스단자에서 관찰된 파형이다. 0~0.5ms 구간에 베이스 단자는 매우 큰 전압(약 0.8V)이 걸리므로 많은 베이스 전류가 흐른다. 이에 비례하여 컬렉터-이미터 단자

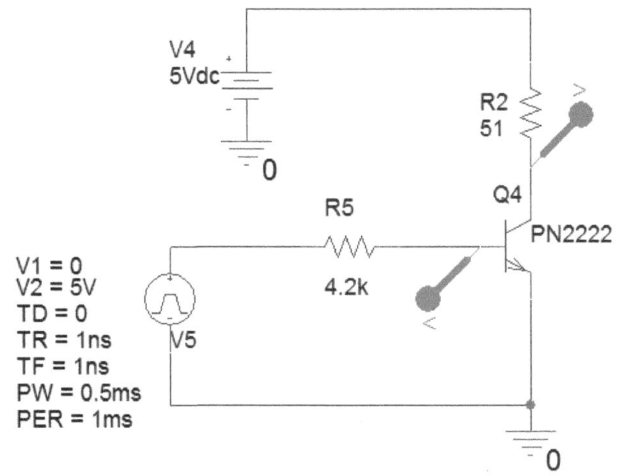

[그림 4-38] Pspice에 구성된 BJT 스위칭 회로

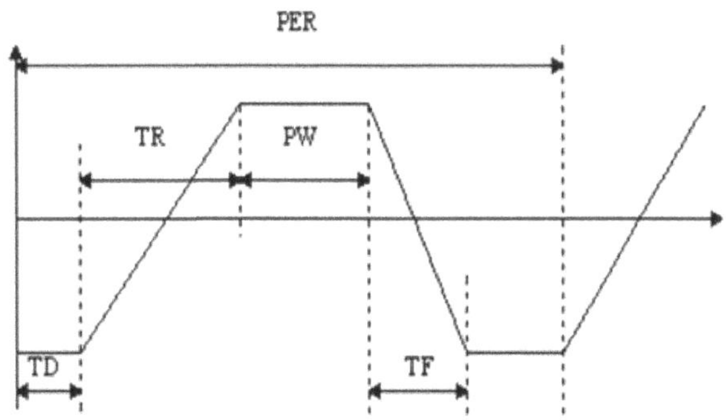

V1=: initial
V2=: pulse voltage
TD=: delay time
TR=: rise time

TF= : fall time
PW=: pulse width
PER=: period

[그림 4-39] 펄스(pulse) 전원 파형에 대한 파라미터 정의

간에 포화상태에 도달할 정도로 매우 큰 컬렉터전류가 흐른다. 따라서 컬렉터저항(R2)에 인가전압(5V)가 모두 걸려 컬렉터-이미터 전압(V_{CE})는 거의 0의 값을 가지게 된다. 이미터 단자가 접지에 연결되었으므로 컬렉터-이미터 전압(V_{CE})은 컬렉터단자의 전압과 같고, [그림 4-41]에서는 이를 출력전압(V_{out})으로 표기하였다. 0~0.5ms 구간에서 전압이 약 0.2V정도로 'Low' 상태로 간주된다. 즉, 이 시간 구간에서 입력파형이 'high' 였으므로 BJT는 Inverter 기능을 수행하고 있다.

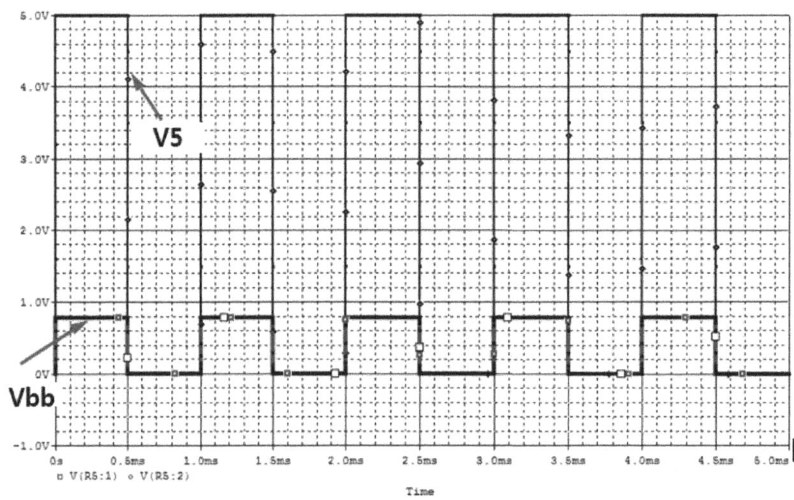

[그림 4-40] 디지털 입력전원(V5)과 BJT 베이스단자(Vbb)의 시간축 파형

시간이 0.5~1ms 구간에서 입력파형은 'Low' 상태인 0V로 베이스단자에 0V가 인가되고 베이스전류는 0의 값을 가진다. 따라서 컬렉터 전류도 0mA이므로 저항(R2)에 걸린 전압이 0V이다. 결국 출력전압(V_{out})은 인가전압과 같아져 'high' 상태이다. 이 시간 구간에서도 입력과 정반대인 Inverter 기능을 수행하고 있다.

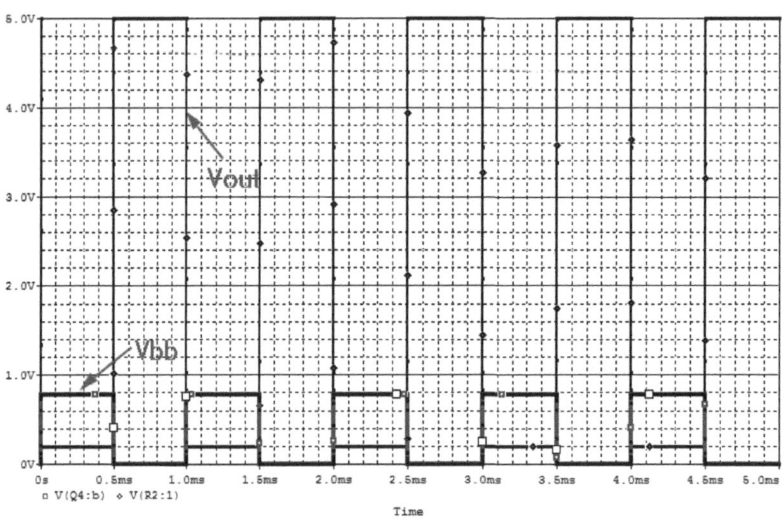

[그림 4-41] 베이스단자(Vbb)와 컬렉터 단자(Vout)의 시간 축 파형

실험 4-1 소신호 증폭기의 설계 및 실험

1. 실험목적

- 소신호 교류 증폭기의 동작점을 이해한다.
- 교류신호의 증폭동작을 이해하고 설계하는 능력을 갖춘다.
- 시뮬레이션을 통해 증폭기를 설계하고 성능을 최적화한다.
- 시뮬레이션 기법을 숙지하고 오실로스코프등 주요 장치들의 사용법을 이해한다.

2. 실험내용 및 방법

교류신호 증폭기에서 소신호라고 함은 증폭기가 선형모드에서 동작하는 가운데 입력에 비례하여 왜곡 없이 출력을 낼 수 있는 입력신호의 크기를 말한다. 본 실험은 아래 [그림 1]의 공통이미터 소신호 증폭회로를 기본으로 한다. 작은 교류 소신호(v_{in})를 입력하여 부하저항 R_L에서 증폭된 출력을 얻어낸다. NPN BJT 트랜지스터(PN2222)은 직류전원이 공급되어야 하며 소신호 증폭을 할 수 있도록 적절한 동작점(V_{CEQ}, I_{CQ})이 설정되어야 한다. 실험에서 요구하는 상세 설계 예는 4.4.1절에서 나열하였다. 또한 시뮬레이션은 4.4.2절을 참고한다. 교류 전원저항(R_S)는 50Ω, 부하저항(R_L)은 1KΩ으로 고정한다. 아래 조별로 주어진 설계 목표를 만족하도록 각 저항 값과 캐패시터들을 결정한다.

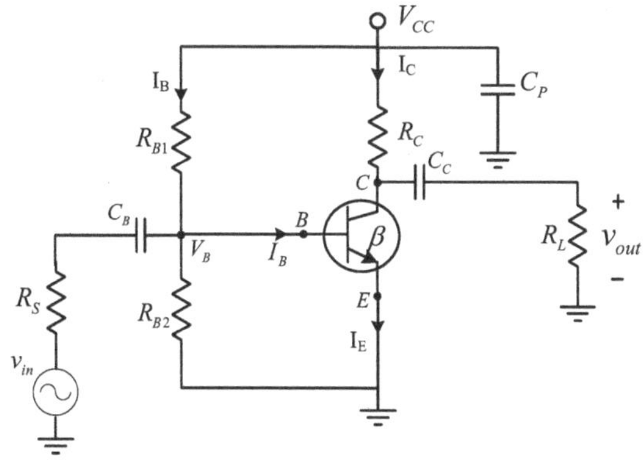

[그림 1] BJT의 공통이미터(CE) 증폭회로

본 실험 및 설계를 성공적으로 수행하기 위해서는 동작점 개념을 비롯한 기초 증폭이론을 숙지해야 적절한 설계과정과 시뮬레이션을 통해 과제에서 요구하는 설계목적을 달성할 수 있다. 또한 사용하고자하는 BJT의 데이터쉬트에 대한 이해가 병행되어야 한다. 주어진 직류전원에서 증폭기로서 동작하기 위한 BJT의 핵심 파라미터는 전류증폭률(β)이며 직류에서는 β_{DC} 혹은 h_{FE} 로, 교류에서는 β_{ac} 또는 h_{fe}로 제조사마다 표기가 조금씩 다르다. 또한 값들의 범위가 매우 커 설계 적용에 애로가 있으나 본 실험에서는 교류와 직류 구분없이 모두 $\beta = 180$으로 가정하여 계산한다.

먼저 이론을 파악하여 충분한 이해를 바탕으로 조별로 주어진 설계목표를 달성하기 위한 방안을 논의한다. 다음에 이론에 관련 수식을 이용하여 R, C값을 계산해보고 이를 기초로 시뮬레이션을 실시하여 실험 목표달성 가능성을 타진해본다. 시뮬레이션을 통해 결정된 부품 값으로 브레드 보드를 구성하여 필요한 전압·전류들을 측정한다. 이때 실험을 진행하면서 이론에 근거하여 원하는 실험결과를 얻기 위해 회로상의 부품 값이나 교류전원을 조정할 수 있다. 측정한 결과와 시뮬레이션 결과, 그리고 예측된 결과들을 비교한다. 이들 데이터들을 정리하여 실험 결과보고서에서 기술하고 문제점들을 포함하여 해결과정을 논리적으로 서술한다.

■ 소신호 증폭기[그림 1 회로]의 조별 설계 목표

- 교류신호 중심 주파수: 1(1+x)KHz (실험조 번호의 끝자리수를 x라 한다)
- 직류전원 전압: (5+0.5x)V (실험조 번호의 끝자리수를 x라 한다)
- 최대 교류출력전압: 직류전원의 30%이상을 갖는 첨두치전압
- 소신호 증폭 전압이득: 최소 20dB 이상

1) 소신호 증폭기 설계순서(4.4.1절과 4.4.2절 참고)

① 부품재고파악: 조별로 주어진 저항 값과 Capacitor 값들의 정보를 사전에 파악한다.

② 초기 R,C 값 계산: 컬렉터 저항(R_C)은 교류신호이 이득과 동작점에 관련된 매우 중요한 저항이므로 이론을 충분히 이해하고 관련 수식을 활용하여 선정한다. BJT의 베이스 전류가 매우 작은 점은 감안하여 베이스 단자에 연결되는 2개의 저항은 1K~20K사이의 저항 중에서 선정한다. 2개 중에 하나는 먼저 고정시키고 나머지 하나는 관련 수식을 이용하여 계산해낸다. 캐패시터 들은 동작주파수에서 임피던스가 2Ω미만이 되도록 값을 결정한다.

③ 초기 설계: 위에서 계산된 R, C값을 바탕으로 적절한 동작점과 이득, 입출력 저항들을 계산해낸다.

④ 위의 ③에서 선정한 부품 값을 기반으로 ORCAD사의 Pspice를 기동시켜 회로를 구성한 후 시뮬레이션을 수행한다.

⑤ 4.4.2절을 참고하여 시뮬레이션 결과와 계산한 결과들을 비교해보고 설계목표의 달성 유무를 판정해본다.

⑥ 최적화 설계: 시뮬레이션을 통해 설계 목표에 맞도록 부품 값들을 조정하여 최적화한다. 교류입력신호를 서서히 증가시켜 보고 이에 비례하여 컬렉터단자와 부하저항에 걸린 교류출력 파형의 크기와 왜곡상태 등을 관찰한다. 동작점 들을 파악하고 최대 출력을 얻을 수 있도록 적절히 선정되었는지 확인해 본다. 계산된 부품 값들을 조정하여 좀더 성능 개선이 이루어 질 수 있는지 분석해본다.

2) 실험순서

① 설계 완료 후 결정된 부품들을 이용하여 [그림 4-23]의 소신호 증폭기를 브레드 보드를 이용하여 구성한다(아래의 **'5. 실험유의사항'** 을 참고할 것).

② 동작점 측정: 교류신호 출력을 OFF 한 상태에서 직류전원을 공급한다. 멀티미터를 이용하여 각 회로지점의 직류 전압과 전류를 측정한다.

③ 교류신호발생기의 주파수는 조별로 할당된 값으로, 크기는 20mV(40mVpp)로 설정한다. 오실로스코프를 이용하여 입력파형과 컬렉터단자, 부하저항에서의 교류파형을 관찰하고 이득 및 위상반전 등을 확인한다. 컬렉터단자에는 직류전압이 실려 있으므로 'DC coupling' 을 이용해야 한다.

④ 시뮬레이션과 마찬가지로 교류신호의 크기를 서서히 증가시켜 컬렉터단자에서 파형변화를 관찰한다. 동작점 전압과 함께 점점 커지는 교류출력 신호의 왜곡여부 등을 살펴본다.

⑤ 측정결과 데이터들을 정리하여 이론과 시뮬레이션에 비해 적절한 결과를 얻었는지 판단한 후 재 실험 여부를 결정한다. 시뮬레이션과 병행하여 실험하는 것이 바람직하다.

⑥ 교류신호크기를 20mV로 고정한 다음, 주파수를 100Hz에서 약 10MHz까지 증가시키면서 각 주파수마다 부하저항에 걸린 출력전압의 크기변화를 측정하고 MS office Excel을 이용하여 이를 Plot 한다. 이때 가로축은 주파수 축이고, 세로축은 dB 단위로 표현된 증폭기 전압이득이다.

3) 신호 발생기 설정방법

- 교류신호의 OFFSET 전압은 ZERO 로 한다.
- **정현파 신호(사인파)를 발생**시키고 주파수응답을 얻기 위해 주파수를 가변시킨다.
- **정현파 신호크기** : 증폭기가 정상동작할 때는 입력에 비해 출력이 크다. 소신호 증폭기 이득을 확인하고자 하는 경우 신호를 100mV 미만으로 작게 한다.
- **오실로스코프에서 측정된 신호크기 오류**: 신호발생기에서 설정한 크기와 오실로스코프에서 관찰한 크기가 다를 수 있으므로 회로를 거치지 않고 직접 연결하여 확인과정이 필요하다. 차이점이 발생한 경우 원인(예로 케이블의 scale(1:1 또는 10:1) 설정내용, 또는 오실로스코프의 각 채널 프로브 메뉴 설정내용)을 분석하고 해소한다. 확인과정이 종료된 후에 회로에 교류신호를 인가한다.

4) 오실로스코프 설정방법

- **세로축설정**: 직류동작점이 포함된 교류파형을 측정하기 위해서는 'DC coupling' 을, 교류신호만을 측정하기 위해서는 'AC coupling' 기능을 사용한다. 'DC coupling' 으로 측정할 때 가능한 세로축의 접지는 화면의 아래쪽으로 위치시키고 세로축 스케일(V/div)을 조정하면서 접지 위에 파형이 잡히는 것을 확인한다. 'AC coupling' 기능으로 측정할 때 접지는 화면의 중앙에 위치시키고 스케일(V/div)을 조정하면서 스코프화면에 파형이 가능한 크게 보일 수 있어야 정확한 크기 측정이 가능하다. 크기가 작은 신호일수록 세로축 스케일을 조정해서 화면상에 크게 보일 수 있게 해야 측정오차를 줄일 수 있다. 이때 스코프의 커서기능을 이용하면 정확한 측정에 도움이 된다.
- **가로축설정**: 교류신호 주파수가 변화할 때, 가로축 스케일(시간/div)을 지속적으로 조정하여 화면 당 최소 2주기, 최대 10주기 이내의 신호를 확보한 후 주기나 주파수 등을 측정해야 정확하다.
- **트리거링**: 트리거링(triggering)이란 신호를 화면에 고정하는 것으로 고정되지 않은 상태에서 측정하는 것은 매우 부정확하다. 자체에 신호발생기가 내장된 Agilent 사의 스코프는 트리거메뉴에서 'wavegen(파형발생)' 을 선택하면 쉽게 트리거된다.

5) 측정 데이터 및 처리 방법

- **회로 각 지점의 동작점(전압 및 전류)**
- **교류신호 측정데이터(오실로스코프) 내용**

- 증폭기의 이득을 나타내는 입출력 파형 : 입력신호, 컬렉터단자신호, 부하저항양단
- 최대 교류출력 상태의 입출력파형: 입력신호, 컬렉터단자신호, 부하저항양단
- 조별 설계 주파수를 기준으로 이득이 3dB 떨어진 주파수에서의 출력신호 파형

• **주파수 응답 플롯(plot) 방법**: 먼저 시간 축에서 각 주파수별로 입출력 전압변화(이때 입력은 고정된 값이므로 변화 없음)를 측정한 다음, 이들을 Ms office Excel 데이터로 모아 plot 하고, dB 단위로 표시할 때는 관련 수식을 이용한다.

3. 실험장치 및 부품

장치목록	악세사리	기타
-디지털멀티미터 1대 -오실로스코프 1대 -신호발생기 1대(스코프에 내장) -전원공급장치 1대	-브레드보드 1개 -교류신호입력용 케이블 1셋 -오실로스코프 프로브 1셋 -직류신호입력용 케이블 1셋	-BJT PN2222 1개 -저항 및 캐패시터 set -회로연결용 점퍼선 (검정, 흰색)

4. 실험 절차 요약

• 요구사항 파악 및 실험에 관련된 이론 이해
• 장치, 악세사리, 기타 부품들의 준비
• 설정된 목표값을 위해 팀원들의 상호 토론 및 연구
• 실험 시행 및 관련 Data 수집
• 보고서 작성 및 발표자료 준비

5. 실험 유의사항

• 브레드보드 상에 결선된 회로들로부터 쉽게 회로도를 연상할 수 있도록 회로를 간결하고 일목요연하게 하는 것이 고장진단에 쉽다.
• 직류 및 교류 전원회로를 포함하여 회로 연결을 확인한 후 직류 전원을 공급한다. 회로 연결도중에 직류전원을 공급하게 되는 경우 장치고장 및 부품파손의 원인이 된다.
• 브레드보드 상의 점퍼선은 가급적 적게 쓰되 짧은 것을 사용하고 [표 1]처럼 색상 별로 적절한 것을 사용한다.
• 직류나 교류전원을 사용하는 경우 전원선과 접지선은 공간적으로 이격하여 단락에 따른 장치의 고장 및 부품파손 등 문제들이 발생하지 않도록 한다.

[표 1] 색상별 점퍼선의 권장사용 내역

색별 점퍼선	용 도
빨간색 점퍼선	양의 직류전원
하얀색 점퍼선	교류신호의 입출력단자, 교류신호 전달을 위한 부품연결
검정색 점퍼선	접지선 또는 음의 직류전원

- 모든 접지선은 검정색으로 일치할 것: 교류 및 직류신호 공급을 위한 케이블의 접지선과 오실로 스코프프로브의 접지선 그리고 브레드보드 상의 회로 접지는 모두 검정색으로 하여 공통 접지를 확보함으로써 회로의 오동작을 방지한다.

실험 4-2 BJT의 스위칭 실험

1. 실험목적

- BJT의 대신호 동작을 이해한다.
- 디지털 논리회로의 'Inverter' 역할을 하는 BJT 스위칭동작을 이해한다.
- 시뮬레이션 기법을 숙지하고 오실로스코프등 주요 장치들의 사용법을 이해한다.

2. 실험내용 및 방법

BJT(Bipolar Junction Transistor)가 'Switching Inverter' 동작을 하는 경우에 대신호 동작을 한다. 교류입력신호가 매우 크므로 BJT는 차단(cutoff)모드와 포화(saturation) 모드를 오가는 스위칭(switching) 동작을 하게 되며, 이에 따라 컬렉터단자에서는 포화된 교류출력 또는 디지털 출력신호를 나타낸다.

본 실험에서는 BJT의 대신호 동작과 스위칭동작을 시뮬레이션을 통해 확인하고 브레드보드에 회로를 구성하여 실험한다.

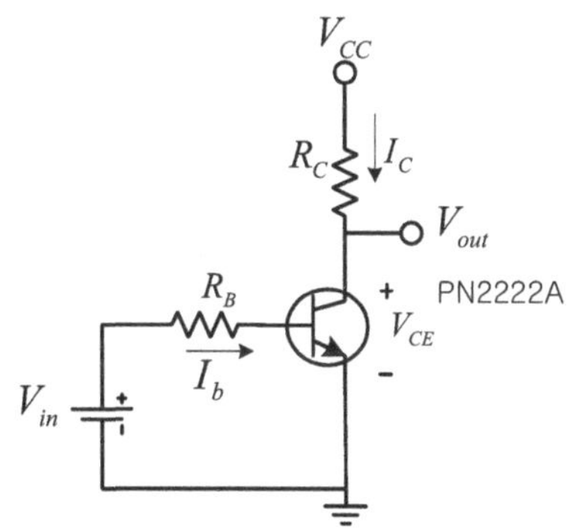

[그림 2] BJT의 대신호 동작을 위한 회로

1) BJT의 대신호 동작회로 실험

[그림 2]에 대신호 동작을 이해하기 위한 회로가 있으며 브레드보드에 이를 구성한다. 회로 연결을 정확히 확인한 후에 직류전원들을 공급해야한다. 여기에서 직류전원 $V_{CC}=5V$이고, 입력전원(V_{in})은 직류전압이며 최소 0V부터 5V까지 서서히 증가시킨다.

저항(R_C)는 200Ω이고 베이스저항(R_B)는 조별로 다음과 같다.

- R_B : (5+x)kΩ 여기에서 x는 조번호의 끝자리

멀티미터를 이용하여 직류전압(V_{in})에 따라 베이스-이미터간 전압(V_{BE})과 컬렉터 단자 전압(V_{out})을 측정한다. V_{BE}를 가로축으로 V_{out}을 세로축 값으로 하여 측정한 데이터들을 그린다. 이 결과로부터 BJT 의 세가지 동작모드를 결과보고서에 서술한다. 또한 직류전압(V_{in})에 따라 컬렉터전류(I_C)의 변화를 그리고 동작내용을 상세히 설명한다. 멀티미터를 이용하여 저항에 흐르는 전류를 측정하는 방법은 아래 **'3. 계측기 사용방법'** 을 살펴보기 바란다.

2) BJT의 스위칭회로 실험

[그림 3]은 BJT의 스위칭 동작을 이해하기 위한 회로이며, 브레드보드에 구성한다. 회로 연결을 모두 확인한 후 직류 전원을 공급한다. 입력 교류전원(V_{in})으로 주파수 1KHz를 갖는 사각파 펄스신호를 입력한다. 최저 크기는 0V, 최대 전압은 5V이며 중심(offset)은 2.5V이다. 상세한 계측기 설정 방법은 아래 '3. 계측기 사용방법' 을 참고한다. 여기에서 직류전원 $V_{CC}=8V$이고, 저항(R_C)는 330Ω이며 베이스저항(R_B)는 조별로 다음과 같다.

- R_B : (5+x)kΩ 여기에서 x는 조번호의 끝자리

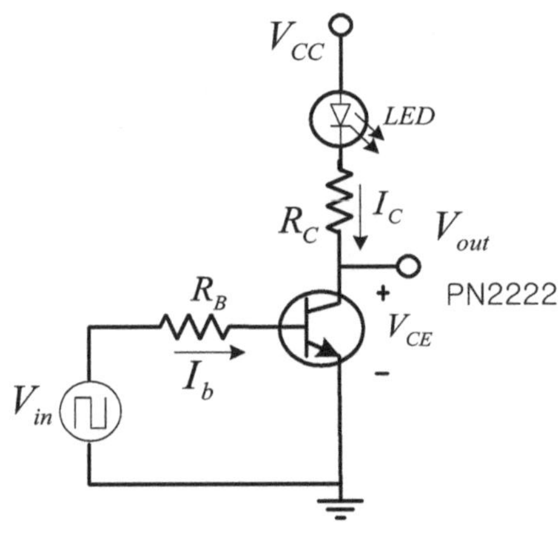

[그림 3] BJT의 스위칭 동작을 위한 회로

[그림 3] 회로가 정상 동작할 때 적색 LED는 점멸하고, 출력단(V_{out})은 입력 디지털신호의 위상이 반전된 파형을 오실로스코프를 통해 볼 수 있다. 여기에서 LED는 1ms 의 주기로 점멸하나 디지털 신호 주파수를 충분히(1Hz) 낮추면 육안으로 주파수에 맞게 천천

히 점멸하는 것을 확인할 수 있다.

오실로스코프를 이용하여 디지털입력신호와 출력단 파형(V_{out})을 측정하고 BJT의 동작 영역별 동작과 연관시켜 이론에 적합하도록 결과보고서에 서술한다. [그림 3] 회로를 ORCAD Pspice에 그리고(plot), 시뮬레이션을 수행시켜 BJT의 스위칭 및 Inverter로서의 동작을 확인한다. 이론을 토대로 실험결과와 시뮬레이션 결과를 비교해본다.

3. 계측기 사용방법

1) 전원공급장치의 직류전원 공급방법

[그림 4]는 2개 이상의 직류전원을 동시에 공급할 수 있는 전원공급장치의 예를 보여준다. '+' 와 '-' 로 구성되는 한 쌍의 단자들이 하나의 전원을 공급하는데, 이는 '-' 단자를 기준으로 한 상대전위차를 나타낸다. [그림 4]와 같이 2개의 전원(V_{CC}, V_{in})을 동시에 사용하기 위해서는 '-' 단자끼리 연결은 물론 전원공급장치의 접지와 연결(검은색 점퍼선이용)을 해야 절대 전위인 0V를 공유할 수 있다. [그림 2]의 회로에서 직류전원(V_{CC})는 고정된 전압을 사용하며, 베이스 단자에서 전압(V_{in})은 장치의 원형노브(knob)를 이용하여 원하는 값에 맞게 조정한다. [그림 4]의 하단부에 이들 전원공급을 위한 단자들을 표시하였다.

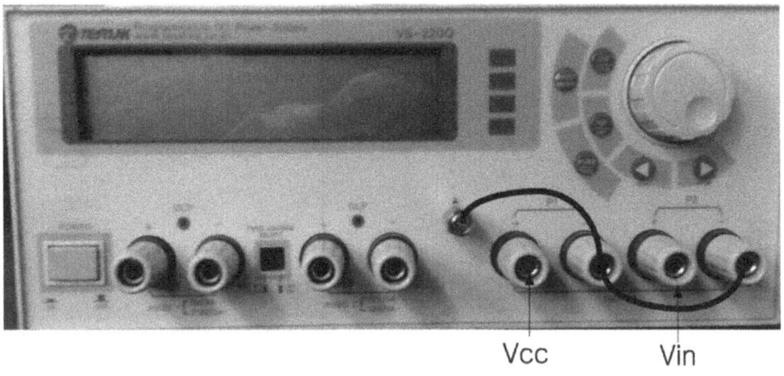

[그림 4] 전원공급장치(power supply)의 접지연결 및 전원공급방법

2) 신호 발생기 설정방법(스위칭 실험)

- **사각파(펄스) 신호를 발생**시키고 주파수를 1KHz 로 고정한다.
- **사각파 신호크기** : 신호 최저 크기는 0V이고 최대 전압은 5V이나. 이의 중심전압을

offset이라 부르며 이를 중심으로 펄스 신호들이 스윙(swing)하게 된다. 본 실험에서는 2.5V로 설정한다.

- **오실로스코프에서 측정된 신호크기 오류**: 신호발생기에서 설정한 크기와 오실로스코프에서 관찰한 크기가 다를 수 있으므로 회로를 거치지 않고 직접 연결하여 확인과정이 필요하다. 차이점이 발생한 경우 원인(예로 케이블의 scale(1:1 또는 10:1) 설정내용, 또는 오실로스코프의 각 채널 프로브 메뉴 설정내용)을 분석하고 해소한다. 확인과정이 종료된 후에 회로에 교류신호를 인가한다.

3) 오실로스코프 설정방법

- **세로축설정**: 본 실험에서는 입출력 단에서 직류를 포함하므로 적절한 교류파형을 측정하기 위해서는 'DC coupling'을 해야 한다. 'DC coupling'으로 측정할 때 가급적 세로축의 접지는 화면의 아래쪽으로 위치시키고 세로축 스케일(V/div)을 조정하면서 접지 위에 파형이 잡히는 것을 확인한다. 필요한 경우 'AC coupling' 기능도 사용할 수 있으며 이때 접지를 화면의 중앙에 위치시킨다.
- **가로축설정**: 교류신호의 주파수가 변할 때, 가로축 스케일(시간/div)을 지속적으로 조정하여 화면 당 최소 2주기, 최대 10주기 이내의 신호를 확보한 후 주기나 주파수 등을 측정해야 정확하다.
- **트리거링**: 트리거링(triggering)이란 신호를 화면에 고정하는 것으로 고정되지 않은 상태에서 측정하는 것은 부정확하다. 신호발생기가 포함된 Agilent 사의 스코프는 트리거메뉴에서 'wavegen(파형발생)'을 선택하면 쉽게 트리거 된다.

4) 저항에 흐르는 전류측정방법

저항에 흐르는 전류는 다음 두가지 방법을 이용한다.

- 저항을 회로로부터 개방한 후 멀티미터를 전류모드로 변경하여 2개의 프로브(probe)를 개방된 회로의 2개 지점에 연결하여 측정한다.
- 저항에 걸리는 전압을 멀티미터로 측정한 후 저항 값으로 나누면 저항에 흐르는 전류를 간접적으로 측정할 수 있다. 이는 회로를 개방하는 번거로운 절차가 필요 없어 주로 많이 사용된다.

4. 실험장치 및 부품

장치목록	악세사리	기타
-디지털멀티미터 1대 -오실로스코프 1대 -신호발생기 1대(스코프에 내장) -전원공급장치 1대	-브레드보드 1개 -교류신호입력용 케이블 1셋 -오실로스코프 프로브 1셋 -직류신호입력용 케이블 2셋	-BJT PN2222 1개 -저항 set 및 적색 LED 1개 -회로연결용 점퍼선 (검정, 흰색)

5. 실험 절차 요약

- 요구사항 파악 및 실험에 관련된 이론 이해
- 장치, 악세사리, 기타 부품들의 준비
- 실험 시행 및 관련 Data 수집
- 보고서 작성 및 발표자료 준비

6. 실험 유의사항

- 브레드보드 상에 결선된 회로들로부터 쉽게 회로도를 연상할 수 있도록 회로를 간결하고 일목요연하게 하는 것이 고장진단에 쉽다.
- 직류 및 교류 전원회로를 포함하여 회로 연결을 확인한 후 직류 전원을 공급한다. 회로 연결도중에 직류전원을 공급하게 되는 경우 장치고장 및 부품파손의 원인이 된다.
- 브레드보드 상의 점퍼선은 가급적 적게 쓰되 짧은 것을 사용하고 [표 1]처럼 색상 별로 적절한 것을 사용한다.
- 직류나 교류전원을 사용하는 경우 전원선과 접지선은 공간적으로 이격하여 단락에 따른 장치의 고장 및 부품파손 등 문제들이 발생하지 않도록 한다.

[표 1] 색상별 점퍼선의 권장사용 내역

색별 점퍼선	용 도
빨간색 점퍼선	양의 직류전원
하얀색 점퍼선	교류신호의 입출력단자, 교류신호 전달을 위한 부품연결
검정색 점퍼선	접지선 또는 음의 직류전원

- 모든 접지선은 검정색으로 일치할 것: 교류 및 직류신호 공급을 위한 케이블의 접지선과 오실로 스코프프로브의 접지선 그리고 브레드보드 상의 회로 접지는 모두 검정색으로 하여 공통 접지를 확보함으로 써 회로의 오동작을 방지한다.

Test Report Template(실험 4-1/4-2)

실험 결과 보고서(실험 4-1과 실험 4-2는 별도 작성)

과제명						
실험 조	조(번호)		조인원수		평가결과	/
최초보고서	제출일자		조원 이름	이름	학번	실험참가여부
수정보고서 (해당조만 작성할 것)	제출일자		개선내용 (요약)			

※ 수정보고서는 최초보고서 제출 후 좀 더 나은 결과를 위해 수정을 희망하는 조에 한함.
※ 아래 양식에 준해 보고서를 작성하며 표나 그림은 반드시 번호를 넣고 제목을 작성하기 바랍니다. 또한 이들을 설명해야하며 표 제목은 상단에, 그림 제목은 하단에 표시합니다.

1. 실험 기초이론 요약

작성 안내	*아래 내용들은 본 실험에 관련된 기초 이론에 관련된 주제들이며 필요시에 조별로 일부 변경가능하다. 실험내용을 살펴보고 해당되는 내용들로만 2 페이지 이내로 요약 정리한다.*

- BJT 증폭기의 증폭개념이해
- 소신호 교류 증폭기의 동작점 과 증폭동작
- BJT 증폭기의 3종류 동작영역
- BJT의 스위칭 동작

2. 실험내용

2.1 소신호 증폭기의 설계

작성 안내	▪ *조별로 주어진 설계 목표를 달성하기 위해 이론을 바탕으로 설계한 계산 과정이나 결과들을 상세히 설명한다.* ▪ *계산 결과를 ORCAD Pspice를 이용하여 시뮬레이션을 실시하고 실험 목표를 달성할 수*

	있는지 검토한다. 필요한 경우 회로 구조나 부품 값을 조정하는 재설계를 통해 회로를 최적화한다. 또한 설계 목표도 임으로 변경할 수 있다. 이와 같이 조정하거나 변경한 경우 그 근거나 이유를 논리적으로 서술하면 된다.

2.2 BJT의 대신호 동작 및 스위칭 실험

작성 안내	▪ 주어진 회로를 브레드보드에 구성하고 대신호 입력에 대한 BJT 동작과 스위칭 동작을 실험을 통해 확인해본다. 이때 입력신호의 크기변화에 따라 BJT의 동작모드를 연관시켜 이해한 내용들을 상세히 서술한다. ▪ 스위칭 동작은 시뮬레이션을 통해 실험결과와 비교해보고 관련 내용들을 서술한다.

3. 실험결과 정리 및 분석

3.1 실험 방법/순서

작성 안내	다음 내용을 보고서에 첨부한다. ▪ 전체 실험 환경 사진 및 장치들의 설정내용, 부품 목록 ▪ 브레드 보드의 회로 구성사진 ▪ 특히, 오실로 스코프를 이용하여 다음 항목들을 측정하는 과정을 단계별로 상세히 서술한다. ① 중심주파수에서 소신호 증폭기의 이득 측정 ② BJT 소신호 증폭기의 주파수 응답 측정 ③ BJT의 스위칭 동작 측정 ④ BJT의 대신호 동작 측정

3.2 측정결과 정리 및 분석

작성 안내	▪ 측정결과들을 단순히 나열하지 않고 표나 그림을 이용하여 정리한다. 이들 표나 그림에 번호와 제목을 붙이고 관련 이론에 근거하여 내용을 설명한다. 또한 이론과 시뮬레이션에 근거하여 측정 결과들을 충실하고 상세히 설명한다. ▪ 측정결과들이 조별로 주어진 설계목표를 성능 파라미터 별(예를 들어 증폭이득, 최대교류 출력 등)로 어느 정도 달성하였는지를 서술하고 부족한 부분이 있는 경우 타당한 근거들을 서술한다.

3.3 문제점 및 개선내용

작성 안내	▪ *실험과정에서 발생했던 문제점들을 나열하고 어떻게 해결하였는지에 대한 과정과 개선된 사항들을 서술한다.* ▪ *목표대비 달성하지 못한 항목들은 상세히 나열하고 논리적이고 구체적으로 설명한다.* ▪ *실험과정에서 변경하였거나 실험목표를 재 조정하였으면 근거를 논리적이고 구체적으로 설명한다.* ▪ *이들 내용은 보고서를 우수하게 평가받는데 중요한 항목이다.*

4. 결론

작성 안내	*본 실험에서 달성하고자 하는 실험목적에 대비하여 실험과정이나 측정결과들로부터 도출된 결론을 요약하여 작성한다. 표로 작성하거나 요점위주로 개조 식으로 나열하고 간단한 설명을 추가하면 효과적이다.*

제 5장 OPAMP

내용

실험

■ 단원핵심주제 ■

- OPAMP의 기본 동작 및 부귀환 증폭 이론의 이해
- OPAMP 응용회로 이해 및 설계
- 능동 대역통과 필터의 이해 및 설계

트랜지스터는 직류전원을 에너지로 이용하여 교류신호를 증폭하는 주된 역할을 수행하여 왔으나, 산업이 발달하면서 교류전원, 각종기기의 제어신호, 센서신호 들의 사칙연산, 신호변환, 비교 및 미적분기능 등 다양한 기능들이 요구되었다. 이를 위해 많은 트랜지스터와 다이오드 등을 조합한 복잡한 회로구조들이 만들어져 사용되었다. 그러나 산업발달에 따라 반도체 기술이 발전함에 따라 이러한 회로들을 집적화(integrated circuit, IC)하여 하나의 작은 패키지(package)로 저렴하게 제조할 수 있게 되었고, 미국의 Fairchild Semiconductor사에서 uA702라는 모델을 1963년도에 상용화시켰다. 1968년도에는 uA741을 개발하면서 연산 증폭기(operational amplifier, OPAMP)라는 이름하에 폭발적으로 사용되기 시작하였으며, 이 부품은 오늘날에도 여전히 수많은 전자기기에서 사용되고 있다. 이러한 연산증폭기는 직류전원이 에너지원이 되어 단순한 증폭 기능을 포함하여 다양한 회로들을 아주 쉽고 간단하게 구현할 수 있도록 만들어진 아날로그 집적회로(integrated circuit, IC)이다. 연산(operational)이라는 명칭은 초기 컴퓨터에서 사칙연산을 할 수 있다는 의미로 붙여졌으나, 오늘날에는 '어디서든지 쉽게 어떤 용도든지 쉽게 사용할 수 있도록 만들어진 부품' 라는 의미로 사용된다.

연산증폭기는 이상적인 증폭기에 가까운 특성을 가지며, 가격 또한 매우 저렴하여 증폭기 뿐 아니라 통신회로에서 널리 사용하는 비교기, 데이터변환기, 논리회로, 타이머 등 다양한 응용회로에서 사용된다. 현재 수십종 이상의 연산증폭용 IC들이 시판되고 있으며 실용성이 매우 뛰어나다. 따라서 연산증폭기의 기본동작의 이해와 아울러 간단한 응용회로 설계 및 실험 경험이 필요하다.

본 단원에서는 연산증폭기의 기본적인 특성들을 먼저 살펴보고 가장 많이 사용되는 부귀환을 이용한 연신증폭기 기초 이론들을 서술한다. 이어 대표적이고 간단한 연산증폭기 응용들을 살펴보고 필터와 결합하여 사용되는 능동필터들을 소개한다. 이들 내용은 시뮬레이션을 통해 좀 더 심층적인 이해를 할 수 있도록 하며, 실험을 통해 대표적인 회로들을 구성하여 이론을 검증해본다.

5.1 OPAMP의 구조 및 심볼

연산증폭기(operational amplifier, 이하 OPAMP라 칭함)는 [그림 5-1]과 같이 두 개의 입력단자(IN+, IN-)와 하나의 출력단자(OUT), 그리고 두 개의 전원단자(Vcc+, Vcc-)등 5개의 단자들로 기본구성을 갖으며, 여기에 필요에 따라 두 개의 offset단자(offset N1, offset N2)를 추가하여 총 8단자로 하나의 OPAMP IC패키지를 구성한다. 두 개의 입력단자 중 'IN-' 는 반전(inverting) 입력단자이며 'IN+' 는 비 반전(non-inverting)입력단자로 사용된다. 각 입력단자는 해당 단자로 입력된 신호와 출력신호와의 위상관계를 나타낸다. 즉, 반전 입력단자로 입력된 신호는 출력단자에서 위상은 반전관계(180° 위상차)를 가지며, 비 반전 입력단자로 입력된 신호는 출력단자의 신호와 동일한 위상이 된다. OPAMP는 양과 음의 두 개의 전원단자(Vcc+, Vcc-)를 가지며 이들 모두를 사용하거나 음전원(Vcc-)대신 접지(0 V)가 사용되는 단전원(single supply) 급전방식을 사용하기도 한다.

[그림 5-2]는 8핀 단자들로 구성된 IC를 단자 번호별로 표시한 것이다. 좌측에서 아래쪽으로 다시 우측 상단으로 차례로 번호가 하나씩 증가된다. 8번 핀(NC)는 'No Connection' 으로 회로와 연결하지 않는다. [그림 5-3]은 플라스틱(plastic package)로 만들어진 16핀 과 8핀 IC를 보여준다. 14핀 IC는 두 개 이상의 OPAMP들이 내장되어 있다. 우측의 작은 크기를 갖는 두 개의 OPAMP는 표면 실장형으로 회로 보드(board)의 표면에 직접 땜납할 수 있는 구조이며 SOIC(Small Outline IC)라 칭한다. 반면에 좌측 두 개는 PDIP(Plastic Dual in-Line Package)라 칭하며 회로보드의 반대 면에서 땜납이 가능하고 브레드보드 상에는 그냥 삽입하면 된다.

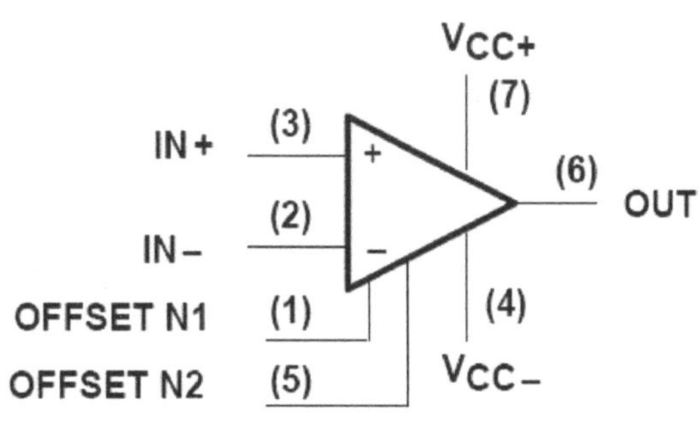

[그림 5-1] 8PIN OPAMP의 등가회로

[그림 5-4]는 범용 OPAMP인 uA741의 내부 회로 구조를 나타낸다. 많은 BJT와 저항

그리고 캐패시터들이 상호 연결되어 있다. OPAMP를 구성하는 8개의 핀(단자)들 중에서 8번째 핀을 제외한 7개의 핀들이 외부 회로와 연결하기 위한 단자들에 표시되어 있다.

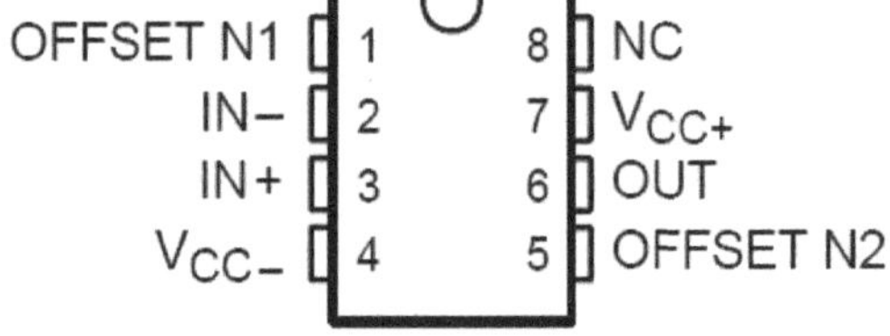

[그림 5-2] 8PIN OPAMP의 각 핀(pin)의 역할

[그림 5-3] OPAMP 플라스틱 패키지(package)의 예

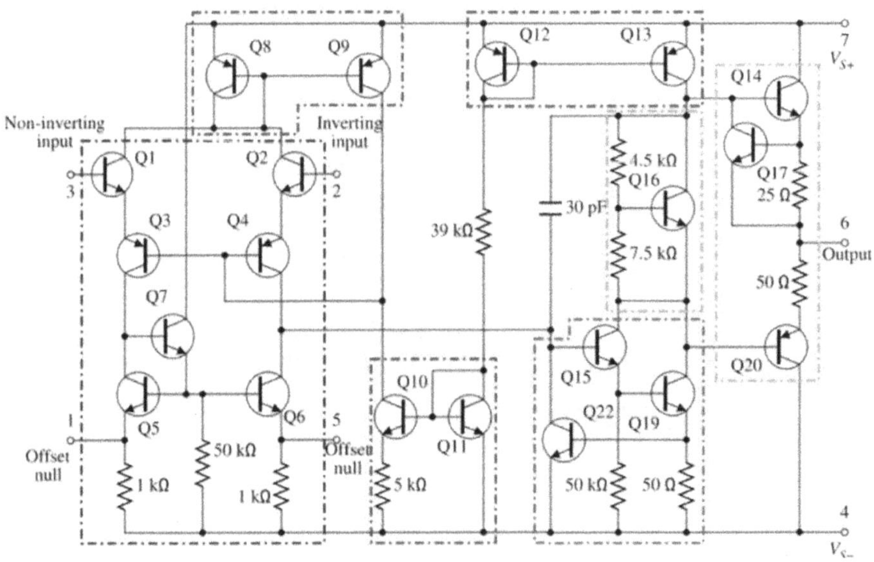

[그림 5-4] uA741 OPAMP의 내부 회로 구조

5.2 OPAMP의 기본동작 및 특성

OPAMP 가 두 개의 입력단자를 갖도록 만들어진 것은 두 단자로 입력되는 신호의 차이(difference)를 증폭하기 위한 것이다. 두 입력단자에 인가된 신호의 차를 OPAMP의 자체이득(또는 개방이득)만큼 증폭한 후, 단일 신호로 출력하는 기본기능을 갖는다. [그림 5-5]에 이를 표시하였다. 두 신호의 차이란 '-' 단자로 입력되는 전압신호(v_1)를 기반으로 '+' 단자로 입력되는 전압신호(v_2)와의 전위 차이($v_2 - v_1$)를 의미한다. 이들 전위 차이는 직류 공급전원들(Vcc+, Vcc-)로부터 에너지를 공급받아 증폭되어 출력된다. 이를 다음 식 (2-1)로 표현할 수 있다.

$$v_{out} = A_{ol}(v_2 - v_1) = A_{ol} \cdot v_d \qquad (2-1)$$

여기에서 OPAMP의 자체이득 A_{ol}을 개방루프(open loop) 이득이라고 한다.

OPAMP는 두 입력신호의 차이를 개방루프 이득(A_{ol})만큼 증폭하여 출력하는 단일 출력 증폭기라 할 수 있다.

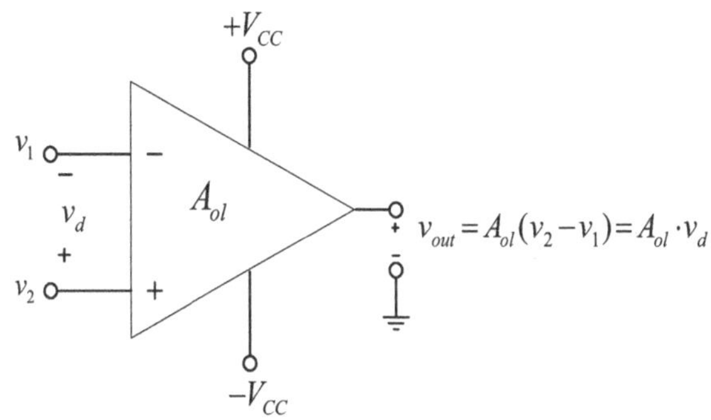

[그림 5-5] OPAMP의 회로 심볼

OPAMP의 전기적인 특성은 다음과 같은 몇 가지 중요한 파라미터들로 성능을 표시한다.

■ **개방루프 이득(open loop gain, A_{ol}):**

두 입력단자로 인가되는 전압신호의 차이가 증폭된다. 이 차등 전압은 [그림 5-4] 내부구조 회로에서 보듯이 몇 단계의 증폭회로에 의해 증폭되므로 매우 큰 이득을 갖는다.

[그림 5-6]의 uA741 OPAMP의 주파수에 따른 개방루프이득(A_{ol})을 보여준다. 4장에서 설명된 BJT 트랜지스터의 이득과 비교할 수 없이 매우 큰 이득을 가짐을 알 수 있다. 이런 개방루프이득은 두 개의 입력단자사이의 조그만 차이를 크게 증폭하여 쉽게 매우 큰 출력 신호를 만들어 낸다. 그러나 출력단자에서 증폭된 최대 출력신호는 공급되는 직류 전원(Vcc+, Vcc-)의 보다 항상 작다. 10Hz 이하에서 20만 배의 이득을 갖으나 주파수가 증가할수록 이득이 감소하여 1MHz에서는 1의 값을 가진다. 여기에서 1MHz를 uA741 OPAMP 의 단위이득대역폭(unit-gain bandwidth)이라 하며 OPAMP의 주파수 성능을 나타낸다.

실제 OPAMP가 증폭기로 사용되어 매우 큰 이득을 갖게 되는 경우 회로가 매우 불안정해질 뿐만 아니라, 신호는 물론 잡음도 동시에 증폭하므로 부 귀환 회로 등을 이용하여 이득을 필요한 만큼 적절히 제어하여 사용한다.

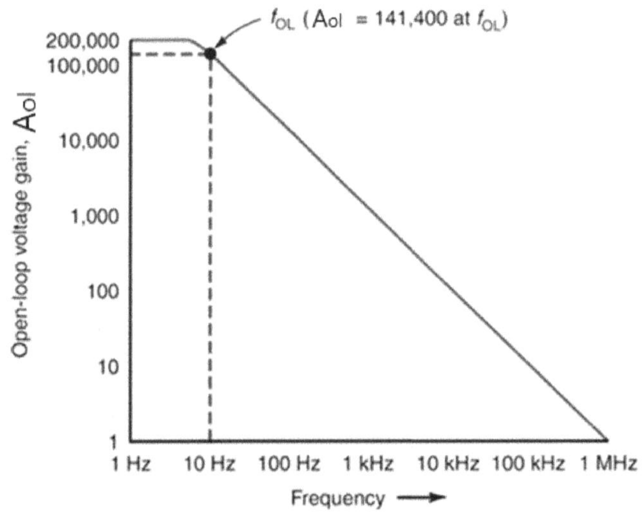

[그림 5-6] uA741 OPAMP의 개방루프이득(A_{ol})의 주파수 특성

■ 입력저항(R_i) 및 입력전류

OPAMP의 각 입력단자에서 증폭기 내부로 들여다 본 입력저항은 무한대에 가까운 매우 큰 저항을 갖도록, OPAMP 내부회로가 설계되었다. 따라서 각 입력단자에서 증폭기 내부로 흘러들어가는 바이어스 전류는 거의 0의 값을 갖는다.

■ 출력저항(R_o)

OPAMP 출력단자에서 증폭기 내부를 들여다본 출력저항(R_o)은 매우 작아 0의 값에 근접한다.

■ 동상모드제거비(common mode rejection ratio, CMRR)

동상모드 신호는 OPAMP 두 입력단에서 동시에 나타나는 동일한 신호이다. 예를 들어 [그림 5-7]에 표시된 두 신호는 크기도 같고 주파수 및 위상도 같은 동상모드 신호이다. 이들 입력에 대해 OPAMP가 이상적인 동작을 한다면 그림과 같이 출력 전압은 0의 값을 갖는다. 실제 상용 OPAMP들은 일부 출력전압이 관찰되는 데 CMRR은 이러한 '출력전압을 얼마나 제거하는 가'에 대한 수준을 나타낸다. 기술적으로 차동모드 이득과 동상모드 이득사이의 비율이다. 예를 들어 [그림 5-7]에서 사용되는 OPAMP가 차동모드이득(정상동작이득)이 1,000 이고, [그림 5-7]과 같은 회로 구성(동상모드)으로 얻어진 이득이 0.01이라고 가정한다. 이때 CMRR은 다음과 같이 dB 단위로 구해진다.

$$CMRR \equiv 20\log(\frac{\text{차동모드이득}}{\text{동상모드이득}}) = 20\log(\frac{1000}{0.01}) = 100dB \quad (2\text{-}2)$$

이런 결과는 입력사이의 차이에 해당하는 이득(정상동작이득)이 두 개의 동상신호의 이득보다 100,000배 크다는 의미이며 dB 단위로 100dB 이다. 이 값이 클수록 두 개의 입력신호에 공통으로 들어오는 잡음이나 불필요한 고주파신호들을 제거할 수 있는 능력이 커진다. 이는 OPAMP처럼 두 입력의 차동(차이)신호를 증폭하는 부품의 큰 장점이기도 하다.

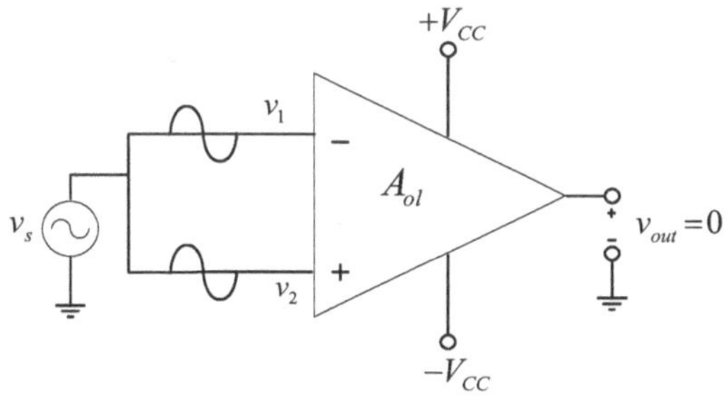

[그림 5-7] 동상모드 신호에 대한 OPAMP 동작

■ 직류 공급전압(*+Vcc, -Vcc*)

이들 전원은 OPAMP 동작에 필요한 직류전압을 제공한다. 또한 이들은 출력 교류전압 진폭의 한계를 결정한다. OPAMP는 개방이득이 크기 때문에 교류 입력신호의 크기가 매우 작아도 쉽게 매우 큰 교류출력을 가지나 직류 전원(Vcc+, Vcc-)의 크기를 넘어설 수 없다. 일반적으로 이들 2개의 직류전원을 공급하는 경우 교류 출력은 접지를 중심으로 양으로 최대 Vcc+, 음으로 최대 Vcc- 사이에서 스윙(swing)한다. 실제는 ±Vcc 보다 약간 작다. 출력단에 연결된 부하저항(R_L)이 클수록 ±Vcc 에 근접하고 작을수록 간격이 커지는데, 부하저항을 2kΩ이하로 사용하여 교류출력 첨두간 전압을 제한하기도 한다. 또한 음전원(Vcc-) 단자를 접지(0 V)로 하여 양(positive) 전원만 사용하는 경우 교류출력 전압의 스윙(swing) 범위는 $0 \sim V_{CC}+$이다.

■ 슬루율(Slew Rate):

OPAMP 대신호 교류동작에 영향을 미치는 특성들 중에서 슬루율이 가장 중요하다. 일반적으로 OPAMP는 작은 신호를 매우 크게 증폭한다. 증폭된 출력신호가 공급되는 직류전압에 비해 작은 경우는 위에서 설명한 단위이득대역폭(unit-gain-bandwidth)에 의해 주파수 성능이 정해진다. 그러나 출력신호가 클 경우 슬루율이 영향을 준다. 슬루율은 출력전압이 입력신호에 얼마나 빨리 응답하여 변화할 수 있는 능력수준을 나타낸다. uA741에서 전형적인 값은 0.5V/μS 이다. 이것은 증폭기로부터의 출력은 매 μS마다 0.5V 변화할 수 있다는 것을 의미한다. 예를 들어, 0V에서 5V로 변화하는 펄스 파형이 출력된 경우 OPAMP는 0V에서 5V까지 10μS의 시간이 걸린다는 의미다. 이에 따라 슬루율은 식 (2-3)에 표시된 것처럼 OPAMP의 최대 동작주파수를 결정하는데 사용될 수 있다.

$$f_{\max} = \frac{slew\ rate}{2\pi V_{pk}} \tag{2-3}$$

여기에서 V_{pk}는 OPAMP의 최대 출력전압 첨두치 값의 2배이며 일반적으로 사각파형을 통해 평가된다.

■ 이상적인 OPAMP의 전기적인 특성

이상적인 OPAMP의 전기적인 특성을 [그림 5-8]과 같은 등가회로로 표현되며, 이후 서술되는 OPAMP 회로설계에 적용된다. 입력임피던스와 개방이득은 무한대에 가깝고, 출력저항과 2개의 입자단자에 입력되는 전류는 0에 가깝다. 그러나 실제 OPAMP는 이 특성과 근접하게 설계되나, 이상적인 값들에 비해 오차들이 있다. 동일한 부품이라 할지라도 제조사별로도 성능차이가 있다. 즉, 실제 OPAMP는 개방루프 이득과 입력저항이 트랜지스터를 이용한 증폭기에 비해 매우 크며, 입력전류와 출력저항은 작은 편이다. 일반적으로 많이 사용되는 uA741 OPAMP의 특성파라미터들을 [표 5-1]에 소개되었다.

> 이상적인 OPAMP는 개방루프 이득과 입력저항이 무한대(실제로는 1MΩ 이상의 매우 큰 값)이며, 입력바이어스 전류와 출력저항은 매우 작아 0의 값에 근접한다.

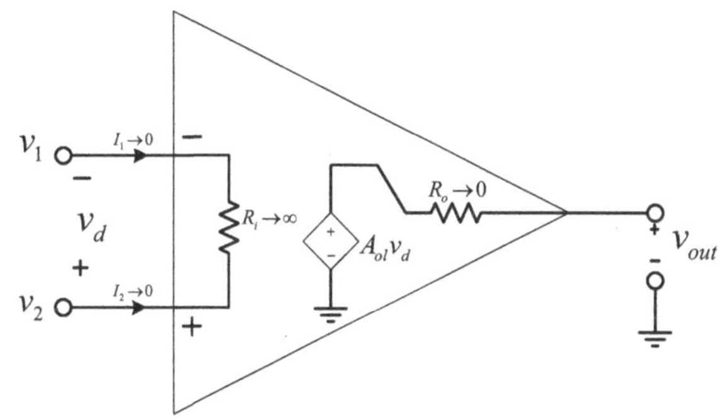

[그림 5-8] OPAMP의 등가회로 및 동작특성

[표 5-1] uA741 OPAMP의 특성 파라미터

파라미터	uA741	이상적인 값
개방루프이득(A_{ol})	200,000	∞
입력저항(R_i)	2 MΩ	∞
입력바이어스전류	80 nA	
출력저항	75 Ω	
공통모드제거비(CMRR)	90 dB	∞
단위이득대역폭 (unit-gain-bandwidth)	1MHz	∞

■ 가상단락과 가상접지

OPAMP의 이상적인 특성 파라미터로부터 가상단락이라는 개념이 얻어지며, 이는 회로 해석과 설계에 적용된다. 이상적인 OPAMP의 경우 개방 루프이득(A_{ol})이 무한대이므로 출력전압(v_{out})에 대해 두 입력단자 사이의 전압차(v_d)는 아래 식 (2-4)과 같이 0에 가깝다.

$$v_d = \frac{v_{out}}{A_{ol}} \Rightarrow 0 \tag{2-4}$$

uA741 OPAMP의 예를 들면 개방루프이득 $A_{ol} = 200,000$ 이고, $v_{out} = 5[V]$ 인 경우에 $v_d = 5/200,000 = 25\,\mu[V]$ 가 된다. 또한 이상적인 OPAMP의 입력저항은 무한대이므로, 두 입력단자로 흐르는 전류는 거의 0이라고 할 수 있다. 이로부터 OPAMP의 두 입력단자 사이의 전압이 0에 근접하여 두 단자가 단락(short)된 것처럼 보이지만 실제 두 단자에 흐르는 전류가 0인 특성을 **가상단락(virtual short)** 이라고 한다. 이와 같은 가상단락 특성은 OPAMP의 개방루프 이득과 입력저항이 무한대에 가까운 특성에 기인한 것으로 개념적으로 [그림 5-9](a) 와 같이 표현된다. [그림 5-9](b) 와 같이 비 반전단자(양의 단자)를 접지시키고 저항을 통해 반전단자(음의 단자)에 부귀환을 걸면 OPAMP 입력단자들 사이의 가상단락 현상에 의해 반전단자가 접지된 것처럼 보이게 되며 이를 **가상접지(virtual ground)**라고 한다. 이와 같은 가상 단락과 가상접지 특성은 OPAMP 응용회로의 해석과 설계에 광범위하게 적용된다.

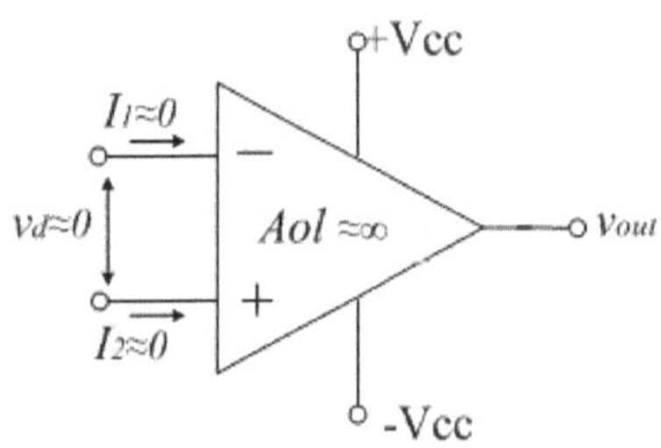

(a) 가상단락

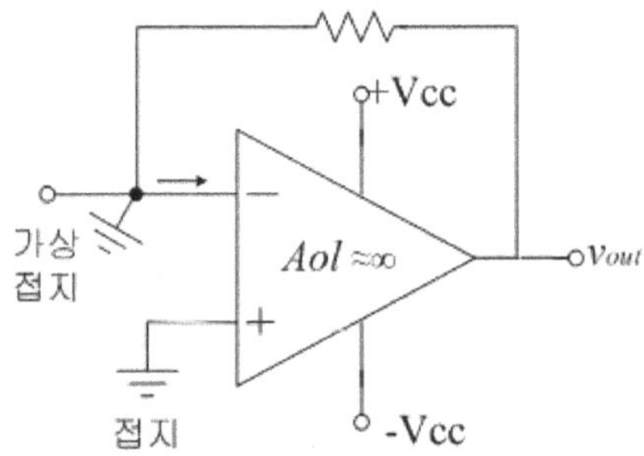

(b) 가상접지

[그림 5-9] 가상단락과 가상접지의 개념

5.3 부귀환(negtive feedback) OPAMP

부귀환(negative feedback)이란 증폭기 출력 중 일부가 입력신호의 반대위상을 가지고 다시 입력으로 되돌아가는 과정을 말한다. OPAMP를 이와 같이 귀환시키지 않고 사용하는 경우(개방 증폭기)에서는 무한대에 도달할 정도의 매우 큰 이득을 나타낸다. 실제 OPAMP를 일반회로에 적용하는 경우 1000배 이상 많은 이득을 사용하는 경우가 드물다. 대신에 회로의 목적에 맞게 적절한 이득을 갖도록 부귀환 시킨다. 이는 [그림 5-10]처럼 출력 단에서 신호를 부귀환 회로를 통해 반전 입력단에 다시 연결하여 귀환경로를 만드는 회로적인 특징을 갖는다. 이때, 귀환되는 전압의 위상과 입력전압의 위상이 180° 반전되도록 OPAMP 내부 반전이 일어나 결과적으로 OPAMP에 인가되는 입력전압을 감소시켜 출력전압(v_{out})을 감소시킨다. 부귀환 회로에 따라 원하는 이득을 얻을 수 있다. 즉, 조절 가능한 안정적인 전압이득을 제공함과 동시에 입출력 임피던스나 주파수 대역폭에 대한 조절이 가능하므로 여러 응용에 사용한다.

> 부귀환(Neagative Feedback)이란 증폭기의 출력 중 일부가 입력신호의 반대위상을 가지고 다시 입력으로 되돌아가는 과정을 말한다. 이를 통해 OPAMP의 이득을 필요한 만큼 제어한다.

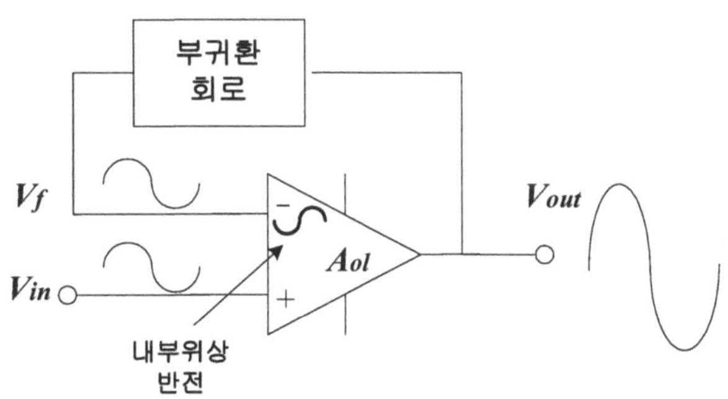

[그림 5-10] 부귀환 증폭기의 구조 및 동작

5.3.1 부귀환 비 반전(Non-Inverting) 증폭기

비 반전 입력단자(양의 입력단자)에 교류신호가 입력될 때 출력단자에서 증폭된 교류신호는 입력신호와 동일한 위상을 갖는다. 비 반전 입력단자(양의 입력단자)에 교류신호

(V_{in})가 입력될 때, 증폭기를 통해 출력되고 귀환되어 다시 입력되는 귀환신호는 다음과 같이 표현된다.

$$V_f = (\frac{R_i}{R_i + R_f}) \cdot V_{out} \equiv B V_{out} \qquad (3\text{-}1)$$

여기에서 B는 다음 식(3-2)과 같이 주어지는 귀환율(feedback rate)를 나타낸다.

$$B = \frac{R_i}{(R_i + R_f)} \qquad (3\text{-}2)$$

최종 출력전압은 입력전압과 귀환전압의 차이를 증폭하며 다음식과 같이 쓸 수 있다.

$$V_{out} = A_{ol}(V_{in} - V_f) = A_{ol}(V_{in} - B V_{out}) \qquad (3\text{-}3)$$

여기에서 A_{ol}는 개방루프 이득이다. 위식을 정리하여 출력전압은 다음식과 같이 다시 쓸 수 있다.

$$V_{out} = \frac{A_{ol}}{(1 + A_{ol} B)} V_{in} \qquad (3\text{-}4)$$

이때, 페루프(Closed Loop) 전압이득(A_{CL})은 식 (3-5)와 같이 정의되고 개방루프 이득들과 귀환율로 표현된다. 최종적으로 페루프(Closed Loop) 전압이득은 [그림 5-11]처럼 OPAMP 주변에 사용된 저항들을 이용하여 아래 (3-6)식과 같이 얻을 수 있다.

$$A_{CL} \equiv \frac{V_{out}}{V_{in}} = \frac{A_{ol}}{1 + A_{ol} B} \qquad (3\text{-}5)$$

$$A_{CL} = \frac{V_{out}}{V_{in}} = \frac{1}{B} = \frac{R_i + R_f}{R_i} = 1 + \frac{R_f}{R_i} \quad (A_{ol} B \gg 1) \qquad (3\text{-}6)$$

5.3.2 부귀환 반전(Non-Inverting) 증폭기

반전 증폭기는 입력 신호가 정해진 증폭도로 증폭된 후 출력단자에서 신호가 반전되는 증폭기이다. 교류신호의 음(negative)전압은 양(positive)전압으로, 양(positive)전압은 음(negative)전압으로 신호의 모양을 유지하면서 증폭된다.

OPAMP의 반전입력단자에 교류 입력신호를 인가한다. OPAMP의 입력임피던스는 무한대이므로 반전단자에서 OPAMP 내부로 전류가 흐르지 않는다. 반전 및 비반전 입력단자

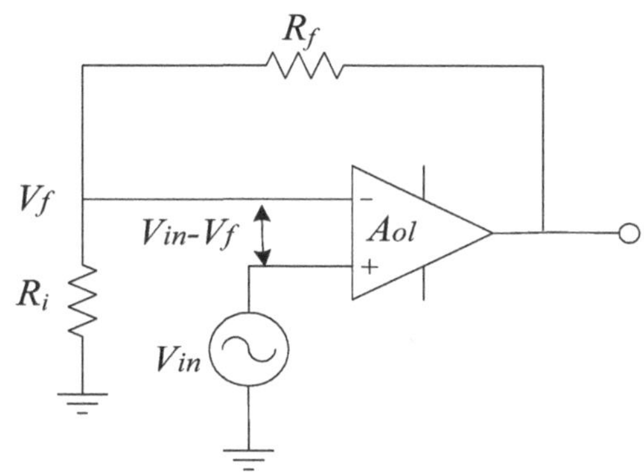

[그림 5-11] 비 반전 증폭기의 전형적인 구성

사이의 전압강하는 거의 0의 값을 갖는다. 또한 비 반전 입력단자가 접지되어 있으므로 반전 입력단자의 전압이 0이 되는 데, 이를 가상접지(virtual ground)라 한다. 가상접지의 전압은 0V 이지만 가상접지를 통해 전류는 흐를 수 없다. 이들 이론을 기반으로 페루프(Closed Loop) 전압이득(A_{CL})은 [그림 5-12]처럼 OPAMP 주변에 사용된 저항들을 이용하여 아래 (3-8)식과 같이 얻을 수 있다.

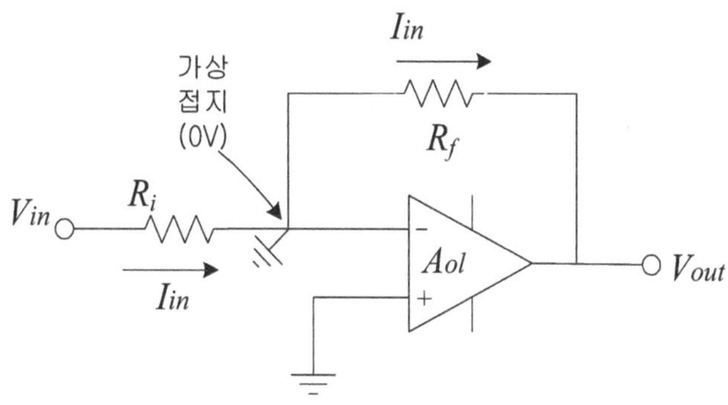

[그림 5-12] 반전 증폭기의 전형적인 구조

$$I_{in} = \frac{V_{in}}{R_i} \ , \ -V_{out} = R_f I_{in} = R_f \frac{V_{in}}{R_i} \qquad (3\text{-}7)$$

$$\therefore \ A_{CL} \equiv \frac{V_{out}}{V_{in}} = -\frac{R_f}{R_i} \qquad (3\text{-}8)$$

5.3.3 완충 증폭기(buffer amplifier)

전압 팔로워(volage follower)라고도 부르는 완충 증폭기(buffer amplifier)는 출력전압 전부를 그대로 OPAMP의 반전 입력단자로 귀환시키는 비반전 증폭기이다(귀환율 $B=1$). 이는 매우 높은 임피던스와 낮은 출력임피던스를 갖기 때문에 회로들 사이에서 완충 증폭기(buffer amplifier)로 사용된다. 즉, 앞쪽에 있는 회로와 뒤쪽 회로의 고유한 특성을 유지할 수 있는 완충 인터페이스(interface) 역할을 수행한다. 폐루프(Closed Loop) 전압이득(A_{CL})은 아래 (3-10)식과 같이 얻을 수 있으며 이득이 1이다. 입력과 동일한 전압과 위상을 갖으나 OPAMP의 특성상 높은 입력임피던스와 낮은 출력저항을 갖는다.

$$V_{out} = A_{ol}(V_{in} - V_f) = A_{ol}(V_{in} - V_{out}) \qquad (3\text{-}9)$$

$$\therefore A_{CL} \equiv \frac{V_{out}}{V_{in}} = \frac{A_{ol}}{A_{ol}+1} \approx 1 \qquad (3\text{-}10)$$

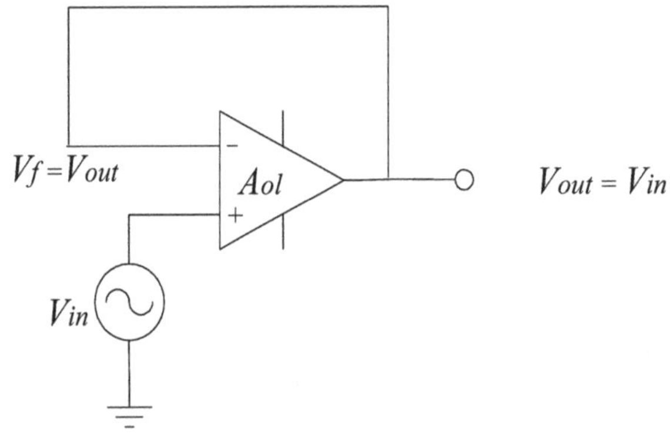

[그림 5-13] buffer amplifier 구조

5.4 OPAMP 응용회로

5.3장에서는 부귀환 특성을 기반으로 적절한 이득과 위상특성을 얻을 수 있도록 부귀한 증폭회로를 소개하였다. 본 절에서는 OPAMP 응용회로를 살펴본다.

5.4.1 차동증폭기(differential amplifier)

OPAMP는 두 입력단자에 인가되는 신호의 차이(difference)를 증폭하는 기능을 가지고 있으며, 증폭 수준을 부귀환을 이용하여 제어하고 있다. 그러나 부귀환이 걸린 상태에서 두 입력신호의 차이를 민감하게 증폭하는 응용이 필요한 경우에 [그림 5-14]와 같은 차동증폭기(differential amplifier) 회로를 적용한다. 반전단자에 입력되는 전압(V_{in1})은 위상이 반전(음의 부호를 가짐)되고, 저항비(R_f/R_1)에 비례하여 증폭된 신호가 출력된다. 또한 비반전단자에 입력되는 전압(V_{in2})은 동일한 위상으로 저항비(R_f/R_2)에 비례하여 증폭된 신호가 출력된다. 따라서 이들 두 출력이 출력단에서 합성되는 경우 두 입력신호의 차이가 증폭되어 출력된다.

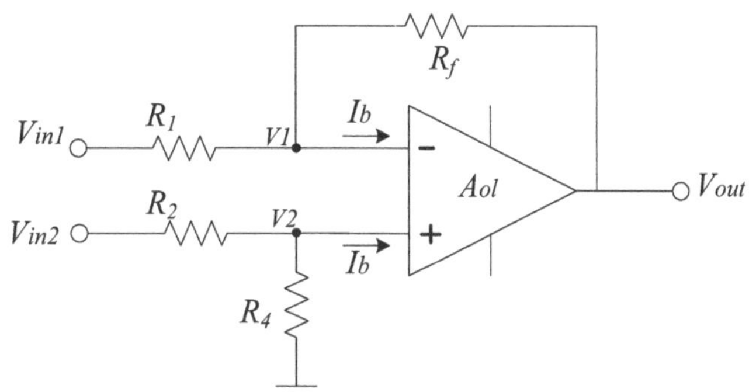

[그림 5-14] 차동증폭기의 기본 구성

이 회로는 중첩의 원리를 이용하여 해석할 수 있다. 먼저 [그림 5-15](a)를 이용하여 $V_{in2}=0$인 상태에서 V_{in1} 이 회로에 입력되었을 때 출력 V_{out1}을 구한다. $V_{in2}=0$인 상태에서 비 반전단자에는 저항 R_2와 저항 R_4가 연결되지만, 이상적인 OPAMP에서 비 반전단자로 흐르는 전류가 0이므로 [그림 5-15](a)의 회로는 반전증폭기로 동작한다. 따라서 출력 V_{out1}는 다음 식과 같다.

$$V_{out1} = -\frac{R_f}{R_1} V_{in1} \tag{4-1}$$

다음에 [그림 5-15](b) 회로는 $V_{in1} = 0$ 상태에서 출력전압 V_{out2}을 구한다. 반전 입력단자 전압 V_1은 비 반전 입력단자 전압 V_2 와 거의 전위차가 없으므로 $V_1 \approx V_2$이다. 따라서 출력전압 V_{out2}는 비 반전 입력단자 전압 V_2와 다음과 같은 관계를 갖는다.

$$V_{out2} = (1 + \frac{R_f}{R_1}) V_2 \tag{4-2}$$

또한 비 반전 입력단자 전압 V_2은 비 반전 입력신호 V_{in2}를 전압 분배하므로 식 (4-2)를 다시 아래와 같이 쓸 수 있다.

$$V_{out2} = (1 + \frac{R_f}{R_1}) V_2 = (1 + \frac{R_f}{R_1})(\frac{R_4}{R_2 + R_4}) V_{in2} = (1 + \frac{R_f}{R_1})(\frac{R_4/R_2}{1 + R_4/R_2}) V_{in2} \tag{4-3}$$

결과적으로 중첩의 원리에 준하여 [그림 5-15]의 출력전압은 다음과 같다.

$$V_{out} = V_{out1} + V_{out2} = -\frac{R_f}{R_1} V_{in1} + (1 + \frac{R_f}{R_1})(\frac{R_4/R_2}{1 + R_4/R_2}) V_{in2} \tag{4-4}$$

[그림 5-14] 의 차동증폭기를 저항비 $R_f/R_1 = R_4/R_2 = A_d$로 주어지게 설계하면 출력전압은 다음 식과 같이 간단하게 증폭기를 설계할 수 있다.

$$V_{out} = \frac{R_f}{R_1}(V_{in2} - V_{in1}) = A_d(V_{in2} - V_{in1}) \tag{4-5}$$

여기에서 A_d를 폐루프 차동이득(closed loop differential gain) 이라 한다.

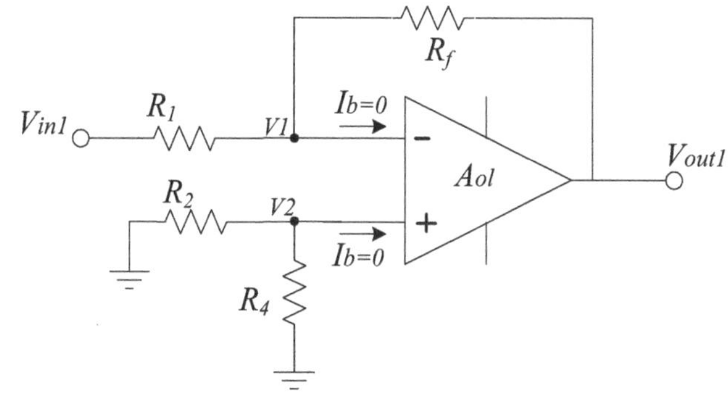

(a) 차동증폭기에서 입력전원(V_{in2})이 0 인 경우

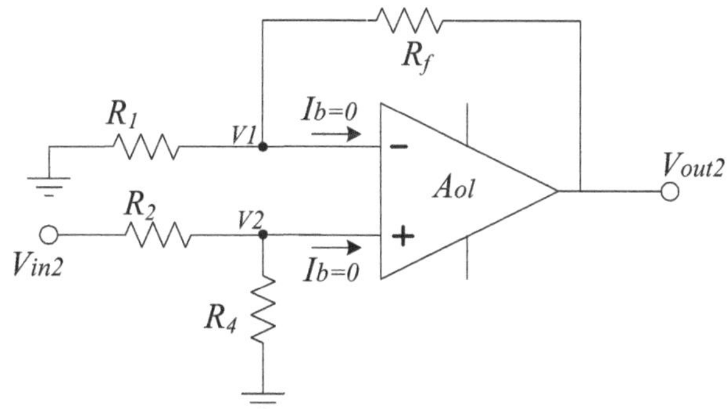

(b) 차동증폭기에서 입력전원(V_{in1})이 0 인 경우

[그림 5-15] 중첩의 원리를 적용하여 차동증폭기 동작 분석

5.4.2 비교기(comparator)

OPAMP를 이용하여 두신호의 크기를 비교할 수 있다. 이때 OPAMP는 귀환을 시키지 않고 사용하기 때문에 매우 큰 개방이득(A_{ol})을 갖는다. 따라서 두 신호의 작은 크기차이가 최대로 증폭되어 출력된다. 출력 신호의 크기는 공급된 직류전원전압($\pm V_{CC}$, 이중 전원인 경우)에 의해 제한을 받는다. 일반적으로 두신호중 하나는 기준전압(V_{ref})으로 표시되고, 이 전압을 기준으로 다른 입력교류신호의 크기가 크고 작음을 아래 식(4-6)처럼 판정한다. 판정 결과가 출력단자(V_{out})에 표시되며 위에서 언급한 것처럼 OPAMP에 공급되는 직류전압들에 의존한다.

$$V_{out} = A_{ol}(V_{in} - V_{ref}) = \begin{cases} +V_{\max}, \text{ if } V_{in} \geq V_{ref} \\ -V_{\max}, \text{ if } V_{in} < V_{ref} \end{cases} \qquad (4\text{-}6)$$

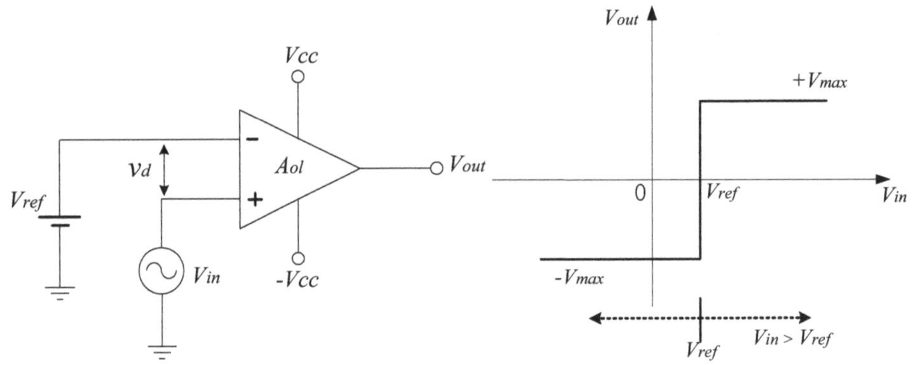

(a) 비교기 회로 기본구조 (b) 회로 동작

[그림 5-16] 비교기 회로의 기본구조 및 동작

한편, 기준전압을 별도로 설정하지 않고 [그림 5-17](a)처럼 반전 입력단자에서 OPAMP에 공급되는 직류전압을 저항 두 개로 분배하여 사용하고, 비 반전입력단자에 인가되는 교류신호와 비교하는 회로를 사용하기도 한다.

$$V_{ref} = \frac{R_2}{R_1 + R_2} V_{CC} \qquad (4\text{-}7)$$

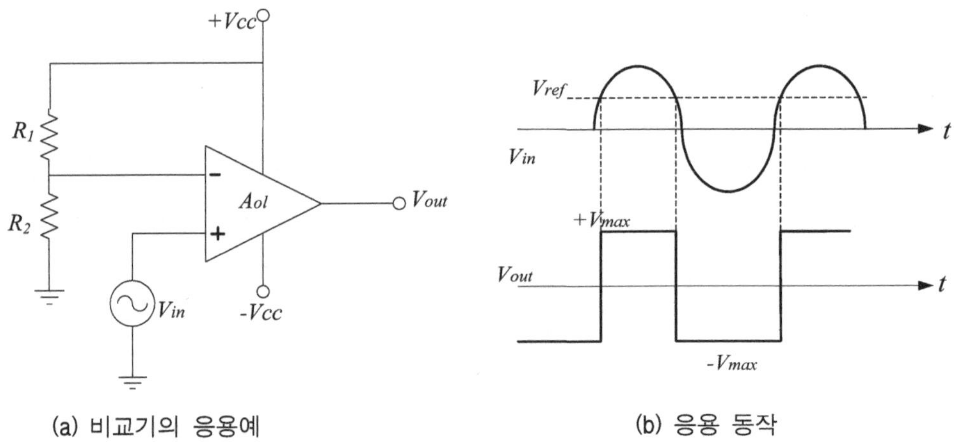

(a) 비교기의 응용예 (b) 응용 동작

[그림 5-17] OPAMP를 이용한 비교기 회로 및 동작설명

기준 전압은 식 (4-7)처럼 전압분배 공식을 통해 계산할 수 있다. [그림 5-17](b)에서는 교류입력신호(V_{in})가 기준신호 전압 V_{ref}에 비해 클 경우 출력전압이 최대($V_{\max}$)로 얻을 수 있으며, 작을 경우 최소($-V_{\max}$) 값을 나타냄을 알 수 있다. 즉, 출력신호는 비교결과를 단순히 디지털 방식으로 표현한다.

5.4.3 가산기(Adder)

[그림 5-18]와 같이 반전증폭기에 두 개 이상의 입력이 인가되면 반전 가산기(더하기)로 동작한다. 이를 설명하기 위해 먼저 출력전압을 계산해 본다. 반전단자가 가상 접지되므로 각 저항에 흐르는 전류는 다음과 같다.

$$I_1 = \frac{V_1}{R_1}\ ,\ I_2 = \frac{V_2}{R_2}\ ,\ I_3 = \frac{V_3}{R_3} \tag{4-8}$$

이들 전류들은 OPAMP 의 입력임피던스가 이상적으로 무한대이므로 OPAMP 입력단자로 흐르지 않고 저항 R_f로 모두 흐른다. 즉,

$$I_f = I_1 + I_2 + I_3 \tag{4-9}$$

이다. 여기에서 반전입력단자가 가상접지인 점을 감안하면 출력 전압은 저항 R_f의 양단에 걸리며 위상은 반전된다. 따라서 출력전압은 다음식과 같이 유도된다.

$$\therefore\ V_{out} = -I_f R_f = (I_1 + I_2 + I_3)R_f = -(\frac{R_f}{R_1}V_1 + \frac{R_f}{R_2}V_2 + \frac{R_f}{R_3}V_3) \tag{4-10}$$

한편, 저항들을 다음과 같이 설정하게 되면 출력전압은 입력신호들을 단순히 더해 얻어진다.

$$R_1 = R_2 = R_3 = R_f \tag{4-11}$$

$$\therefore\ V_{out} = -(V_1 + V_2 + V_3)\ \ :\text{가산증폭기} \tag{4-12}$$

즉, OPAMP는 입력신호들을 단순히 더하는 가산기로 동작한다. 또한 저항들을 다음과 같이 설정하게 되면, OPAMP는 출력단에서 입력전압들의 평균 값을 제공한다.

$$R_1 = R_2 = R_3 = R \ , \quad \frac{R_f}{R} = 1/3 \tag{4-13}$$

$$\therefore \ V_{out} = -\frac{1}{3}(V_1 + V_2 + V_3) \ : \text{평균증폭기} \tag{4-14}$$

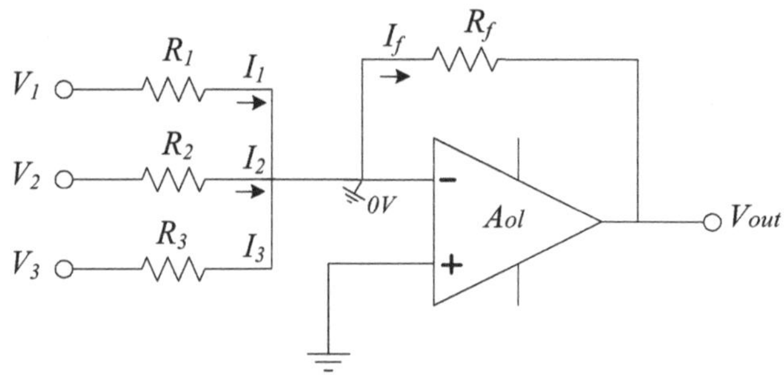

[그림 5-18] OPAMP 가산기 회로

5.4.4 능동필터

2장에서 소개된 필터이론들과 OPAMP를 결합하여 능동필터를 구성한다. OPAMP만이 갖는 장점들, 예를 들어 손쉽게 구현되는 이득, 그리고 높은 입력임피던스 및 낮은 출력 임피던스특성들을 이용하여, 저항과 캐패시터로 구성되는 수동필터들과 결합할 때 회로 내에서 우수한 필터특성을 구현할 수 있다. 능동필터는 수동필터와 마찬가지로 능동 저역통과필터, 능동 고역통과필터, 능동 대역통과필터 등으로 설계된다.

1) 능동 저역통과필터

저역통과필터(low pass filter, LPF)는 직류에서 차단주파수(f_c)까지의 교류신호를 통과시키며 이들 주파수 범위를 통과대역(pass band)라 한다. 또한 차단주파수 이상에서 주파수가 증가할수록 신호를 더욱 크게 감쇄시키며 회로구조에 따라 감쇄정도가 달라진다. 상세한 필터특성은 [그림 5-19]에 있다. 삽입손실(insertion loss)는 통과대역에서 필터를 회로 내에 삽입함으로 써 발생하는 손실을 의미한다. 이상적인 필터는 통과대역에서 삽입손실이 없으나 실제 구현된 필터들은 임피던스 정합이나 제작 상 또는 부품들의 오차에 의해 삽입손실이 존재한다. 차단주파수는 입력 교류전압을 출력단에서 70.7%(전력크기로

1/2, dB 단위로 -3dB) 수준으로 얻을 수 있는 3dB 차단주파수(cutoff frequency)로 정의된다.

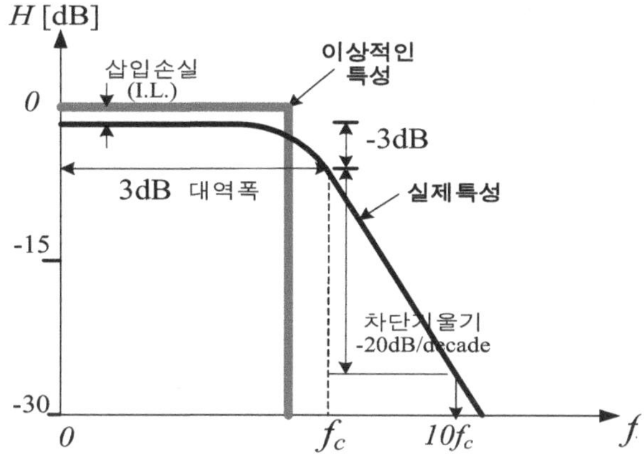

[그림 5-19] 저역통과필터의 특성 파라미터들

또한, [그림 5-20]에서 보는 것처럼 3dB 차단주파수(f_c) 이상에서 입력신호의 감쇄되는 정도를 차단 기울기라 한다. 보통 차단주파수로 부터 10배의 주파수(decade frequency)에 걸쳐 출력전압의 감쇄 기울기 수준으로 감쇄성능을 평가한다. 하나의 저항과 하나의 캐패시터 세트(RC set)로 구성된 저역통과필터를 일차 필터(1st order)라 부르며, 이론적으로 -20dB/decade 특성을 나타낸다. 2개의 RC set로 구성된 회로를 2차 필터라 부르며 -40dB/decade 특성을 나타낸다. 3개의 RC set는 -60dB/decade 특성을 나타낸다.

[그림 5-21]에는 OPAMP와 일차 RC 수동필터가 결합된 능동 저역통과필터의 구성을 볼 수 있다. OPAMP는 이득이 1인 완충증폭기 구조이다. 이의 전달 함수는 식 (4-15)과 같이 구해지며 이의 크기는 식 (4-16)이다. 입출력 전압비가 0.707(=1/$\sqrt{2}$)인 주파수를 3dB 차단 주파수라 불리며 식 (4-18)과 같이 계산된다.

$$V_{out} = \frac{1/j\omega C}{R+1/j\omega C} V_{in} = \frac{1}{1+j\omega CR} V_{in} \tag{4-15}$$

$$|V_{out}| = \frac{1}{\sqrt{1+(\omega CR)^2}} |V_{in}| \tag{4-16}$$

$$\frac{|V_{out}|}{|V_{in}|} = \frac{1}{\sqrt{2}} \Rightarrow 20\log(\frac{1}{\sqrt{2}}) = -3dB \tag{4-17}$$

$$\omega CR = 1, \quad f_c = \frac{1}{2\pi RC} \qquad : \text{3dB 차단주파수} \tag{4-18}$$

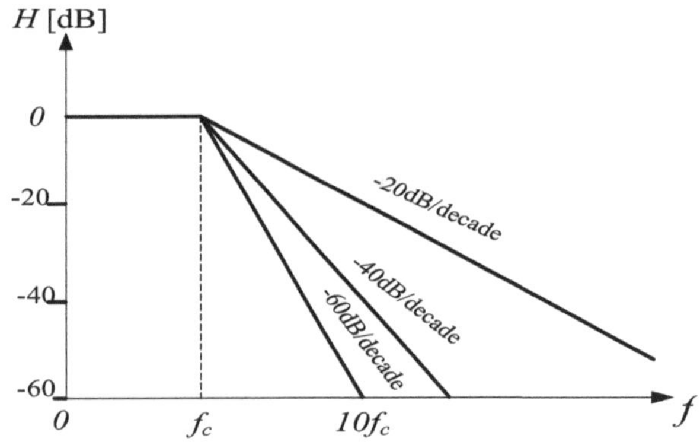

[그림 5-20] 저역통과필터의 차수(order)에 따른 차단기울기

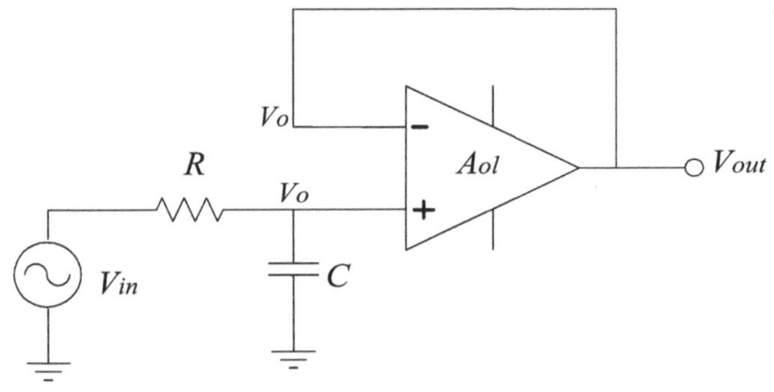

[그림 5-21] 능동 저역통과필터의 기본 구조

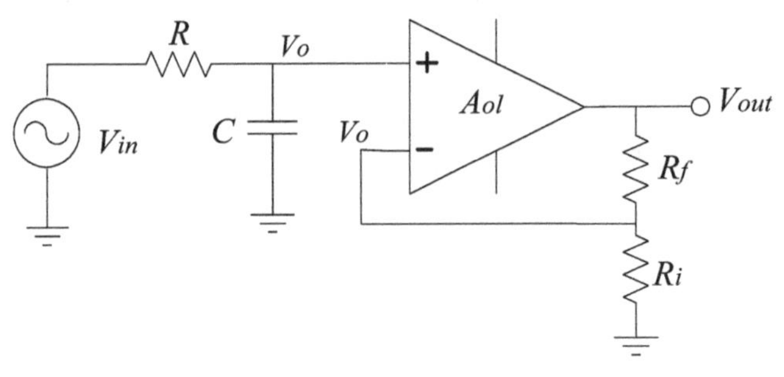

[그림 5-22] 이득을 갖는 능동 저역통과필터의 기본 구조

[그림 5-21]의 능동 저역통과필터의 기본구조는 이득을 갖지 않는다. 그러나 [그림 5-22]와 같은 구조를 가질 때 저항비(R_f/R_i)에 비례하는 이득을 갖는 능동저역통과 필터를 구현할 수 있다.

또한 2차 능동 저역통과필터는 [그림 5-23]과 같은 구조를 가질 때 셀렌키(Sallen-key) 필터라 한다. 이를 해석하기 위해 [그림 5-24]를 제시하였다. [그림 5-23]회로에서 출력전압(V_{out})은 반전입력단자의 전압(V_0)과 같고, 이상적인 OPAMP로 가정할 때 비 반전입력단자와 반전입력단자의 전위차가 거의 없으므로 동일한 전압(V_0) 값을 갖는다. [그림 5-24] 회로는 저항 R_1과 임피던스 Z_1, 그리고 캐패시터 C_2가 직렬 연결된 구조이며, 캐패시터 C_2 임피던스에 걸린 전압에서 출력($Vout$)을 얻어낸다. 먼저 임피던스 Z_1은 캐패시터 C_1과 저항 R_2와 병렬이므로 이를 계산하면 식 (4-19)과 같다. 또한 출력전압은 전압분배회로에서 캐패시터 C_2에 걸린 출력전압은 식 (4-20)와 같이 얻어진다. 여기에서 식 (4-15)~식 (4-18) 와 유사한 방법으로 3dB 차단주파수를 식 (4-21)처럼 계산한다. 식 (4-21)에서 부품 값들을 $R_1 = R_2 = R$, $C_1 = C_2 = C$ 으로 설정하면 차단주파수는 다음 식 (4-22)처럼 간단히 구해진다.

$$Z_1 = R_2 \parallel C_1 = \frac{R_2 \cdot (1/j\omega C_1)}{R_2 + 1/j\omega C_1} \tag{4-19}$$

$$V_{out} = \frac{1/j\omega C_2}{R_1 + Z_1 + 1/j\omega C_2} V_{in} \tag{4-20}$$

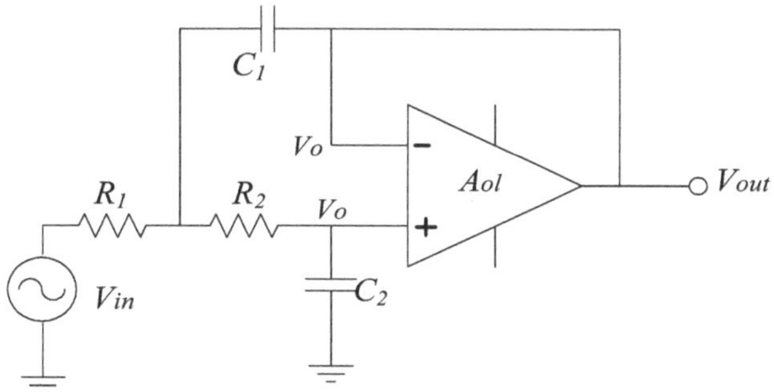

[그림 5-23] 2차 능동저역통과필터(셀렌키(Sallen-key)) 필터의 기본 구조

$$f_c = \frac{1}{2\pi\sqrt{R_1C_1R_2C_2}} \tag{4-21}$$

$$f_c = \frac{1}{2\pi RC} \tag{4-22}$$

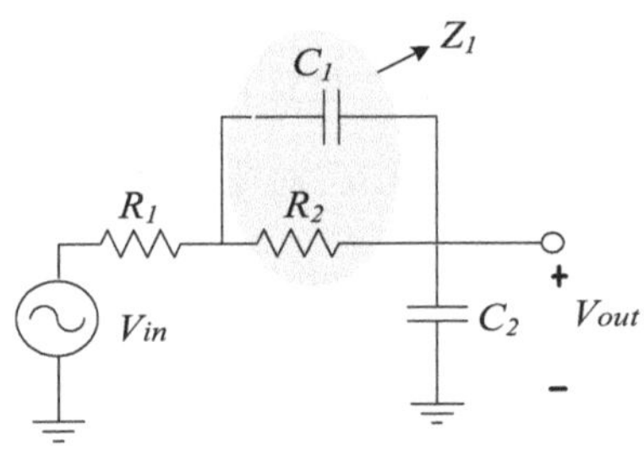

[그림 5-24] 2차 능동저역통과필터의 RC 회로 해석

2) 능동 고역통과필터

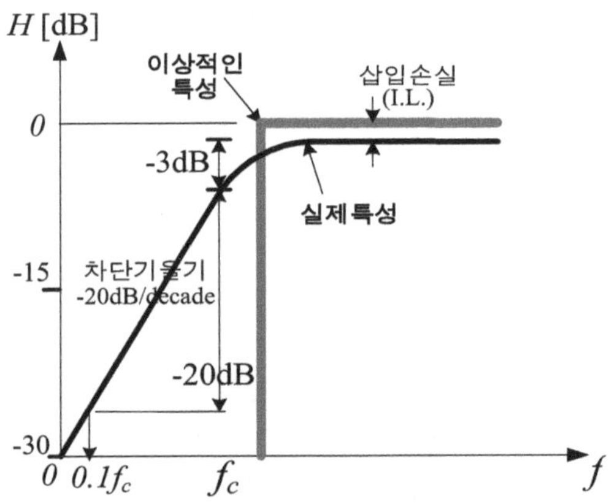

[그림 5-25] 고역통과필터의 특성 파라미터들

고역통과필터(low pass filter, HPF)는 차단주파수(f_c)까지의 낮은 주파수를 갖는 교류신호를 차단시키고 차단주파수(f_c) 보다 높은 주파수를 통과시키는 필터이다. 일반적으로 HPF의 통과대역(pass band)은 차단주파수부터 시작되며 통과대역내의 높은 주파수에서 전송 특성은 필터를 구성하는 소자들의 고주파 특성에 좌우된다. 차단주파수 이하의 감쇄

대역에서는 주파수가 감소할수록 신호를 더욱 크게 감쇄시키며, 저역통과필터와 마찬가지로 필터의 차수(order)가 증가할수록 감쇄정도가 급격히 심해진다. 상세한 필터특성 파라미터 내용은 [그림 5-25]에서 볼 수 있다. 삽입손실(insertion loss)는 통과대역에서 필터를 회로 내에 삽입함으로 써 발생하는 손실을 의미한다. 이상적인 필터는 통과대역에서 삽입손실이 없으나 실제 구현된 필터들은 임피던스 정합이나 제작 상 또는 부품들의 오차에 의해 삽입손실이 존재한다. 차단주파수는 입력교류전압을 출력단에서 70.7%(전력크기로 1/2, dB 단위로 -3dB) 수준으로 얻을 수 있는 3dB 주파수로 정의된다.

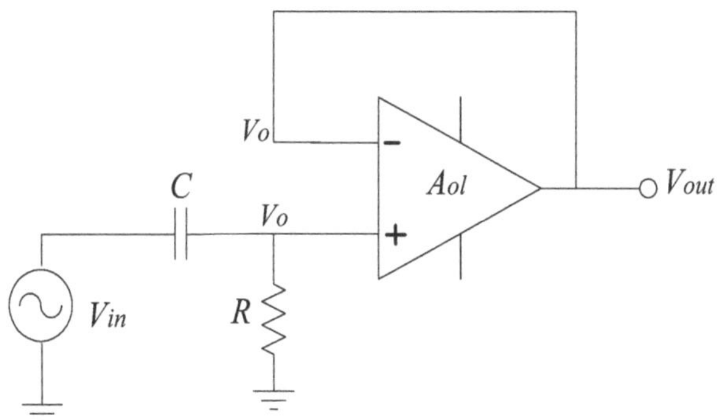

[그림 5-26] 능동 고역통과필터의 기본 구조

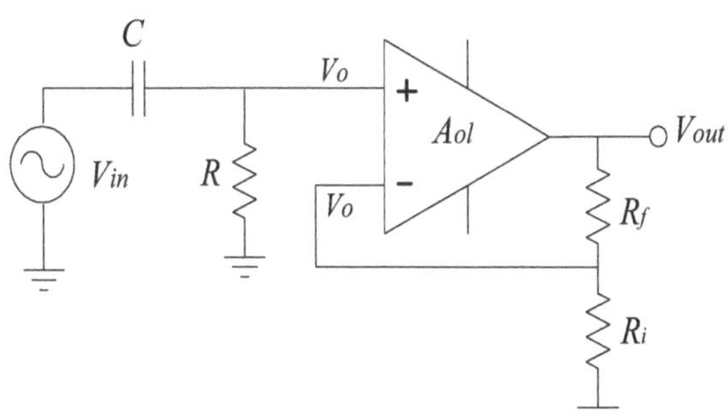

[그림 5-27] 이득을 갖는 능동 고역통과필터의 기본 구조

또한, [그림 5-26]에는 OPAMP와 일차 RC 수동필터가 결합된 능동 고역통과필터의 구성을 볼 수 있다. OPAMP는 이득이 1인 완충증폭기 구조이다. 이의 전달 함수 및 차단주파수는 식 (4-15) ~ 식 (4-21)과 같은 방식으로 구해지며 3dB 차단주파수는 식 (4-18)과

동일하다. 필터가 [그림 5-27]와 같은 구조를 가질 때 저항비(R_f/R_i)에 비례하는 이득을 갖는 비 반전 능동 고역통파 필터를 구현할 수 있다.

3) 능동 대역통과필터

대역통과필터(band pass filter, BPF)는 특정 주파수범위(또는 대역)을 통과시키고 이외의 주파수는 차단시키는 특성을 갖는다. 일반 대역통과필터와 동일하게 능동 대역통과필터도 동일하게 특성파라미터들이 정의되며 [그림 5-28]에서 볼 수 있다. 특히 능동대역통과필터는 OPAMP 임피던스 특성(높은 입력임피던스, 낮은 출력임피던스)들의 장점으로 [그림 5-29] 혹은 [그림 5-30]처럼 능동저역통과필터와 능동고역통과필터를 직접 종속(cascade) 연결하여 구현될 수 있다. OPAMP IC가 2개 또는 4개의 OPAMP를 내장하고 있는 점을 감안하면 더욱 쉽게 필터를 구현할 수 있으며, 상기의 두 개 필터사이에 완충증폭기(voltage follower)를 배치시킬 경우 능동고역통과필터와 능동저역통과필터들 간의 상호 간섭을 더욱 줄일 수 있다.

통과대역을 나타내는 3dB 대역폭은 상위 차단주파수(f_{c2})와 하위 차단주파수(f_{c1}) 차이를 통해 얻을 수 있으며 다음 식 (4-23)과 같다.

$$3dB\ BW(bandwidth) = f_{c2} - f_{c1} \tag{4-23}$$

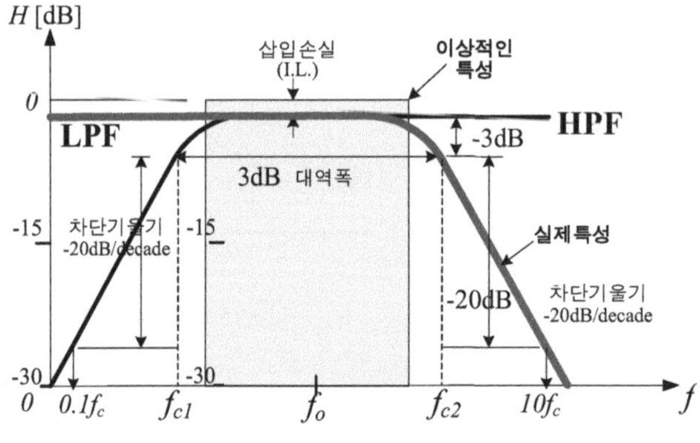

[그림 5-28] 대역통과필터의 특성 파라미터들

한편, 필터에 관련된 파라미터들은 저역통과필터에서 정의한 바와 같이, 삽입손실(insertion loss)은 이상적인 대역통과필터에 대비하여, 실제 구현되었을 때 통과대역에서

손실을 dB 단위로 표현한다. 차단영역에서 감쇄 기울기는 차단주파수를 기준으로 10배 주파수($10f_{c2}$) 또는 1/10 주파수($0.1f_{c1}$)에서 감쇄(dB/decade)로 정의된다. 저역통과필터에서 보듯이 이론적으로 하나의 RC set 당 개략적으로 -20dB/decade 정도의 감쇄를 제공한다. 또한, OPAMP의 단위이득대역폭 성능에 따라 개방루프이득이 감소하므로, 대역통과필터의 상위 주파수 대역에서 감쇄특성은 주파수 증가에 따라 더욱 커질 수 있다. 그 정도는 사용되는 OPAMP마다 다르므로 부품의 데이터쉬트(data sheet)를 확인해야 한다.

[그림 5-29]는 일차(first order) 능동저역통과필터와 일차 능동고역통과필터를 종속 접속하여 연결한 구조이다. 대역통과필터의 상향 차단주파수(f_{c2})은 저역통과필터의 차단주파수와 같고, 하위 차단주파수(f_{c1})는 고역통과필터의 차단주파수와 같으며, 이들은 각각 식 (4-24)로 정해진다. 각 필터들이 저항과 커패시터를 하나씩 사용한 일차회로이기 때문에 차단영역에서 약 20dB/decade의 감쇄기울기가 예상된다.

$$f_{c2} = \frac{1}{2\pi R_2 C_2} \quad , \quad f_{c1} = \frac{1}{2\pi R_1 C_1} \tag{4-24}$$

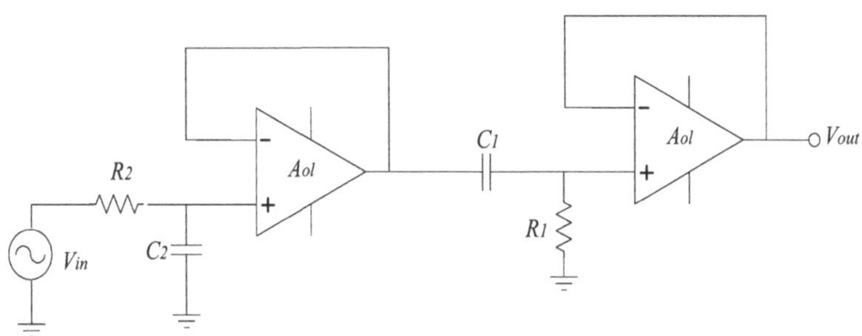

[그림 5-29] 능동저역통과필터와 능동고역통과필터가 종속 접속된 대역통과필터 회로(예제1)

[그림 5-30]은 셀렌키(Sallen-key) 구조를 갖는 이차(first order) 능동저역통과필터와 이차 능동고역통과필터를 종속 접속하여 연결한 구조이다. 대역통과필터의 상향 차단주파수(f_{c2})는 저역통과필터의 차단주파수로부터 계산되며, 하위 차단주파수(f_{c1})는 고역통과필터의 차단주파수로부터 계산되어 각각 식 (4-25)로 정해진다. 각 필터들이 저항과 커패시터를 2개씩 사용한 이차회로이기 때문에 차단영역에서 약 40dB/decade의 감쇄기울기가 예상된다. [그림 5-29]회로와 [그림 5-30]회로들은 신호의 증폭이 필요한 경우 [그림 5-27]처럼 2개의 저항을 이용하여 적절한 이득을 얻어낼 수 있다. 또한 각 필터들의 특성을 보존할 수 있도록, 상호 임피던스 영향을 줄이기 위해 완충증폭기를 두 필터들 사이에 배치

할 수 있다.

$$f_{c2} = \frac{1}{2\pi\sqrt{R_1 C_1 R_2 C_2}} \quad , \quad f_{c1} = \frac{1}{2\pi\sqrt{R_3 C_3 R_4 C_4}} \qquad (4-25)$$

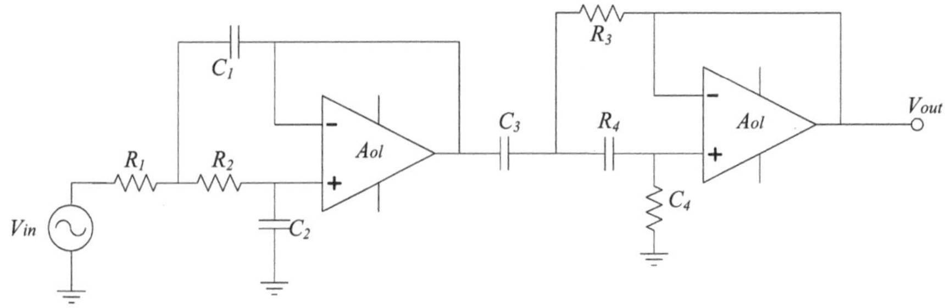

[그림 5-30] 능동저역통과필터와 능동고역통과필터가 종속 접속된 대역통과필터 회로(예제2)

5.4.5 반전 적분기

OPAMP 는 아날로그 및 디지털 신호들의 적분연산을 위한 회로에 사용될 수 있다. 적분회로는 능동저역통과필터와 전달함수가 유사하여 차단주파수 보다 높은 주파수들을 제거함으로써 입력 교류파형의 날카로운 모서리를 제거하기도 하고 시정수에 따라 입력신호의 평균값을 출력시키기도 한다.

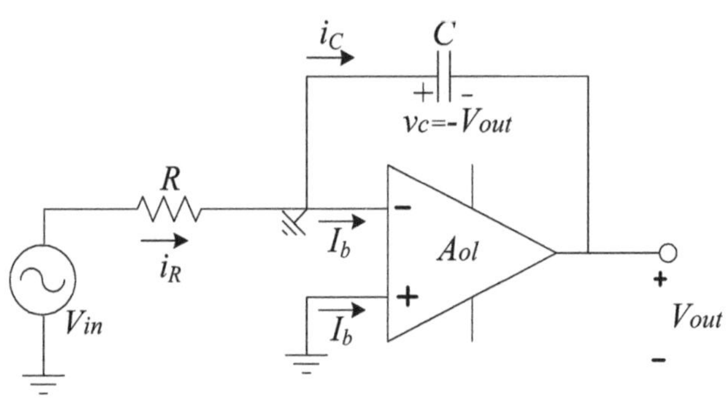

[그림 5-31] 반전 적분기 회로

[그림 5-31]은 OPAMP를 이용한 적분기(integrator) 회로이며 일반적인 반전 증폭기회

로에서 귀환저항 R_f 대신 커패시터가 연결되었다. OPAMP가 이상적이라 가정하면 반전단자는 가상접지되어 있으므로 전류 i_R은 다음 식 (4-26)과 같다.

$$i_R = \frac{V_{in}}{R} \tag{4-26}$$

커패시터 양단의 전압은 $v_C = -V_{out}$이므로, 커패시터에 흐르는 전류 i_C는,

$$i_C = C\frac{dv_C}{dt} = -C\frac{dV_{out}}{dt} \tag{4-27}$$

이다. OPAMP의 반전단자로 흐르는 전류는 0 이므로 저항 R을 통해 흐르는 전류 i_R은 커패시터 C에 흐르는 전류 i_C와 같다. 따라서 이들 관계는 다음 식 (4-28)처럼 구할 수 있다.

$$i_R = \frac{V_{in}}{R} = i_C = -C\frac{dV_{out}}{dt} \tag{4-28}$$

위 식으로부터 출력전압 V_{out}은 다음 식과 같다. 이때 커패시터 C에 충전된 초기전압은 0으로 가정한다.

$$V_{out}(t) = -\frac{1}{RC}\int V_{in}(t)\,dt \tag{4-29}$$

위 식으로부터 출력전압 V_{out}은 입력전압 V_{in}을 적분함으로써 구할 수 있으며, 음의 부호를 가지므로 반전 적분기(integrator)라 한다. 또한 RC 값을 적분 시상수(time constant)라 하며, 입력전압이 적분되는 속도를 나타낸다.

적분기의 입력신호는 반전입력단에 인가되기 때문에 회로의 출력은 입력과 180° 의 위상차를 가지게 된다. 따라서 입력이 '양' 의 값일 때 출력단자에서는 '음' 의 파형이 된다. 입력이 '음' 일 때도 마찬가지 동작을 한다. [그림 5-32]에서 사각파형이 입력될 때 적분기의 출력단에서 얻어지는 출력파형을 볼 수 있다. 출력파형은 입력된 사각파형의 날카로운 에지(edge) 부분이 잘려졌으며 0V를 중심으로 스윙(swing)하는 삼각파형임을 알 수 있다. 파형의 진폭은 RC 시정수에 따라 변화된다. 그러나 반전 입력단자에 직류 offset이 있는 경우 출력파형은 0V 주변에서 스윙하지 않을 수 있다. 이를 해결하기 위해

[그림 5-33]처럼 귀환경로에 저항 R_f를 추가한다. 상세내용은 이어진 내용에서 설명한다. 한편, 커패시터 C의 초기 충전전압을 V_0라 할 때 식 (4-29)는 다음과 같이 표현된다.

$$V_{out}(t) = -V_0 - \frac{1}{RC}\int V_{in}(t)\,dt \qquad (4\text{-}30)$$

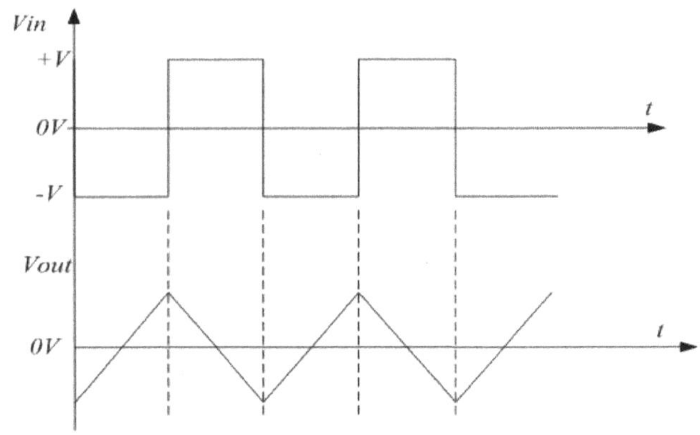

[그림 5-32] OPAMP 적분기에 입력된 사각파형의 출력

[그림 5-31]의 반전 적분기에서 입력 V_{in}에 직류 offset 전압이 포함된 경우에는 커패시터 C가 개방되어 OPAMP의 출력이 전원전압($\pm V_{CC}$) 근처의 전압으로 포화되어 적분기로 동작하지 못한다. 이와 같은 문제점을 개선하기 위해 [그림 5-33]과 같이 커패시터에 병렬로 저항 R_f를 연결하여 DC 경로를 만들어 준다. 직류 offset 입력전압에 OPAMP는 개방되고 저항 R_f는 부귀환 경로를 형성하므로 마친 반전 증폭기와 같이 동작하여 직류 이득(A_{DC})은 다음과 같이 계산된다.

$$A_{DC} = -\frac{R_f}{R} \qquad (4\text{-}31)$$

직류 offset 입력전압에 대한 출력전압의 포화를 최소화시키기 위해서는 저항 R_f가 작을수록 좋으나, 오히려 커패시터 C에 충전되는 전압의 방전경로를 만들어 주므로, 출력전압이 감쇄하여 적분기의 특성을 잃게 된다. 따라서 적분기의 특성을 유지하면서도 직류 offset 입력에 따른 출력신호의 포화를 방지하기 위해 적절한 귀환저항 R_f 값을 선택해야 한다. 실제로 방전에 따른 적분기 특성을 유지하기 위해 귀환저항 R_f 값을 입력단 저항 R보다 10배 이상 크게 유지한다. [그림 5-33] 회로의 전달 함수를 구하면,

$$A(s) = \frac{V_{out}}{V_{in}} = -\frac{R_f \parallel 1/(j\omega C)}{R} = -\frac{R_f}{R}\frac{1}{1+j\omega/\omega_C} \tag{4-32}$$

가 되므로 [그림 5-33]의 반전 적분기 회로는 주파수 영역에서 살펴볼 때 차단주파수가 $\omega_C = 1/R_f C$ 인 저역통과필터로 동작한다.

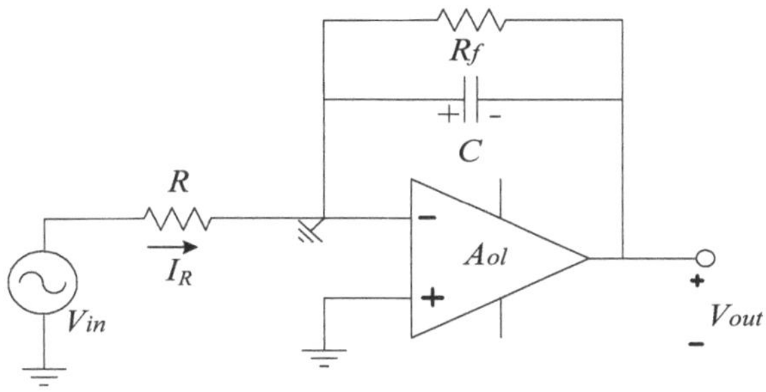

[그림 5-33] 귀환회로를 갖는 반전 적분기 회로

5.5 OPAMP 회로 시뮬레이션

ORACD Pspice 회로 시뮬레이션을 위한 기본 단계는 지난 2~4장에서 충분히 예를 들었기 때문에 도입부는 생략한다. 본 절에서는 관련 되는 부분을 위주로 설명한다.

5.5.1 부귀환 증폭회로 시뮬레이션

1) 비 반전 증폭기 설계 및 시뮬레이션

회로도 작성에 필요한 핵심부품은 Library C:\cadense\spb_16.5\tools\capture\library \pspice\opamp.olb에서 uA741을 가져온다. 나머지 부품은 기존 시뮬레이션과 동일하다. Source Library에서 'Vsin'을 가져와 회로의 교류신호원으로 한다. 이를 통해 정현파 신호의 주파수와 진폭 그리고 offset 전압을 설정한다.

> 설계예제: 소신호 이득이 11인 비 반전 증폭기를 교류주파수 1KHz에서 설계하고 입출력 위상을 확인한다.
> : uA741 OPAMP, 양전압 공급(dual power supply)

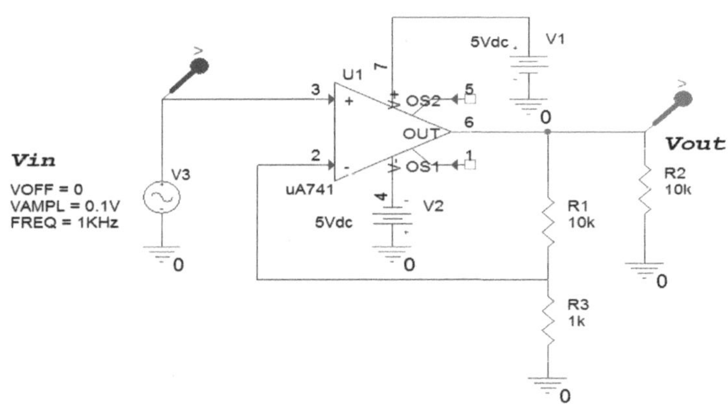

[그림 5-34] 비 반전증폭기 회로도(schematic diagram)

Pspice의 회로도(schematic page) 에서 [그림 5-34]와 같이 회로를 그리고 입출력 프로브(probe)를 위치시킨다. IC의 7과 4번 핀에 +5V, -5V의 전압을 공급한다. 양전원(dual supply)를 사용하였으므로 교류신호의 중심 전압은 0V이고 출력 교류 신호는 이들 전압보다 항상 작다. 귀환 경로에 있는 저항 R_1과 접지에 연결된 저항 R_3의 저항비가 10배이므로 비 반전증폭기에서는 11배의 이득을 얻을 수 있다. 출력단자에서는 부하저항을 10kΩ을 두어 교류신호를 출력시켰다. 비 반전입력단자에 1KHz 주파수와 크기가 100mV인 교류신호를 인가하였다. 11배 증폭되는 경우 1.1V의 출력신호의 크기를 예상해 볼 수 있다.

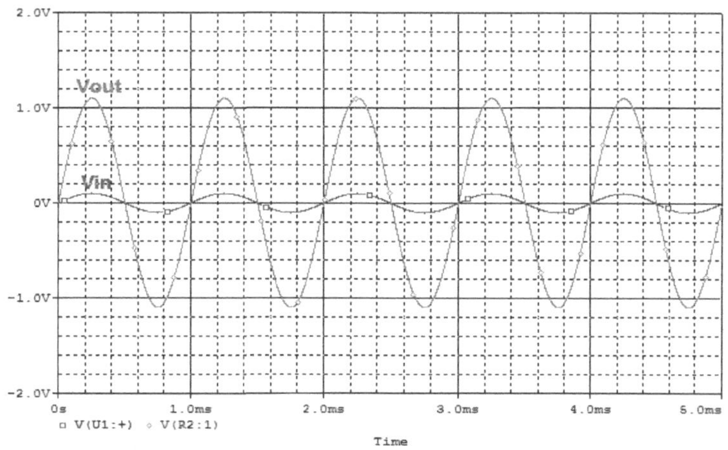

[그림 5-35] 비 반전증폭기의 시뮬레이션 결과

회로도의 입력(V_{in})단과 출력(V_{out})단에 표시된 프로브 전압을 표시한 결과를 [그림 5-35]에서 볼 수 있다. 100mV 크기를 갖는 입력신호를 증폭한 결과 1.10V 크기의 출력신호가 중심전압 0V를 중심으로 스윙(swing)하고 있음을 확인해 본다. 또한, 두 신호의 위상이 동일함을 확인 할 수 있다. 한편, OPAMP는 선형증폭기로서 입력(V_{in})신호의 크기를 증가시키면 동일한 이득을 유지하면서 출력 전압도 비례해서 증가하나 공급전압인 5V이전에서 입력파형이 왜곡되기 시작한다. 따라서 출력 교류신호는 5V를 넘지 못한다.

OPAMP의 주파수 응답을 보기위해서는 회로에 입력되는 교류신호를 [그림 5-34]에 있는 좌측 신호원을 'Vac'로 바꾸어야 한다. 또한 시뮬레이션 환경설정 화면에서 'AC sweep'으로 선택하고 설계주파수를 포함하는 주파수응답을 위해 시작주파수와 끝 주파수 값을 입력 시킨다. [그림 5-36]에 [그림 5-35] 회로에 대한 주파수 응답 시뮬레이션 결과를 볼 수 있다. 이득은 dB 단위로서 전력비로서 $20\log(V_{out}/V_{in})$으로 정의되고, 여기에서 증폭도가 11이기 때문에 설계 주파수인 1KHz에서 약 21dB의 이득을 갖는다. 특이 사항으로 uA741 OPAMP의 개방이득이 1MHz 부근에서 0dB를 갖기 때문에 본 증폭기의 이득도 1MHz에 접근할수록 이득이 현저하게 감소하는 특성을 나타낸다. [그림 5-36]에서도 이를 반영한 것을 알 수 있으며 마치 저역통과필터처럼 동작한다.

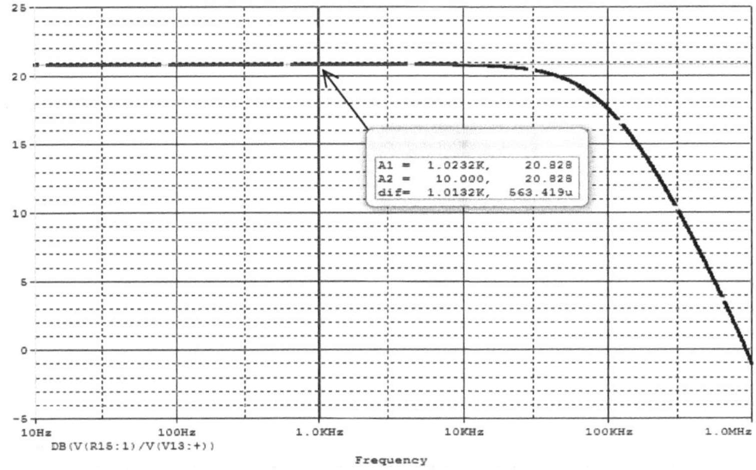

[그림 5-36] 비 반전 증폭기의 주파수 응답특성 시뮬레이션

1) 반전 증폭기 설계 및 시뮬레이션

비 반전 증폭회로 시뮬레이션과 마찬가지로 회로도 작성에 필요한 핵심부품은 Library C:\cadense\spb_16.5\tools\capture\library\pspice\opamp.olb에서 uA741을 가져온다. 나머지 부품은 기존 시뮬레이션과 동일하게 가져온다. Source Library에서 'Vsin'을 가져와 회로의 교류신호원으로 한다. 이를 통해 정현파 신호의 주파수와 진폭 그리고 offset 전압을 설정한다.

> 설계예제: 소신호 이득이 10인 반전 증폭기를 교류주파수 1KHz에서 설계하고 입출력 위상을 확인한다.
> : uA741 OPAMP, 양전압 공급(dual power supply)

[그림 5-37]과 같이 반전 입력단자에 1KHz 에서 100mV 크기를 갖는 교류신호를 입력한다. 귀환저항 R_4 와 입력저항 R_6의 비를 10배로 하여 증폭기가 원하는 이득을 갖도록 한다. 양전원(dual supply)을 공급하므로 입출력 교류신호가 접지(0V)를 중심으로 스윙한다. 출력단에는 부하저항 R_5를 두어 출력교류신호를 얻는다.

[그림 5-38]에서 시뮬레이션 결과를 볼 수 있다. 교류입력신호(V_{in})와 출력신호(V_{out})의 이득이 10이며, 이들의 위상이 반전된 것을 확인 할 수 있다. 비 반전증폭기와 마찬가지로 선형증폭기로서 입력(V_{in})신호의 크기를 증가시키면 동일한 이득을 유지하면서 출력

전압도 비례해서 증가하나 직류공급전압인 5V이전에서 입력파형이 왜곡되기 시작한다. 따라서 출력 교류신호는 5V를 넘지 못한다.

비 반전 증폭기와 마찬가지로 OPAMP 주파수 응답을 보기위해서는 회로에 입력되는 교류신호를 [그림 5-34]에 있는 좌측 신호원을 'Vac' 로 바꾸어야 한다. 또한 시뮬레이션 환경설정 화면에서 설정도 동일하다. [그림 5-37] 회로에 대한 주파수 응답 시뮬레이션 결과도 매우 유사하나, dB 단위의 전력비는 설계 주파수인 1KHz에서 20dB의 이득을 갖는다. 본 증폭기의 이득도 1MHz에 접근할수록 이득이 현저하게 감소하는 특성을 나타낸다.

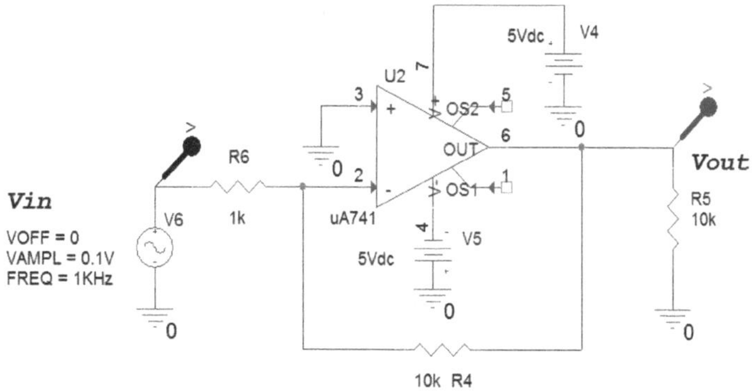

[그림 5-37] 반전 증폭기의 회로도(schematic diagram)

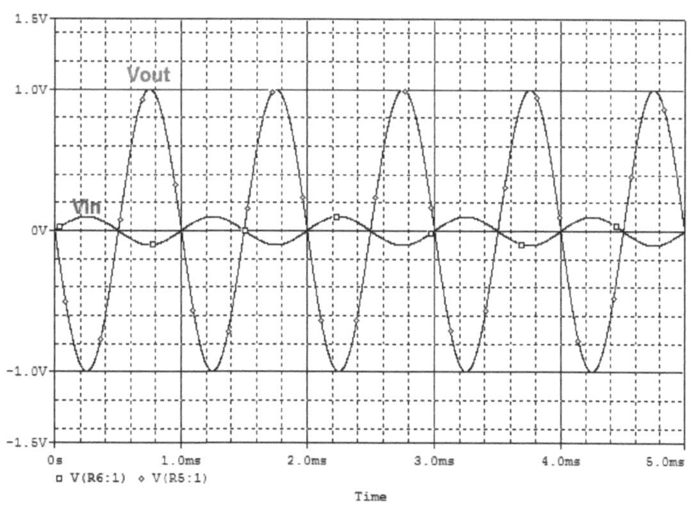

[그림 5-38] 반전증폭기의 시뮬레이션 결과

5.5.2 능동필터 시뮬레이션

1) 능동 저역통과필터(LPF) 시뮬레이션 예제

저항과 캐패시터를 구성된 RC 필터로부터 식 (4-18)에 근거하여 차단주파수를 계산한다. 또는 저항이나 캐패시터 중에서 하나의 부품 값과 차단주파수를 고정하고 나머지 부품 값을 얻어내기도 한다. RC 회로로만 구성된 저역통과필터는 OPAMP와 결합함으로써 저역통과특성을 유지할 수 있고, 전압이득도 얻어낸다.

[그림 5-39]에 RC 저역통과필터와 비 반전증폭기와 결합된 능동 저역통과필터의 설계 예를 제시하였다. 귀환경로에 있는 2개의 저항을 살펴볼 때, 이론적인 이득은 11배(dB 단위로 약 21dB)이며 저역통과 차단주파수는 다음과 같이 계산된다.

$$f_c = \frac{1}{2\pi RC} = \frac{1}{2\pi(1000 \cdot 0.01 \times 10^{-6})} \simeq 15.9\,[KHz] \tag{4-33}$$

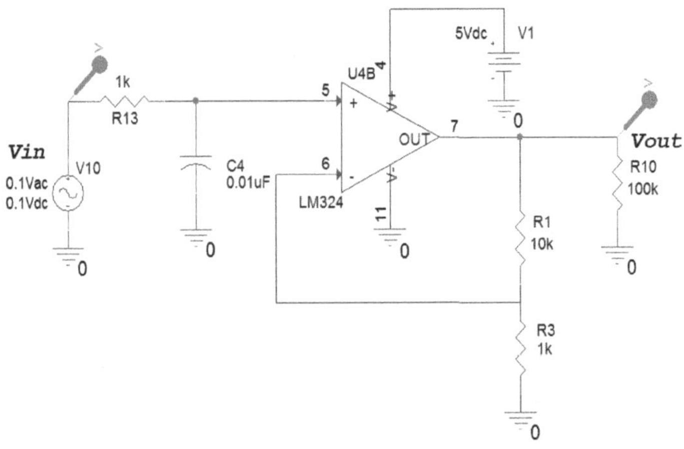

[그림 5-39] 능동 저역통과여파기의 예제 회로

[그림 5-39] 회로의 입력 신호는 주파수응답을 측정할 수 있는 교류전원(Vac)이다. 회로에서 OPAMP는 LM324를 사용하였으며, 단전원(single supply) 5V를 인가하였다. 단전원을 사용하고 있으므로, 교류입력신호를 0.1V의 직류 offset 전압을 중심으로 100mV 크기로 입력하였다. OPAMP가 +5V 단전원에서 동작한다는 것은, 출력단 교류신호의 최대 크기가 0V에서 5V사이에서 스윙한다는 것을 의미하므로, 교류입력신호에서 직류 offset 전압과 크기를 설정하는 데 유의해야 한다.

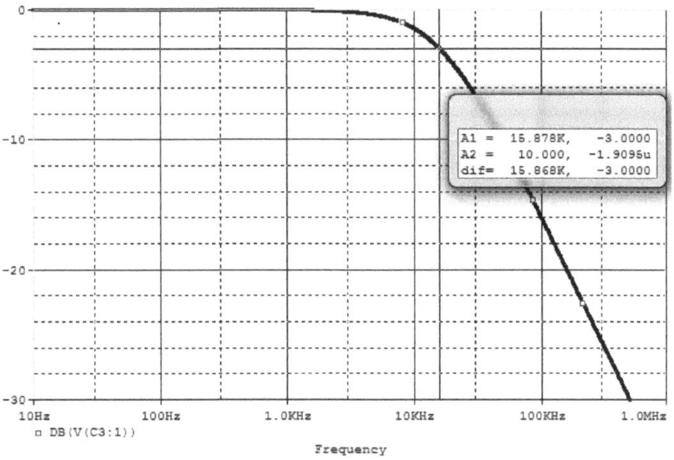

[그림 5-40] RC 회로만의 주파수 응답특성

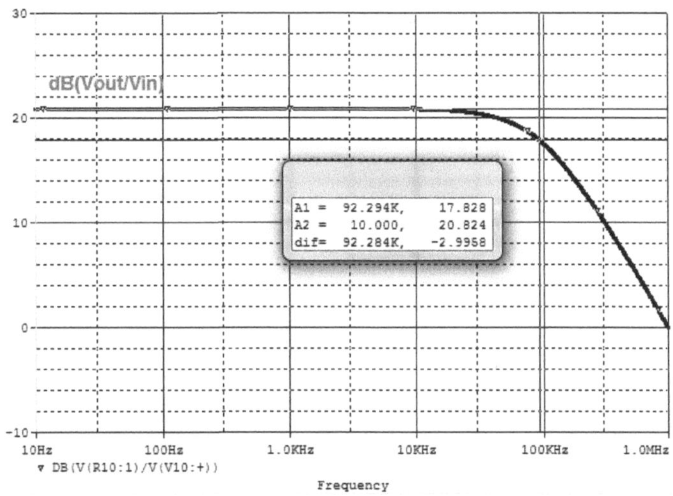

[그림 5-41] 비 반전 증폭기만의 주파수 응답특성

[그림 5-40]에서 [그림 5-41]은 RC 저역통과필터와 OPAMP 의 결합에 따른 주파수 특성변화를 보여준다. [그림 5-40]은 RC 저역통과필터의 주파수 응답이다. 식 (4-33)에서 계산한 이론 값과 매우 근접하게 3dB 차단주파수를 15.575KHz에서 얻었다. 이후 차단 영역에서 약 20dB/decade 의 차단 기울기를 나타낸다. [그림 5-41]은 11배의 이득을 갖도록 설계된 OPAMP 비 반전 증폭기만의 주파수 응답특성이다. 교류신호의 입력단에 관찰용

프로브가 배치되어 입력전압(V_{in})으로 지정하였으며, 출력단에 100kΩ의 부하저항에 프로브를 두고 출력전압(V_{out})을 관찰하였다. 이들 값을 통해 dB 단위의 전압 이득인 $20\log(V_{out}/V_{in})$으로 주파수 응답을 표현하였으며, 저역통과필터의 통과주파수 대역에서는 약 21dB 의 이득을 갖는다. 설계된 증폭기는 LM324 OPAMP 부품 자체의 개방이득 주파수 특성으로 인해 3dB 차단주파수를 92KHz에서 나타내며 이후에 이득이 점차 감소하여 1MHz에서 이득이 0의 값을 가진다. [그림 5-42]는 RC 저역통과필터와 OPAMP 증폭기가 결합된 주파수 응답특성을 나타낸다. 통과대역에서 21dB의 이득을 가지며, 3dB 차단주파수는 식 (4-33)에서 계산된 이론 값에 유사하다. 차단기울기는 RC 필터와 기울기 특성에 OPAMP 자체의 주파수 특성이 더해져 감쇄 기울기가 심해졌다. 즉, 10배의 주파수 범위(decade)에서 20dB 이상의 감쇄특성이 얻어졌다.

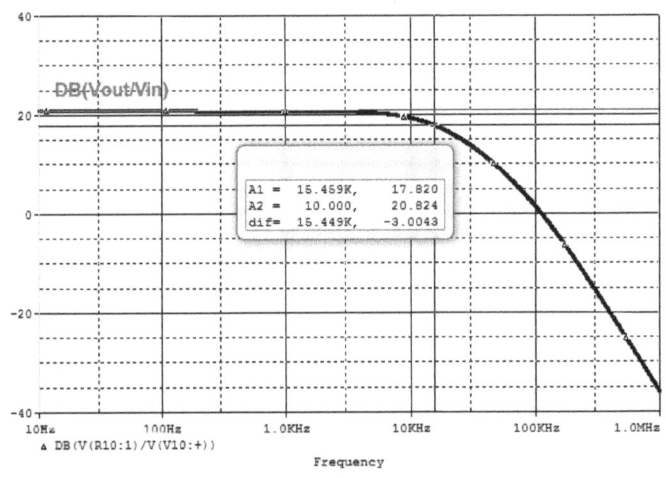

[그림 5-42] 능동 저역통과필터의 주파수 특성

차단영역에서 감쇄기울기 특성을 강화시키기 위해 2차 능동저역통과 필터를 이용한다. 대표적으로 [그림 5-23]에서 소개한 셀렌키(Sallen-key) 방식의 2차 능동저역통과 필터를 설계해본다. 저항 2개와 캐패시터 2개가 동일한 값을 갖게 설계한다. 차단주파수는 위의 시뮬레이션에서 사용했던 저항 값과 캐패시턴스 값을 그대로 사용 한 경우, 식 (4-33)처럼 이론적으로 15.9KHz 로 계산된다. [그림 5-43]에 이득이 1인 2차 능동 저역통과 필터 회로의 예제가 있다. 귀환 경로에 저항 분배회로가 없으므로 전압이득이 0dB 임을 예상할 수 있다. 이에 대한 시뮬레이션 결과를 [그림 5-44]에서 볼 수 있다. 3dB 차단주파수가 약 10KHz로 이론에 근거한 계산 값과 차이를 드러낸다. 또한 3dB 차단주파수 이후의 차단영역에서 감쇄기울기가 30dB/decade로서 이론값인 40dB/ decade와 다르다. 이는 LM324 OPAMP의 단전원(single supply) 임피던스 특성에 기인한다.

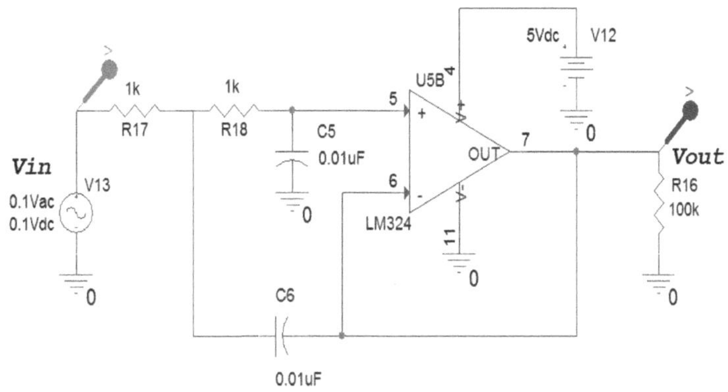

[그림 5-43] 셀렌키(Sallen-key) 2차 능동저역통과 필터 회로 예제

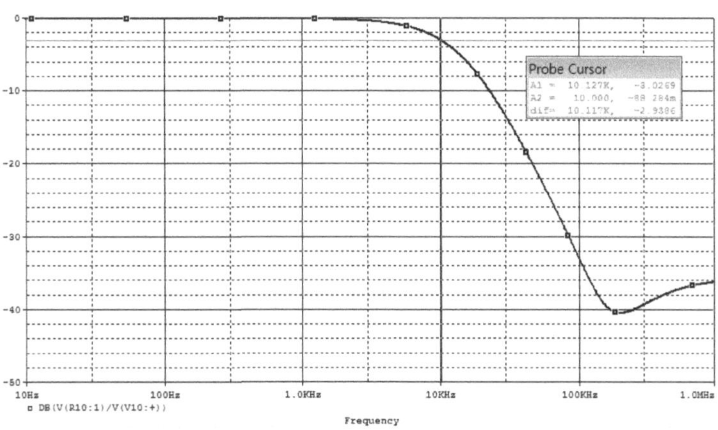

[그림 5-44] 셀렌키(Sallen-key) 2차 능동저역통과필터의 주파수 응답특성

2) 능동 대역통과필터(BPF) 시뮬레이션 예제

5.4.4절에서 소개된 능동 대역통과필터의 이론에 근거하여 아래 표에서 제시한 설계 목표에 근접한 능동대역통과필터를 설계한다. 부품은 LM324를 사용하고 ±5V의 양전원

(dual supply)을 공급한다.

주어진 차단주파수에서 캐패시터 값을 0.01uF으로 고정하고 저항값을 조정하여 설계 목표에 근사한 3dB 차단주파수를 제공하는 저항들을 계산한다. 또한 비반전 증폭기에서 22dB 이상의 이득을 얻기 위해서 각 능동필터의 이득을 4배 이상으로 설계해 본다. 차단 영역에서 감쇄기울기가 20dB/decade 수준을 얻기 위해서, 이상적인 RC 수동필터에서는 1차 RC 필터로 구현이 가능하나, 능동필터에서는 OPAMP 임피던스 특성에 따른 성능 저하를 예상하여 2차 이상을 사용하는 것이 바람직하다. 본 예제에서는 1차 RC 능동필터를 통해 성취결과의 수준을 평가해본다.

[표 5-2] 능동대역통과필터의 설계목표

설계 목표
• 3dB 통과대역: 1.6 ~ 16KHz • 통과대역내 전압이득: 22dB 이상 • 차단감쇄 기울기: 20dB/decade

$$f_{c2}=\frac{1}{2\pi RC}=\frac{1}{2\pi(1000\cdot 0.01\times 10^{-6})}\simeq 15.9\,[KHz] \qquad (4\text{-}34)$$

$$f_{c1}=\frac{1}{2\pi RC}=\frac{1}{2\pi(10000\cdot 0.01\times 10^{-6})}\simeq 1.59\,[KHz] \qquad (4\text{-}35)$$

3dB Bandwidth = $f_{c2}-f_{c1}=(15.9-1.59)=14.31KHz$ (4-36)

각 증폭기의 전압 이득 = $20\log(1+3k/1k)=12dB$ (4-37)

[그림 5-46]에 시뮬레이션 결과를 볼 수 있다. 전체 전압이득은 약 23dB를 얻어내 목표한 이득을 만족한다. 그러나 3dB 차단주파수 범위는 목표한 차단주파수보다 약간 넓은 결과가 나왔다. 낮은 주파수의 차단 영역에서 차단 감쇄기울기가 목표치보다 약간 떨어지는 18dB/decade이나, 상위 차단 영역에서는 목표치보다 높은 26dB/decade가 시뮬레이션 된다. 상위 차단영역에서는 LM324 OPAMP 부품 자체의 개방이득이 주파수 증가에 따라 이득이 떨어지는 특성이 더해져 감쇄가 심해진 것이다. 전체적으로 수동소자만으로 대역통과필터를 구현한 것보다 능동소자가 더해지게 되면 상호 임피던스 간섭현상으로 성능이 떨어진다. 또한 직류전원공급 조건이나 교류입력신호의 크기나 offset 직류전압에 따라 회로 성능에 영향을 준다.

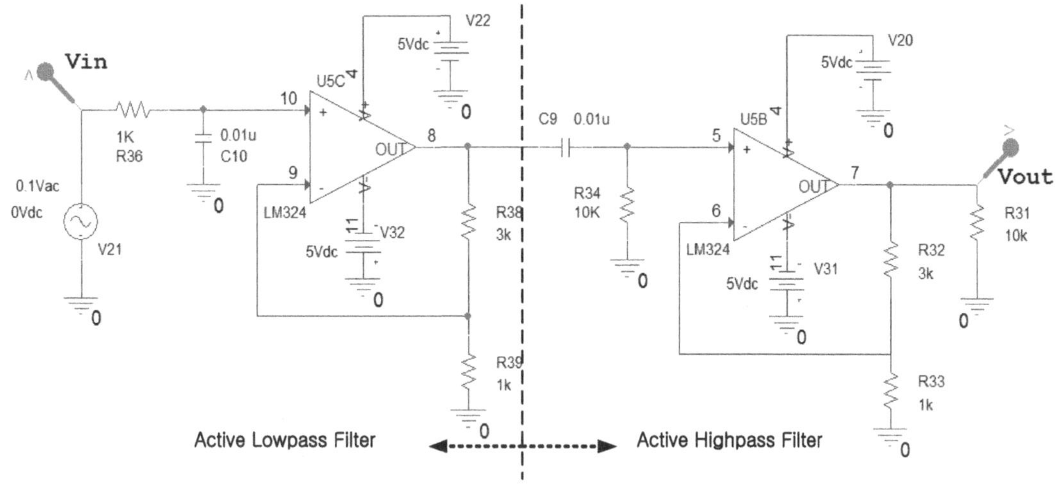

[그림 5-45] 설계된 1차 능동대역필터의 schematic diagram

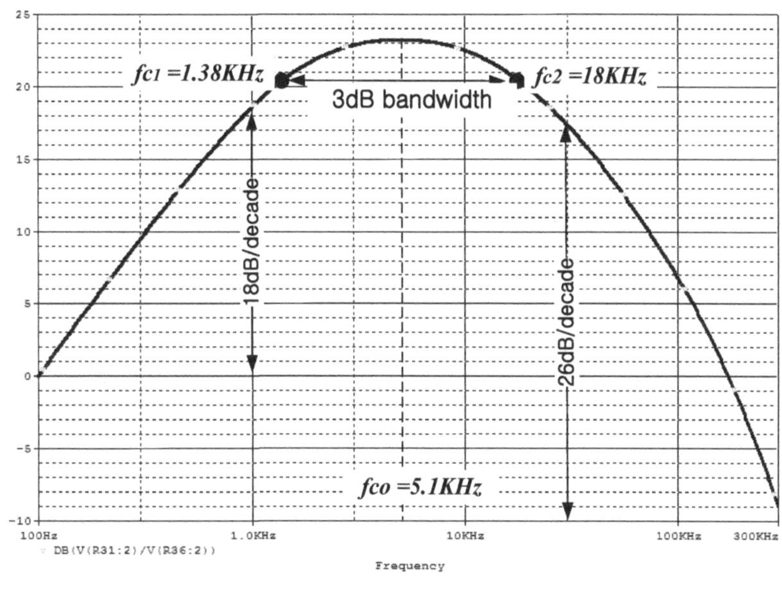

[그림 5-46] 1차 능동대역필터의 시뮬레이션 결과

5.5.3 비교기 및 계측증폭회로 시뮬레이션

1) 비교기 회로 시뮬레이션 예제

[그림 5-47]에 제시한 단일직류전원(single power supply) 공급방식을 갖는 회로 예제의 시뮬레이션을 통해 비교기 동작을 이해해 본다. OPAMP에서 비교기의 기준전압(V_{ref})을 얻기 위해 두 개의 저항(R_7 ,R_9)으로 5V 직류전원을 분배하였다. 2V의 직류 offset 전압(VOFF)을 가진 교류 입력신호(V_{in})가 비 반전입력단자에 입력된다. 분배저항이 같은 값을 가지므로 기준전압은 2.5V이다. 따라서 이보다 큰 교류신호가 입력될 때 출력은 +5V를 나타내며, 작은 교류신호는 0V를 출력시킨다. 출력신호는 'high'를 나타내는 +5V와, 'low'를 나타내는 0V로 구분되므로, 이진 binary 출력으로도 간주할 수 있다. 이 경우 분배저항 비를 달리하게 되면 'high' 구간 지속시간을 조정할 수 있다.

시뮬레이션 결과를 [그림 5-48]에서 확인해 본다. OPAMP의 출력단에 부하저항(R_8)을 두어 출력신호(V_{out})를 관찰하기 위한 프로브를 위치시킨다. 교류입력신호(V_{in})가 2.5V일 때 출력파형이 변화하는 것을 확인해 본다. 교류신호의 직류 offset 전압이 2V이므로 +5V 출력을 나타내는 구간이 0V를 나타내는 구간보다 짧다.

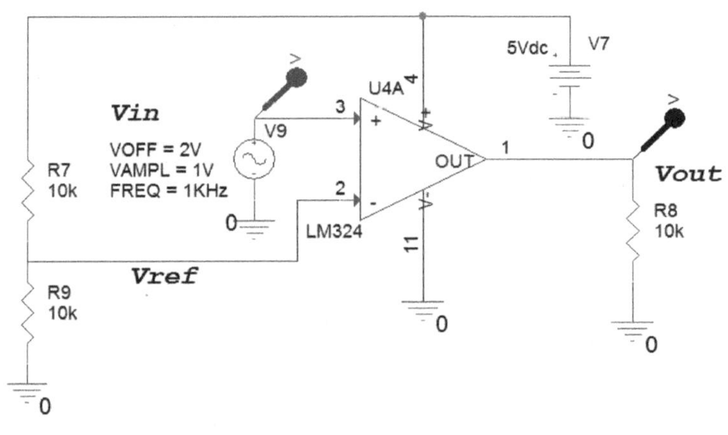

[그림 5-47] OPAMP를 이용한 비교기 회로의 예제

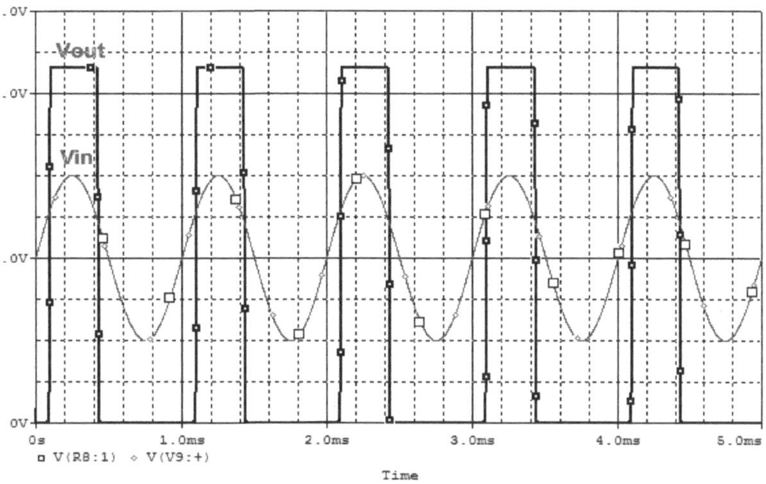

[그림 5-48] 비교기 회로의 시뮬레이션 결과

2) 계측증폭회로(instrumental amplifier circuit) 시뮬레이션 예

센서(압력, 온습도, 가스)등에서 잡음과 함께 섞인 작은 신호를 검출하기 위해 계측증폭기를 사용한다. 일반적으로 이들 센서는 잡음 속에 작은 정보 신호를 구분해 내기 위해 매우 높은 직류 전압으로 바이어스(bias)돼 있다. 이때 높은 공통모드 제거비, 즉, CMRR(common mode rejection ratio) 특성을 갖는 차동증폭기를 이용하기 되면 높은 직류 전압위에 잡음과 신호가 공존할 때 신호를 얻어낼 수 있다. 이의 한 예제로 [그림 5-49]에 schematic diagram을 보여준다. 계측증폭기는 2개의 회로 블록으로 구성된다. 좌측의 상하 2개의 증폭기로 구성되는 완충용 증폭기와 이어지는 차동증폭기이다. 완충용 증폭기에서는 차동증폭기에서 최적의 공통모드 제거를 위해 임피던스 버퍼링역할과 동시에 신호를 얻기 위해 적절한 증폭을 한다. 차동증폭기는 두 입력단자($V_{in}+$, $V_{in}-$)에 공통으로 존재하는 직류신호와 잡음을 제거한다. 또한 필요한 경우 증폭기로서 역할도 수행한다.

[그림 5-49] 회로의 계측 증폭기 이득은 비 반전증폭기와 차동증폭기의 이득들이 곱해져 다음 식(4-38)과 같이 구해진다.

$$\frac{V_{out}}{V_s}=(1+2\frac{R_1}{R_3})\frac{R_6}{R_5}\ ,\ R_1=R_2\ ,R_5=R_4\ ,R_6=R_7 \qquad (4\text{-}38)$$

[그림 5-49] schematic diagram의 좌측에 위치한 신호원 V_s는 높은 주파수와 작은 크기(10mV)를 갖는 센서의 정보신호를 의미하며, 신호원 V_{co}는 센서에 바이어스된 직류전

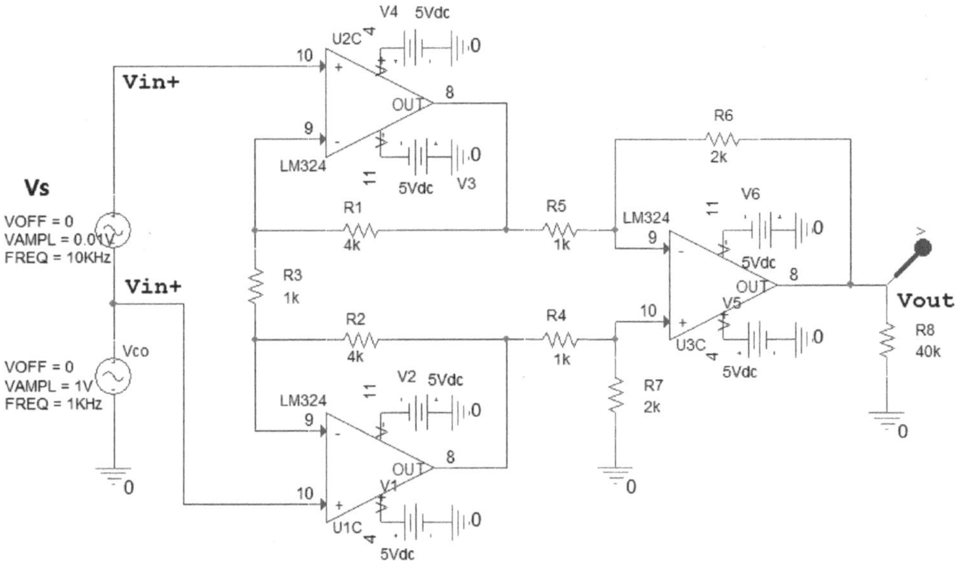

[그림 5-49] OPAMP를 이용한 계측증폭회로의 예제

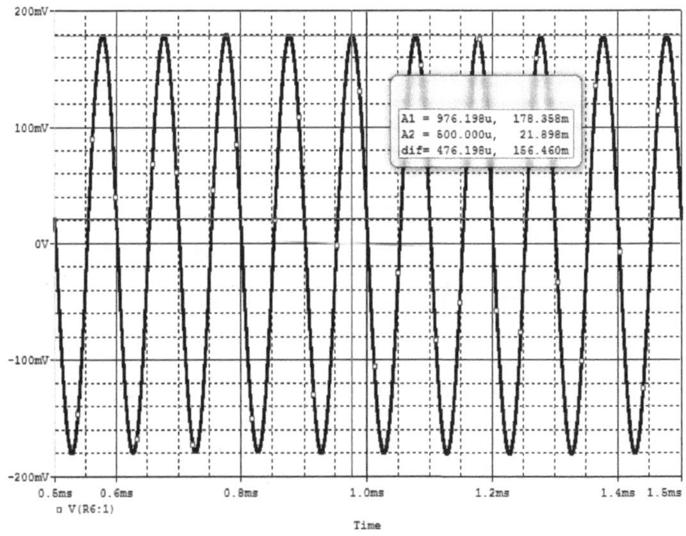

[그림 5-50] 계측증폭회로의 시뮬레이션 결과

압과 잡음을 나타낸 것으로 정보신호에 비해 상대적으로 매우 크고(1V), 작은 주파수로 모델링 되었다. 이는 출력단에서 제거되어야 될 공통신호 신호이다. 전체 이득은 18배로

설계되었다. 완충증폭기에서 9배, 차동증폭기에서 2배이다. 직류전원은 ±5V의 양전압(dual supply)이 공급된다. [그림 5-50]은 [그림 5-49]회로의 출력단(V_{out})에서 프로브를 이용하여 관찰된 시뮬레이션 결과를 보여준다. [그림 5-50]에서 10KHz 주파수를 갖는 정보신호(V_s)만 증폭되고, 차동증폭기의 공통모드 제거 동작에 의해 공통모드 신호들은 발견되지 않았다. 공통신호가 1V인 큰 전압으로 입력되고 18배의 높은 이득으로 해 포화(saturation)되었음에도 출력단에서 찾아 볼 수 없음은 인상적이다. 또한,정보신호 이득은 18배 인 것을 확인해 본다.

실험 5-1 OPAMP 부귀한 증폭기의 설계 및 실험

1. 실험목적

- OPAMP의 기본동작과 특성을 이해한다.
- OPAMP 부귀환 증폭 동작을 이해한다.
- OPAMP 부귀환 증폭기를 설계(이론, 시뮬레이션)하고 실험한다.
- 시뮬레이션 도구 및 오실로스코프등 주요 장치들의 사용법을 이해한다.
- OPAMP IC 및 수동부품 사용법을 익힌다.

2. 실험내용 및 방법

OPAMP는 반전입력단자와 비 반전입력단자의 차이를 무한대로 증폭시키는 능동 부품이다. 그러나 실제 회로에서는 OPAMP 출력단자 신호크기 일부를 부귀환 시켜 반전입력단자에 입력시킴으로 써 적절한 이득을 갖는 증폭기로 사용한다. 이때 교류 입력신호는 반전 입력단자에 입력시키는 경우 출력신호와 위상이 180° 반전되어 증폭되고, 비 반전입력단자에 입력시키는 경우에 출력신호는 입력신호와 동일한 위상을 갖고 증폭된다. 상세한 동작이론은 5.3절을 참조한다.

본 실험에서는 uA741 OPAMP를 이용하여 [그림 1]의 비 반전증폭기와 [그림 2]의 반전 증폭기의 성능을 실험 조별로 주어진 설계목표에 따라 설계하고, 아래 요약된 실험내용들을 측정하며, 목표달성 여부를 검증해 본다. 증폭기는 일반적으로 RMS 값을 기준으로 100mV 이하의 작은 교류신호(소신호라 칭함)를 크게 증폭(소신호 증폭기)하는 개념을 가진다. 큰 신호(예를 들어 1V)를 더 크게 증폭하는 전력(power) 증폭기와는 구분된다. 전체적으로 작은 교류신호를 증폭한다는 점에서 4장에서 실험한 트랜지스터 증폭기와 매우 유사하며, 오히려 교류신호의 동작점을 고려하지 않으므로 손쉽게 증폭기를 구현할 수 있다. 양전원(dual supply)의 직류전압을 공급하므로 증폭된 교류 출력신호의 중심전압은 접지레벨(0V)이다. 신호의 증폭에 따라 출력이 커지더라도, 공급되는 직류전압의 최대치를 넘지 못하는 것에 유의한다. 만일 출력 교류신호가 공급 직류전압 부근에서 멈추는 경우에는 정현파가 서서히 왜곡되기 시작한다는 의미한다.

OPAMP 등을 포함한 IC회로는 할당된 Pin 번호에 정확하게 직류전압이 공급되어야 한다. 회로 구성 후 전원공급기를 'ON' 시킨 다음에 멀티미터나 오실로스코프를 이용하여 적절한 직류전압이 인가되었는지 항상 먼저 확인한다. 또한 교류 입력이나 출력에 할당된 OPAMP IC 핀 번호를 정확히 파악한다. IC 종류에 따라 여러 개의 OPAMP가 하나의 IC 패키지(package) 안에 있다는 사실도 유념한다.

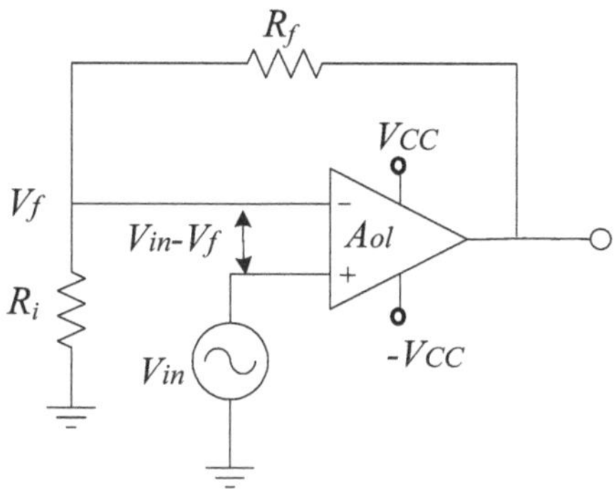

[그림 1] 실험회로 1 (비 반전 증폭기)

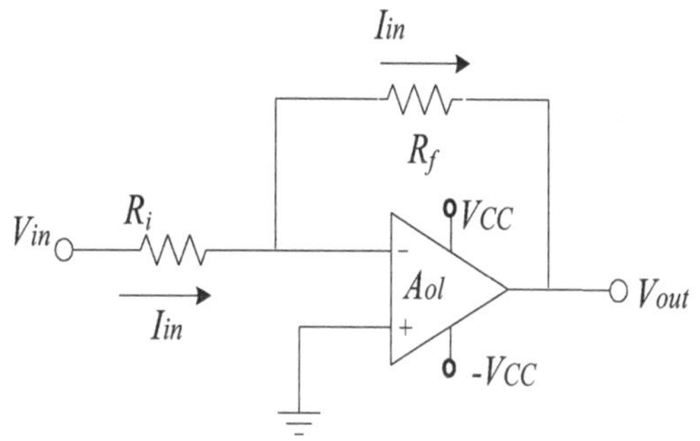

[그림 2] 실험회로 2 (반전 증폭기)

설계에 앞서 본 교재의 부록에 주어진 uA741 OPAMP의 데이터쉬트(data sheet)를 통해 실험에 관련된 여러 성능 파라미터들을 확인해 본다.

먼저 이론을 파악하여 충분한 이해를 바탕으로 조별로 주어진 설계목표를 달성하기 위한 방안을 논의한다. 다음에 이론에 관련 수식을 바탕으로 저항 값 들을 계산해보고 이를 이용하여 시뮬레이션을 실시함으로써 실험 목표달성 가능성을 타진해본다. 시뮬레이션을 통해 결정된 부품 값으로 브레드보드를 구성하여 IC에 필요한 전압들이 공급되고 있는지 각 핀(pin)들의 전압을 확인한다. 이때 실험을 진행하면서 원하는 실험결과를 얻기 위해 회로상의 부품 값이나 교류전원을 조정할 수 있다. 측정한 결과와 시뮬레이션 결과, 그리고 이론에 근거하여 예측된 결과들을 비교한다. 이들 데이터들을 정리하여 실험 결과 보고서에서 기술하고 문제점들을 포함하여 해결과정을 논리적으로 서술한다.

■ OPAMP 증폭기의 조별 설계 목표

- 정현파 교류신호 중심 주파수: 1(1+x)KHz (실험조 번호의 끝자리수를 x라 한다)
- 직류전원 전압(V_{CC}): ±(5+0.2x) [V] (실험조 번호의 끝자리수를 x라 한다)
- 소신호 증폭 전압이득: 최소 20dB 이상
  (이때 교류 출력신호는 최대 출력상태이며 왜곡되지 않아야 할 것)

1) 증폭기 설계순서(4.4.1절과 4.4.2절 참고)

① 부품재고파악: 조별로 주어진 저항 값들의 정보를 사전에 파악해 본다.

② 주어진 이득에 적합한 저항 값(R_f , R_i)계산: 조별로 설계목표에서 주어진 이득에 적합한 저항 값 들을 계산하고 부품재고에 있는 유사한 값을 찾는다. 이들이 없을 경우 다른 저항들을 이용하여 직렬 또는 병렬 연결로 값을 구현할 수 있는지도 고려해본다. 일반적으로 1KΩ~10KΩ사이의 값을 선정한다. 또는 2개중에 하나는 먼저 고정시고 나머지 하나는 관련 수식을 이용하여 계산해낸다.

③ 초기 설계: 선정한 부품 값을 기반으로 ORCAD사의 Pspice를 기동시켜 회로를 구성한 후 시뮬레이션을 수행한다.

④ 5.5.1절을 참고하여 시뮬레이션 결과와 계산한 결과들을 비교해보고 설계목표의 달성 가능성을 판정해본다.

⑤ 최적화 설계: 설계 목표에 맞도록 부품 값들을 조정하여 최적화한다. 설계 주파수에서 교류입력신호를 서서히 증가시켜 보고 이에 비례하여 OPAMP 출력단자에서 교류출력 파형의 크기와 왜곡상태 등을 관찰한다. 계산된 부품 값들을 조정하여 성능 개선이 이루어 질 수 있는지 분석해본다. 설계된 증폭기는 설계주파수에서 이득을 갖으나, 10~1MHz 범위에서도 이득을 가지므로 주파수를 가변시켜 이득변화를 살펴본다.

2) 실험순서

① 설계 완료 후 결정된 부품들을 이용하여, [그림 1] 과 [그림 2]의 회로를 각기 브레드 보드 위에 구성한다(아래의 「5. **실험유의사항**」 참고할 것).

② OPAMP 공급 직류전압 확인: OPAMP IC의 해당 PIN에 각기 조별로 정해진 전압(±Vcc)이 측정되는 지 멀티미터로 확인한다.

③ 교류신호발생기의 설정 및 확인: 오실로스코프를 이용하여 OPAMP의 교류입력 PIN에 교류신호의 크기와 주파수를 확인한다. 조별로 할당된 값으로 신호발생기의 주파수로 설정하고 크기를 $100mV_{pp}$로 한다. OPAMP 입력파형과 출력단자에서 교류파형을 관찰하고 이득 및 위상반전 등을 확인한다. 정확한 이득과 입출력 위상관계를 확인하기 위해 아래 주어진 오실로스코프 사용법 또는 사용자 manual 등을 찾아 익힌다.

④ 입력 교류신호의 크기를 서서히 증가시켜 OPAMP의 출력단자에서 파형변화를 관찰한다. 이때 점점 커지는 교류출력 신호를 살펴본 후, 왜곡되기 직전의 출력전압을 측정한다. 이때 얼마의 이득을 얻었는지도 확인한다.

⑤ 측정결과 데이터들을 정리하여 이론과 시뮬레이션에 비해 적절한 결과를 얻었는지 판단한 후 재 실험 여부를 결정한다. 시뮬레이션과 병행하여 실험하는 것이 바람직하다.

⑥ 교류신호크기를 100mV로 고정한 다음, 주파수를 10Hz에서 약 1MHz 증가시키면서 각 주파수마다 OPAMP 출력단에 걸린 전압의 크기를 측정한다. 이는 주파수별 응답특성을 plot 하는데 사용될 것이다.

3) 신호 발생기 설정방법

- 교류신호의 OFFSET 전압은 0 으로 한다.
- **주파수 설정**: 조별로 주어진 주파수에서 이득을 정현파 신호(사인파)를 발생시켜 이득을 측정한다. 또한 주파수 변화에 따른 응답을 측정하기 위해 낮은 주파수부터 매우 높은 주파수 까지 가변시킨다. 주파수 가변 노브(knob)를 이용하면 편리하다.
- **정현파 신호크기**: 증폭기가 정상동작할 때는 입력에 비해 출력이 크다. 소신호 증폭기 이득을 확인하고자 하는 경우 가급적 신호를 100mV 미만으로 작게 한다.
- **오실로스코프에서 측정된 신호크기 오류**: 신호발생기에서 설정한 크기와 오실로스코프에서 관찰한 크기가 다를 수 있으므로 회로를 거치지 않고 직접 연결하여 확인과정이 필요하다. 차이점이 발생한 경우 원인(예로 케이블의 scale(1:1 또는 10:1) 설정내용, 또는 오실로스코프의 각 채널 프로브 메뉴 설정내용)을 분석하고 해소한다. 확인과정이 종료된 후에 회로에 교류신호를 인가한다.

4) 오실로스코프 설정방법

- **세로축설정**: 본 실험은 양전원(dual supply) 방식이기 때문에 교류파형을 측정하기 위해서는 'AC coupling' 기능을 사용한다. 이때 접지는 화면의 중앙에 위치시키고 스케일(V/div)을 조정하면서 스코프화면에 파형이 가능한 크게 보일 수 있어야 정확한 크기 측정이 가능하다. 크기가 작은 신호일수록 잡음신호에 섞여 측정하기 어려우므로 세로축(전압) 스케일을 조정하고 세로축 위치조정 노브(knob)를 이용해서 화면 중앙에서 크게 보일 수 있게 해야 측정오차를 줄일 수 있다. 이때 스코프의 커서기능을 이용하면 정확한 측정에 도움이 된다.
- **2채널 측정**: 교류 입력과 출력사이의 위상관계를 명확히 규정하기 위해서는 스코프 입력채널 2개를 모두 사용한다. 이때 스코프용 측정프로브가 2개 필요하다. 예를 들어 채널 1은 OPAMP에 입력되는 교류신호를 관찰하고 채널2는 OPAMP의 출력단에서의 교류신호를 관찰한다. 이들 두 개의 신호를 비교하기 위해서는 채널 1과 채널 2의 수

평 시간축 스케일(scale)이 동일해야 하고, 세로 축 전압 스케일도 가급적 동일하게 한다.

- **가로축설정**: 교류신호의 주파수에 따라 시간을 나타내는 가로축의 스케일(시간/div)을 지속적으로 조정하여 화면 당 최소 2주기, 최대 10주기 이내의 신호를 확보한 후 주기나 주파수 등을 측정해야 정확하다.
- **트리거링**: 트리거링(triggering)이란 신호를 화면에 고정하는 것으로 고정되지 않은 상태에서 측정하는 것은 매우 부정확하다. 자체에 신호발생기가 내장된 Agilent 사의 스코프는 트리거 메뉴에서 'wavegen(파형발생)'을 선택하면 쉽게 트리거된다.

5) 측정 데이터 및 처리 방법

- **교류신호 측정데이터(오실로스코프)**
  - 증폭기의 이득을 나타내는 입출력 파형(설계주파수): 입력신호, 출력단자신호
  - 왜곡되지 않은 최대 교류출력에서 입출력파형(설계주파수): 입력신호, 출력단자신호
  - 조별 설계 주파수를 포함하여 10Hz부터 1MHz 까지 주파수 응답 측정

  : 정확하고 쉬운 측정을 위해, 신호발생기의 주파수를 변경할 수 있는 노브(Knob)를 돌리면서 오실로스코프상의 교류 신호의 크기를 관찰한다. 큰 변화가 없는 경우 측정주파수 포인트를 적게 하고 변화가 관찰되는 주파수 지점에서는 측정 포인트들을 증가하여 정확한 측정을 한다.
- **주파수 응답 플롯(plot) 방법**: 먼저 시간 축에서 각 주파수별로 입출력 전압변화(이때 입력은 고정된 값이므로 변화 없음)를 측정한 다음 이들을 엑셀 데이터로 모아 plot 해야 하고 dB 단위로 표시할 때는 2장의 관련 수식을 이용한다.

3. 실험장치 및 부품

장치목록	악세사리	기타
-디지털멀티미터 1대 -오실로스코프 1대 -신호발생기 1대(스코프에 내장) -전원공급장치 1대	-브레드보드 1개 -교류신호입력용 케이블 1셋 -오실로스코프 프로브 2셋 -직류신호입력용 케이블 1셋	-uA741 OPAMP 1개 -저항 set -회로연결용 점퍼선 (빨간색, 검정, 흰색)

4. 실험절차 요약

- 요구사항 파악 및 실험에 관련된 이론 이해
- 장치, 악세사리, 기타 부품들의 준비
- 설정된 목표값을 위해 팀원들의 상호 토론 및 연구
- 실험 시행 및 관련 Data 수집
- 보고서 작성 및 발표자료 준비

5. 실험 유의사항

- 브레드보드 상에 결선된 회로들로부터 쉽게 회로도를 연상할 수 있도록 교재에 소개된 것과 유사한 배열로 회로를 간결하게 하는 것이 고장진단에 쉽다.
- 직류 및 교류 전원회로를 포함하여 회로 연결을 확인한 후 직류 전원을 공급한다. 회로 연결도중에 직류전원을 공급하게 되는 경우 장치고장 및 부품파손의 원인이 된다.
- 브레드보드 상의 점퍼선은 가급적 적게 쓰되 짧은 것을 사용하고 [표 1]처럼 색상 별로 적절한 것을 사용한다. 교류신호 입력 및 직류전압 공급용 케이블도 빨간색과 검은색 악어클립으로 되어있으니 빨간색은 신호 및 전압공급으로, 검정색은 브레드보드 접지와 연결한다.

[표 1] 색상 별 점퍼선의 권장사용

색별 점퍼선	용 도
빨간색 점퍼선	양의 직류전원
하얀색 점퍼선	교류신호의 입출력단자, 교류신호 전달을 위한 부품연결
검정색 점퍼선	접지선 또는 음의 직류전원

- 직류나 교류전원을 사용하는 경우 전원선과 접지선은 공간적으로 이격하여 단락에 따른 장치의 고장 및 부품파손 등 문제들이 발생하지 않도록 한다.
- 오실로스코프 케이블사용방법: 케이블의 한쪽은 회로상의 신호를 탐지(probing)하기 위한 날카로운 단자가 있으며, 반대쪽은 오실로스코프와 연결을 위한 BNC 어댑터(adapter)이다. BNC 어댑터에는 캐패시터, 저항등의 회로가 박스(box)형태로 구현되어 있으니 파손되지 않도록 유의한다. 케이블 중간에 전압신호 스케일링을 하기위한 배율(1:1 또는 10:1)이 표시되어 있으므로 선택에 유의한다. 일반적으로 1:1로 한다.
- 모든 접지선은 검정색으로 일치할 것: 교류 및 직류신호 공급을 위한 케이블의 접지선

과 오실로 스코프프로브의 접지선 그리고 브레드보드 상의 회로 접지는 모두 검정색으로 하여 공통 접지를 확보함으로써 회로의 오동작을 방지한다.

실험 5-2 능동대역통과필터의 설계 및 실험

1. 실험목적

- 능동대역통과필터의 기본동작과 성능파라미터들을 이해한다.
- 능동대역통과필터 설계(이론, 시뮬레이션)하고 실험한다.
- 시뮬레이션 도구 및 오실로스코프등 주요 장치들의 사용법을 이해한다.
- OPAMP IC 및 수동부품 사용법을 익힌다.

2. 실험내용 및 방법

대역통과필터(band pass filter, BPF)는 특정 주파수범위(또는 대역)을 통과시키고 그 외의 주파수는 차단시키는 특성을 갖는다. 능동대역통과필터는 OPAMP 임피던스 특성(높은 입력임피던스, 낮은 출력임피던스)들의 장점으로 능동저역통과필터와 능동고역통과필터를 직접 종속(cascade) 연결하여 구현될 수 있다. 2개 또는 4개의 OPAMP를 모두 내장하고 있는 OPAMP IC를 쉽게 구할 수 있어 필터구현이 용이하며, 상기의 두 개 필터사이에 완충증폭기(voltage follower)를 배치시킬 경우 능동고역통과필터와 능동저역통과필터들 간의 상호 간섭을 줄일 수 있다. 또한 이들 능동필터들은 자체로 이득을 가지므로 필터링 동작과 동시에 수행할 수 있다. 상세한 이론은 5.4.4절을 참조하고, 시뮬레이션 예제에 관한 내용은 5.5.2절을 참고 한다.

본 실험에서는 uA741 또는 LM324 OPAMP를 이용하여, 대역통과필터를 조별로 목표성능에 도달할 수 있도록 설계하고 실험한다. 전체 구성은 [그림 3]과 같다. 두 개의 필터와 증폭기가 결합한 구조를 갖는다. 블록도의 맨 앞이나 뒷쪽의 필터에는 저역통과필터나 고역통과필터 어느 것도 사용가능하다. 또한 이들 필터회로의 구현을 위해, 저항과 캐패시터만의 구성을 갖는 RC 필터를 사용해도 되고, OPAMP를 사용한 능동필터로도 구성할 수도 있다. 한편, 필터간의 임피던스 간섭을 줄이기 위해 중간에 완충증폭기를 위치시키거나 증폭기능을 갖는 회로를 배치할 수 있다.

공급 직류전압으로 단일전원 또는 양전원을 사용할 수 있다. 양전원(dual supply)은 양(positive)과 음(negative)전압이 모두 필요하나, 교류신호 인가 시 전압 직류 offset 전압을 0V로 하여 교류 입출력 신호처리 시에 교류신호의 중심전압이 0V 이므로 설계 또는 실험이 용이하다. 반면에 단전원(single supply) 방식은 음전압이 필요 없어 회로구조가 간단하다. 대신에 교류신호가 0V와 공급 직류전압사이에서 동작하므로 이를 감안하여 직류 offset 전압설정에 매우 유의해야 한다. 실제 산업계에 주로 적용되는 방식이다. OPAMP 등을 포함한 IC회로는 할당된 Pin 번호에 정확하게 직류전압이 공급되어야 한다. 따라서 회로 구성 후 전원공급기를 'ON' 시킨 다음에 멀티미터나 오실로스코프를 이용하여 적절한 직류전압이 인가되었는지 항상 먼저 확인한다. 또한 교류 입력이나 출력에 할당된 OPAMP IC 핀 번호를 정확히 파악한다. IC 종류에 따라 여러 개의 OPAMP가 하나의 IC 패키지(package) 안에 있으므로 각 핀의 기능과 동작 파악을 위해 데이터쉬트(datasheet)와 함께 실험하는 것이 중요하다.

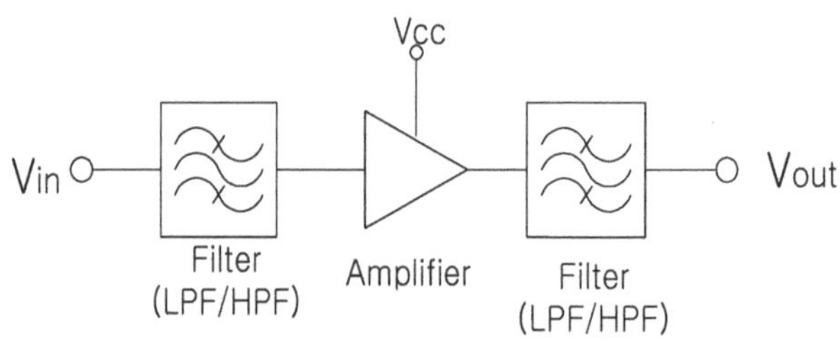

[그림 3] 능동대역통과필터의 구성블록도

먼저 이론을 파악하여 조별로 주어진 설계목표를 달성하기 위한 방안과 절차를 논의한다. 대역통과여파기의 상위 3dB 차단주파수(f_{c2})와 하위 차단주파수(f_{c1})를 고려하여 적절한 저항과 캐패시터 부품 값을 계산해본다. 전압이득을 얻어내기 위한 회로배치를 구상해보고, 저역통과 혹은 고역통과 필터들의 전후 배치도 고려해본다. 이를 기초로 시뮬레이션을 실시하여 목표달성 가능성을 타진해본다. 시뮬레이션을 통해 결정된 부품 값으로 브레드 보드를 구성하여 필요한 전압·전류들을 측정한다. 이때 실험을 진행하면서 이론에 근거하여 원하는 실험결과를 얻기 위해 회로상의 부품 값이나 교류전원을 조정할 수 있다. 측정한 결과와 시뮬레이션 결과, 그리고 이론에 근거하여 예측된 결과들을 비교한다. 이들 데이터들을 정리하여 실험 결과보고서에서 기술하고 문제점들을 포함하여 해결 과정을 논리적으로 서술한다.

■ 능동대역필터의 조별 설계 목표

- 통과주파수 대역: 중심주파수 10(1+0.2x)KHz (실험조 번호의 끝자리수를 x라 한다)
  : 3dB 통과주파수 대역 20KHz
- 직류전원 전압(V_{CC}): ±(5+0.2x) [V] (실험조 번호의 끝자리수를 x라 한다)

- 감쇄주파수 대역에서 감쇄기울기: 20dB/decade 이상
- 통과주파수 대역에서 소신호 전압이득: 최소 20dB 이상

1) 능동대역필터 설계순서(5.4.4절과 5.5.2절 참고)

① 부품재고파악: 조별로 주어진 저항과 캐패시터 부품들의 정보를 사전에 파악해 본다.

② 목표 이득에 적합한 저항 값 결정: 능동 필터에 사용되는 OPAMP별로 어디에서 전압을 얻어낼 것 인지 고려하고, 해당 OPAMP에 적절한 저항 값들을 선정한다.

③ 대역통과필터의 차단주파수에 적합한 저항과 캐패시터 값 결정: 식 (4-24) 또는 식 (4-25)를 이용한다. 이때 캐패시터 값들은 상대적으로 종류가 많지 않으므로 먼저 캐패시터를 결정하고 난 후 저항들을 선정한다. 해당 부품들이 없을 경우 재 조정하거나 저항값을 구현하기 위한 방안(저항들의 조합)을 찾아본다. 저항은 일반적으로 1KΩ~10KΩ사이의 값을 선정한다.

④ 초기 설계: 선정한 부품 값을 기반으로 ORCAD사의 Pspice를 기동시켜 회로를 구성한 후 시뮬레이션을 수행한다. 이때 교류입력 신호의 전압크기는 이득을 고려하여 적절한 값을 입력시킨다. 또한 DB 단위로 전압이득을 출력시키기 위해 시뮬레이션 출력환경에서 적절한 수식을 작성한다([그림 5-46] 하단 수식 참조)

⑤ 5.5.2절을 참고하여 시뮬레이션 결과와 계산한 결과들을 비교해보고 설계목표 달성가능성을 판정해본다.

⑥ 최적화 설계: 시뮬레이션을 통해 설계 목표에 맞도록 부품 값들을 조정하여 최적화한다. 또는 필터들의 위치조정 및 이득 배분을 조정해본다. 목표 달성이 어려울 경우 부족한 부분에 대해 논리적으로 상세히 설명한다.

2) 실험순서

① 설계 완료 후 결정된 부품들을 브레드보드에 구성한다(아래의 「5.**실험유의사항**」 참고할 것).

② OPAMP 공급 직류전압 확인: OPAMP IC의 해당 PIN에 각기 조별로 정해진 전압(±Vcc)이 측정되는 지 멀티미터나 오실로스코프로 확인한다. 여러 개의 OPAMP를 사용하는 경우 데이터쉬트를 참고하여 해당 핀 번호에 적절한 전압이 걸려 있는지 측정해본다.

③ 교류신호발생기의 설정 및 확인: OPAMP의 교류입력 크기를 $100mV_{pp}$로 설정한다. 주

파수를 10Hz에서 500KHz이상 까지 변화시키면서 각 주파수마다 OPAMP 출력단에 걸린 전압의 크기를 오실로스코프에서 측정한다. 이는 주파수별 응답특성을 plot 하는데 사용될 것이다.

④ 대역통과필터의 중심주파수에서 입력 교류신호와 출력 교류신호를 측정하여 이득을 확인한다.

3) 신호 발생기 설정방법

- 양전원(dual supply)을 사용할 경우 교류신호의 offset 전압은 0 으로 한다. 그러나 단전원(single supply)인 경우 적절한 offset 전압을 인가해야 된다.
- **주파수 설정**: 정현파 신호(사인파)를 발생시키고, 주파수 변화에 따른 응답을 측정하기 위해 낮은 주파수부터 매우 높은 주파수 까지 가변시킨다. 노브(knob)를 이용하여 주파수를 가변시키면서 오실로스코프 파형을 관찰한다. 파형변화가 심할 경우 정밀한 측정을 위해 노브를 천천히 움직여 파형변화를 관찰한다.
- **정현파 신호크기**: 통과대역 주파수 영역에서는 능동대역필터가 이득을 가지므로 입력에 비해 출력이 크다. 소신호 증폭기 이득을 확인하고자 하는 경우 가급적 신호를 100mV 미만으로 작게 한다.
- **오실로스코프에서 측정된 신호크기 오류**: 신호발생기에서 설정한 크기와 오실로스코프에서 관찰한 크기가 다를 수 있으므로 회로를 거치지 않고 직접 연결하여 확인과정이 필요하다. 차이점이 발생한 경우 원인(예로 케이블의 scale(1:1 또는 10:1) 설정내용, 또는 오실로스코프의 각 채널 프로브 메뉴 설정내용)을 분석하고 해소한다. 확인과정이 종료된 후에 회로에 교류신호를 인가한다.

4) 오실로스코프 설정방법

- **세로축설정**: 양전원(dual supply) 방식인 경우 교류파형을 측정하기 위해서는 'AC coupling' 기능을 사용한다. 반면에 단전원 방식인 경우, 직류 offset이 혼합된 교류신호를 측정하기 위해서는 'DC coupling'이 필요하다. 스코프화면에 파형이 가능한 크게 보일 수 있도록 스케일(V/div) 노브와 위치조정 노브를 이용한다. 차단영역에서 크기가 작은 신호일수록 잡음신호에 섞여 측정하기 어려우므로 세로축(전압) 스케일을 다시 조정하고, 세로축 위치조정 노브(knob)를 이용해서 화면 중앙에서 크게 보일 수 있게 해야 측정오차를 줄일 수 있다. 이때 스코프의 커서기능을 이용하면 정확한 측정에 도움이 된다.

- **가로축설정**: 교류신호의 주파수에 따라 시간을 나타내는 가로축의 스케일(시간/div)을 지속적으로 조정하여 화면 당 최소 2주기, 최대 10주기 이내의 신호를 확보한 후 주기나 주파수 등을 측정해야 정확하다. 채널에 입력되는 주파수가 달라지면 화면에 들어오는 파형변화가 심하므로 지속적으로 수평버튼을 조정해야 한다.
- **트리거링**: 트리거링(triggering)이란 신호를 화면에 고정하는 것으로 고정되지 않은 상태에서 측정하는 것은 매우 부정확하다. 자체에 신호발생기가 내장된 Agilent 사의 스코프는 트리거 메뉴에서 'wavegen(파형발생)'을 선택하면 쉽게 트리거된다.

5) 측정 데이터 및 처리 방법

- **교류신호 측정데이터(오실로스코프)**
  - 증폭기 이득을 확인하기 위한 입출력 파형(대역통과필터 중심주파수)
    : 입력신호, 출력신호
  - 10Hz부터 500KHz 까지 주파수 응답 측정
    : 대역통과필터의 상위 및 하위 차단주파수
    : 신호발생기의 주파수를 변경할 수 있는 노브(Knob)를 돌리면서 오실로스코프상의 교류 신호의 크기를 관찰한다. 큰 변화가 없는 경우 측정주파수 포인트를 적게 하고 변화가 관찰되는 주파수 지점에서는 측정 포인트들을 증가하여 정확한 측정을 한다.
- **주파수 응답 플롯(plot) 방법**: 먼저 시간 축에서 각 주파수별로 입출력 전압변화(이때 입력은 고정된 값이므로 변화 없음)를 측정한 다음 이들을 엑셀 데이터로 모아 plot 해야 하고 dB 단위로 표시할 때는 2장의 관련 수식을 이용한다.

3. 실험장치 및 부품

장치목록	악세사리	기타
-디지털멀티미터 1대 -오실로스코프 1대 -신호발생기 1대(스코프에 내장) -전원공급장치 1대	-브레드보드 1개 -교류신호입력용 케이블 1셋 -오실로스코프 프로브 1셋 -직류신호입력용 케이블 1셋	-uA741/LM324 OPAMP 1개 이상 -저항 및 캐패시터 set -회로연결용 점퍼선 (빨간색, 검정, 흰색)

4. 실험절차 요약

- 요구사항 파악 및 실험에 관련된 이론 이해
- 장치, 악세사리, 기타 부품들의 준비
- 설정된 목표값을 위해 팀원들의 상호 토론 및 연구
- 실험 시행 및 관련 Data 수집
- 보고서 작성 및 발표자료 준비

5. 실험 유의사항

- 브레드보드 상에 결선된 회로들로부터 쉽게 회로도를 연상할 수 있도록 교재에 소개된 것과 유사한 배열로 회로를 간결하게 하는 것이 고장진단에 쉽다.
- 직류 및 교류 전원회로를 포함하여 회로 연결을 확인한 후 직류 전원을 공급한다. 회로 연결도중에 직류전원을 공급하게 되는 경우 장치고장 및 부품파손의 원인이 된다.
- 브레드보드 상의 점퍼선은 가급적 적게 쓰되 짧은 것을 사용하고 [표 1]처럼 색상 별로 적절한 것을 사용한다. 교류신호 입력용 케이블도 빨간색과 검은 색 악어클립으로 되어있으니 빨간색은 신호공급으로, 검정색은 브레드보드 접지와 연결한다.

[표 2] 색상별 점퍼선의 권장사용

색별 점퍼선	용 도
빨간색 점퍼선	양의 직류전원
하얀색 점퍼선	교류신호의 입출력단자, 교류신호 전달을 위한 부품연결
검정색 점퍼선	접지선 또는 음의 직류전원

- 직류나 교류전원을 사용하는 경우 전원선과 접지선은 공간적으로 이격하여 단락에 따른 장치의 고장 및 부품파손 등 문제들이 발생하지 않도록 한다.
- 오실로스코프 케이블사용방법: 케이블의 한쪽은 회로상의 신호를 탐지(probing)하기 위한 날카로운 단자가 있으며, 반대쪽은 오실로스코프와 연결을 위한 BNC 어댑터(adapter)이다. BNC 어댑터에는 캐패시터, 저항등의 회로가 박스형태로 구현되어 있으니 파손되지 않도록 유의한다. 케이블 중간에 전압신호 스케일링을 하기위한 배율(1:1 또는 10:1)이 표시되어 있으므로 선택에 유의한다. 일반적으로 1:1로 한다.
- 모든 접지선은 검정색으로 일치할 것: 교류 및 직류신호 공급을 위한 케이블의 접지선과 오실로 스코프프로브의 접지선 그리고 브레드보드 상의 회로 접지는 모두 검정색으로 하여 공통 접지를 확보함으로써 회로의 오동작을 방지한다.

실험 5-3 OPAMP 비교기 회로 설계 및 실험

1. 실험목적

- OPAMP를 이용한 비교기 회로의 동작을 이해한다.
- 시뮬레이션 도구 및 오실로스코프 등 장치들의 사용법을 이해한다.
- OPAMP IC 및 수동부품 사용법을 익힌다.

2. 실험내용 및 방법

OPAMP를 이용한 비교기는 통신회로나 각종 제어회로에 널리 사용된다. 기본 동작은, OPAMP가 2개 입력신호들의 작은 차이를 무한대로 증폭하는 개방이득을 가지나 그 출력은 항상 공급전압 전원크기를 넘지 못한다는 특성을 활용한다.

본 실험은 아래 [그림 4]의 예제에서 보여주는 회로를 기본으로 하여 OPAMP 비교기 특성을 이해한다. 이 회로의 상세한 동작이론은 5.4.2절을 참조하고, 시뮬레이션 예제에 관한 내용은 5.5.3절을 참고 한다. 본 실험에서는 기준전압(V_{ref})을 기준으로 교류 입력신호(V_{in})의 크고 작음을 판별하여 그 결과를 출력단(V_{out})에 제시한다.

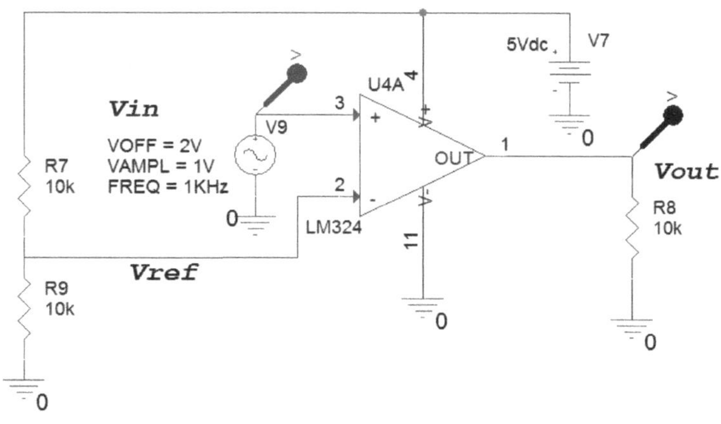

[그림 4] OPAMP를 이용한 비교기 회로의 예제

본 실험에서는 LM324 OPAMP를 이용하며, 직류전압으로 +5V 단일전원(single supply)을 사용한다. OPAMP 등을 포함한 IC회로는 할당된 Pin 번호에 정확하게 직류전압이 공급되어야 한다. 회로 구성 후 전원공급기를 'ON' 시킨 다음에 멀티미터나 오실로스코프를 이용하여 적절한 직류전압이 인가되었는지 먼저 확인한다.

먼저 조별로 주어진 설계내용과 OPAMP 비교기 동작 특성을 파악하기 위한 방안을 논의한다. 직류 offset 전압위에 실려 있는 작은 교류입력신호를 기준전압(V_{ref})에 대비하여 크기를 비교하고 그 결과를 출력하기 위해서는 2개의 저항(R_7 ,R_9)을 통해 직류 공급전압을 정확하게 분배할 수 있도록 저항 값들을 결정한다. 저항 값이 없는 경우 저항의 조합이나 전위차계(potentiometer)도 사용할 수 있다. 결정된 저항을 토대로 시뮬레이션을 실시하여 출력단에서 원하는 특성을 얻을 수 있는 지 분석해본다. 시뮬레이션을 통해 결정된 부품 값으로 브레드 보드를 구성하여 필요한 전압·전류들을 측정한다. 이때 실험을 진행하면서 이론에 근거하여 원하는 실험결과를 얻기 위해 회로상의 부품 값이나 교류전원을 조정할 수 있다. 측정한 결과와 시뮬레이션 결과, 그리고 이론에 근거하여 예측된 결과들을 비교한다. 이들 데이터들을 정리하여 실험 결과보고서에서 기술하고 문제점들을 포함하여 해결과정을 논리적으로 서술한다.

■ **OPAMP 비교기 회로 실험의 조별 설계**

- 교류 입력신호 : 중심주파수 10(1+x)KHz (실험조 번호의 끝자리수를 x라 한다)
  : 크기 1V
  : 직류 offset 전압 (2+0.1x) [V] (실험조 번호의 끝자리수를 x라 한다)
- 직류전원 전압(V_{CC}): +5 [V]

1) 비교기 회로 설계순서(5.4.2절과 5.5.3절 참고)

① 부품재고파악: 조별로 주어진 저항 부품 목록 정보를 사전에 파악해 본다.

② 조별 교류신호의 직류 offset 전압이 다르고, 이를 기준전압과 크기 비교를 하기 위해서는 2개의 저항(R_7 ,R_9)을 결정하는 과정이 필요하다. 본문의 관련 내용을 참조한다. 조별로 소지한 저항들 중에서 적절한 조합을 찾아보거나 가변저항을 사용할 수 있다. 저항은 누설되는 전류를 방지하기 위해 일반적으로 1K~10KΩ 범위 내에서 결정한다.

③ 초기 설계: 선정한 부품 값을 기반으로 ORCAD사의 Pspice를 기동시켜 회로를 구성한 후 시뮬레이션을 수행한다. 이론에 대비하여 적절한 출력파형이 얻어졌는지 확인한

다([그림 5-48] 참조)

④ 최적화 설계: 시뮬레이션을 통해 설계 목표에 맞도록 최적화한다. 목표 달성이 어려울 경우 부족한 부분에 대해 보고서에 논리적으로 상세히 설명한다.

2) 실험순서

① 설계 완료 후 결정된 부품들을 브레드보드 상에 구성한다(아래의 「5.**실험유의사항**」 참고할 것).

② OPAMP 공급 직류전압 확인: OPAMP IC의 해당 PIN에 각기 조별로 정해진 전압이 측정되는 지 멀티미터로 확인한다.

③ 교류신호발생기의 설정 및 확인: 출력전압을 1V로, 조별로 주어진 직류 offset 전압을 갖는 정현파 신호를 신호발생기에서 발생시키고 OPAMP 해당입력 단자에 인가한다. 회로의 출력단자 파형을 오실로스코프로 측정한다.

④ 이론 및 시뮬레이션 결과와 유사한 결과를 얻었는지 확인하고, 필요한 경우 재 실험한다.

3) 신호 발생기 설정방법

- 조별로 주어진 주파수에서 정현파 전압을 1V로, 조별로 주어진 직류 offset 전압을 인가한다.
- **오실로스코프에서 측정된 신호크기 오류**: 신호발생기에서 설정한 크기와 오실로스코프에서 관찰한 크기가 다를 수 있으므로 회로를 거치지 않고 직접 연결하여 확인과정이 필요하다. 차이점이 발생한 경우 원인(예로 케이블의 scale(1:1 또는 10:1) 설정내용, 또는 오실로스코프의 각 채널 프로브 메뉴 설정내용)을 분석하고 해소한다. 확인과정이 종료된 후에 회로에 교류신호를 인가한다.

4) 오실로스코프 설정방법

- **세로축설정**: 직류 offset이 혼합된 교류신호를 측정하기 위해서는 'DC coupling' 에서, 직류 offset을 배제하고 교류신호만을 측정하기 위해서는 'AC coupling' 을 선택한다. 크기가 작은 신호일수록 잡음신호에 섞여 측정하기 어려우므로 세로축(전압) 스케일을 조정하고 세로축 위치조정 노브(knob)를 이용해서 화면 중앙에서 크게 보일 수 있게 해야 측정오차를 줄일 수 있다. 이때 스코프의 커서기능을 이용하면 정확한 측정

에 도움이 된다.

- **가로축설정**: 가로축의 스케일(시간/div)을 조정하여 화면 당 최소 2주기, 최대 10주기 이내의 신호를 확보한 후 주기나 주파수 등을 측정해야 정확하다.
- **트리거링**: 트리거링(triggering)이란 신호를 화면에 고정하는 것으로 고정되지 않은 상태에서 측정하는 것은 매우 부정확하다. 자체에 신호발생기가 내장된 Agilent 사의 스코프는 트리거 메뉴에서 'wavegen(파형발생)'을 선택하면 쉽게 트리거된다.

5) 측정 데이터 및 처리 방법

- **교류신호 측정데이터(오실로스코프)**
  - 비교기 회로 입력파형 및 출력파형: [그림 5-48] 결과 참조

3. 실험장치 및 부품

장치목록	악세사리	기타
-디지털멀티미터 1대 -오실로스코프 1대 -신호발생기 1대(스코프에 내장) -전원공급장치 1대	-브레드보드 1개 -교류신호입력용 케이블 1셋 -오실로스코프 프로브 1셋 -직류신호입력용 케이블 1셋	-LM324 OPAMP 1 -저항 set -회로연결용 점퍼선 (빨간색, 검정, 흰색)

4. 실험절차 요약

- 요구사항 파악 및 실험에 관련된 이론 이해
- 장치, 악세사리, 기타 부품들의 준비
- 설정된 목표값을 위해 팀원들의 상호 토론 및 연구
- 실험 시행 및 관련 Data 수집
- 보고서 작성 및 발표자료 준비

5. 실험 유의사항 : 실험 5-2 관련 내용참조

Test Report Template(실험 5-1 ~ 5-3)

실험 결과 보고서(각 실험 보고서는 별도 작성함)

<table>
<tr><td>과제명</td><td colspan="6"></td></tr>
<tr><td>실험 조</td><td>조(번호)</td><td></td><td>조인원수</td><td></td><td>평가결과</td><td>/</td></tr>
<tr><td rowspan="4">최초보고서</td><td rowspan="4">제출일자</td><td rowspan="4"></td><td rowspan="4">조원
이름</td><td>이름</td><td>학번</td><td>실험참가여부</td></tr>
<tr><td></td><td></td><td></td></tr>
<tr><td></td><td></td><td></td></tr>
<tr><td></td><td></td><td></td></tr>
<tr><td>수정보고서
(해당조만
작성할 것)</td><td>제출일자</td><td></td><td>개선내용
(요약)</td><td colspan="3"></td></tr>
</table>

※ 수정보고서는 최초보고서 제출 후 좀 더 나은 결과를 위해 수정을 희망하는 조에 한함.
※ 아래 양식에 준해 보고서를 작성하며 표나 그림은 반드시 번호를 넣고 제목을 작성하기 바랍니다. 또한 이들을 설명해야하며 표 제목은 상단에, 그림 제목은 하단에 표시합니다.

1. 실험 기초이론 요약

작성 안내	*아래 내용들은 본 실험에 관련된 기초 이론에 관련된 주제들이며 필요시에 조별로 일부 변경가능하다. 실험내용을 살펴보고 해당되는 내용들로만 2 페이지 이내로 요약 정리한다.*

- OPAMP의 기본동작과 특성
- OPAMP 부귀환 증폭 동작
- OPAMP 부귀환 증폭기의 설계(이론, 시뮬레이션) 및 실험
- 능동대역통과필터의 기본동작과 성능파라미터들
- 능동대역통과필터의 설계(이론, 시뮬레이션) 및 실험
- OPAMP를 이용한 비교기 회로의 동작

2. 실험내용

2.1 회로설계 및 이론 검증

작성 안내	▪ *조별로 주어진 설계 목표를 달성하기 위해 이론을 바탕으로 한 계산 과정이나 결과들을 상세히 설명한다.* ▪ *계산된 결과를 기초로 ORCAD Pspice를 이용하여 시뮬레이션을 실시하고 실험 목표를 달성할 수 있는지 검토한다. 이때 필요한 부품 값들이 실제 구할 수 있는 것들인지 확인한다.* ▪ *필요한 경우 회로 구조나 부품 값을 조정하는 재설계를 통해 회로를 최적화한다. 또한 설계 목표도 임으로 변경할 수 있다. 그러나 조정하거나 변경한 경우 그 근거나 이유를 논리적으로 서술한다.*

2.2 회로 구성 및 실험

작성 안내	▪ *주어진 회로를 브레드보드에 구현한다. 이때 전체 회로는 쉽게 분석 및 파악할 수 있도록 구성되어야 한다(각 실험별로 「**5.실험유의사항**」 참조할 것).* ▪ *브레드보드에 구성된 회로, 직류전원, 교류입출력단자들을 연결한 사진 들을 통해 실험 주제에 맞는 적절한 실험을 하고 있음을 설명하시오.* ▪ *실험과정이나 순서들을 상세히 설명하시오*

3. 실험결과 정리 및 분석

3.1 실험 방법/순서

작성 안내	*다음 내용을 보고서에 첨부한다(각 실험별로 내용이 다를 수 있음)* ▪ *전체 실험 환경 사진 및 장치들의 설정된 내용, 부품 목록* ▪ *브레드 보드의 회로 구성사진* ▪ *각 실험별 측정 데이터 및 처리된 결과들. 다음과 같은 내용을 예로 들 수 있다.* ① *증폭기, 필터, 비교기 특성을 나타내는 회로의 입출력 파형* ② *증폭기, 필터의 주파수 응답 plot* ③ *설계주파수에서 증폭기 최대 출력 조건에서 입출력 파형*

3.2 측정결과 정리 및 분석

작성 안내	▪ *측정결과들을 단순히 나열하지 않고 표나 그림을 이용하여 정리한다. 이들 표나 그림에 번호와 제목을 붙이고 관련 이론에 근거하여 내용을 설명한다.* ▪ *이론과 시뮬레이션에 근거하여 측정 결과들을 충실하고 상세히 설명한다. 이때 공급된 직류전압 및 교류신호 입출력 크기 또는 위상관계 등을 상세히 설명한다. 가급적 입출력*

	파형을 오실로스코프의 한 화면에 동시에 표현(display)하고 커서 등을 이용하여 정확히 표시하는 것이 바람직하다. ▪ *측정결과들이 조별로 주어진 설계목표를 성능 파라미터 별(예를 들어 증폭이득, 최대교류 출력 등)로 어느 정도 달성하였는지를 서술하고 부족한 부분이 있는 경우 타당한 근거들을 서술한다.* ▪ *실험 결과나 과정을 통해 이해한 내용을 정리하고 상세히 설명한다.*

3.3 문제점 및 개선내용

작성 안내	▪ *실험과정에서 발생했던 문제점들을 나열하고 어떻게 해결하였는지에 대한 과정과 개선된 사항들을 서술한다.* ▪ *목표대비 달성하지 못한 항목들은 상세히 나열하고 논리적이고 구체적으로 설명한다.* ▪ *실험과정에서 변경하였거나 실험목표를 재 조정하였으면 근거를 논리적이고 구체적으로 설명한다.* ▪ *이들 내용은 보고서를 우수하게 평가받는데 중요한 항목이다.*

4. 결론

작성 안내	*본 실험에서 달성하고자 하는 실험목적에 대비하여 실험과정이나 측정결과들로부터 도출된 결론을 요약하여 작성한다. 표로 작성하거나 요점위주로 개조 식으로 나열하고 간단한 설명을 추가하면 효과적이다.*

부록(appendix)

내용

A. OPAMP Data sheet(LM324)

A.1 LM324 OPAMP

Low power quad op amps — **LM124/224/324/324A/ SA534/LM2902**

DESCRIPTION

The LM124/SA534/LM2902 series consists of four independent, high-gain, internally frequency-compensated operational amplifiers designed specifically to operate from a single power supply over a wide range of voltages.

UNIQUE FEATURES

In the linear mode, the input common-mode voltage range includes ground and the output voltage can also swing to ground, even though operated from only a single power supply voltage.

The unity gain crossover frequency and the input bias current are temperature-compensated.

FEATURES

- Internally frequency-compensated for unity gain
- Large DC voltage gain: 100dB
- Wide bandwidth (unity gain): 1MHz (temperature-compensated)
- Wide power supply range Single supply: $3V_{DC}$ to $30V_{DC}$ or dual supplies: $\pm1.5V_{DC}$ to $\pm15V_{DC}$
- Very low supply current drain: essentially independent of supply voltage (1mW/op amp at $+5V_{DC}$)
- Low input biasing current: $45nA_{DC}$ (temperature-compensated)
- Low input offset voltage: $2mV_{DC}$ and offset current: $5nA_{DC}$
- Differential input voltage range equal to the power supply voltago
- Large output voltage: $0V_{DC}$ to V_{CC}-$1.5V_{DC}$ swing

PIN CONFIGURATION

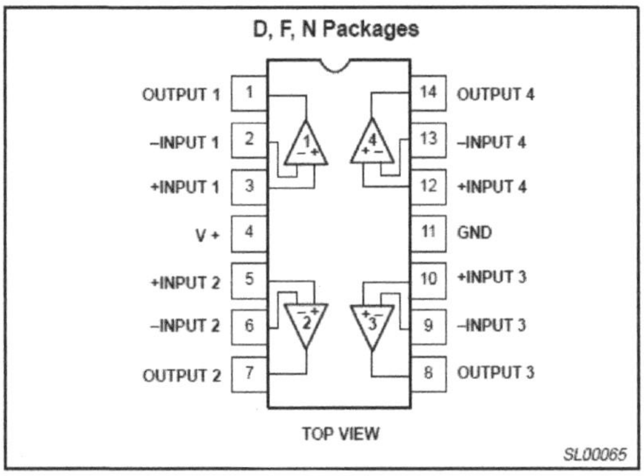

Figure 1. Pin Configuration

ABSOLUTE MAXIMUM RATINGS

SYMBOL	PARAMETER	RATING	UNIT
V_{CC}	Supply voltage	32 or ±16	V_{DC}
V_{IN}	Differential input voltage	32	V_{DC}
V_{IN}	Input voltage	-0.3 to +32	V_{DC}
P_D	Maximum power dissipation, T_A=25°C (still-air)[1]		
	N package	1420	mW
	F package	1190	mW
	D package	1040	mW
	Output short-circuit to GND one amplifier[2] V_{CC}<$15V_{DC}$ and T_A=25°C	Continuous	
I_{IN}	Input current (V_{IN}<-0.3V)[3]	50	mA
T_A	Operating ambient temperature range		
T_{STG}	Storage temperature range	-65 to +150	°C
T_{SOLD}	Lead soldering temperature (10sec max)	300	°C

DC ELECTRICAL CHARACTERISTICS

V_{CC}=5V, T_A=25°C unless otherwise specified.

SYMBOL	PARAMETER	TEST CONDITIONS	LM124/LM224			LM324/SA534/LM2902			UNIT
			Min	Typ	Max	Min	Typ	Max	
V_{OS}	Offset voltage[1]	R_S=0Ω		±2	±5		±2	±7	mV
		R_S=0Ω, over temp.			±7			±9	
$\Delta V_{OS}/\Delta T$	Temperature drift	R_S=0Ω, over temp.		7			7		μV/°C
I_{BIAS}	Input current[2]	$I_{IN}(+)$ or $I_{IN}(-)$		45	150		45	250	nA
		$I_{IN}(+)$ or $I_{IN}(-)$, over temp.		40	300		40	500	
$\Delta I_{BIAS}/\Delta T$	Temperature drift	Over temp.		50			50		pA/°C
I_{OS}	Offset current	$I_{IN}(+)-I_{IN}(-)$		±3	±30		±5	±50	nA
		$I_{IN}(+)-I_{IN}(-)$, over temp.			±100			±150	
$\Delta I_{OS}/\Delta T$	Temperature drift	Over temp.		10			10		pA/°C
V_{CM}	Common-mode voltage range[3]	$V_{CC}\leq$30V	0		V_{CC}-1.5	0		V_{CC}-1.5	V
		$V_{CC}\leq$30V, over temp.	0		V_{CC}-2	0		V_{CC}-2	
CMRR	Common-mode rejection ratio	V_{CC}=30V	70	85		65	70		dB
V_{OUT}	Output voltage swing	R_L=2kΩ, V_{CC}=30V, over temp.	26			26			V
V_{OH}	Output voltage high	$R_L\leq$10kΩ, V_{CC}=30V, over temp.	27	28		27	28		V
V_{OL}	Output voltage low	$R_L\leq$10kΩ, over temp.		5	20		5	20	mV
I_{CC}	Supply current	R_L=∞, V_{CC}=30V, over temp.		1.5	3		1.5	3	mA
		R_L=∞, over temp.		0.7	1.2		0.7	1.2	
A_{VOL}	Large-signal voltage gain	V_{CC}=15V (for large V_O swing), $R_L\geq$2kΩ	50	100		25	100		V/mV
		V_{CC}=15V (for large V_O swing), $R_L\geq$2kΩ, over temp.	25			15			
	Amplifier-to-amplifier coupling[5]	f=1kHz to 20kHz, input referred		-120			-120		dB
PSRR	Power supply rejection ratio	$R_S\leq$0Ω	65	100		65	100		dB
I_{OUT}	Output current source	$V_{IN}+$=+1V, $V_{IN}-$=0V, V_{CC}=15V	20	40		20	40		mA
		$V_{IN}+$=+1V, $V_{IN}-$=0V, V_{CC}=15V, over temp.	10	20		10	20		
	Output current sink	$V_{IN}-$=+1V, $V_{IN}+$=0V, V_{CC}=15V	10	20		10	20		
		$V_{IN}-$=+1V, $V_{IN}+$=0V, V_{CC}=15V, over temp.	5	8		5	8		
		$V_{IN}-$=+1V, $V_{IN}+$=0V, V_O=200mV	12	50		12	50		μA
I_{SC}	Short-circuit current[4]		10	40	60	10	40	60	mA
GBW	Unity gain bandwidth			1			1		MHz
SR	Slew rate			0.3			0.3		V/μs
V_{NOISE}	Input noise voltage	f=1kHz		40			40		nV/√Hz
V_{DIFF}	Differential input voltage[3]				V_{CC}			V_{CC}	V

DC ELECTRICAL CHARACTERISTICS (Continued)

V_{CC}=5V, T_A=25°C unless otherwise specified.

SYMBOL	PARAMETER	TEST CONDITIONS	LM324A Min	LM324A Typ	LM324A Max	UNIT
V_{OS}	Offset voltage[1]	R_S=0Ω		±2	±3	mV
		R_S=0Ω, over temp.			±5	
$\Delta V_{OS}/\Delta T$	Temperature drift	R_S=0Ω, over temp.		7	30	μV/°C
I_{BIAS}	Input current[2]	$I_{IN}(+)$ or $I_{IN}(-)$		45	100	nA
		$I_{IN}(+)$ or $I_{IN}(-)$, over temp.		40	200	
$\Delta I_{BIAS}/\Delta T$	Temperature drift	Over temp.		50		pA/°C
I_{OS}	Offset current	$I_{IN}(+)-I_{IN}(-)$		±5	±30	nA
		$I_{IN}(+)-I_{IN}(-)$, over temp.			±75	
$\Delta I_{OS}/\Delta T$	Temperature drift	Over temp.		10	300	pA/°C
V_{CM}	Common-mode voltage range[3]	V_{CC}≤30V	0		V_{CC}-1.5	V
		V_{CC}≤30V, over temp.	0		V_{CC}-2	V
CMRR	Common-mode rejection ratio	V_{CC}=30V	65	85		dB
V_{OUT}	Output voltage swing	R_L=2kΩ, V_{CC}=30V, over temp.	26			V
V_{OH}	Output voltage high	R_L≤10kΩ, V_{CC}=30V, over temp.	27	28		V
V_{OL}	Output voltage low	R_L≤10kΩ, over temp.		5	20	mV
I_{CC}	Supply current	R_L=∞, V_{CC}=30V, over temp.		1.5	3	mA
		R_L=∞, over temp.		0.7	1.2	mA
A_{VOL}	Large-signal voltage gain	V_{CC}=15V (for large V_O swing), R_L≥2kΩ	25	100		V/mV
		V_{CC}=15V (for large V_O swing), R_L≥2kΩ, over temp.	15			V/mV
	Amplifier-to-amplifier coupling[5]	f=1kHz to 20kHz, input referred		-120		dB
PSRR	Power supply rejection ratio	R_S≤0Ω	65	100		dB
I_{OUT}	Output current source	V_{IN}+=+1V, V_{IN}-=0V, V_{CC}=15V	20	40		mA
		V_{IN}+=+1V, V_{IN}-=0V, V_{CC}=15V, over temp.	10	20		mA
	Output current sink	V_{IN}-=+1V, V_{IN}+=0V, V_{CC}=15V	10	20		mA
		V_{IN}-=+1V, V_{IN}+=0V, V_{CC}=15V, over temp.	5	8		mA
		V_{IN}-=+1V, V_{IN}+=0V, V_O=200mV	12	50		μA
I_{SC}	Short-circuit current[4]		10	40	60	mA
V_{DIFF}	Differential input voltage[3]				V_{CC}	V
GBW	Unity gain bandwidth			1		MHz
SR	Slew rate			0.3		V/μs
V_{NOISE}	Input noise voltage	f=1kHz		40		nV/√Hz

NOTES:

1. V_O ≈ 1.4V_{DC}, R_S=0Ω with V_{CC} from 5V to 30V and over full input common-mode range (0V_{DC}+ to V_{CC} -1.5V).
2. The direction of the input current is out of the IC due to the PNP input stage. This current is essentially constant, independent of the state of the output so no loading change exists on the input lines.
3. The input common-mode voltage or either input signal voltage should not be allowed to go negative by more than 0.3V. The upper end of the common-mode voltage range is V_{CC} -1.5, but either or both inputs can go to +32V without damage.
4. Short-circuits from the output to V_{CC} can cause excessive heating and eventual destruction. The maximum output current is approximately 40mA independent of the magnitude of V_{CC}. At values of supply voltage in excess of +15V_{DC}, continuous short-circuits can exceed the power dissipation ratings and cause eventual destruction. Destructive dissipation can result from simultaneous shorts on all amplifiers.
5. Due to proximity of external components, insure that coupling is not originating via stray capacitance between these external parts. This typically can be detected as this type of coupling increases at higher frequencies.

EQUIVALENT CIRCUIT

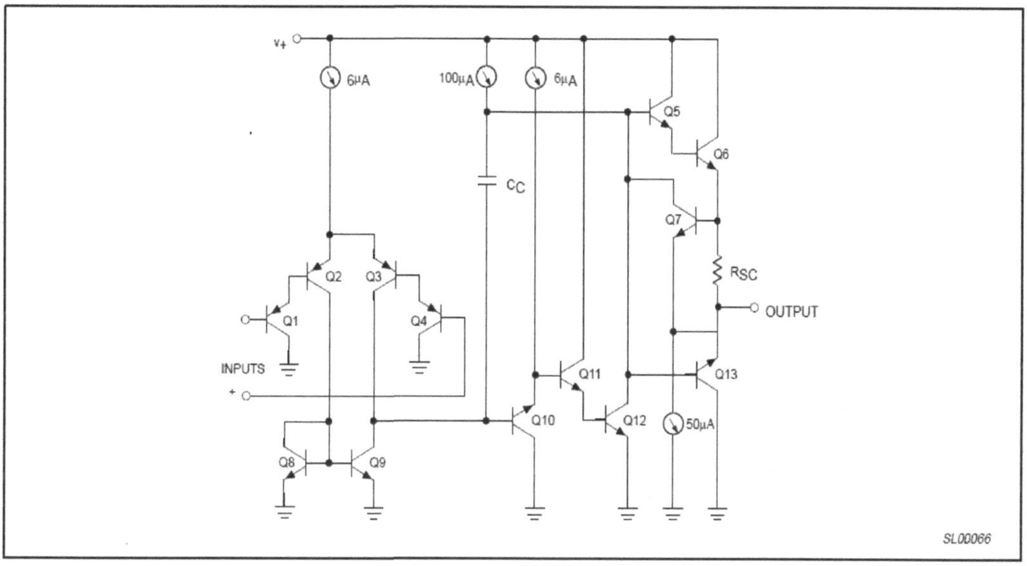

TYPICAL PERFORMANCE CHARACTERISTICS

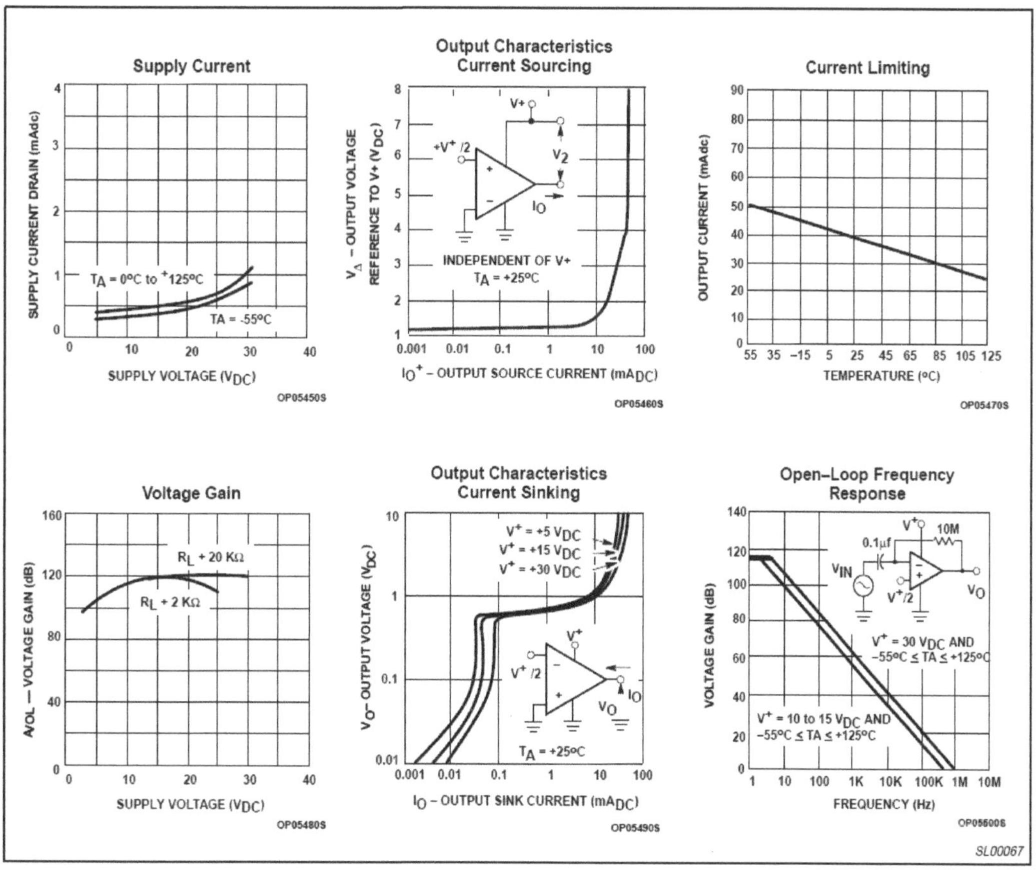

TYPICAL PERFORMANCE CHARACTERISTICS (Continued)

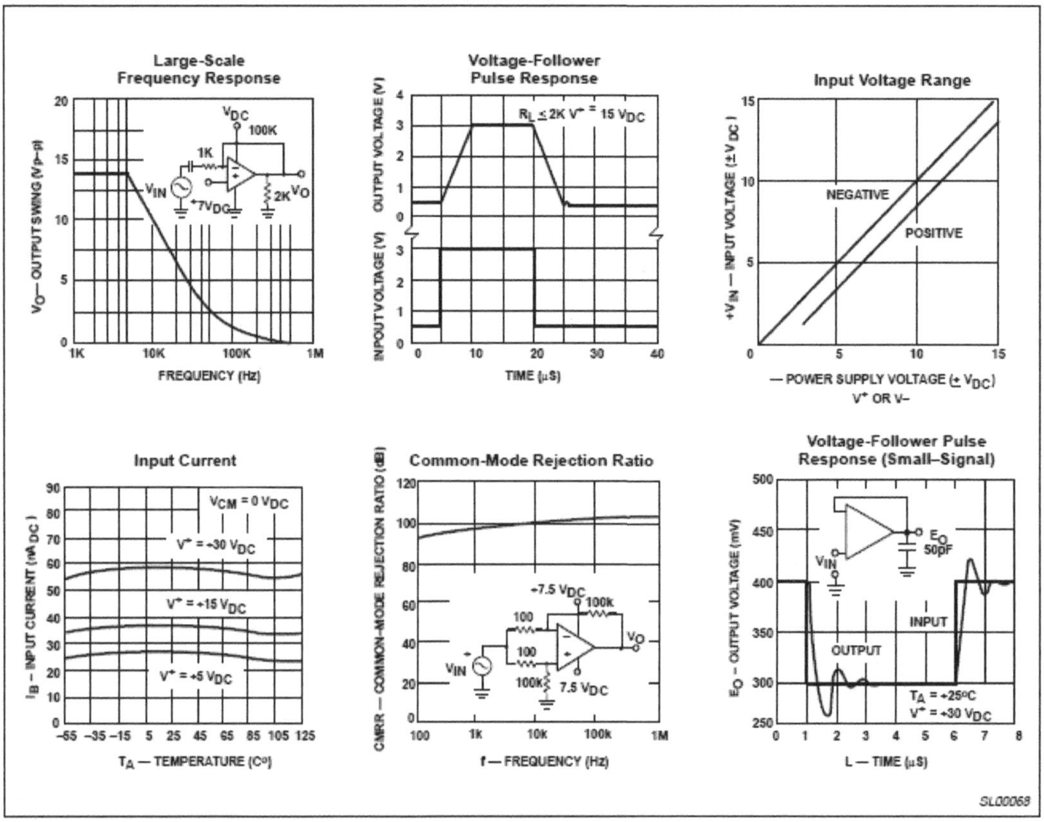

TYPICAL APPLICATIONS

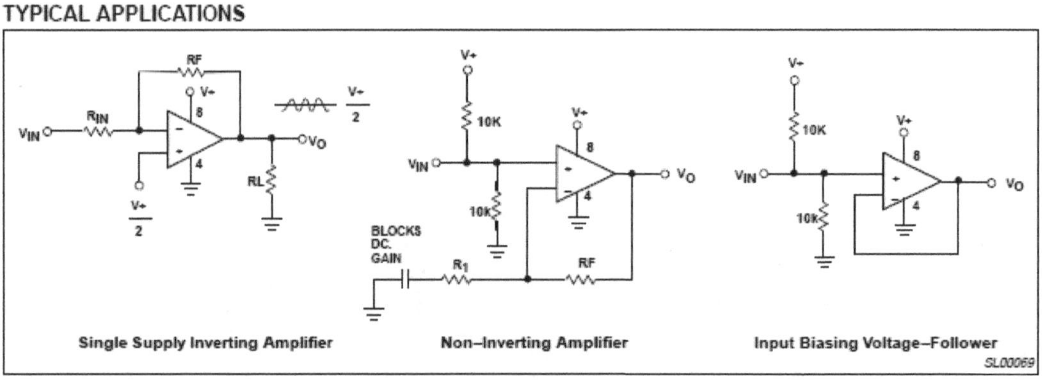

A.2 uA741 OPAMP

life.augmented

UA741

General-purpose single operational amplifier

Datasheet - production data

N
DIP8
(plastic package)

D
SO8
(plastic micropackage)

Pin connections
(top view)

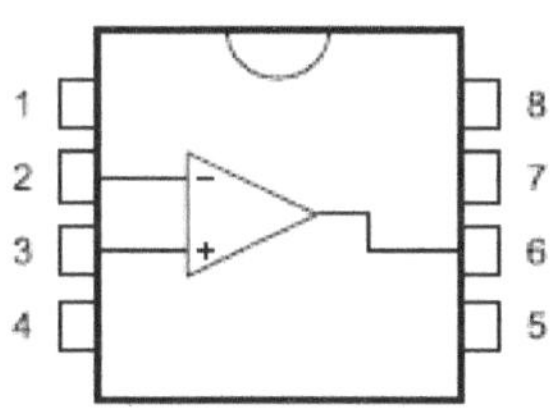

1 - Offset null 1
2 - Inverting input
3 - Non-inverting input
4 - V_{CC}^{-}
5 - Offset null 2
6 - Output
7 - V_{CC}^{+}
8 - N.C.

Features

- Large input voltage range
- No latch-up
- High gain
- Short-circuit protection
- No frequency compensation required
- Same pin configuration as the UA709

Applications

- Summing amplifiers
- Voltage followers
- Integrators
- Active filters
- Function generators

Description

The UA741 is a high performance monolithic operational amplifier constructed on a single silicon chip. It is intended for a wide range of analog applications.

The high gain and wide range of operating voltages provide superior performances in integrators, summing amplifiers and general feedback applications. The internal compensation network (6 dB/octave) ensures stability in closed-loop circuits.

- Absolute maximum ratings and operating conditions

Symbol	Parameter	Value	Unit
V_{CC}	Supply voltage	±22	V
V_{id}	Differential input voltage	±30	
V_i	Input voltage	±15	
	Output short-circuit duration	Infinite	
R_{thja}	Thermal resistance junction to ambient DIP8 SO8	 85 125	°C/W
R_{thjc}	Thermal resistance junction to case DIP8 SO8	 41 40	
ESD	HBM: human body model(1) DIP package SO package	 500 400	V
	MM: machine model(2)	100	
	CDM: charged device model(3)	1.5	kV
T_{stg}	Storage temperature range	-65 to +150	°C

Symbol	Parameter	UA741I	UA741C	Unit
V_{CC}	Supply voltage	5 to 40		V
V_{icm}	Common mode input voltage range	±12		
T_{oper}	Operating free air temperature range	-40 to +105	0 to +70	°C

- Electrical characteristics

Symbol	Parameter	Min.	Typ.	Max.	Unit
V_{io}	Input offset voltage ($R_s \leq 10$ kΩ) T_{amb} = +25 °C $T_{min} \leq T_{amb} \leq T_{max}$		1	5 6	mV
I_{io}	Input offset current T_{amb} = +25 °C $T_{min} \leq T_{amb} \leq T_{max}$		2	30 70	nA
I_{ib}	Input bias current T_{amb} = +25 °C $T_{min} \leq T_{amb} \leq T_{max}$		10	100 200	nA
A_{vd}	Large signal voltage gain (V_o = ±10 V, R_L = 2 kΩ) T_{amb} = +25 °C $T_{min} \leq T_{amb} \leq T_{max}$	50 25	200		V/mV
SVR	Supply voltage rejection ratio ($R_s \leq 10$ kΩ) T_{amb} = +25 °C $T_{min} \leq T_{amb} \leq T_{max}$	77 77	90		dB
I_{CC}	Supply current, no load T_{amb} = +25 °C $T_{min} \leq T_{amb} \leq T_{max}$		1.7	2.8 3.3	mA
V_{icm}	Input common mode voltage range T_{amb} = +25 °C $T_{min} \leq T_{amb} \leq T_{max}$	±12 ±12			V
CMR	Common mode rejection ratio ($R_S \leq 10$ kΩ) T_{amb} = +25 °C $T_{min} \leq T_{amb} \leq T_{max}$	70 70	90		dB
I_{OS}	Output short circuit current	10	25	40	mA
$\pm V_{opp}$	Output voltage swing T_{amb} = +25 °C R_L = 10 kΩ R_L = 2 kΩ $T_{min} \leq T_{amb} \leq T_{max}$ R_L = 10 kΩ R_L = 2 kΩ	12 10 12 10	14 13		V
SR	Slew rate V_i = ±10 V, R_L = 2 kΩ, C_L = 100 pF, unity gain	0.25	0.5		V/μs
t_r	Rise time V_i = ±20 mV, R_L = 2 kΩ, C_L = 100 pF, unity gain		0.3		μs
K_{ov}	Overshoot V_i = 20 mV, R_L = 2 kΩ, C_L = 100 pF, unity gain		5		%
R_i	Input resistance	0.3	2		MΩ

B. Voltage regulator(MC78XX series)

MC78XX/LM78XX/MC78XXA

3-Terminal 1A Positive Voltage Regulator

Features

- Output Current up to 1A
- Output Voltages of 5, 6, 8, 9, 10, 12, 15, 18, 24V
- Thermal Overload Protection
- Short Circuit Protection
- Output Transistor Safe Operating Area Protection

Description

The MC78XX/LM78XX/MC78XXA series of three terminal positive regulators are available in the TO-220/D-PAK package and with several fixed output voltages, making them useful in a wide range of applications. Each type employs internal current limiting, thermal shut down and safe operating area protection, making it essentially indestructible. If adequate heat sinking is provided, they can deliver over 1A output current. Although designed primarily as fixed voltage regulators, these devices can be used with external components to obtain adjustable voltages and currents.

TO-220

D-PAK

1. Input 2. GND 3. Output

Internal Block Digram

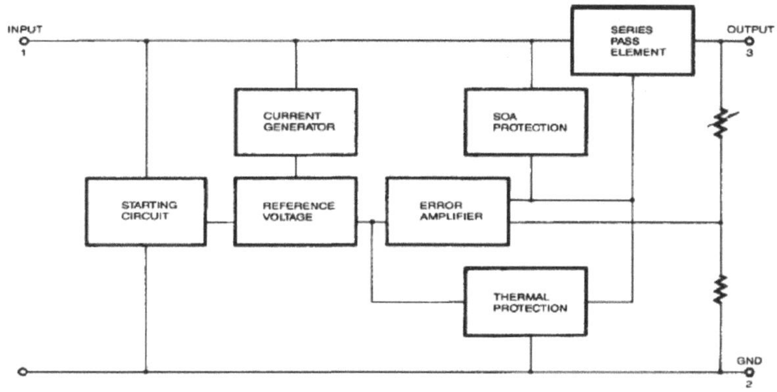

Absolute Maximum Ratings

Parameter	Symbol	Value	Unit
Input Voltage (for V_O = 5V to 18V) (for V_O = 24V)	V_I V_I	35 40	V V
Thermal Resistance Junction-Cases (TO-220)	$R_{\theta JC}$	5	°C/W
Thermal Resistance Junction-Air (TO-220)	$R_{\theta JA}$	65	°C/W
Operating Temperature Range	T_{OPR}	0 ~ +125	°C
Storage Temperature Range	T_{STG}	-65 ~ +150	°C

Electrical Characteristics (MC7805/LM7805)

(Refer to test circuit ,0°C < T_J < 125°C, I_O = 500mA, V_I = 10V, C_I= 0.33μF, C_O= 0.1μF, unless otherwise specified)

Parameter	Symbol	Conditions		MC7805/LM7805			Unit
				Min.	Typ.	Max.	
Output Voltage	V_O	T_J =+25 °C		4.8	5.0	5.2	V
		5.0mA ≤ Io ≤ 1.0A, P_O ≤ 15W V_I = 7V to 20V		4.75	5.0	5.25	
Line Regulation (Note1)	Regline	T_J=+25 °C	V_O = 7V to 25V	-	4.0	100	mV
			V_I = 8V to 12V	-	1.6	50	
Load Regulation (Note1)	Regload	T_J=+25 °C	I_O = 5.0mA to1.5A	-	9	100	mV
			I_O =250mA to 750mA	-	4	50	
Quiescent Current	I_Q	T_J =+25 °C		-	5.0	8.0	mA
Quiescent Current Change	ΔI_Q	I_O = 5mA to 1.0A		-	0.03	0.5	mA
		V_I= 7V to 25V		-	0.3	1.3	
Output Voltage Drift	$\Delta V_O/\Delta T$	I_O= 5mA		-	-0.8	-	mV/ °C
Output Noise Voltage	V_N	f = 10Hz to 100KHz, T_A=+25 °C		-	42	-	μV/Vo
Ripple Rejection	RR	f = 120Hz V_O = 8V to 18V		62	73	-	dB
Dropout Voltage	V_{Drop}	I_O = 1A, T_J =+25 °C		-	2	-	V
Output Resistance	r_O	f = 1KHz		-	15	-	mΩ
Short Circuit Current	I_{SC}	V_I = 35V, T_A =+25 °C		-	230	-	mA
Peak Current	I_{PK}	T_J =+25 °C		-	2.2	-	A

Note:

1. Load and line regulation are specified at constant junction temperature. Changes in V_O due to heating effects must be taken into account separately. Pulse testing with low duty is used.

Electrical Characteristics (MC7806)

(Refer to test circuit ,0°C < T_J < 125°C, I_O = 500mA, V_I =11V, C_I= 0.33μF, C_O= 0.1μF, unless otherwise specified)

Parameter	Symbol	Conditions		MC7806 Min.	Typ.	Max.	Unit
Output Voltage	V_O	T_J =+25 °C		5.75	6.0	6.25	V
		5.0mA ≤ I_O ≤ 1.0A, P_O ≤ 15W V_I = 8.0V to 21V		5.7	6.0	6.3	
Line Regulation (Note1)	Regline	T_J =+25 °C	V_I = 8V to 25V	-	5	120	mV
			V_I = 9V to 13V	-	1.5	60	
Load Regulation (Note1)	Regload	T_J =+25 °C	I_O =5mA to 1.5A	-	9	120	mV
			I_O =250mA to750A	-	3	60	
Quiescent Current	I_Q	T_J =+25 °C		-	5.0	8.0	mA
Quiescent Current Change	ΔI_Q	I_O = 5mA to 1A		-	-	0.5	mA
		V_I = 8V to 25V		-	-	1.3	
Output Voltage Drift	$\Delta V_O/\Delta T$	I_O = 5mA		-	-0.8	-	mV/ °C
Output Noise Voltage	V_N	f = 10Hz to 100KHz, T_A =+25 °C		-	45	-	μV/Vo
Ripple Rejection	RR	f = 120Hz V_I = 9V to 19V		59	75	-	dB
Dropout Voltage	V_{Drop}	I_O = 1A, T_J =+25 °C		-	2	-	V
Output Resistance	r_O	f = 1KHz		-	19	-	mΩ
Short Circuit Current	I_{SC}	V_I= 35V, T_A=+25 °C		-	250	-	mA
Peak Current	I_{PK}	T_J =+25 °C		-	2.2	-	A

Note:

1. Load and line regulation are specified at constant junction temperature. Changes in V_O due to heating effects must be taken into account separately. Pulse testing with low duty is used.

Typical Perfomance Characteristics

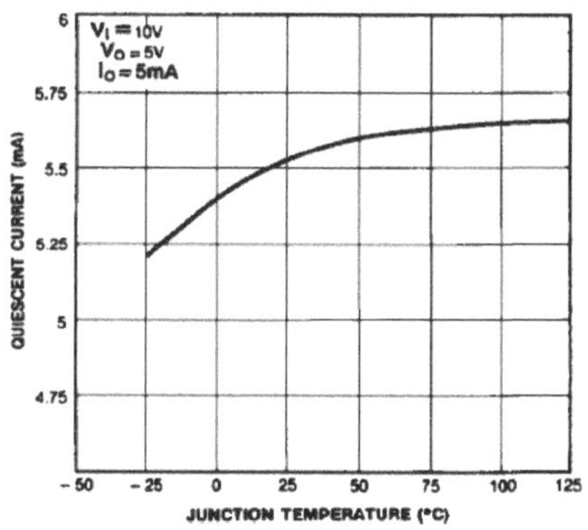

Figure 1. Quiescent Current

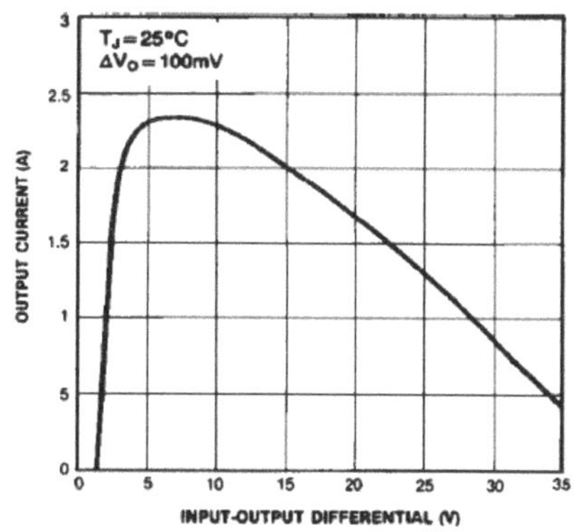

Figure 2. Peak Output Current

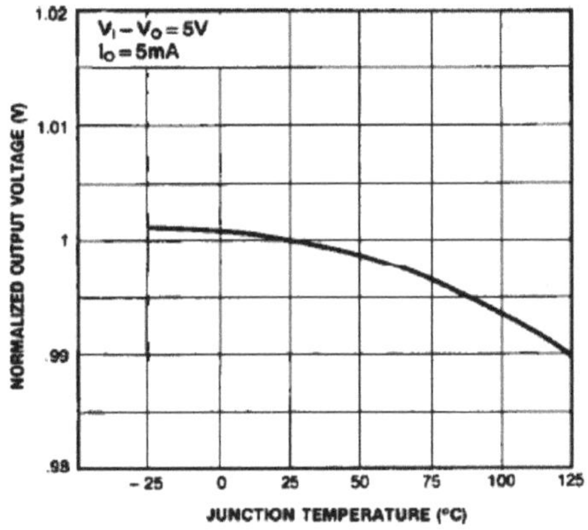

Figure 3. Output Voltage

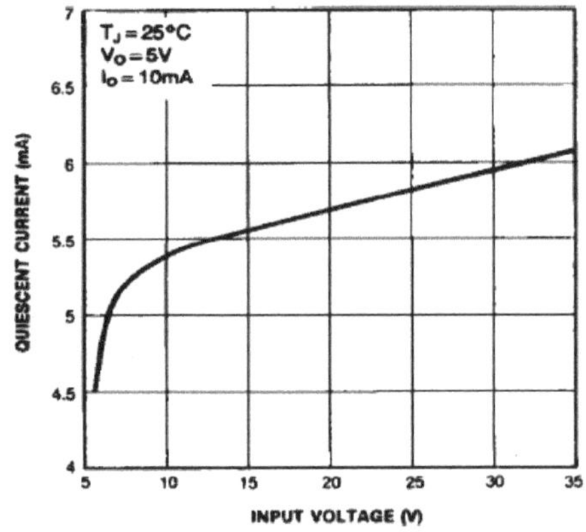

Figure 4. Quiescent Current

Typical Applications

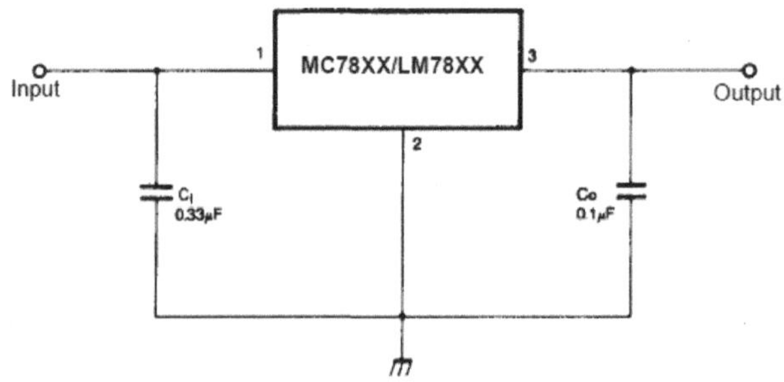

Figure 5. DC Parameters

C. ORCAD Pspice 사용자 Manual

C.1 메뉴 설명 및 기본 옵션

C.1.1 화면의 구성

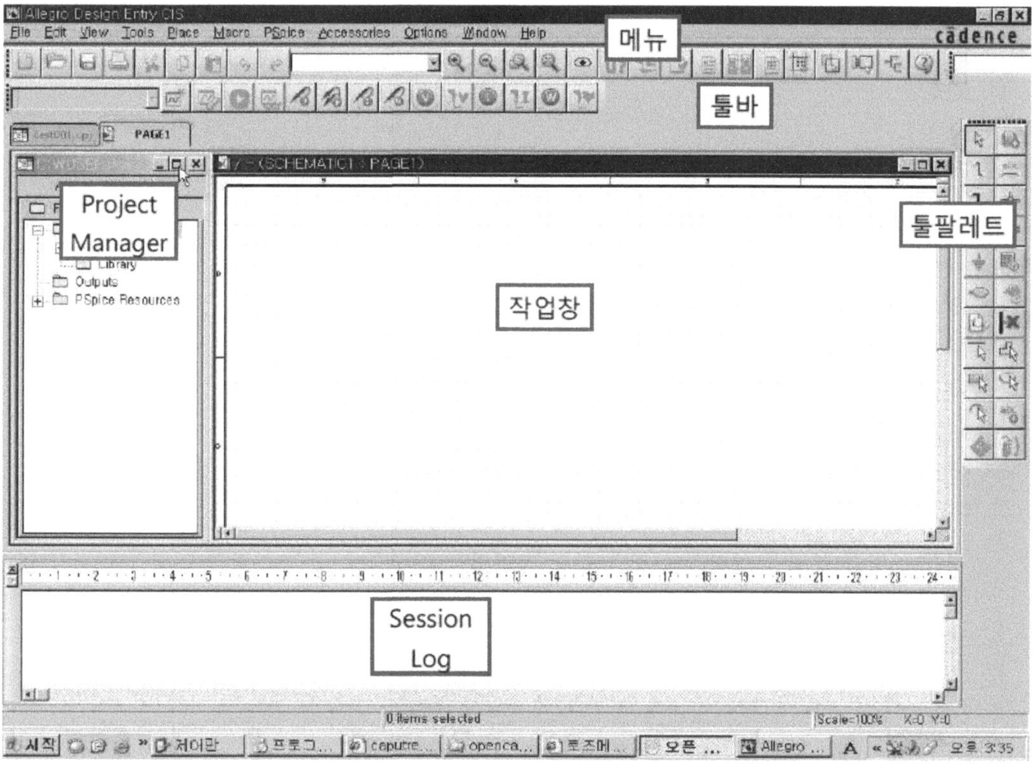

C.1.2 기본 메뉴 및 아이콘, 툴바

1) 메뉴

① ② ③ ④ ⑤ ⑥ ⑦ ⑧ ⑨ ⑩

① File : 파일을 열거나 저장하고 Schematic을 인쇄함

② Edit : 작업도면에서 아이템을 변경하거나 삭제함

③ View : 작업도면의 축척도를 바꾸거나 다시 그림

④ Place : 부품 가져오기 또는 그리기

⑤ Macro : 매크로 기능 작성

⑥ PSpice : OrCAD PSpice에 의한 시뮬레이션 기능
⑦ Accessories : Alias 로테이션 기능
⑧ Options : 화면과 환경 셋업
⑨ Window : 윈도우 선택 및 정렬방식
⑩ Help : 도움말

2) 툴바

① ② ③ ④ ⑤ ⑥ ⑦ ⑧ ⑨ ⑩ ⑪ ⑫ ⑬ ⑭ ⑮ ⑯ ⑰ ⑱ ⑲ ⑳ ㉑ ㉒ ㉓ ㉔ ㉕ ㉖

① New : 새로운 설계 및 라이브러리 작성
② Open : 기존 설계 및 라이브러리 열기
③ Save : 작업도면 또는 부품을 저장
④ Print : 작업도면 또는 부품을 인쇄
⑤ Cut : 선택한 개체를 삭제하고 클립보드에 저장
⑥ Copy : 선택한 개체를 클립보드에 저장
⑦ Paste : 클립보드에 저장되어 있는 내용을 문서에 붙임
⑧ Undo : 가장 최근에 실행한 명령을 취소
⑨ Redo : 가장 최근에 실행한 명령을 다시 실행
⑩ Place Part : 최근에 사용했던 부품 목록
⑪ Zoom in : 한번 클릭할 때마다 작업도면 2배씩 확대
⑫ Zoom out : 한번 클릭할 때마다 작업도면 1/2씩 축소
⑬ Zoom to region : 작업도면에서 드래그 하여 지정한 영역을 확대
⑭ Zoom to all : 모든 개체가 한 화면에 보이게 함
⑮ Fisheye view : 부분 확대
⑯ Annotate : 작업도면상에서 부품의 참조를 갱신
⑰ Back annotate : PCB 쪽 수정정보를 작업도면에서 갱신
⑱ Design rules Check : 도면의 설계 오류를 체크
⑲ Create netlist : 부품과 부품의 연결 상태 정보를 생성
⑳ Cross reference parts : 교차 참조된 부품 목록을 작성
㉑ Bill of material : 부품 목록서 작성
㉒ Snap To grid : 부품을 그리드에 맞추어 이동
㉓ Area Select : 부품 선택 시 전체 또는 부분 선택 가능
㉔ Drag connected object : 부품과 부품 또는 연결선의 단선 방지
㉕ Project manager : 프로젝트 매니저 창 선택
㉖ Help : 도움말

3) 시뮬레이션 툴바

① ② ③ ④⑤ ⑥ ⑦ ⑧ ⑨ ⑩⑪ ⑫⑬ ⑭ ⑮

① Active Profile : 작업 중인 프로파일 목록
② New Simulation Profile : 프로파일 생성
③ Edit Simulation Settings : 현재 프로파일 편집
④ Run PSpice : 시뮬레이션 실행
⑤ View Simulation Results : 시뮬레이션 결과 보기
⑥ Voltage/Level Marker : 전압 표시자
⑦ Voltage Differential Marker(s) : 양단간 전압 표시자
⑧ Current Marker : 전류 표시자
⑨ Power Dissipation Marker : 소비전력 표시자
⑩ Enable Bias Voltage Display : 직류 전압 표시자
⑪ Toggle Voltages On Selected Net(s) : 선택된 네트만 전압 표시 토글
⑫ Enable Bias Current Display : 직류 전류 표시자
⑬ Toggle Currents On Selected Part(s)/Pin(s) : 선택된 부품/핀만 전류 표시 토글
⑭ Enable Bias Power Display : 직류 전력 표시자
⑮ Toggle Power On Selected Part(s) : 선택된 부품만 전력 표시 토글

4) 툴팔레트

① ② ③ ④ ⑤ ⑥ ⑦ ⑧ ⑨ ⑩ ⑪ ⑫ ⑬ ⑭ ⑮ ⑯ ⑰ ⑱ ⑲ ⑳ ㉑ ㉒ ㉓ ㉔ ㉕ ㉖ ㉗

① Select : 개체 선택
② Place part : 부품 선택 배치
(Pspice 라이브러리의 경로 : C:₩Cadence₩SPB_16.3₩tools₩capture₩library₩pspice)
③ Place wire : 부품 간 연결선
④ Place Auto wire Two Points : 두 포인터를 자동으로 연결
⑤ Place Auto wire Multi Points : 여러 개의 포인터를 자동으로 연결
⑥ Place Auto wire Connect to Bus : Bus와 자동으로 연결
⑦ Place net alias : 네트에 이름 정의 (%, &, ^, @, ~, * 등 특수문자 사용불가)
⑧ Place bus : 버스선 연결(예 : "Q[0:3]", "Q[0-3] 등)
⑨ Place junction : 접합점 놓기
⑩ Place bus entry : 버스와 와이어간 연결 인입선
⑪ Place power : 전원 심볼 배치

⑫ Place ground : 접지 심볼 배치 (' 0 '심볼 배치)
⑬ Place hierarchical block : 계층 블록 생성
⑭ Place port : 포트 단자 배치
⑮ Place pin : 계층 블록 핀 배치
⑯ Place off-page connector : 페이지 간 연결 심볼
⑰ Place no connect : 핀에 연결 없음 표시
⑱ Place line : 라인 배치
⑲ Place polyline : 폴리라인 배치
⑳ Place rectangle : 사각형 배치
㉑ Place ellipse : 타원 배치

㉒ Place arc : 호 배치
㉓ Place Elliptical Arc : 타원형의 호 배치
㉔ Place Bezier Curve : Bezier 곡선 배치
㉕ Place text : 텍스트 배치
㉖ Place IEEE symbol : IEEE 심볼 표시
㉗ Place pin array : 핀 배열

C.1.3 Simulation Setting Tab

1) General

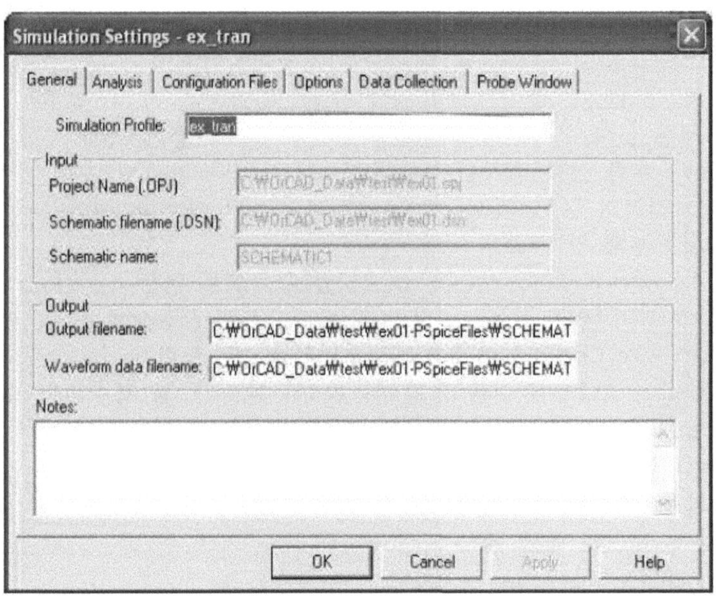

① **Simulation Profile:** 시뮬레이션 설정 파일명
② **Input** : 프로젝트에 관련된 입력 파일 관련 사항 표시
③ **Output** : PSpice 출력 파일 관련 사항 표시
④ **Notes** : Simulation Setting에 관하여 사용자가 나타내고 싶은 사항 입력

2) Analysis

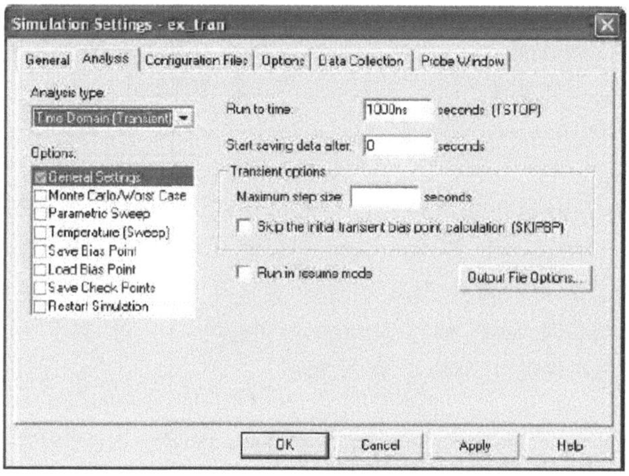

1) Time Domain
2) DC Sweep
3) AC Sweep/Noise
4) Bias Point

3) Configuration Files

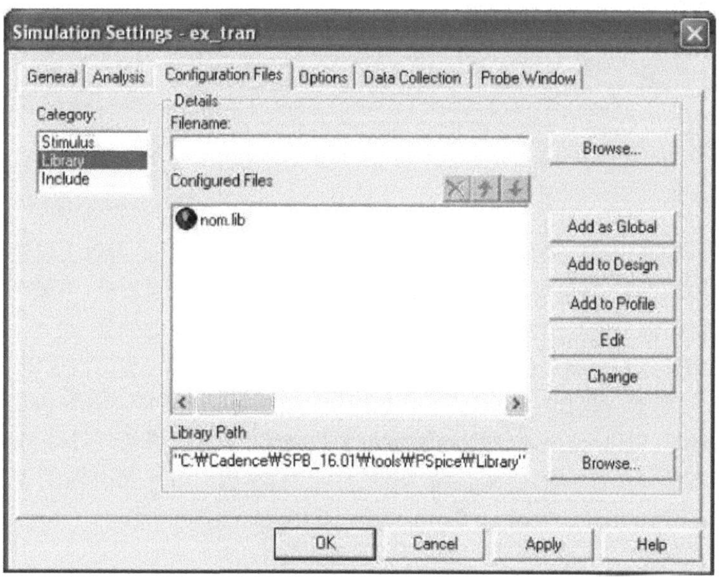

시뮬레이션 수행 시 Stimulus/Library/Include 할 파일을 선택하거나 직접 입력한다. Add as Global은 PSpice 해석을 수행하는 모든 파일에 적용하며, Add to Design은 선택한 설계회로에만 적용된다.

- **Stimulus** : 이전에 작업한 소스원 (VSTIM 등을 사용하여 만든 전압원 또는 전류원)을 사용할 경우 Browse를 통해 경로를 설정한다.
- **Library** : 새로운 라이브러리 파일을 만든 경우 Browse를 통해 경로를 설정한다.
- **Include** : 라이브러리 파일에서 변수 명을 지정하여 라이브러리를 만든 경우 변수 명에 대한 값을 파일로 저장하여 경로를 설정한다.

Include tab, Library tab, Stimulus tab에는 내장되어 있는 source 및 library를 사용할 때 또는, 내장되어 있는 라이브러리 및 Source를 편집할 경우에는 자동적으로 편집된 내용이 파일로 저장되게 되어 있다. 그래서 따로 지정할 필요가 없지만, 새롭게 사용하여야 할 라이브러리 및 다른 프로젝트에 Save As된 Source를 이용하여야 할 경우 위의 환경 창에 새로운(편집된) 파일을 링크하여야만 사용할 수 있다.

※ Tip 위에서 다루어진 Include tab, Library tab, stimulus tab에는 기본적으로 자체 프로젝트에서는 자동적으로 지정된다. 그러나 라이브러리 탭의 관점에서 새로운 라이브러리를 생성할 경우 또는 Model Editor에서 기존의 소자의 특성만 복사에서 다른 이름으로 사용할 경우 시뮬레이션 설정창의 라이브러리 탭에서 새로운 라이브러리를 시뮬레이션에 포함하도록 경로를 지정한다. 새로운 모델을 만들고 시뮬레이션 시 라이브러리 탭에 모델이 들어 있는 라이브러리를 추가하지 않을 경우 다음과 같은 에러가 발생한다.

"ERROR -- Subcircuit kkk used by X_halfadd_A_U4 is undefined"

Stimulus tab의 사용도 마찬가지로 다른 프로젝트에서 사용된 파형을 불러와 사용할 경우 해당 tab에서 경로를 지정해야 한다. 하나의 *.stl에 여러 개의 다른 이름의 입력파형도 지정할 수 있고 이 *.stl을 지정하여 schematic에서 이름만 주어지면 된다.

4) Opions

PSpice에서는 여러 가지 해석에 대한 시뮬레이션 계산을 위한 파라미터를 제한하고 설정하는 여러 가지 조건을 제공하고 있다. 시뮬레이션 해석 후에 결과를 저장하는 output 파일에 시뮬레이션에 대한 어떤 정보를 저장하느냐의 여부에 대해 선택을 하는 것이고, 수치를 입력하는 options는 시뮬레이션의 결과에 대한 정확도와 해석 알고리즘의 계산, 스텝사이즈 및 반복계산 횟수를 결정하는 역할을 수행한다. 회로가 복잡해지거나 반도체 소자를 시뮬레이션에 사용하게 되면 해석에러(Convergence Error)가 종종 발생하가나 해석 시간이 상당히 오래 걸리는 경우가 발생하게 되는데 이때는 수치를 입력하는 options 값을 변경하여 이를 피할 수 있다. Options는 Analog Simulation, Gate-level Simulation, Output file Category로 구분된다.

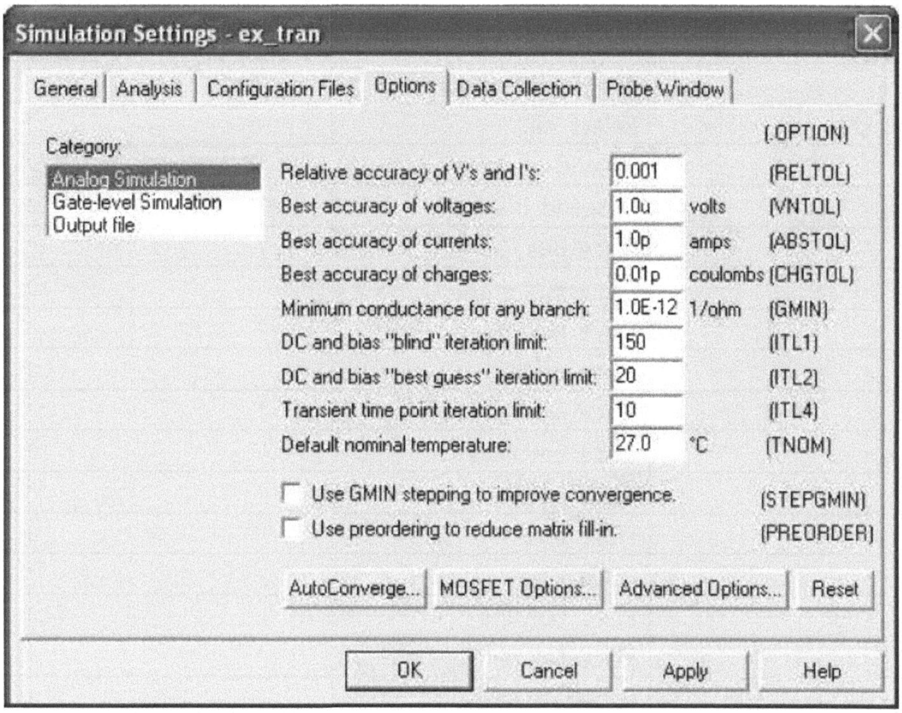

C.1.4 SPICE 명령어

단축키

All Capture Windows

Key	Mouse click equivalent
ALT+F4	Exit
ALT, F, X	Exit
ALT, SPACEBAR, C	Exit
F1	Help
Ctrl + F8	Switch Capture to Full Screen mode (Click Close Full Screen button or press Escape key to exit Full Screen mode)

Schematic page editor

Key	Mouse click equivalent
CTRL+A	Select All
A	Ascend hierarchy
D	Descend hierarchy
B	Place bus
E	Place bus entry
F	Place power
G	Place ground
J	Place junction
N	Place net alias
P	Place part
T	Place text
W	Place wire
Y	Place polyline
X	Place No connect symbol
F7	Record macro
F8	Play macro
F9	Configure macro
CTRL+SHIFT+A	Add part(s) to group
CTRL+SHIFT+R	Remove part(s) from group
CTRL+I	Opens the Selection Filter dialog box where you can specify the objects that should be selected when the mouse pointer is dragged diagonally across the schematic page.
CTRL+SHIFT+Left Click	Lock component

Schematic page and part editors

Key	Mouse click equivalent
CTRL+C	Copy
CTRL+E	Edit properties
CTRL+F	Find
CTRL+G	Go to
CTRL+P	Print
CTRL+S	Save
CTRL+T	Cursor snap to grid (identical to the Preferences dialog box Grid display tab option).
CTRL+V	Paste
CTRL+X	Cut
CTRL+Y	Redo
CTRL+Z	Undo
F4	Repeat
DEL	Delete (Design and Edit menus)
DELETE	Delete (Design and Edit menus)
BACKSPACE	Delete (Design and Edit menus)
ENTER	Double-click left mouse button
ESCAPE	Deselect all and switch to selection tool (arrow pointer)
SPACE	Click left mouse button
UP ARROW	Move 1 grid up (grid on) or 0.1 grid up (grid off)
DOWN ARROW	Move 1 grid down (grid on) or 0.1 grid down (grid off)
LEFT ARROW	Move 1 grid left (grid on) or 0.1 grid left (grid off)
RIGHT ARROW	Move 1 grid right (grid on) or 0.1 grid right (grid off)
CTRL+UP ARROW	Snap pointer to nearest grid and then move 5 grids up
CTRL+DOWN ARROW	Snap pointer to nearest grid and then move 5 grids down
CTRL+LEFT ARROW	Snap pointer to nearest grid and then move 5 grids left
CTRL+RIGHT ARROW	Snap pointer to nearest grid and then move 5 grids right
PAGE UP	Pan up
PAGE DOWN	Pan down
CTRL+PAGE UP	Pan left
CTRL+PAGE DOWN	Pan right
F5	Redraw
C	Center the view at the pointer's current position
H	Mirror horizontally
I	Zoom in
O	Zoom out
R	Rotate

C.2 Probe 윈도우 활용

C.2.1 Probe Window 구성

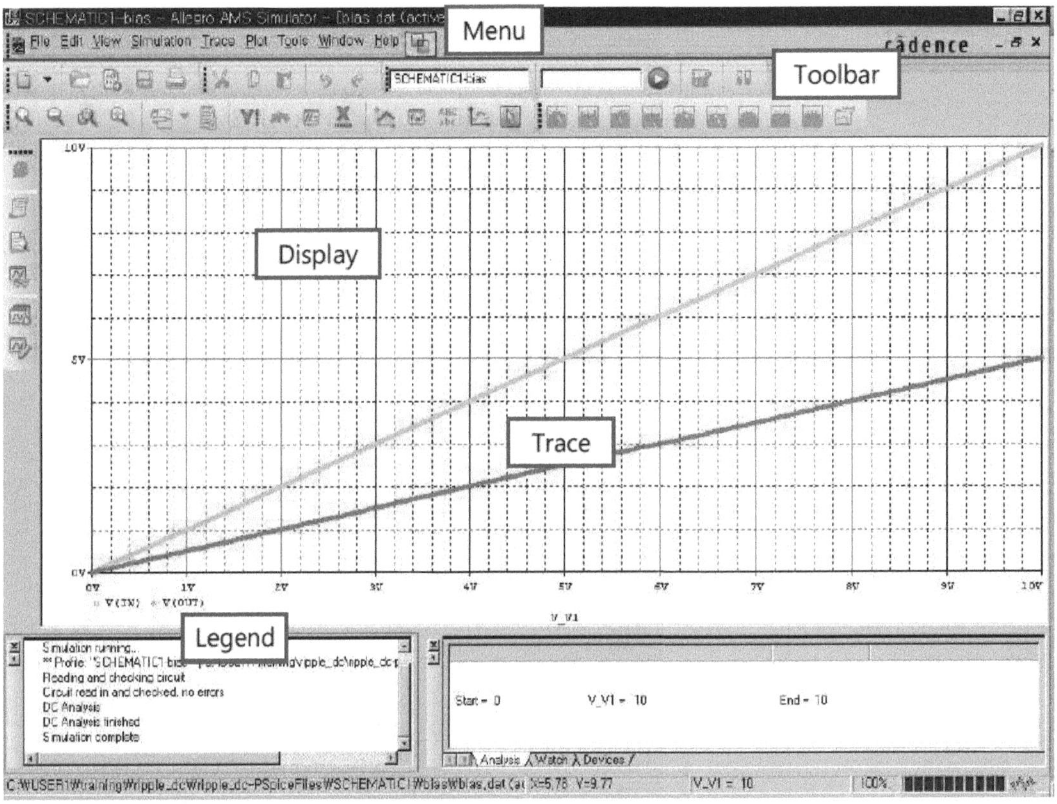

C.2.2 메뉴 및 툴바 구성

1) 메뉴

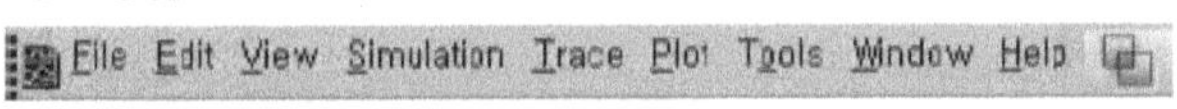

① ② ③ ④ ⑤ ⑥ ⑦ ⑧ ⑨ ⑩

① File : Probe 파일 관리

② Edit : Probe 파일 편집

③ View : 화면 줌, 툴바, 회로/출력/시뮬레이션 파일 보기

④ Simulation : 시뮬레이션 Run, Stop

⑤ Trace : 트레이스(파형곡선) 추가, 삭제

⑥ Plot : X-Y 축 지정, 화면 분할, 라벨
⑦ Tools : 메뉴 바, 툴바 조정
⑧ Window : 출력화면 정렬, 클립보드 복사
⑨ Help : 도움말
⑩ Alternate Display : Probe 화면만 보이는 창으로 토글

2) 툴바

① ②③ ④⑤ ⑥⑦⑧ ⑨⑩ ⑪ ⑫ ⑬ ⑭ ⑮

① New : 새로운 시뮬레이션 프로파일 및 텍스트 파일 생성
② Open : 새로운 Probe Data Plot 윈도우 열기
③ Append File : 현재의 Plot 윈도우에 다른 Probe 데이터 첨부
④ Save : 현재 윈도우의 Probe Data 저장
⑤ Print : Plot 윈도우 화면 인쇄
⑥ Cut : 선택 항목 잘라내기
⑦ Copy : 선택 항목 복사
⑧ Paste : 클립보드 내용 붙여넣기
⑨ Undo : 최근 실행 작업 취소
⑩ Redo : 최근 실행한 Undo 취소
⑪ Current Simulation : 현재 작업 중인 시뮬레이션 프로파일
⑫ Run For : 원하는 시간까지 시뮬레이션 진행
⑬ Run PSpice : 시뮬레이션 실행
⑭ Save Simulation State : 현재 시뮬레이션 상태 저장
⑮ Pause : 시뮬레이션 일시정지

① ② ③ ④ ⑤ ⑥ ⑦ ⑧ ⑨ ⑩ ⑪ ⑫ ⑬ ⑭ ⑮ ⑯ ⑰ ⑱ ⑲ ⑳ ㉑ ㉒ ㉓ ㉔ ㉕

① Zoom In : 화면 확대
② Zoom Out : 화면 축소
③ Zoom Area : 일정영역 확대/축소
④ Zoom Fit : 전체보기
⑤ Load Next Part : 다음 Part 불러오기

⑥ Toggle Large Data File Mode : 대형 데이터 파일모드 표시 토글
⑦ Log X Axis : X축 Log 스케일 지정
⑧ Fourier : 퓨리에 변환
⑨ Performance Analysis : 성능분석 실행
⑩ Log Y Axis : Y축 Log 스케일 지정
⑪ Add Trace : Trace 추가
⑫ Evaluate Measurement : 내장함수로 측정평가
⑬ Text Label : 텍스트 라벨 추가

⑭ Mark Data Points : 데이터 포인트 표시
⑮ Toggle cursor : Cursor Probe 창 표시 토글
⑯ Cursor Peak : 다음 Peak로 커서 이동
⑰ Cursor Trough : 다음 Trough로 커서 이동
⑱ Cursor Slope : 최대 경사 포인트로 커서 이동(변곡점)
⑲ Cursor Min : 최소 포인트로 커서 이동
⑳ Cursor Max : 최대 포인트로 커서 이동
㉑ Cursor Point : 다음 데이터 포인트로 커서 이동
㉒ Cursor Search : 명령에 의한 데이터 포인트 지점으로 커서 이동
㉓ Cursor Next Tran : 디지털회로에서 다음 Transition으로 커서 이동
㉔ Cursor Prev Tran : 디지털회로에서 이전 Transition으로 커서 이동
㉕ Mark Label : 현 커서 포인트의 값 표시

① ② ③ ④ ⑤ ⑥

① Always On Top : 항상 최상위로 표시
② View Circuit File : Circuit 파일 표시
③ View Simulation Output File : 시뮬레이션 출력파일 표시
④ View Simulation Results : 시뮬레이션 결과 표시
⑤ Simulation Queue : 시뮬레이션 큐 표시
⑥ Edit Simulation Settings : 시뮬레이션 프로파일 설정 창 표시

C.2.3 PSpice 사용하는 함수

아날로그		디지털	
함 수	용 도	함 수	용 도
ABS(x)	절대치	( )	Grouping
SGN(x)	Sign function	~	Logical complement
SQRT(x)	Square root	*	곱셈(버스에만 적용)
EXP(x)	지수함수	/	나눗셈(버스에만 적용)
LOG(x)	자연로그	+	덧셈(버스에만 적용)
LOG10(x)	상용로그	-	뺄셈(버스에만 적용)
M(x)	x의 크기	&	논리곱
P(x)	x의 위상(각도)	^	배타적 OR
R(x)	x의 실수부	|	논리합
IMG(x)	x의 허수부		
G(x)	x의 그룹지연시간		
PWR(x)	Power		
SIN(x)	사인함수		
COS(x)	코사인함수		
TAN(x)	탄젠트함수		
ATAN(x)	아크탄젠트함수		
d(x)	x의 미분		
s(x)	x의 적분		
AVG(x)	평균치		
AVGX(x,d)	d부터 x까지 평균치		
RMS(x)	실효치		

C.2.4 PSpice 사용하는 단위

Alphabet used...	Stands for..
F(f)	femto
P(p)	pico
N(n)	nano
U(u)	micro
M(m)	milli
K(k)	kilo
MEG(meg)	mega
G(g)	giga
T(t)	tera

C.2.5 Break Parts

Use this breakout part...	For this device type...	Which is this PSpice device letter...
BBREAK	GaAsFET	B
CBREAK	Capacitor	C
DBREAK	Diode	D
JBREAK	JFET	J
KBREAK	Inductor Coupling	K
LBREAK	Inductor	L
MBREAK	MOSFET	M
QBREAK	Bipolar Transistor	Q
RBREAK	Resistor	R
SBREAK	Voltage-Controlled Switch	S
WBREAK	Current-Controlled Switch	W
XFRM_NONLINEAR	Transformer	K and L
ZBREAKN	IGBT	Z

C.2.6 Cursor

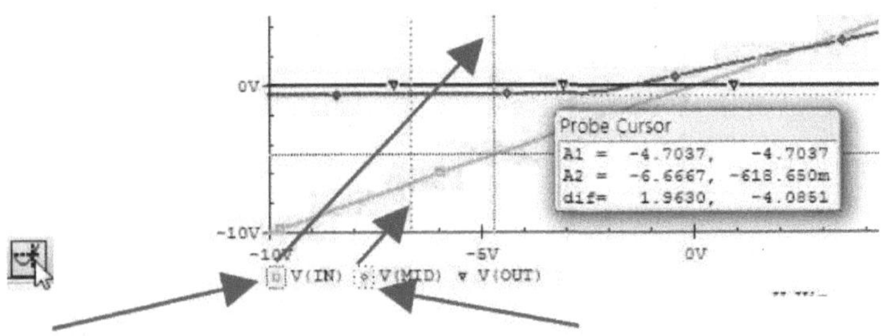

A1 : Cursor1(Left Mouse Button Click), A2 : Cursor2(Right Mouse Button Click)

Key Combination...	To do this with the cursors...
Ctrl+Left arrow key and *Ctrl*+Right arrow key	Change the trace associated with the first cursor.
Shift+ *Ctrl*+Left arrow key and *Shift*+ *Ctrl*+Right arrow key	Change the trace associated with the second cursor.
Left arrow key and Right arrow key	Move the first cursor along the trace.
Shift+Left arrow key and *Shift*+Right arrow key	Move the second cursor along the trace.
Home	Move the first cursor to the beginning of the trace.
Shift+ *Home*	Move the second cursor to the beginning of the trace.
End	Move the first cursor to the end of the trace.
Shift+ *End*	Move the second cursor to the end of the trace.

C.2.7 Marker

1) 기본 Marker

Volt Marker :

Current Marker :

Diff Volt Marker :

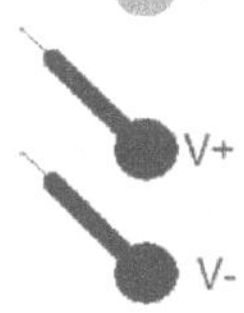

Power Marker :

2) AC sweep Markers

dB Magnitude of Voltage

Phase of Voltage

Group Delay of Voltage

Real Part of Voltage

Imaginary Part of Voltage

C.3 Bias Point 해석

C.3.1 Bias Point 해석

바이어스 포인트 계산은 직류분에 대한 정상상태에서의 값을 계산하는 것을 의미하고 어떤 종류의 해석을 수행할 때도 반드시 먼저 수행되는 해석이다.

이 해석을 선택한 경우
- 모든 아날로그 노드 전압의 리스트
- 모든 디지털 노드의 상태 리스트
- 모든 전압원의 전류와 Power
- 모든 Device의 small signal parameter 리스트를 output file에 출력

C.3.2 Simulation Settings

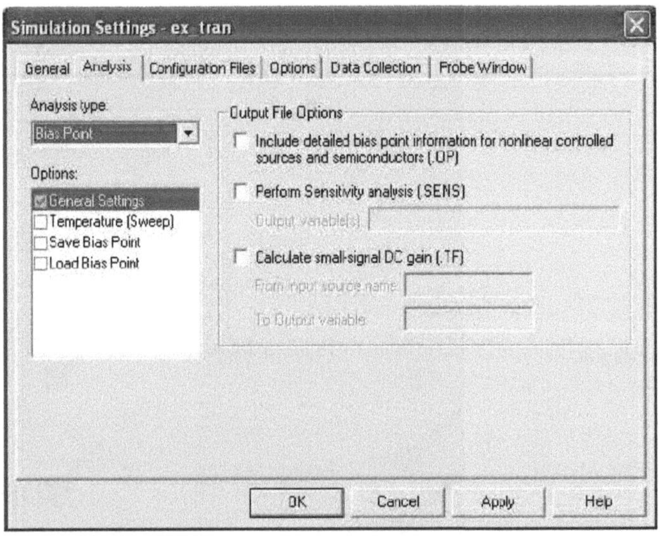

- **Include detailed bias point ~(.OP)** : 비선형 제어전원이나 반도체 소자를 위한 상세한 바이어스 포인트 계산 결과를 출력한다.
- **Perform Sensitivity analysis(.SENS)** : 민감도 해석(Sensitivity analysis)을 수행한다.
  Output variable(s): 해석할 출력변수를 입력한다.
- **Calculate small-signal DC gain(.TF)** : 입, 출력에 대한 전달함수를 계산한다.
  From Input source name : 입력 전원을 입력한다.
  To Output variable : 출력 변수를 입력한다.

프로젝트 만들기

1) 새로운 프로젝트의 시작 (File → New → Project)

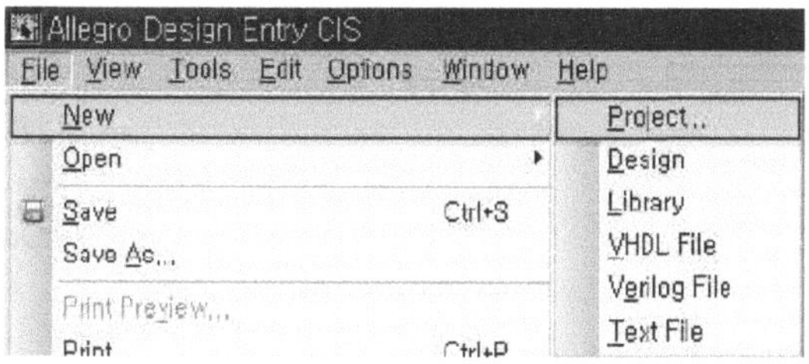

2) 프로젝트의 종류

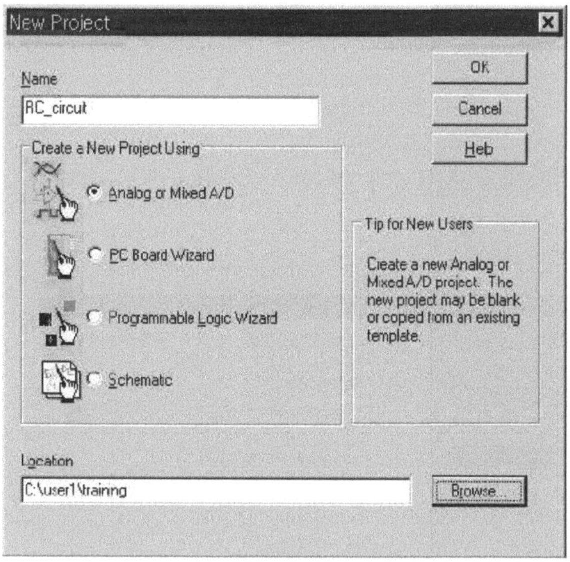

- Analog or Mixed A/D (PSpice)
- PCB
- Programmable Logic
- Schematic

3) 기본 제공 환경

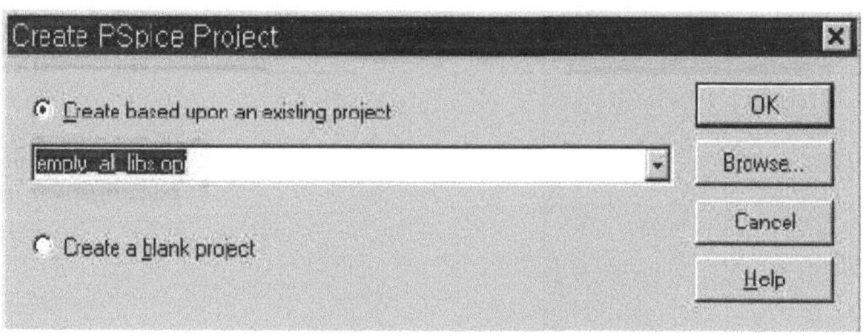

LIB 파일 경로(LIB : 부품의 전기적인 특성 정보와 관련된 라이브러리)
C:₩Cadence₩SPB_16.3₩tools₩pspice₩library

따라하기

1) 회로도(분압 회로)

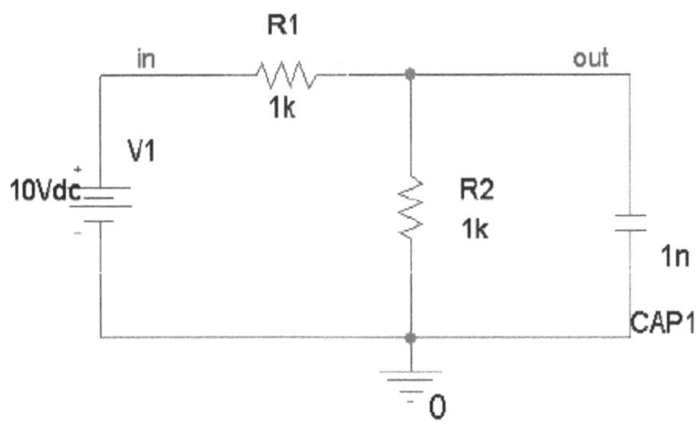

2) 사용기능 및 부품

(Place Part)VDC, R, C, (Place Ground)GND, (Place Wire), (Place Net Alias)

3) 시뮬레이션 조건

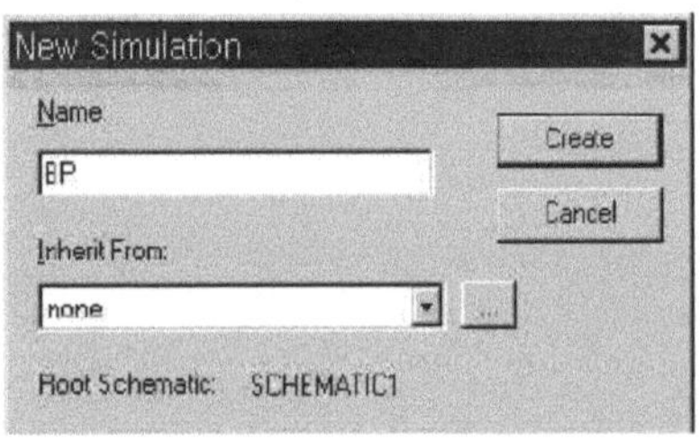

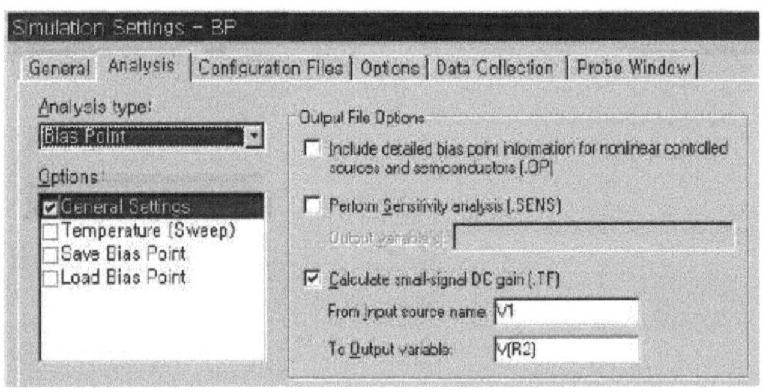

4) Run PSpice

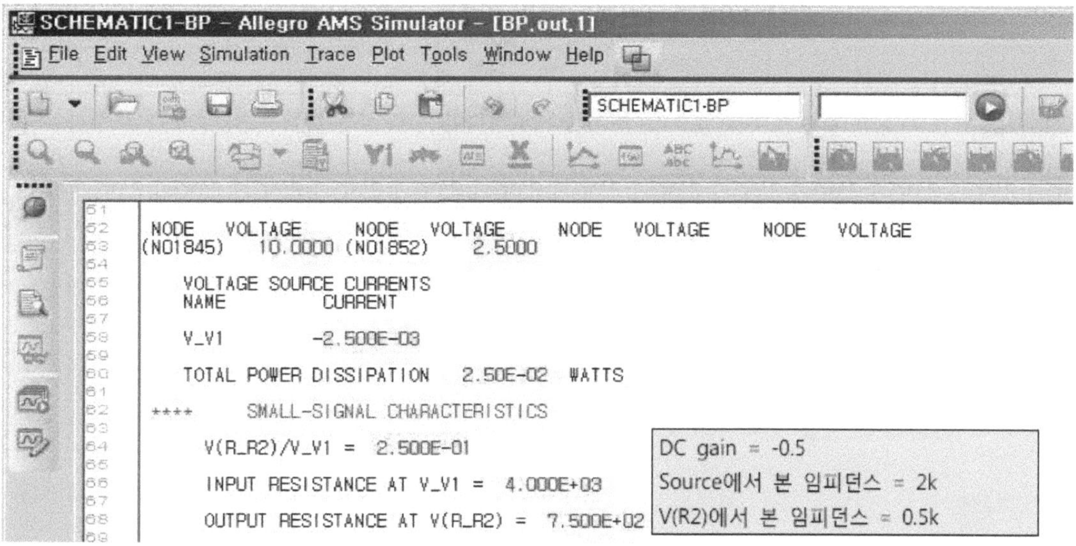

계산이 완료되면 Output File에 아날로그 노드의 전압과 디지털 노트의 상태를 출력한다. 위 그림에서 각 노드의 전압, 전류, 전력에 대한 결과 값을 확인할 수 있다.

5) Bias Point Display

$$Vcap1 = \frac{R_2}{R_1 + R_2} * V1$$

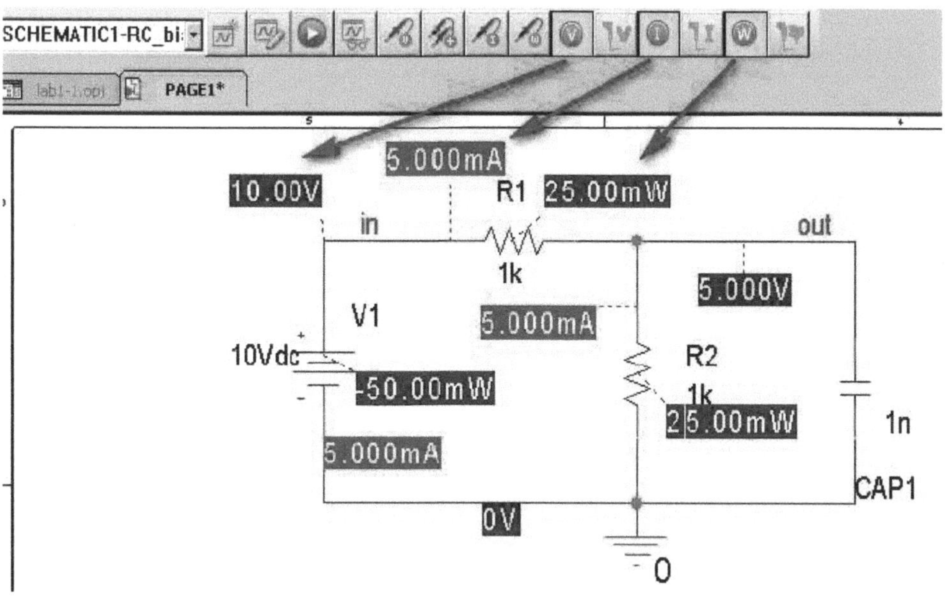

과 제 - 전압전류 분배회로

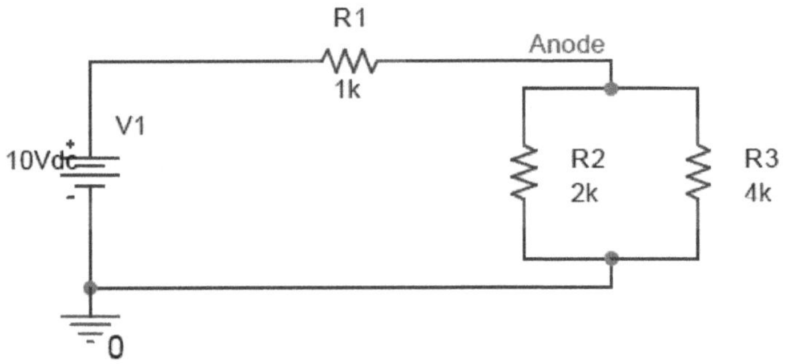

1. Anode의 전압과 전류를 Bias Point 시뮬레이션 하여 조사하시오.

해 설

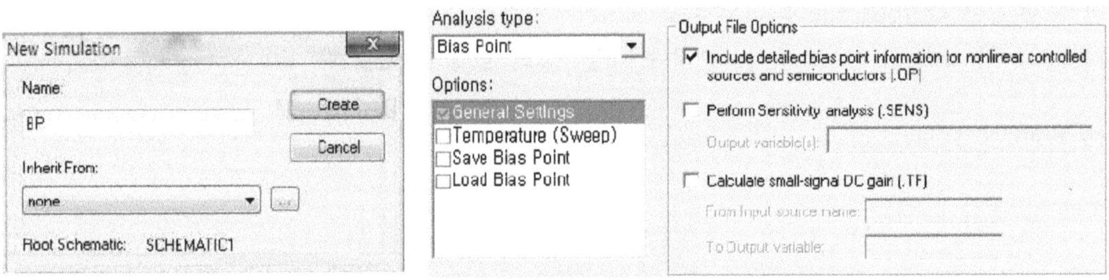

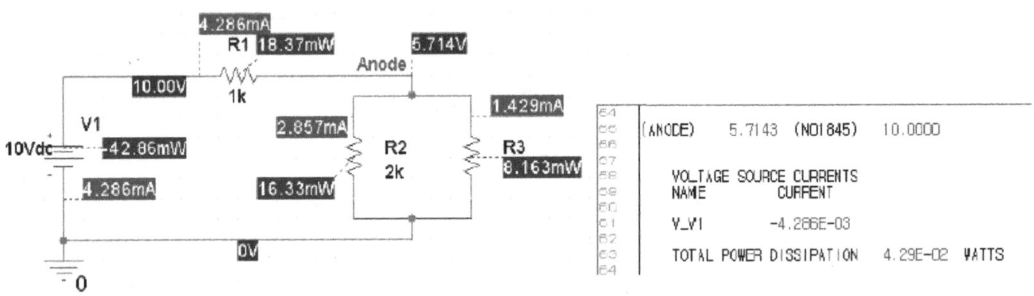

Anode의 전압은 5.714V이고 전류는 이 회로에서 전체 전류와 동일하므로 4.286mA이다.

C.4 Time Domain(Transient) 해석

C.4.1 과도(Transient) 해석

과도해석은 시간영역에서 입력신호에 대한 출력을 결정하는 해석을 말한다. 과도 해석의 계산방법은 항상 L과 C의 현재의 계산 값을 초기치로 하여 다음 스텝의 계산을 수행한다.

C.4.2 퓨리에(Fourier) 해석

FFT는 Probe 상에서 출력 데이터를 가지고 FFT 알고리즘으로 계산하는 것으로 Probe 화면에 주파수 스펙트럼을 출력하는 기능을 수행하고, 퓨리에 해석은 결과데이터를 퓨리에 적분하여 결과를 얻는다. 따라서 FFT 결과에서는 단지 크기만이 제공되지만 퓨리에 해석을 수행할 경우에는 크기, 위상, 직류분 등에 대한 결과를 출력하므로 평균치, 기본파 실효치, 역률, THD 등을 계산할 수 있다.

C.4.3 Simulation Settings

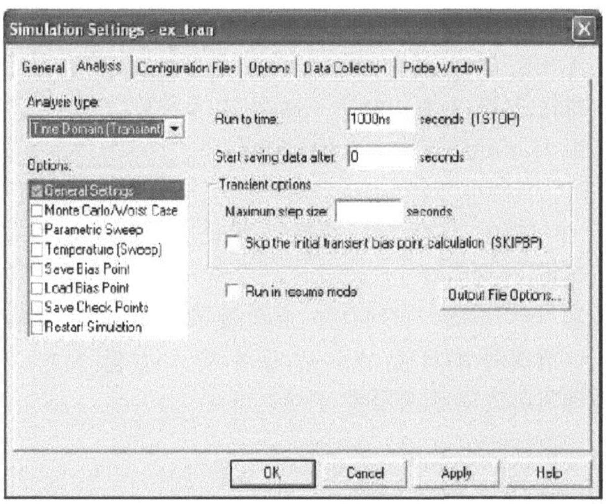

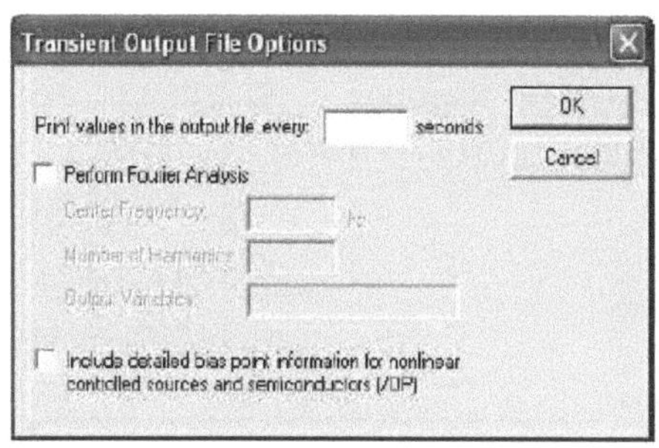

- **General Settings** : Time Domain(Transient)과 관련하여 시간에 대한 회로의 전압, 전류, 디지털 회로의 논리상태 등의 과도상태를 계산한다.
- **Monte Carlo/Worst-Case** : 어떤 영역 안에서 모든 소자의 모델 파라미터를 임의로 랜덤하고 변화시켜 가면서 그 변화에 따른 회로의 응답을 계산한다. 소자의 오차 범위를 사용자가 설정할 수 있으며, Monte-Carlo 해석을 위해서는 BREAKOUT의 라이브러리에 있는 소자를 사용하거나 SPECIAL 라이브러리에 있는 VARIABLES를 사용하여야 한다.
- **Parametric Sweep** : 전압원, 전류원, 글로벌 파라미터(Global Parameter), 모델 파라미터,

전원의 변동, 소자의 값 혹은 동작온도를 정해진 순에서 따라 변화시키면서 특정한 기본 해석을 반복한다.

- **Temperature(Sweep)** : 동작온도를 정해진 순서에 따라 변화시켜 가면서 특정한 해석을 반복한다.
- **Save Bias Point** : 현재 회로의 바이어스 포인트에 대한 데이터를 파일로 저장한다.
- **Load Bias Point** : 이전에 계산하여 저장한 바이어스 포인터에 대한 데이터 파일을 Load 한다.
- **Save Check Point** : 현재 회로의 체크 포인터에 대한 데이터 파일(정해진 시간 시뮬레이션 간격이나 시간 간격)을 저장한다.
- **Restart Simulation** : 이전에 계산하여 저장한 체크 포인터에 대한 데이터 파일을 Load하여 시뮬레이션 한다.

- **Run to time** : 시뮬레이션 종료시간을 입력한다.
- **Start saving data after** : 시뮬레이션 개시 후 데이터를 저장하는 시간을 입력한다.
- **Maximum Step size:** 과도상태 해석의 수치계산을 위한 최대 step size를 입력한다.
- **Skip the initial ~** : 선택할 경우 인덕터, 커패시터 등의 초기치를 무시하고 계산한다.
- **Run in resume mode** : 시뮬레이션의 재시작 시 Resume 모드로 진행한다.

- **Output File Options...** : 출력파일에 저장할 데이터의 시간간격, 퓨리에 해석, 반도체, 비선형 전원의 바이어스 포인터 데이터의 저장 유무를 선택한다.
  - 출력 파일에 저장할 데이터의 시간 간격, 퓨리에 해석의 기본파 주파수, 고조파 차수, 퓨리에 해석할 변수, 반도체 및 비선형 전원의 바이어스 포인터데이터의 저장유무를 선택한다.

따라하기

1) 회로도(시정수 찾기)

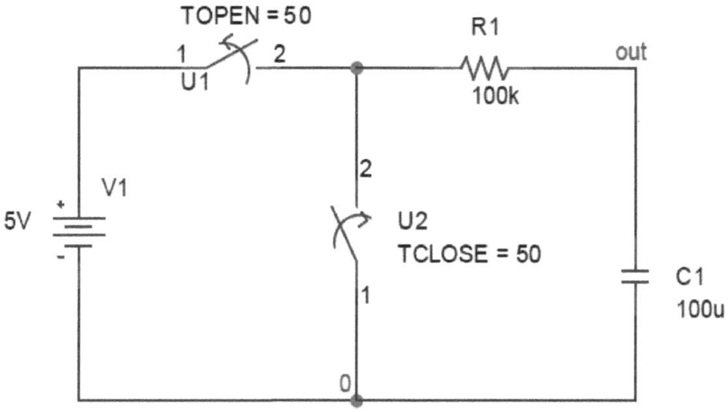

2) 사용기능 및 부품

(Place Part)VDC, R, C, sw_tOpen, sw_tClose, (Place Wire), (Place Net Alias)

3) 시뮬레이션 조건

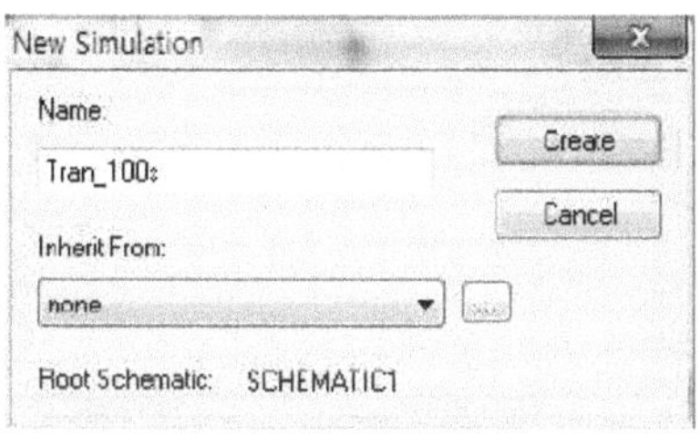

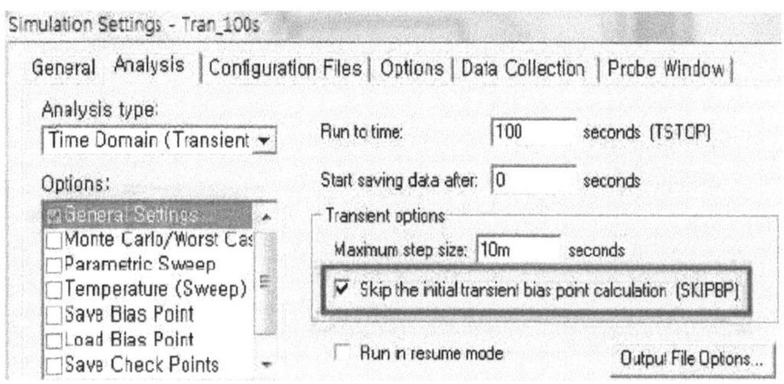

4) 전압 Probe 설정

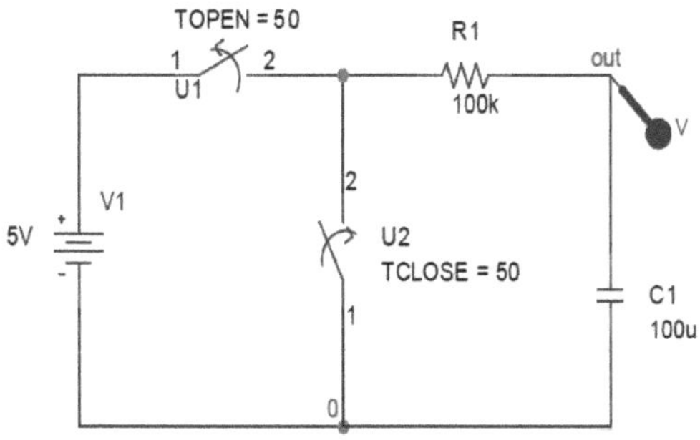

시정수 $\tau = RC = 100k \times 100\mu = 10\text{sec}$

5) Run PSpice

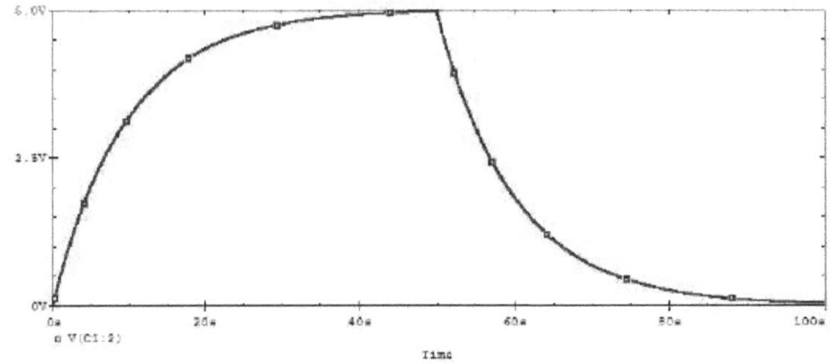

Add Trace 명령을 실행하여 Trace Expression에 **0.63212*5;Tau**를 입력

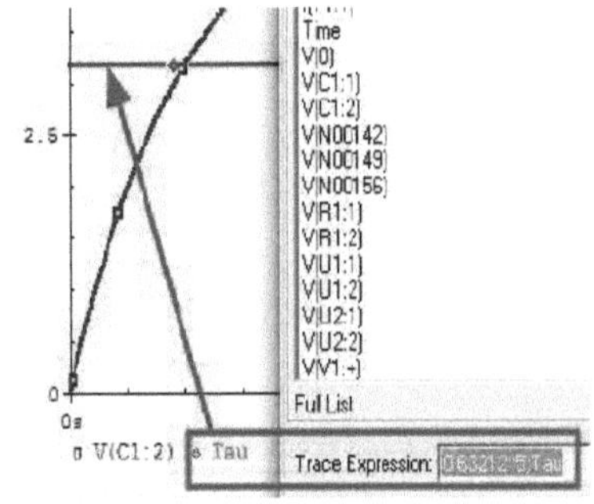

(범례 표시에는 Tau만 나타난다)

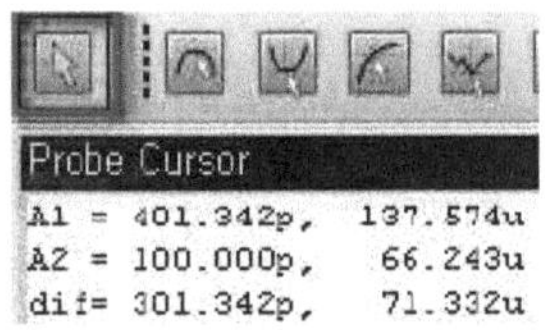

Toggle Cursor 기능을 On 시킨다. Probe Cursor 창이 나타난다.

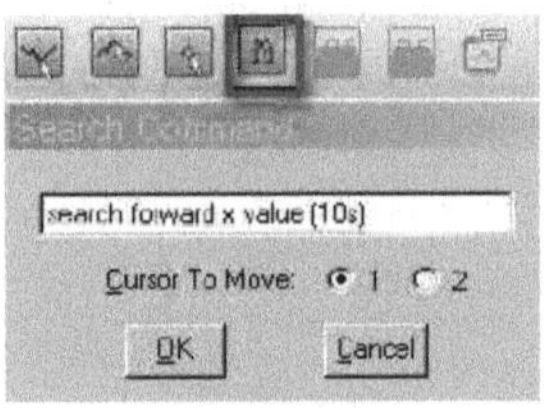

버튼을 눌러 **search forward x value (10s)**를 입력한다.

Mark Label을 클릭한다.

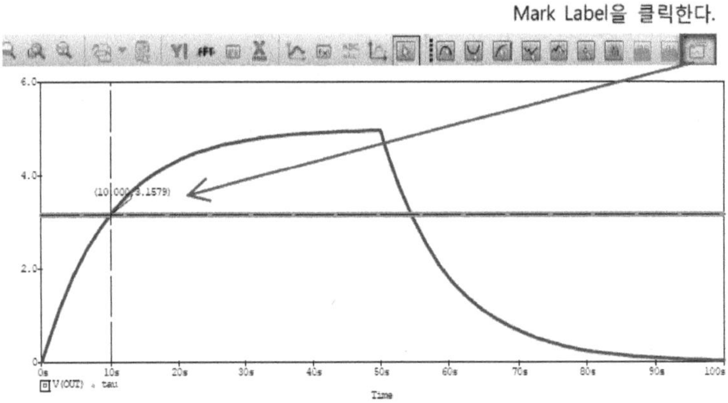

C.5 DC Sweep 해석

C.5.1 DC Sweep 해석

DC 해석에서는 모든 전원을 DC로 간주하고 모든 인덕터는 단락(Short)으로, 캐패시터는 개방(Open)으로 간주하여 해석한다. 바이어스 포인트 계산, DC Sweep, 소신호 민감도 해석(small signal sensitivity), 전달함수 계산(small signal transfer function) 등이 있다.

어떤 소자의 값을 변화시키는 과정을 Sweep이라 하는데 DC 전원, 온도, 전류원, 모델 파라미터, Global 변수를 선택하여 선형적인 가변, Octave/Decade의 로그적인 가변과 가변시킬 값의 리스트를 입력하여 해석할 수 있다.

C.5.2 Simulation Settings

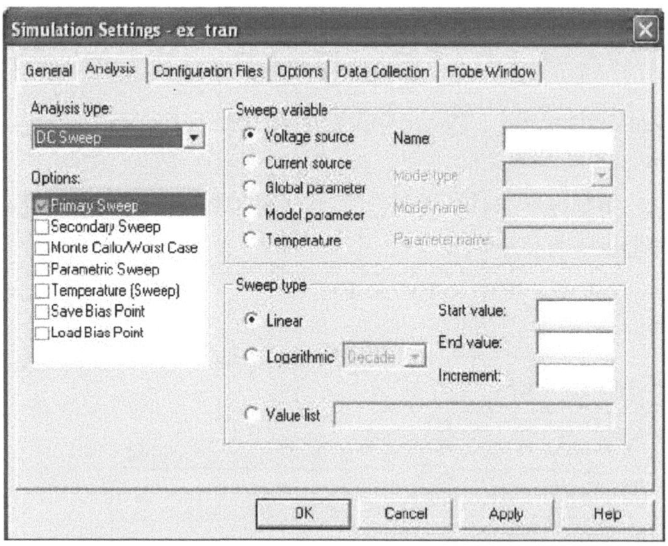

- **Primary Sweep** : Sweep할 첫 번째 변수의 조건을 입력하여 DC Sweep 해석을 수행한다.
- **Secondary Sweep** : Sweep할 첫 번째 변수의 조건을 입력하여 DC Sweep 해석을 수행한다. 이 때 Primary Sweep 변수가 일정한 가운데 Secondary sweep이 진행되는 Nested 구조를 지닌다.
- **Parametric Sweep** : 글로벌 파라미터, 모델의 파라미터, 소자의 값 혹은 동작온도를 정해진 순서에 따라 변화시키면서 특정한 기본 해석을 반복한다.
- **Temperature(Sweep)** : 동작온도를 정해진 순서에 따라 변화시켜 가면서 특정한 기본해석을 반복한다.
- **Save Bias Point** : 현재 회로의 바이어스 포인트에 대한 데이터를 파일로 저장한다.

- **Sweep variable** : Sweep할 변수에 대한 관련 사항과 변수명을 입력한다. sweep 변수의 종류로는 전압원, 전류원, 글로벌 파라미터, 모델 파라미터, 온도 등이 있으며, 전압원/전류원일 때는 전원의 이름, Global 파라미터를 선택한 경우에는 파라미터, Model 파라미터를 선택한 경우에는 모델 type, 모델, 파라미터가 active 되어 이에 입력해야 하며, Temperature를 선택하면 모든 입력항목이 disable 된다.
- **Sweep Type** : Sweep type에는 Linear와 Logarithmic이 있으며, 그 선택여하에 따라 입력항목이 다르다.
  - ▶ Linear를 선택한 경우
    - Start value : 시작 값을 입력한다.
    - End value : 끝 값을 입력한다.
    - Increment : 가감분을 입력한다.
  - ▶ Logarithmic을 선택한 경우
    - Start value : 시작 값을 입력한다.
    - End value : 끝 값을 입력한다.
    - Points/Decade : Decade/Octave 당 데이터 수를 입력한다.

Value List를 선택한 경우에는 해당 입력란에 해석하기를 원하는 변수 값을 직접 입력한다. 이 때 값의 분리는 space bar를 이용한다.

따라하기

1) 회로도(제너 전압 레귤레이터)

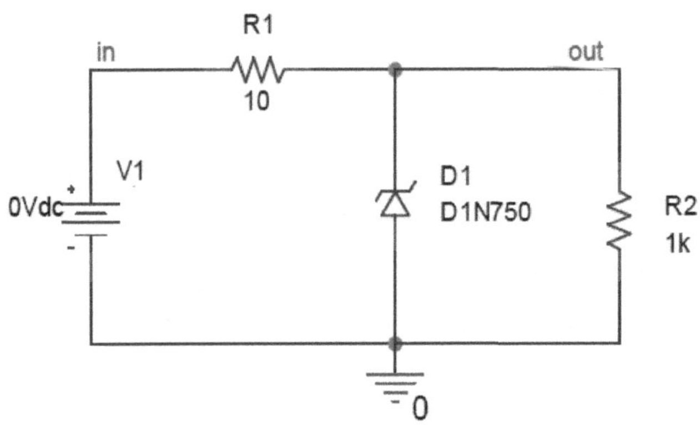

2) 사용기능 및 부품

(Place Part)VDC, R, D1N750, (Place Ground)GND

(Place Wire), (Place Net Alias)

3) 시뮬레이션 조건

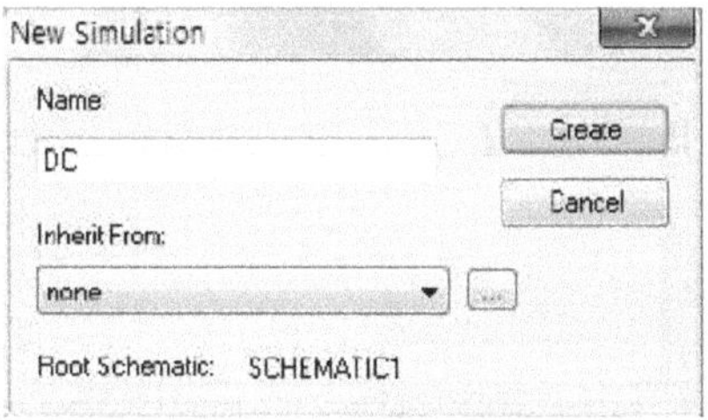

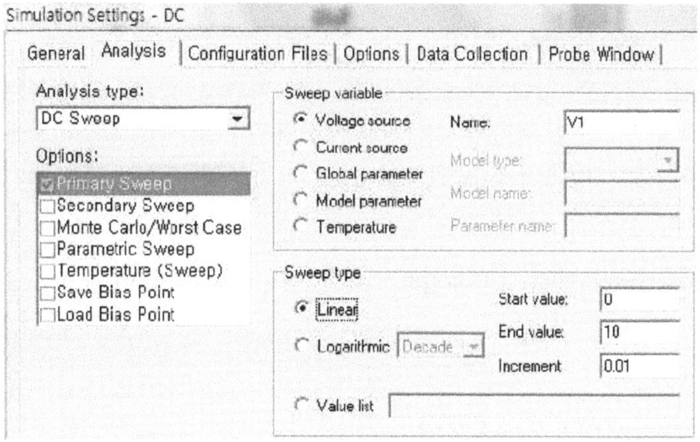

4) Probe 설정

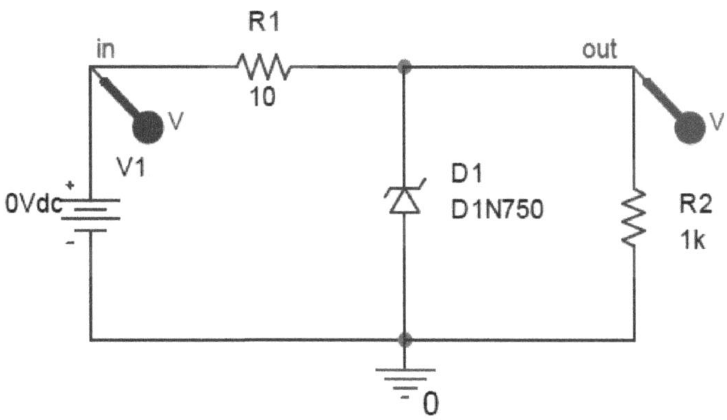

전압안정기로 동작하는 제너다이오드의 항복 전압 특성을 확인할 수 있다.

5) Run PSpice

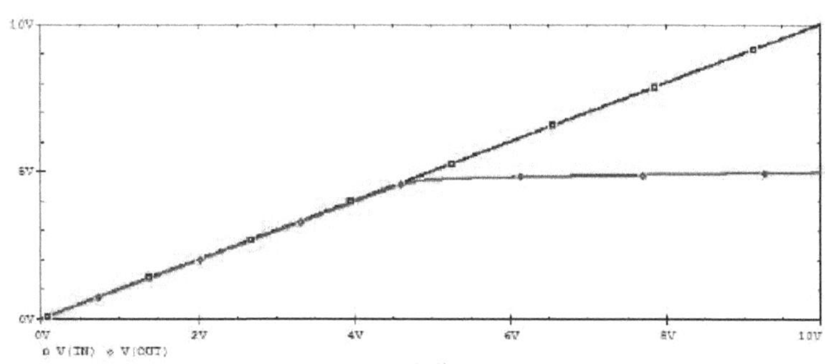

4.8V 이상부터 약 5V의 일정 출력 전압이 출력 단에 나타난다.

C.6 AC Sweep 해석

C.6.1 AC Sweep 해석

AC 해석은 입력주파수를 변화시켜 가면서 회로시스템에 대한 주파수 응답을 계산하는 해석이다. 주파수 응답을 계산하기 전에 각 소자의 small signal 파라미터를 결정하고 교류해석에 대한 바이어스 포인트를 계산한다. 교류해석에서 시스템의 보드선도, 임피던스 해석이 있다.

C.6.2 Simulation Settings

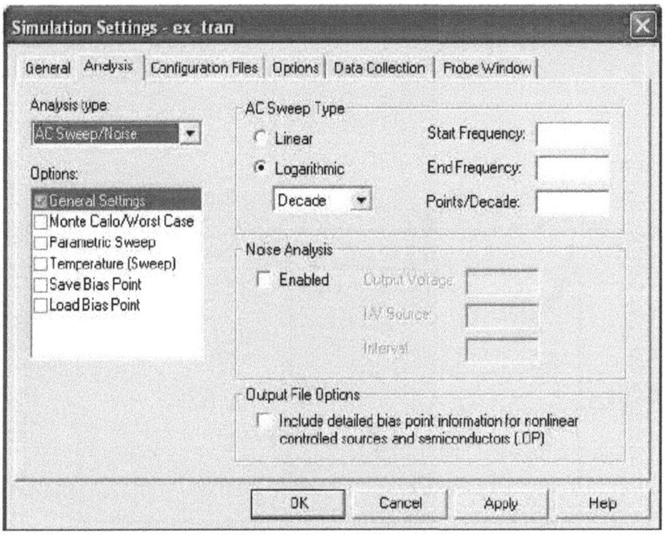

- **General Settings** : 입력신호의 주파수 범위, 데이터 개수, 노이즈 해석을 위한 입출력 변수 등을 입력하여 기본적인 AC/Noise 해석을 수행한다.
- **AC Sweep Type** : 입력 교류신호의 주파수 sweep을 선형 혹은 지수 형태로 할 것인가를 선택한다.
  - ▶ Start Frequency : 시작 주파수를 입력한다.
  - ▶ End : 끝점 주파수를 입력한다.
  - ▶ Points/Decade : Total 데이터 수 혹은 Decade, Octave당의 데이터를 입력한다.

따라하기

1) 회로도(1극 저역통과 필터)

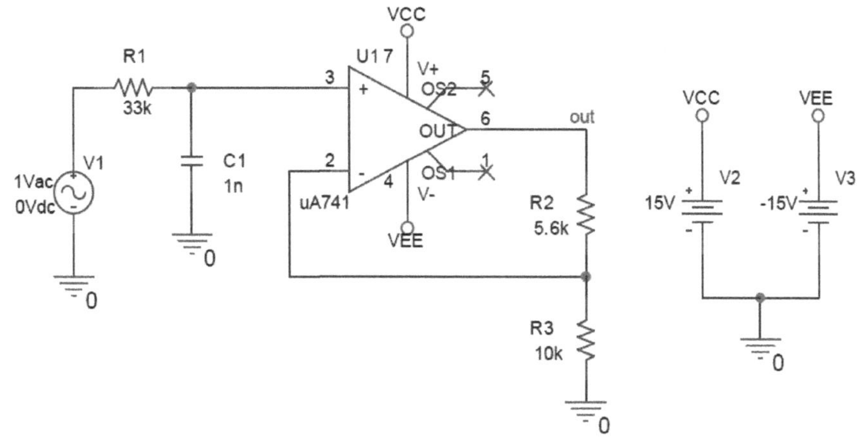

2) 사용기능 및 부품

(Place Part)VAC, R, C, uA741, VDC, (Place Ground)VCC, GND

(Place Wire), (No connect), (Place Net Alias)

3) 시뮬레이션 조건

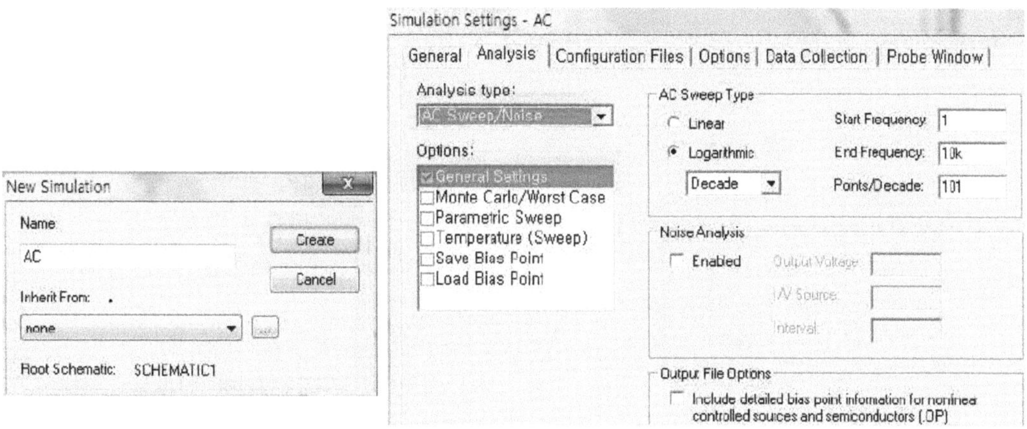

4) Probe 설정

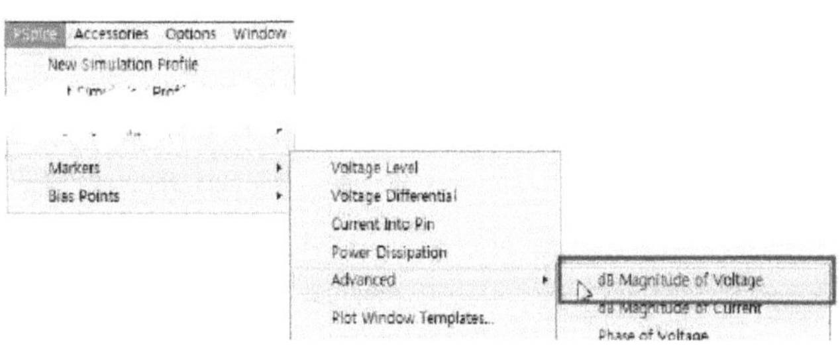

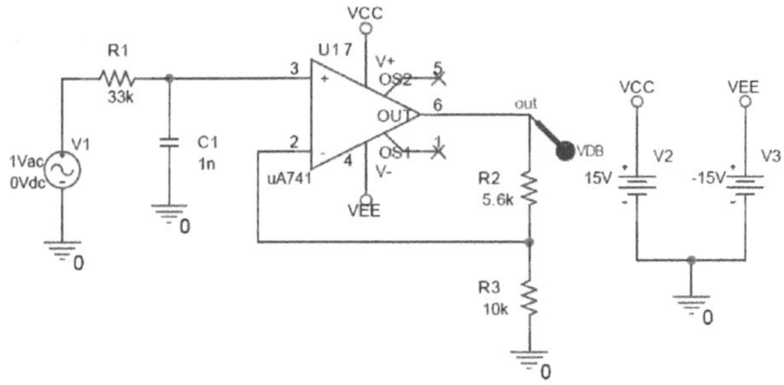

5) Run PSpice

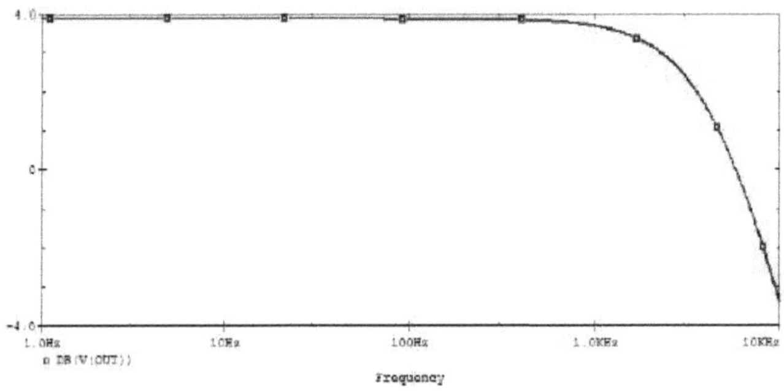

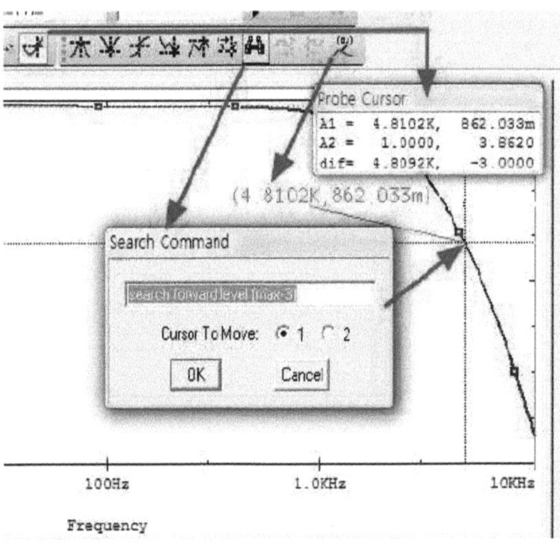

차단주파수를 찾기 위해
Toggle Cursor 버튼을 클릭하고
Search Command 버튼을 누른 다음
입력창에
search forward level (max-3)
을 입력하고 Mark Label 버튼을
클릭하여 데이터를 표시한다.

Measurement의 기능으로 차단주파수를 구해보려면

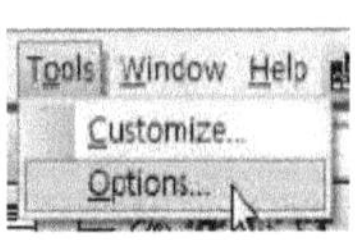

Tools > Options를 클릭한 다음

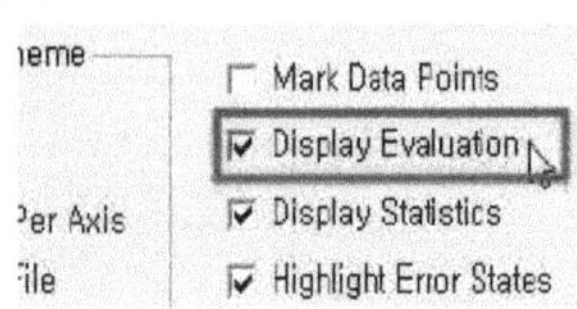

체크한다.

그런 다음 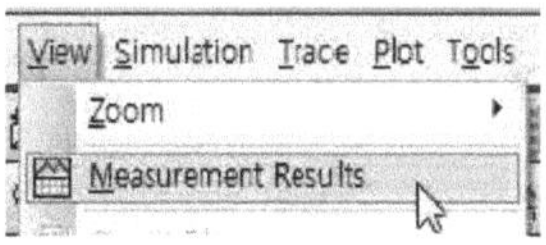

View > Measurement Results를 클릭하고

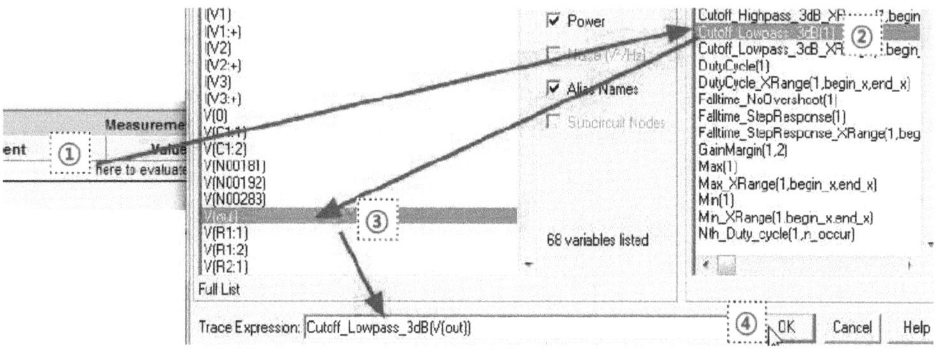

위 그림처럼 순서대로 마우스 클릭하여 Trace Expression에 Cutoff_Lowpass_3dB(V(out))이 나타나게 한 다음 OK 버튼을 클릭하면 아래 그림과 같이 나타난다.

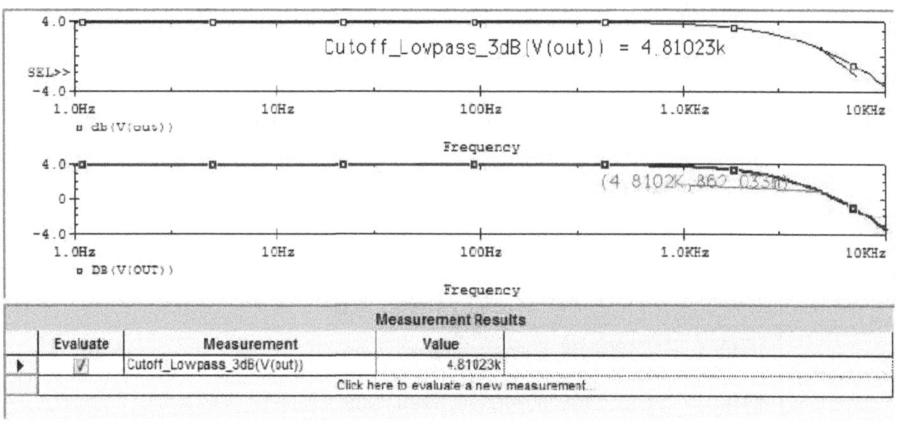

차단주파수 $f_c = \dfrac{1}{2\pi R_1 C_1} = \dfrac{1}{2 \times 3.141592 \times 33k \times 1n} = 4.822[kHz]$

D. 장치 및 부품 목록(실험 조별)

D.1 장치목록

- 디지털멀티미터 1대
- 오실로스코프 1대
- 신호발생기 1대
- 전원공급장치 1대 : 양전원(dual power) 공급

D.2 악세사리(accessory) 목록

- 소형 브레드보드 1개
- 교류신호 입력용 케이블(BNC Plug, 악어클립) 1셋
- 오실로스코프 프로브 2셋
- 직류신호 입력용 케이블(악어클립, 바나나잭) 1셋
- 회로 연결용 단선 점퍼선(빨강색, 검정색, 흰색) 각 2m
- 220V 3상 전원코드
- 검정색절연테이프
- 만능기판 : 10cm x 10cm

D.3 부품목록

	능동부품	Part No.	Description	수량
1	다이오드	1N4001	General purposse, lead type	4
		1N4002	General purposse, lead type	4
2	LED	적색	General purposse, lead type	2
3	OPAMP	uA741	General purposse, lead type	2
		LM324	General purposse, lead type	2
4	Transistor (BJT)	PN2222	NPN, plastic lead type	2
		2N3904	NPN,plastic lead type	2
5	Regulator	MC7805M	5V, 500mA, lead type	1
		MC7808M	8V, 500mA, lead type	1

		MC7810M	10V, 500mA, lead type	1
6	전원트랜스	DS44159	12Vrms output	1
7	인덕터		axial lead	
8	캐패시터	세라믹 axial lead	10pF, 33pF, 47pF, 75pF, 100pF, 220pF, 330pF, 470pF, 560pF, 680pF, 750pF, 820pF, 1000pF, 2nF, 3.3nF, 4.7nF, 6.8nF, 7.5nF	
		전해 (100V)	0.1 μF, 1 μF, 2.2 μF, 4.7uF, 10uF, 22 μF, 33 μF, 47uF, 100 μF	
9	저항	1/4w axial lead	33, 51, 75, 100, 220, 330, 470, 680, 820, 1.5K, 1K, 2.7k, 3.3k, 3.9k, 5.6k, 4.7k, 6.2k, 7.5k, 8.2k, 15k, 10k, 22k, 27k, 33k, 39k, 47k, 68k, 100k, 82k, 150k, 220k	

찾아보기

■ **저자소개**

윤기호

- 1984년 연세대학교 전자공학과 졸업(학사)
- 1999년 연세대학교 전자공학과 대학원 졸업(박사)
- 1985년~1992년 삼성종합기술원 근무
- 1992년~1996년 삼성전기종합연구소 근무
- 1997년~2008년 호남대학교 교수
- 2009년~현재 성결대학교 교수
- 연구분야 초고주파 및 아날로그 회로설계

기초전자회로 설계 및 실험

- 핵심기초회로 주제의 실무설계를 중심으로 -

인　　쇄 : 2016년 7월 20일
초판발행 : 2016년 7월 25일
저　　자 : 윤기호
발 행 처 : 도서출판 한산
서울시 서대문구 수색로6길 43번지 105-602호
TEL : (02)304-3504　FAX : (02)304-3505
발 행 인 : 김 기 영
등록번호 : 제 10-1745 호
I S B N : 978-89-89215-27-1　　93560

정가 23,000원